“十二五”职业教育国家规划教材

经全国职业教育教材审定委员会审定

冶金生产概论

（第2版）

主　编　王明海

副主编　陈　聪　侯向东　史学红

程志彦　杨平平

北　京

冶金工业出版社

2015

内 容 提 要

全书分为矿物加工、炼铁生产、炼钢生产、轧钢生产、有色金属冶炼生产及冶金安全生产6篇，共40章，从采矿到轧钢，从黑色金属到有色金属，从冶金生产到安全生产技术，较为全面地阐述了冶金生产的基本原理、冶金生产工艺、主要生产设备、安全生产管理等多方面的知识，并介绍了近年来冶金生产的新工艺和新技术等；每章均附有复习思考题。全书深入浅出，难易适度。

本书为高等职业技术学院非冶金专业的教学用书，也可供其他院校学生参考或冶金企业的职工培训使用。

图书在版编目(CIP)数据

冶金生产概论/王明海主编. —2 版. —北京：冶金工业出版社，2015.8

"十二五"职业教育国家规划教材

经全国职业教育教材审定委员会审定

ISBN 978-7-5024-6864-4

Ⅰ.①冶…　Ⅱ.①王…　Ⅲ.①冶金—生产工艺—高等职业教育—教材　Ⅳ.①TF1

中国版本图书馆 CIP 数据核字(2015) 第 045703 号

出　版　人　谭学余
地　　　址　北京市东城区嵩祝院北巷 39 号　邮编　100009　电话　(010)64027926
网　　　址　www. cnmip. com. cn　电子信箱　yjcbs@ cnmip. com. cn
责任编辑　张耀辉　马文欢　美术编辑　杨　帆　版式设计　葛新霞
责任校对　李　娜　责任印制　李玉山
ISBN 978-7-5024-6864-4
冶金工业出版社出版发行；各地新华书店经销；固安华明印业有限公司印刷
2008 年 8 月第 1 版，2015 年 8 月第 2 版，2015 年 8 月第 1 次印刷
787mm×1092mm　1/16；26.75 印张；647 千字；413 页
49.00 元
冶金工业出版社　投稿电话　(010)64027932　投稿信箱　tougao@cnmip. com. cn
冶金工业出版社营销中心　电话　(010)64044283　传真　(010)64027893
冶金书店　地址　北京市东四西大街 46 号(100010)　电话　(010)65289081(兼传真)
冶金工业出版社天猫旗舰店　yjgycbs. tmall. com
(本书如有印装质量问题，本社营销中心负责退换)

第 2 版前言

本书为冶金高等职业技术学院非冶炼专业教学用书。本书 2001 年 3 月首次出版为冶金职业技术教育"九五"规划教材《钢铁冶金概论》，2008 年 6 月经扩充内容后以现名出版为普通高等教育"十一五"国家级规划教材，本次修订后经全国职业教育教材审定委员会审定，以"十二五"职业教育国家规划教材出版。在长期的教学过程中，不断推陈出新。全书分为 6 篇共 40 章，旨在使冶金经济类及其他相关专业学生对采矿、选矿、烧结、焦化、炼铁、炼钢、轧钢、有色金属冶炼的冶金生产过程及冶金安全生产技术有一个全面的了解；理解冶金生产中矿物加工技术、冶金基本原理，熟悉冶金生产的主要生产工艺、生产技术及生产设备，为全面提高学生的职业素质和专业技能打下良好的基础。

教材内容调整以后冶金生产工艺过程更加系统和完整，可满足冶金高等职业技术学院非冶炼专业教学用书的要求。

本书由王明海担任主编。陈聪（有色金属冶炼、安全生产统稿）、侯向东（炼铁生产统稿）、史学红（炼钢生产统稿）、程志彦（轧钢生产统稿）、杨平平（矿物加工统稿）任副主编。各章执笔人分别是栗聖凯（第 1 章和第 37章）、王建国（第 2 章）、王志恒（第 3 章）、陈名樑（第 4 章和第 12 章）、杨平平（第 5 章）、王明海（第 6 章和第 26 章）、侯向东（第 7 章）、任中胜（第8 章）、于强（第 9 章）、薛方（第 10 章）、郭强（第 11 章）、郝赳赳（第 13章）、孙亦蕙（第 14 章）、史学红（第 15 章和第 20 章）、刘丙岗（第 16 章）、邹胜伟（第 17 章）、胡锐（第 18 章）、田鹏飞（第 19 章）、杨立全（第 21章）、程志彦（第 22 章、第 23 章和第 28 章）、李学文（第 24 章和第 25 章）、郭林秀（第 27 章）、段小勇（第 29 章）、王捷（第 30 章和第 31 章）、陈聪（第 32 ~ 34 章）、张瑞明（第 35 章、第 36 章和第 40 章）、王晓鸽（第 38 章）、魏哲（第 39 章），全书由王明海整理定稿。

由于编者水平所限，书中不妥之处，敬请广大读者批评指正。

编　者
2015 年 5 月

第1版前言

本书为冶金高等职业技术学院非冶炼专业教学用书。全书分为5篇共38章，主要讲述炼铁、炼钢、轧钢、有色金属冶炼及冶金安全生产技术等方面的基本知识。

本书的教学目标，旨在使冶金经济类及其他相关专业学生对冶金生产过程有一个全面的了解，理解冶金基本原理，熟悉冶金过程的主要生产工艺、生产技术及生产设备，为全面提高学生的职业素质和专业技能打下良好的基础。

本书由山西工程职业技术学院王明海担任主编，史学红、侯向东、陈聪任副主编。各章执笔人分别是山西工程职业技术学院侯向东（第1章和第3章）、山西壶关职教中心程开先（第2章）、太原钢铁集团有限公司炼铁厂李强（第4章）、山西工程职业技术学院陈聪（第5章、第29章和第31章）、山西工程职业技术学院于强（第6章）、山西工程职业技术学院王明海（绪论、第7章）、山西工程职业技术学院冯世瑞（第8章）、太原钢铁集团有限公司第三炼钢厂张建国（第10章和第14章）、山西工程职业技术学院孙亦蕙（第11章）、山西工程职业技术学院史学红（第12章、第13章和第17章）、太原钢铁集团有限公司第二炼钢厂李道明（第15章和第16章）、山西工程职业技术学院杨立全（第18章）、山西工程职业技术学院程志彦（第9章、第19章、第20章和第25章）、山西工程职业技术学院李学文（第21~23章）、山西工程职业技术学院闫林洲（第24章）、山西工程职业技术学院段小勇（第26章）、山西工程职业技术学院王捷（第27章、第28章和第30章）、山西工程职业技术学院张瑞明（第32~38章），全书由王明海整理定稿。

由于编者水平所限，书中不妥之处，敬请广大读者批评指正。

编　者
2008 年 6 月

目　　录

第 1 篇　矿 物 加 工

第 2 篇 炼 铁 生 产

第3篇　炼　钢　生　产

第4篇　轧　钢　生　产

第5篇　有色金属冶炼生产

第6篇 冶金安全生产

绪　论

0.1　钢铁工业在国民经济中的地位和作用

钢铁工业是国民经济的重要基础产业，钢铁产品在各类原材料中用途最广泛。当今世界文化和经济的发展与钢铁生产有着非常密切的关系，它对国家工业化和国防现代化具有举足轻重的作用。

钢铁工业对国民经济的发展之所以意义重大，其主要原因是钢铁材料具有很好的物理性能和化学性能。铁硬而脆，其应用受到一定限制，但将铁炼成钢，其用途就非常广泛了。钢除了有高的强度和韧性外，还能获得特殊的性能，如不锈、耐酸、抗磁、耐高温等。钢铁均可以铸造，还具有良好的机械加工性能，可以满足现代机械设备制造的各种要求。此外，在地壳的组成中，铁约占4.2%，仅次于氧、硅和铝而居第四位，同时含铁矿物比较集中，开采和加工也较容易，所以和其他金属相比，铁的制取产量大，成本也较低。总之，钢铁作为基础材料，迄今还没有任何材料可以取而代之。

0.2　世界钢铁生产的发展状况及我国钢铁生产概况

纵观世界发达国家的工业化过程，在国民经济发展的初期和中期阶段，都把钢铁工业增长的速度置于国民生产总值增长速度之上，把钢铁工业作为带动整个经济发展的战略产业。20世纪产业革命以后，世界钢产量迅速增长，钢铁企业日益扩大，优质钢及合金钢比例增大，钢产量成为反映一个国家综合国力的标志。1945~1970年，世界钢铁工业仍处于高速发展阶段，平均年增长率为6.3%。2013年全球粗钢产量达到16.07亿吨，同比增长3.5%，粗钢产量创出历史新高。2013年全球粗钢产量增长主要由亚洲、非洲和中东地区带动，而其他地区产量均低于2012年。

我国的钢产量2001年为1.52亿吨，2007年年产量为4.89亿吨。2013年年产量达到7.82亿吨。但是我国的钢铁质量、品种都不占优势，某些品种需靠进口来满足市场的需求。目前，钢铁生产已由过去的重产量、抓速度，转到重质量、抓品种、节能降耗、提高经济效益的发展轨道上来，我国的钢铁工业正稳步健康地向前发展。

0.3　钢铁工业发展展望

当今，高新技术进入产业，引发了新的产业革命，出现了一系列令人瞩目的新动向。21世纪钢铁工业发展的趋势是：

（1）钢铁工业发展的高效化、连续化、自动化。要求采用新流程、新技术、新装备以及高效率、高生产率的生产方式代替传统的全流程生产方式，以获得优质产品。

（2）发展高新技术所需的新材料。新材料是高新技术的基础，优质合金钢及超级合金在新材料中占相当大的比例。通过改进钢的冶炼工艺、冶金质量、合金化、微合金化及凝固控制，进一步改善钢的性能。

（3）节约资源、能源，降低制造成本、投资成本及劳动成本，以增加钢铁生产在市场经济中的竞争力。同时，还要满足对钢材性能及质量上不断提高的要求。

（4）连铸技术的发展和扩大应用显著地提高了钢材生产效率、质量和效益。高效连铸及近终形连铸对现代高效炼钢与高速连轧起衔接作用，使工艺流程更紧凑、速度趋向临界值，实现产品专业化、系列化、优化和高附加值。

（5）发展近终成型金属毛坯制备新技术。近终成型是将金属合成、精炼、凝固、成型集中于一道工序，是物性转变最佳短流程，能有效控制污染，使金属性能显著提高。其特点是，一次成型，不再进行热加工，大量减少切削加工，达到提高金属利用率、节约工时、缩短生产周期的效果。

（6）以电子学为基础的自动控制及信息网络渗入冶金领域，推动钢铁工业的重大革新。21世纪是智能和信息的时代，钢铁企业将实现计算机集成系统管理及流程的人工智能控制。

展望未来，我国正在从钢铁大国走向钢铁强国，我国的钢铁工业必将写出更加辉煌的篇章。

0.4　有色冶金工业发展展望

有色金属是除去黑色金属（铁、铬、锰）的所有金属的总称，可以分为重金属、轻金属、贵金属和稀有金属等四大类。有色金属原矿可以直接（如铝土矿）或经过选矿后（如铜矿）进入冶炼过程进行金属提炼。有色金属数量众多，物化性质各有差别，其冶炼过程各不相同。但大致可归纳为火法冶金过程、湿法冶金过程、电热冶金过程和电化冶金过程。

有色金属的生产历史久远，锡、铜、金、银的原始生产最早可追溯到青铜器时期，但大多数的有色金属都仅有一二百年的生产历史。随着有色金属的使用范围越来越广，用量越来越大，加上全球一体化进程的发展，未来有色冶金工业的技术进步和发展，主要体现在以下几方面：

（1）各种有色金属的冶炼将更多地采用新型高效节能设备，生产过程的自动化水平不断提高，节能降耗和清洁生产成为有色冶金工业设计、改造、生产和管理的共识，有色金属冶炼的新工艺、新技术研究必须是在满足节能降耗的前提下，才能投入工业生产。

（2）有色金属的优良性能会得到进一步的开发，其深加工和延伸产品会在更广阔的领域使用（如镁合金，钛合金）。

（3）随着资源的消耗，对低品位矿的研究、开发利用会是有色冶金工业发展的一个新课题。

未来有色冶金工业将在不断提高生产管理水平、降低生产成本、合理平衡有色冶金产能和布局的前提下得到长足的发展。

0.5　冶金工业安全生产管理

冶金企业生产规模大，机械化、自动化程度较高，生产连续性强；工作环境中存在高温、高压、高噪声、有毒有害气体；存在高空作业、高速运转作业、高粉尘作业、高强度作业、易燃易爆气体作业，易发生重大安全事故，导致冶金企业的安全生产管理产业链长、涉及面广、危险因素多、管理难度大等。因而在努力发展生产的同时，冶金企业应充分重视并加强企业安全管理工作，积极开展现代安全管理实践，不断创新安全管理模式，确保整个冶金生产过程的安全和高效。

冶金工业的环境保护和职业安全目标是以推进最有效的技术为根本，使冶金制造流程向紧凑、连续和高效整体优化的方向发展，以实现资源能源消耗最小、污染物排放最少、制造过程运行周期最短、资源和环境负荷最轻、生产安全、职工健康卫生与社会和谐；加强以危险源预测预控为目的的现代化安全管理，完善以危险源辨识为基础的安全系统工程；全面推行本质安全化工作，提升安全科技水平。

第1篇 矿物加工

1 矿物加工概述

冶金生产需要大量的原材料，如高炉炼铁需要大量的铁矿石（烧结矿、球团矿）、熔剂（石灰石、白云山）、燃料（焦炭、煤粉）。而烧结生产和球团矿生产又需要精矿粉、生石灰等熔剂、燃料（煤粉、焦粉）。精矿粉又需要从矿山上开采铁矿石，进行破碎、粉碎、细磨、选矿作业。焦炭的生产又由采煤、原煤洗选、配煤、焦化逐步完成。现代冶金工业是一个庞大而复杂的生产过程，其中矿物加工是保证原料供给的基础。主要包括采选矿、焦化、烧结矿、球团矿的生产。

矿物的加工是指采用物理、化学办法，对天然矿物资源（通常包括金属矿物、非金属矿物、煤炭等）进行加工（包括分离、富集、提纯、提取、深加工等），以获取有用物质的科学技术。

1.1 矿物加工基本任务

1.1.1 采选矿生产

不同矿体的埋藏深度等地质条件不同，开采的方法也不同。从大的方面说，开采方法可以划分为露天开采和地下开采。如矿体的埋藏深度不大，采矿时需要去除的岩石不多，按照安全、经济、高效的原则，通常采用露天开采方法；相反，则采用地下开采的方法。

选矿过程的主要任务是：将矿石中的有用矿物和脉石矿物相互分离，除去有害杂质，充分而经济合理的利用矿产资源。其主要由选前的矿石准备作业、选别作业和选后的脱水作业所组成。

1.1.2 焦化生产

焦炭质量的好坏直接影响高炉冶炼过程的进行及能否获得好的技术经济指标，因此对入炉焦炭有一定质量要求。

现代焦炭生产过程分为洗煤、配煤、炼焦和产品处理等工序。其主要任务有：减少焦炭中有害物质（硫、磷、挥发分、水分等）；改善焦炭的物理性质，包括提高焦炭的机械强度、粒度等。

1.1.3 烧结矿生产

烧结生产是铁矿粉造块主要的两种方法之一。其任务是将各种粉状含铁原料，配入适量的燃料、熔剂和水，经混合、造球后在烧结设备上进行点火焙烧，使之在不完全熔化的条件下烧结成块。在此过程中借助燃料燃烧产生的高温，使物料发生一系列物理、化学变化，并产生一定数量的液相，当冷却时，液相将矿粉颗粒黏结成块，形成烧结矿。

1.1.4　球团矿生产

球团矿生产是铁矿粉造块的另外一种主要方式。是指将细磨铁精矿粉和少量添加剂的混合料通过造球设备滚动而成 9~16mm 的生球后再进行焙烧固结的工艺。

只有学习好矿物的分选加工以及矿产资源的综合利用，掌握发达的、先进的矿物加工技术，才能够高效利用资源，走可持续发展和循环经济，包括资源的二次利用的道路。随着矿物加工技术的发展，在现有技术经济条件下认为没有开采利用价值的矿物资源，也将变为可用的资源。

1.2　矿物加工过程质量指标

1.2.1　铁矿石的质量指标

铁矿石是高炉冶炼的主要原料，其质量的好坏与冶炼进程及技术经济指标有极为密切的关系。决定铁矿石质量的主要指标有：含铁量高、脉石少、有害杂质少、化学成分稳定、粒度均匀、良好的还原性及一定的机械强度等性能。

1.2.2　焦炭的质量指标

焦炭作为高炉主要燃料之一，其质量的好坏直接影响高炉冶炼过程的进行及能否获得好的技术经济指标，因此对入炉焦炭有一定质量要求。

焦炭的化学成分包括：

（1）固定碳和灰分。焦炭中的固定碳和灰分、挥发分、硫的含量是互为消长的。固定碳按下式计算：

$$w(C_固) = 1 - w(灰分 + 挥发分 + 硫)$$

（2）硫和磷。在炼焦过程中，能够去除一部分硫，但仍然有 70%~90% 的硫留在焦炭中，因此要降低焦炭的含硫量必须降低炼焦煤的含硫量。焦炭中含磷一般较少。

（3）挥发分。正常情况下，挥发分一般在 0.7%~1.2%。

（4）水分。焦炭中的水分是湿法熄焦时渗入的，通常为 2%~6%。

焦炭的物理性质主要包括：

（1）机械强度。焦炭的机械强度是指焦炭的耐磨性和抗撞击能力。

（2）粒度均匀、粉末少。入炉焦炭粒度范围一般为 20~60mm。

1.2.3　烧结矿的质量指标

烧结矿质量的好坏，直接关系着高炉冶炼的进程。优质烧结矿应该具有强度高、入炉前粉末含量少、还原性好、初始软化温度高、软化温度范围窄、低温还原粉化率低等特点。烧结矿的质量指标主要有：

（1）烧结矿品位。指含铁量的高低。往往用扣除烧结矿中碱性氧化物的含量来计算烧结矿的含铁量。

（2）烧结矿碱度。一般用烧结矿中 $w(CaO)/w(SiO_2)$ 的值表示。按烧结矿碱度的高低，分为高碱度烧结矿（碱度大于 1.6）、自熔性烧结矿（碱度为 1.0~1.4）和酸性烧结矿（碱度小于 1.0）。高碱度烧结矿具有强度高、还原性好等特点，是目前高炉主要使用的人造富矿。

（3）硫及其他有害杂质。烧结矿含硫及其他有害杂质越少越好。

（4）还原性。烧结矿的还原性可用其氧化度来表示。氧化度可以根据烧结矿中的全铁和亚铁的含量进行计算。计算公式为：

$$氧化度 = \left(1 - \frac{w(Fe)_{FeO}}{w(Fe)_全}\right) \times 100\%$$

式中　$w(Fe)_{FeO}$——烧结矿中以 FeO 形态存在的铁的质量分数，%；

　　　$w(Fe)_全$——烧结矿中全部铁的质量分数，%。

（5）转鼓指数。是衡量烧结矿在常温状态下磨削和抗冲击能力的一个指标。

转鼓试验按标准取样和制备，取样后 30min 进行试验，将 20kg 试样装入标准转鼓内以 25r/min 的转速转 4min，然后将烧结矿倒入悬吊式的 5mm 方孔网筛上，往复筛动 10 次，大于 5mm 的试样的百分数作为烧结矿的转鼓指数。转鼓指数越高，烧结矿强度越好。

$$转鼓指数 = \frac{A}{20} \times 100\%$$

式中　A——试样中大于 5mm 部分的质量，kg。

（6）筛分指数。筛分试验用筛内长 800mm，宽 500mm，高 100mm，筛孔 5mm×5mm。按取样规定在高炉矿槽下烧结矿入料车前取原始试样 100kg，每次取 20kg 试样装入筛内进行筛分，往复摆动 10 次，共分 5 次筛完，筛下 0~5mm 部分试样重与原始试样重的百分比，即为筛分指数（此值越小越好）。

$$筛分指数 = \frac{100 - A}{100} \times 100\%$$

式中　A——筛分试验后大于 5mm 部分的质量，kg。

（7）落下强度。表示烧结矿冲击能力的强度指标。测定方法是将一定数量的成品烧结矿（实验室取 25kg 粒度大于 15mm），装入上下移动的盛料箱内，然后将料箱提升到规定高度（通常取 1.8m），打开料箱底门，使烧结矿落到钢板上，再将烧结矿全部收集起来，重复 3~4 次，最后筛出 0~5mm 粉末，此质量与原始试样质量之比的百分数即为烧结矿的落下指标，一般要求不大于 15%。

（8）粒度组成。目前高炉要求烧结矿粒度为 5~40mm。

（9）孔隙率。一般希望它的微孔多而封闭孔少。

（10）烧结矿低温还原粉化率。低温还原粉化指数的测定方法尚不统一，一般取粒度 15~20mm 的烧结矿 500kg，在 550℃ 左右的温度下通以还原气体，约半个小时以后进行转鼓筛分，筛下小于 3mm 或小于 1mm 的质量百分比作为热还原粉化指标，此值越小越好，一般为 30%~35%。

1.2.4 球团矿质量指标

球团矿质量指标主要包括：

（1）抗压强度。在试压机上测定单个球受压破裂时所加压力，取5个球的平均值作为球团矿的抗压指标。抗压强度大于2000N就可满足高炉需要。

（2）落下强度。取1kg的球团矿试样，从1.5m的高度落到钢板上，反复落下3次，小于5mm的百分比为落下强度。一般小于15%。

（3）转鼓指数。在直径500mm，宽250mm的转鼓内，装入1kg试样，以25r/min的速度转4min，测定小于5mm部分的百分比作为转鼓指标，要求小于25%。

复习思考题

1-1 简述矿物加工的主要任务。

1-2 简述矿物加工过程质量指标。

2 采 矿 生 产

2.1 采矿基本概念

2.1.1 矿产

矿产是指在各种地质作用下，形成于地壳内的能被国民经济利用的矿物资源。矿产资源分类如图 2-1 所示。

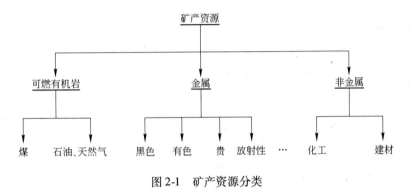

图 2-1 矿产资源分类

2.1.2 矿物、矿石、岩石的概念

矿物是在地壳中由于自然的物理化学作用或生物作用，所生成的自然元素（如金、石墨、硫黄）和自然化合物（如磁铁矿、黄铜矿、石英）。矿物在地壳中分布不均，但在地质作用下，可以形成相对富集的矿物集合体。

矿石是在现代技术经济条件下，可以开采、加工、利用的矿物集合体；相反则称为岩石。

2.1.3 矿体、围岩与废石

矿体是具有一定形状和产状的矿石集合体。

围岩是矿体周围无开采价值或尚无开采价值的岩石。矿体上部的岩石统称为上盘围岩，矿体下的岩石统称为下盘围岩。

夹石是矿体中矿石品位达不到工业要求而无开采价值或尚无开采价值的部分。

废石是围岩与夹石的统称。

边界品位是划分矿石与废石的有用成分的最低含量标准。

2.1.4 矿床

矿体及其围岩的集合体称为矿床，矿床可由一个矿体或多个矿体组成。

2.1.5　矿石贫化与损失

矿石损失指矿床开采过程中，造成矿石数量减少的现象。矿石损失的大小用矿石损失来表示。

矿石损失率是开采过程中损失的矿石量与工业储量的百分比。

矿石贫化指矿床开采过程中采出矿石品位降低的现象。矿石贫化的程度一般用矿石贫化率来表示。

矿石贫化率为采出矿石品位降低的百分率。

指标计算，矿石损失与贫化指标有两种计算法，即直接法和间接法。

2.2　采矿方法

2.2.1　露天开采基本知识

用露天开采的矿山企业，称为露天矿。露天矿场位于露天开采境界封闭圈以上的称为山坡露天矿；位于露天开采境界封闭圈以下的称为凹陷露天矿。露天开采所形成的采坑、台阶和露天沟道的总合称为露天矿场。

露天开采时，通常是把矿岩划分成一定厚度的水平分层，自上而下逐层开采，并保持一定的超前关系，在开采过程中各工作水平在空间上构成了阶梯状，每个阶梯就是一个台阶或称为阶段。台阶是露天矿场的基本构成要素之一，是进行独立剥离岩石和采矿作业的单元体。台阶构成要素如图 2-2 所示，露天矿全貌如图 2-3 所示。

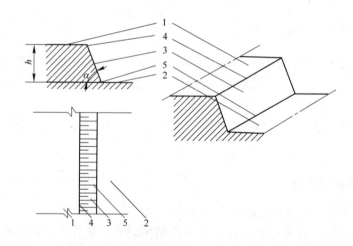

图 2-2　台阶构成要素

1—台阶上部平盘；2—台阶下部平盘；3—台阶坡面；4—台阶坡顶线；5—台阶坡底线；

h—台阶高度；α—台阶坡面角

在露天矿开采时，为了采出矿石，一般需要剥离一定数量的岩石，剥离岩石量与采出矿石量之比，即每采出单位矿石所需剥离的岩石量，称作剥采比，单位可采用 m^3/m^3、m^3/t 或 t/t。

图2-3 露天矿

2.2.2 露天开采的基本工序

露天开采的基本工序包括穿孔、爆破、铲装、运输、排土。

（1）穿孔。穿孔就是在计划剥离的矿岩上钻凿一定直径和深度的炮孔。常用的凿岩机有潜孔钻机和牙轮钻机，如图2-4所示。

（2）爆破。金属矿床的矿岩一般非常坚固，通常采用爆破的方法将其崩落。露天矿爆破就是在钻凿完毕的炮孔里装填炸药，然后连线起爆，把矿岩从矿床中剥离下来，并形成一定的块度、一定的爆堆。

（3）铲装。铲装是用采掘设备将经过爆破的破碎矿岩从爆堆中采掘出来，并装入运输设备，运至破碎站的受矿仓或者一定地点的工作，如图2-5所示，为正在工作的挖掘机。

图2-4 牙轮钻机

图2-5 挖掘机

（4）运输。运输指的是将采出的矿石运至指定卸载点，把废石运至排土场，将设备、人、材料运至工作地点的作业。

（5）排土。在排土场用一定方式进行堆置岩土的工作。

2.2.3　地下开采

矿体或矿床是规模较大的矿石聚集体，储量动辄数十万吨至数亿吨，延展规模小则数百米，大则数千米，为实现矿产资源的有序、合理化开采，必须首先将矿体（床）划分为不同的开采单元，并根据合理的开采顺序，逐单元进行回采作业。

2.2.3.1　开采单元划分

A　矿田和井田

划归一个矿山企业开采的全部或部分矿床的范围，称矿田。在一个矿山企业中，划归一组矿井或坑口（根据矿山安全开采规程要求，一个矿山至少要有两个以上独立的出口，除了负责矿石提升的主井外，还需要有负责人员、材料上下的副井及相应的通风井）开采的全部矿床或其一部分称井田。矿田有时等于井田，有时也包括几个井田。

B　阶段、矿块和盘区、采区

a　阶段、矿块

阶段、矿块是在开采缓倾斜、倾斜和急倾斜矿体时，将井田进一步划分的开采单元，如图2-6所示。

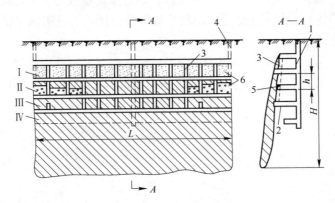

图2-6　阶段和矿块

Ⅰ—采完阶段；Ⅱ—回采阶段；Ⅲ—采准阶段；Ⅳ—开拓阶段；

H—矿体赋存深度；h—阶段高度；L—矿体走向长度；

1—主井；2—石门；3—天井；4—副井；5—阶段平巷；6—矿块（采区）

在井田中，每隔一定的垂直距离，掘进与矿体走向（矿体延展方向）一致的主要运输巷道，把井田在垂直方向上划分为若干矿段，这些矿段成为阶段（或中段）。

按一定尺寸将阶段划分为若干独立的回采单元，称为矿块。显然，矿块是阶段的一部分。

b　盘区、采区

盘区、采区是在开采水平和微缓倾斜矿体时，将井田进一步划分的开采单元，如图2-7所示。

开采水平和微缓倾斜矿体时，在井田内一般不划分阶段，而是用盘区运输巷道将井田

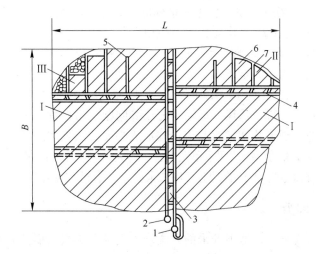

图 2-7 盘区和采区

Ⅰ—开拓盘区；Ⅱ—采准切割盘区；Ⅲ—回采盘区；

1—主井；2—副井；3—主要运输平巷；4—盘区平巷；5—回采平巷；6—矿壁（采区）；7—切割巷道

划分为若干个长方形的矿段，称为盘区。盘区的范围是以井田的边界为其长边，以相邻的两个盘区运输巷道之间的距离为其宽边。

采区是盘区的一部分。按一定尺寸将盘区划分为若干独立的回采单元，称为采区，采区是水平和微缓倾斜矿体最基本的回采单元。

2.2.3.2 开采顺序

A 井田中阶段的开采顺序

井田中阶段的开采顺序有下行式和上行式两种。下行式的开采顺序是先采上部阶段，后采下部阶段，由上而下逐阶段开采的方式。上行式则相反。

生产实践中，一般多采用下行式开采顺序。因为下行式开采具有初期投资小、基建时间短、投产快，在逐步下采过程中，能进一步探清深部矿体避免浪费等优点。

B 阶段中矿块的开采顺序

按回采工作对主要开拓井巷（主井、主平硐）的位置关系，阶段中矿块的开采顺序可分为以下 3 种：

（1）前进式开采。当阶段运输平巷掘进一定距离后，从靠近主要开拓井巷的矿块开始回采，向井田边界依次推进。该开采顺序的优点是基建时间短、投产快；缺点是巷道维护费用高。

（2）后退式开采。在阶段运输平巷掘进到井田边界后，从井田边界的矿块开始，向主要开拓井巷方向依次回采。该开采顺序的优缺点与前进式基本相反。

（3）混合式开采。即初期用前进式开采，待阶段运输平巷掘进到井田边界后，再改用后退式。该开采顺序虽利用了上述两种开采顺序的优点，但生产管理复杂。

在生产实际中，一般采用后退式开采顺序。

2.2.3.3 开采步骤

井田开采分 3 个步骤进行，即开拓、采准切割和回采。这 3 个步骤反映了井田开采的基本生产过程。

（1）开拓。井田开拓是从地表掘进一系列的井巷工程通达矿体，使地面与井下构成一个完整的提升、运输、通风、排水、供水、供电、供气（压气动力）、充填系统（俗称矿山八大系统），以便把人员、材料、设备、充填料、动力和新鲜空气送到井下，以及将井下的矿石、废石、废水和污浊空气等提运和排除到地表。

（2）采准切割。在已完成开拓工作的矿体中，掘进必要的井巷工程，划分为回采单元，并解决回采单元的人行、通风、运输、充填等问题的工作称为采准。在完成采准工作的回采单元中，掘进切割天井和切割巷道，并形成必要的回采空间的工作称为切割。

（3）回采。在完成采切工作的回采单元中，进行大量采矿作业的过程，称为回采，包括凿岩、爆破、通风、矿石运搬、地压管理等工序。采矿方法不同，回采工艺内容也不完全一样。

2.3　采矿方法的种类

根据地压管理方法不同，地下开采的方法分为空场采矿法、崩落采矿法、充填采矿法三大类，每一大类包括若干具体的采矿方法。

空场采矿法：采矿形成的采空区用留下的矿柱支撑维持稳定。

崩落采矿法：采矿形成的采空区用崩落采空区上部的围岩方法维持稳定。

充填采矿法：采矿形成的采空区用尾砂、废石等充填体填充维持稳定。

2.4　采矿方法举例——浅孔留矿法

浅孔留矿法是空场采矿法中的一个工艺简单使用较多的方法，如图2-8所示。

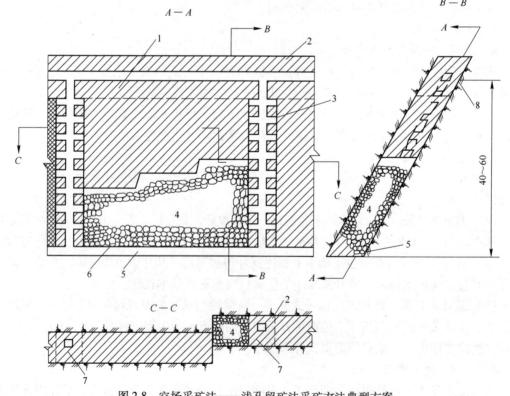

图2-8　空场采矿法——浅孔留矿法采矿方法典型方案

1—顶柱；2—天井；3—联络道；4—采下矿石；5—阶段运输平巷；6—放矿漏斗；7—间柱；8—上阶段运输平巷

　　采准工作包括掘进阶段运输巷、通风人行天井、天井联络道、拉底巷道、斗颈。切割工作包括拉底和扩漏。回采工作包括凿岩、爆破、通风、局部放矿、撬顶、平场、大量放矿。

　　留矿采矿法适用条件有：

（1）矿石、围岩均稳固。

（2）矿体倾角大于55°。

（3）矿体的厚度小于8m，大于0.8m。

（4）矿体规整无夹石。

（5）矿石无氧化性、自燃性、结块性。

复习思考题

2-1　什么是矿石品位，贫化的含义是什么？

2-2　露天开采的基本工序有哪些？

2-3　地下开采的三大类采矿方法是什么，留矿采矿法的使用条件是什么？

3　选　矿　生　产

3.1　概述

3.1.1　矿石性质与选矿

矿石的性质包括矿石的化学成分、矿物组成、结构构造（如颗粒和集合体的大小、形状、分布以及颗粒间的连晶等）、矿石中金属元素的赋存状态、矿石的物理化学性质等。它们都与选矿生产密切相关。

直接与选矿有关的矿物性质主要有比重（或密度）、磁性、润湿性、导电性等。除此之外，矿物的形状、粒度、颜色、光泽等也往往是某些特殊选矿方法的依据。

3.1.2　选矿的基本内容

选矿实践中，都是利用矿物的物理或物理化学性质的差异（有时还采取人为的方法来扩大矿物物理化学性质的差异），分离有用矿物和脉石矿物。选矿过程是由选前的矿石准备作业、选别作业和选后的脱水作业所组成的连续生产过程。

选前的准备作业是将矿石中的有用矿物和脉石达到单体解离的工序。通常由破碎筛分和磨矿分级两个阶段进行。

选别作业是将已经单体解离的矿石，采用适当的手段，使有用矿物和脉石分选的工序。常用的分选方法有磁选法、重力选矿法、浮游选矿法和电选法等。

选后的脱水作业是脱除选矿产品中水分的工序。脱水常常分为浓缩、过滤和干燥作业。选矿厂的脱水车间就是由浓缩、过滤、干燥等工序构成。

矿石经过选矿后，可得到精矿、中矿和尾矿三种产品。分选所得有用矿物含量较高、适合于冶炼加工的最终产品，称为精矿。选别过程中得到的中间的、尚需进一步处理的产品，称为中矿。选别后，其中有用矿物含量很低、不需进一步处理（或技术经济上不适于进一步处理）的产品，称为尾矿。

3.1.3　选矿的工艺指标

选矿的工艺指标主要包括：

（1）品位。产品中金属或有价成分的质量与该产品质量之比的百分数，称为该金属或有价成分的品位。通常用 α 表示原矿品位；β 表示精矿品位；θ 表示尾矿品位。

（2）产率。产品质量与原矿质量之比的百分数，称为该产品的产率，以 γ 表示。

（3）回收率。精矿中金属的质量与原矿中该金属的质量之比的百分数，称为该金属的回收率，常用 ε 表示。回收率可用下式计算：

$$\varepsilon = \frac{\gamma\beta}{100\alpha} \times 100\%$$

金属回收率是评定分选过程（或作业）效率的一个重要指标。回收率越高，表示选矿过程（或作业）回收的金属越多。所以，选别过程中应在保证精矿质量的前提下，力求提高金属回收率。

（4）选矿比。是指原矿质量与精矿质量之比。用它可以表示获得一吨精矿所需处理原矿的吨数。

（5）富矿比。富矿比或称富集比，即精矿中有用成分含量的百分数（β）和原矿中该有用成分含量的百分数（α）之比值，常以 i 表示。它表示精矿中有用成分的含量比原矿中该有用成分含量增加的倍数。

3.2 选前的准备作业

选前的准备作业一般指选别前矿石的粉碎作业。通常包括破碎筛分和磨矿分级。有时，还可包含洗矿、预选等作业。它是将矿石通过破碎和磨矿等主要手段，使有用矿物与脉石矿物单体解离，并达到入选粒度要求的过程。

3.2.1 破碎

选矿厂主要是利用机械力破碎矿石。常用的破碎方法有压碎、劈碎、折断、磨碎和击碎。目前采用的破碎和磨矿机械，一般都是上述几种方法的联合作用。

破碎阶段与选矿厂的规模和其他条件有关。物料经过破碎的次数，即为破碎阶段的段数。生产实践中，大致分为下列阶段：

（1）粗碎。给矿粒度 1500～500mm，破碎到 400～125mm。

（2）中碎。给矿粒度 400～125mm，破碎到 100～25mm。

（3）细碎。给矿粒度 100～25mm，破碎到 25～5mm。

破碎比是破碎机的给矿最大矿块尺寸（D）与该段破碎机的产品中最大矿块尺寸（d）之比，即破碎比 $i = D/d$。它的大小，说明矿石经过破碎以后，其粒度缩小的倍数，是衡量矿石破碎前后粒度变化程度和均衡分配各段破碎机工作的参数。

目前国内大多数金属矿石选矿厂的破碎机械主要还是采用颚式破碎机、旋回破碎机和圆锥破碎机等常规破碎设备。另外还有对辊破碎机、反击式破碎机、液压颚式破碎机等。

（1）颚式破碎机。颚式破碎机是一种间断工作的破碎机械。工业上广泛应用的有简单摆动式（见图3-1）和复杂摆动式两种。

简单摆动式颚式破碎机可动颚板的悬挂轴与偏心轴分开，可动颚板仅做简单摆动，破碎物料以压碎为主，多制成大、中型，破碎比为3～5。复杂摆动式颚式破碎机的悬挂轴与偏心轴合一，可动颚板既做摆动，又做旋转运动，因此除有压碎、折断作用外，还有磨剥作用，一般制成中、小型，破碎比可达10。随着耐冲击的大型滚动轴承的出现，复杂摆动型颚式破碎机有向大型发展的趋势。

简单摆动式颚式破碎机工作时，传动机构带动偏心轴转动，使连杆9上下垂直运动。借助前肘板15和后肘板13，使可动颚板5绕悬挂心轴6做周期摆动。当连杆向上运动时，肘板使可动颚板靠近固定颚板2，破碎腔中的矿石受到挤压、劈裂和弯曲的联合作用而破碎。当连杆向下运动时，可动颚板借助拉紧弹簧10的恢复力离开固定颚板，已被破碎的矿石在重力作用下，经排矿口排出。

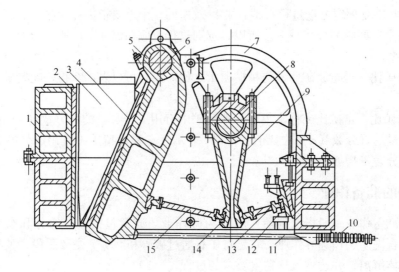

图 3-1　简单摆动式颚式破碎机结构简图

1—机架；2—固定颚板；3—侧衬板；4—破碎衬板；5—可动颚板；6—悬挂心轴；7—飞轮；8—偏心轴；
9—连杆；10—弹簧；11—拉杆；12—楔块；13—后肘板；14—肘板支座；15—前肘板

颚式破碎机结构简单、不易堵矿、工作可靠、易于制造、维护方便，至今仍广泛应用。其主要用于中硬以上矿石的粗碎和中碎。与旋回破碎机相比，其缺点是生产率低、破碎比小、产品粒度不均匀。

（2）旋回破碎机。旋回破碎机是连续工作的破碎机械。它主要由机架、活动圆锥、固定圆锥、主轴、大小伞齿轮和偏心套筒等组成。活动圆锥的主轴支撑在横梁上面的固定悬挂点，主轴下部置于偏心套筒内。偏心套筒转动时，使锥体绕中轴做连续的偏心旋回运动。活动圆锥靠近固定圆锥时，矿石受到挤压而破碎；离开时，破碎产品靠自重经排矿口排出。目前我国生产的都是中心排矿式的旋回破碎机，破碎比为 3~5。

旋回破碎机工作平稳、生产率高、易于启动、破碎比大、产品粒度均匀，同时可以挤满给矿，辅助设备少。它广泛用于粗碎、中碎各种硬度的矿石。其缺点是构造复杂、机身较高、基建费用高。

（3）圆锥破碎机。圆锥破碎机是旋回破碎机的改造形式，主要用作中碎和细碎设备，所以又称其为中细碎圆锥破碎机。圆锥破碎机的规格用活动圆锥的底部直径表示。用于中碎的称为标准圆锥破碎机；用于细碎的称为短头圆锥破碎机；居于上述两者之间的称为中型圆锥破碎机。它们的工作原理与旋回破碎机基本相同，但结构上有明显区别。

圆锥破碎机生产能力大、功率消耗低、破碎比大（$i=4~5$）、产品粒度均匀。目前广泛用于各种硬度矿石的中碎和细碎。但不宜处理黏性物料。

3.2.2　筛分

筛分是利用筛子将粒度范围较宽的混合物料按粒度分成若干个不同级别的过程。目前，国内绝大多数选矿厂采用的筛分设备是振动筛，其中尤以自定中心振动筛应用最多。圆筒筛、平面摇动筛、共振筛、弧形筛和细筛等在少数选矿厂有所应用。

3.2.2.1　棒条筛

棒条筛是由许多平行排列的钢棒条（格条）组成。格条由螺栓相串，格条间以套管隔成相等的间距，形成所要求的筛缝宽度。选矿厂常用钢轨作为格条，坚固耐用。

棒条筛结构很简单，不需动力，在选矿厂广泛应用。它适宜筛分大于50mm的粗粒物料，一般做粗、中碎前的预先筛分。

3.2.2.2　自定中心振动筛

自定中心振动筛的筛框由四根弹簧固定在支架上。筛框与水平成15°~25°的倾角。筛框内装有筛网和振动器。主轴旋转时，由于偏心产生的离心力和飞轮的配重所产生的离心力互相平衡，则筛框中部绕轴线做半径为r的圆周运动，此时，对主轴的轴线而言，它在空间的位置始终不变。所以这种振动筛称为自定中心振动筛。

自定中心振动筛的筛分效率高、生产能力大、应用范围广、结构简单、调整方便、工作可靠。它广泛应用于选矿、煤炭等工业部门，最大给矿粒度可达150mm。

3.2.3　磨矿

磨矿作业是矿石破碎过程的继续。它通常在磨矿机中进行，磨机内装有磨矿介质。若介质为钢球，则称为球磨机；介质为钢棒则称为棒磨机；介质为砾石称为砾磨机；若以自身矿石作介质，就称为矿石自磨机；矿石自磨机中再加入适量钢球，就构成所谓半自磨机。磨机的规格，都以筒体直径乘以长度表示。

3.2.3.1　磨矿过程

磨机以一定转速旋转时，矿石在磨矿介质产生的冲击力和研磨力联合作用下被粉碎。

3.2.3.2　磨矿阶段

磨矿阶段主要包括粗磨与细磨：

（1）粗磨。给矿粒度25~5mm，磨碎到1~0.3mm。

（2）细磨。给矿粒度1~0.3mm，磨碎到0.1~0.074mm。

3.2.3.3　磨矿机械

选矿厂常用的磨矿机械有球磨机、棒磨机、自磨机和半自磨机等。

A　格子型球磨机

格子型球磨机主要由筒体部、给矿部、排矿部、传动部、轴承部和润滑系统等六个部分组成，如图3-2所示。筒体由厚钢板焊接而成，两端焊有法兰盘，分别与磨机的端盖连接。筒体上开有1~2个人孔，便于更换衬板和检查。筒体内壁装有耐磨衬板，以提升钢球和保护筒体。衬板材料主要有高锰钢、高铬钢、耐磨铸铁和橡胶。

给矿部分由中空轴颈的端盖5和联合给矿器6以及轴颈内套8等组合成。给矿器用于向筒体内部输送原矿和分级机返砂。排矿部分由中空轴颈的端盖10、扇形格子衬板11、中心衬板12和轴颈内套等零件组成。扇形格子板的算孔大小应能阻止钢球和未磨碎的粗颗粒排出，又能保证含有合格粒度的矿浆顺利排出。为避免矿粒堵塞，算孔断面应制成梯形，算孔大小向排矿端方向逐渐扩大。格子型球磨机生产能力大，过磨现象少，常用于粗磨。

B　溢流型球磨机

溢流型球磨机与格子型球磨机的不同仅在排矿部分没有扇形格子板装置，磨碎的矿浆

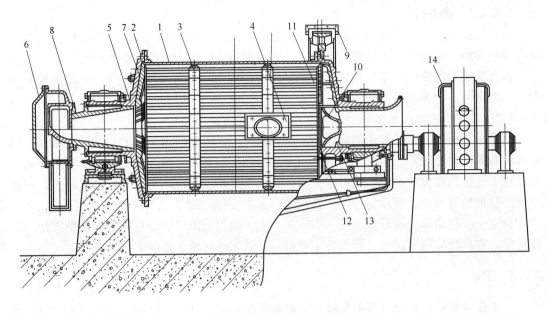

图 3-2　格子型球磨机结构

1—筒体；2—法兰盘；3—螺钉；4—人孔盖；5，10—中空轴颈端盖；6—联合给矿器；7—端衬板；
8—轴颈内套；9—大齿轮；11—格子衬板；12—中心衬板；13—轴承内套；14—电动机

经中空轴颈的排矿口自动溢出。溢流型球磨机生产能力较小，磨矿效率也较低。一般在两段磨矿流程中，格子型多用在第一段，溢流型多用在第二段。

C　棒磨机

棒磨机和溢流型球磨机基本类似。不同的是它采用钢棒作为磨矿介质。它是依靠钢棒间的"线接触"压碎和研磨矿石。因此具有选择性的破碎作用，减少了矿石的过粉碎。其产品粒度均匀，钢棒消耗量低。

D　自磨机

矿石自磨机是借助矿石本身在筒体内的冲击和磨剥作用，使矿石达到粉碎的磨矿设备。用它对粗碎后的矿石进行自磨，是降低大型选矿厂破碎磨矿车间基建投资的措施之一。

3.2.4　分级

选矿厂常用的分级作业是湿式分级。粒度、形状和密度不同的矿粒群，在水中按沉降速度的不同分成若干窄级别的作业，称为湿式分级。用于闭路磨矿流程的分级机械有螺旋分级机、水力旋流器等。近年来，细筛在国内外选矿厂也得到了普遍应用。

3.2.4.1　螺旋分级机

螺旋分级机是机械分级机的一种，它由U形水槽、螺旋装置、传动装置、升降机构、支撑轴承等部分组成。

螺旋分级机的工作原理是：经磨矿后的矿浆，从分级机的给矿口给入倾斜安装的U形水槽内。随着螺旋的低速回转和连续不断地搅拌矿浆，使得大部分轻而细的颗粒悬浮于上面，从溢流堰溢出，成为溢流产品；粗而重的颗粒将沉降于槽底，成为沉砂，由螺旋输送到分级机的排矿口排出，返回磨矿机再磨。

3.2.4.2　水力旋流器

水力旋流器是一种利用离心力作用的分级设备。其结构形式按矿浆进入旋流室的旋转方向，分为左旋和右旋两种。它主要由给矿管、圆柱体外壳、锥形容器、排砂嘴和溢流管等部分组成。给矿管、排砂嘴和壳体等易磨部件衬有耐磨内衬（辉绿岩铸石或耐磨橡胶）。

矿浆以一定压力，经给矿管沿切线方向进入旋流器的圆柱体后，即在器内做旋转运动并产生极大的离心力。在离心力的作用下，较粗的颗粒被抛向器壁，随螺旋下降流下降，并由排砂嘴排出；较细的颗粒与水一起在锥体中心形成上升的螺旋流，经溢流管排出。

和其他分级机相比，水力旋流器构造简单，没有运动部件，体积很小，占地面积少，单位面积处理能力大，操作维护方便，成本较低。但是，它存在砂泵动力消耗大，设备磨损严重，以及给矿压力、给矿量波动对生产指标影响大等缺点。

3.2.4.3　细筛

细筛是一种新型的湿式细粒级（0.2～0.044mm）筛分设备。筛面由等距离、相互平行的固定筛条组成。筛框用弹簧悬挂在筛体上，筛面与水平的倾角可以调节。筛框背面有敲打装置。敲打装置的打击锤周期性的敲打筛框，使筛面产生瞬间振动，防止筛孔堵塞。工作时，矿浆以一定速度均匀给入并流经筛面，细颗粒在重力作用下，透过筛缝，成为筛下产品；粗颗粒则越过筛面，成为筛上产物。另外，在矿浆均匀流经筛面的过程中，还能产生重力分层现象，利于富集和分级。

细筛结构简单，工作可靠；分级精度高，产品粒度均匀；筛孔不易堵塞，筛分过程中具有富集作用；单位面积处理量大。主要缺点为筛面磨损较快。为增强抗磨性，国内已采用尼龙筛条。国内外实践证明，采用细筛再磨方法是提高磁铁矿精矿品位的一种经济有效的措施。细筛也是黑色金属选矿厂中很有前途的细粒分级设备。

3.3　选别作业

选别作业是将已经达到单体解离的矿石，借助各种选矿设备将有用矿物和脉石矿物分离，并使有用矿物相对富集的过程。常用的选别方法除磁选、重选、浮选和电选法外，还有摩擦选矿法、光电选矿法、手选法和化学选矿法等。

3.3.1　磁选

磁选是利用各种矿物的磁性差别，在不均匀磁场中实现分选的一种选矿方法。矿物按磁性分为强磁性矿物、弱磁性矿物和非磁性矿物等。根据矿物磁性的强弱，分别采用不同强度磁场的磁选机进行分选。

磁选机的类型很多，分类的方法也很多。常常根据磁场强度的强弱把磁选机分成弱磁场磁选机（磁极表面磁场强度 $H_0 = 7.2 \times 10^4 \sim 1.4 \times 10^5 \mathrm{A/m}$）和强磁场磁选机（磁极表面磁场强度 $H_0 = 4.8 \times 10^5 \sim 1.6 \times 10^6 \mathrm{A/m}$）两大类。

3.3.1.1　弱磁场磁选设备

常用的有磁力脱水槽、永磁圆筒式磁选机、磁滚筒等。

永磁圆筒式磁选机是磁选厂普遍应用的一种磁选设备。根据分选箱底部结构的不同，分为顺流型、逆流型和半逆流型三种。目前以半逆流型应用最多。图3-3为半逆流型永磁圆筒式磁选机。它由分选圆筒、磁系和底箱等主要部分组成。矿浆经过给矿箱进入磁选机槽体后，在吹散水的作用下，呈松散悬浮状态进入给矿区。磁性矿粒被吸在旋转的圆筒表面上。此时，由于磁系的极性交替，产生搅动作用，使夹杂在磁链中的脉石被清洗出来，从而提高了精矿品位。磁性矿粒被旋转圆筒带至磁系外区时，因磁场减弱，被冲洗水冲下，并进入精矿槽中。非磁性矿粒和磁性很弱的矿粒在槽体内矿浆流的作用下，从底板上的尾矿孔流入尾矿管中。

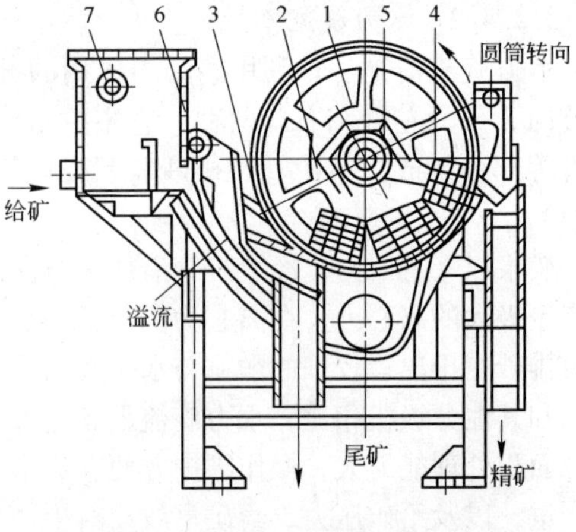

图3-3 半逆流型永磁圆筒式磁选机结构
1—圆筒；2—磁系；3—槽体；4—磁导板；
5—支架；6—喷水管；7—给料箱

3.3.1.2 强磁场磁选设备

常用的有干式电磁圆盘式强磁选机、琼斯型湿式强磁场磁选机、SLon立环脉动高梯度磁选机等。

3.3.2 重力选矿

重力选矿简称重选。由于矿粒间的密度差异，矿石在运动介质中所受重力、流体动力和其他机械力也不同。重选就是利用这些差异实现按密度分选矿粒群的过程，而粒度和形状也影响按密度分选的精确性。

重选法处理量大、简单可靠、经济有效。它广泛用于稀有金属、贵金属、黑色金属矿石和煤炭的选别。也用于有色金属矿石的预选作业及非金属矿石的加工。它可处理小至0.01mm的钨、锡矿泥，也可处理大至200mm的煤炭。

重选法按其原理，可分为分级、洗矿、跳汰选矿、摇床选矿、溜槽选矿和重介质选矿。其中前两类主要是按粒度分选的过程，后四类主要是按密度分选的过程。

3.3.2.1 跳汰选矿

跳汰选矿是处理密度差较大的粗粒矿石最有效的重选方法之一。分选介质是水，称为水力跳汰；若为空气，称风力跳汰；个别情况有用重介质的，则称重介质跳汰。金属选矿厂多为水力跳汰过程。

目前，我国金属选矿厂主要采用隔膜型跳汰机，其介质流形式为垂直交变水流。在上升水流作用阶段，床层松散，矿粒按密度、粒度和形状不同而逐渐分层。在下降水流作用阶段，床层逐渐紧密，矿粒继续运动并分层，直至大部分矿粒沉到筛板，如此反复多次分选，结果是低密度粗颗粒集中于上层，高密度细颗粒集中于底层。

跳汰选矿工艺简单、操作方便，处理量大、效果较好，是一种有发展前途的重选方法。

3.3.2.2 摇床选矿

摇床选矿的基本过程是：由给水槽给入的冲洗水，在床面形成均匀的斜面薄层水流。

当矿浆给入往复摇动的床面时，矿粒在重力、水流冲力、床面摇动产生的惯性力以及摩擦力等综合作用下，按密度松散以不同的速度，沿床面纵向和横向运动。最终，不同密度的矿粒在床面上呈扇形分布，从而达到分离。

摇床选矿是细粒物料的主要重选方法之一。摇床选矿分带清晰、易于操作、工作可靠、分选效率高。

3.3.2.3 重介质选矿

重介质选矿是在密度大于水的介质中，使矿粒群按密度分选的一种选矿方法。它的基本原理是阿基米德定律。通常分选介质的密度（Δc）介于小密度（δ_1）和大密度（δ_2）矿物之间，即：$\delta_1 < \Delta c < \delta_2$。

不论它们的粒度和形状如何，大密度矿粒都下沉，集中于分选机底部；小密度矿粒则浮起，集中于分选机上部。分别排出后，获得重产物（精矿）和轻产物（尾矿）。

3.3.3 浮游选矿

浮游选矿也称泡沫浮选，简称浮选，是依据各种矿物的表面性质的差异，在矿浆中借助于气泡的浮力，分选矿物的过程。

3.3.3.1 浮选过程

浮选过程包括浮选前的矿浆准备、加药调整、充气浮选等过程。调制好的矿浆，引入浮选机内，由于浮选机的充气搅拌作用，形成大量的弥散气泡，给矿粒与气泡提供了接触机会。可浮性好的矿粒，附着于气泡上，形成矿化泡沫，收集泡沫产品，即得浮选精矿。而可浮性差的矿粒，不能附着在气泡上而留在矿浆内，作为尾矿从浮选机底流排出。

自然界中绝大多数矿物的天然可浮性是比较差的。选矿生产中常使用浮选药剂来扩大矿物间可浮性的差别，达到矿物的分选。

3.3.3.2 浮选药剂

浮选药剂按其用途，可分为捕收剂、起泡剂、抑制剂、活化剂和调整剂。

（1）捕收剂。能选择性地使矿物表面疏水的有机物质，称为捕收剂。捕收剂的分类如下：

$$
捕收剂
\begin{cases}
非极性油类捕收剂，如：煤油、变压器油等 \\[1ex]
异极性捕收剂
\begin{cases}
非离子型捕收剂，如：多硫化物 \\[1ex]
离子型捕收剂
\begin{cases}
阴离子捕收剂，如：黄药、黑药、脂肪酸等 \\
阳离子捕收剂，如：胺类
\end{cases}
\end{cases} \\[1ex]
两性捕收剂，如：十六烷基二醋酸
\end{cases}
$$

（2）起泡剂。起泡剂一般是异极性的表面活性物质，能产生浮选所必需的大量而稳定的气泡。常用的起泡剂有松油、二号浮选油等。

（3）抑制剂。抑制剂的作用是削弱捕收剂与矿物表面的作用，从而降低与恶化矿物可浮性的一种药剂。常用的抑制剂有石灰、氰化钾（钠）、重铬酸钾、硫酸锌、硫化钠等。

（4）活化剂。活化剂是用来提高被抑制矿物的浮游活性。通常用硫酸铜来活化闪锌矿、黄铁矿、毒砂等；硫化钠活化氧化矿物；碱土金属与重金属离子活化石英与硅酸盐类矿物等。

（5）调整剂。调整剂主要是用来调整矿浆的性质，造成有利于浮选分离的介质条件。

主要是调整矿浆的 pH 值、药剂作用的活度、矿泥的分散与团聚和消除有害离子的影响。

3.3.3.3　浮选机械

浮选机是实现浮选工艺过程的主要设备。矿浆在浮选机内进行充气与搅拌，使表面已受捕收剂作用的矿粒向气泡附着，在矿浆面上形成矿化泡沫层，用刮板刮出，即得泡沫产品（精矿）。选矿生产中常用的浮选机有机械搅拌式、压气式、浮选柱和棒型浮选机等。

3.3.4　电选

电选是利用各种矿物的导电性差异，在高压电场中实现分选的一种选矿方法。常用的电选机有 $\phi370mm \times 600mm$ 电选机、$\phi120mm \times 1500mm$ 双辊电选机、YD-2 型、YD-3 型电选机以及金刚石专用单辊电选机等，它们都是电晕—静电复合电场电选机。高压供电电压为 $0 \sim 22kV$。其结构特征都为辊式，分选过程相同，但又各具特点。

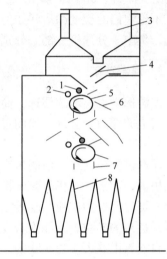

如图 3-4 所示，$\phi120mm \times 1500mm$ 双辊电选机主要由给矿装置 3、接地辊筒电极 5、电晕电极 1、偏转电极 2 和分料调节板 7 等部分组成。经干燥加热的矿石给入辊筒表面，并随辊筒一起旋转进入电晕电场，电晕电流使矿石颗粒都带上负电荷。由于导体颗粒导电性能好，所以一面荷电，一面又把电荷传给辊筒（接地电极），其放电速度较非导体矿粒快。所以当物料随辊筒旋转离开电晕电场区进入静电场区时，导体矿粒的剩余电荷少，而非导体矿粒则因放电速度慢致使剩余电荷多。

矿粒进入静电场区后，矿物不再继续得到负电荷，但还继续放电。导体矿粒放完全部负电荷，又在靠近偏转电极一侧感应得到正电荷，在离心力、重力

图 3-4　$\phi120mm \times 1500mm$ 双辊电选机结构示意图

1—电晕电极；2—偏转电极；3—给矿装置；
4—溜料板；5—辊筒电极；6—刷子；
7—分料调节板；8—产品漏斗

以及偏转电极的静电引力的综合作用下，其运动轨迹偏离辊筒而进入导体产品漏斗。非导体矿粒由于有较多的剩余负电荷，将与辊筒相吸。当其静电吸引力大于矿粒的重力和离心力的合力时，它便被吸附在辊筒上，直到被刷子刷下来而成为非导体产品。运动轨迹则介于导体与非导体之间的矿粒，则成为半导体产品。这就完成了电选的分离过程。

这种电选机运转可靠、操作方便、分选指标好，能满足一般分选的要求。

3.3.5　化学选矿及其他选矿方法

3.3.5.1　化学选矿

化学选矿法是利用化学作用将矿石中有用成分提取出来的方法。它包括各种形式的焙烧、浸出、溶剂萃取、离子交换、沉淀、电沉积、离子浮选等。

3.3.5.2　其他选矿方法

除前面所讲的重选、浮选、磁选、电选、化学选矿等几种主要选矿方法外，还有一些其他选矿方法。其中包括手选，按粒度、形状、硬度的选矿法，摩擦选矿，光电选矿等。

3.4 选后的脱水作业

选矿生产中通常都是采用湿法分选，选出的产品都是以固、液两相流体形式存在，绝大多数情况都是需要进行固液分离。脱水作业就是完成固液分离的作业。

选矿产品所含水分有重力水分、毛细水分、薄膜水分和吸湿水分。脱水的顺序为先易后难、由表及里。通常采用沉淀浓缩的方法脱去重力水分；利用压力差或离心力将毛细水分分离出来；对于薄膜水分和吸湿水分只能采用热力干燥的方法进行处理。

选矿厂的脱水作业常采用浓缩、过滤二段作业或浓缩、过滤和干燥三段作业。

3.4.1 浓缩

浓缩是矿物颗粒借助重力或离心惯性力从矿浆中沉淀出来的脱水过程。常用于细粒物料的脱水。浓缩作业的给矿浓度通常为 20%～30%，产物的浓度一般为 30%～50%。

选矿厂采用的浓缩机（也称为浓密机）按传动方式分为中心传动式和周边传动式两种。两者的基本结构除传动方式外基本相同，主要有浓缩池、耙架、传动装置、给料装置和卸料斗等。中心传动式多为中、小型，其浓缩池的直径较小；周边传动式因其浓缩池的直径较大，所以多为大、中型。

矿浆沿着桁架上的给料槽经池中心的受料筒给入浓缩池，固体颗粒在池底由耙子的刮板刮到池中心的卸料斗排出，澄清的溢流水从池上部环形溢流槽溢出。

浓缩机具有结构简单、操作方便等优点，在工业生产中得到广泛应用。其缺点是占地面积大，因大颗粒易造成底流堵塞，故不能处理大于 3mm 的物料。

3.4.2 过滤

过滤是指矿浆借助于多孔的过滤介质（如：滤布）和压强差的作用，进行固相和液相分离的过程。滤液通过多孔滤布滤出，还含有一定水分的固体物料留在滤布上，形成一层滤饼，达到脱水的目的。浓缩产物进一步脱水均采用过滤方法，过滤作业的给料浓度通常为 40%～60%，滤饼水分含量可降至 7%～16%。

目前选矿厂中应用的过滤机主要有圆筒真空过滤机、陶瓷过滤机、盘式真空过滤机、折带式真空过滤机、永磁真空过滤机和压滤机等。

外滤圆筒真空过滤机由筒体、主轴承、矿浆槽、传动机构、搅拌器、分配头等部件组成。工作时，筒体在矿浆槽内旋转。筒体下部为过滤区，矿浆因压力差被吸向滤布，使滤布表面形成滤饼，转离过滤区后进入脱水区，滤饼中的水分进一步被抽出，筒体继续转到卸料区后，滤饼被吹动并由刮板刮下完成过滤，之后转入清洗区清洗滤布，圆筒继续旋转进入过滤区开始下一个循环。

3.4.3 干燥

用加热蒸发的方法将物料中的水分脱除的过程成为干燥。干燥作业消耗大量燃料和动力，费用最高，同时，干燥过程对设备的磨损也很大，所以，一般只在过滤后精矿水分达不到规定标准，或用户对产品的水分有特殊要求时，才采用干燥作业。

工业生产中常用的干燥设备有转筒干燥机、振动流化床干燥机、振动式载体干燥机和旋转闪蒸干燥机等。

转筒干燥机的主体为一个略倾斜的圆筒，圆筒绕中心轴旋转，物料从圆筒上端给入，热风从燃烧室抽出后进入圆筒，热风与物料接触使物料干燥。干燥后物料的水分含量可降至 2% ~ 6%。

3.4.4　尾矿处理

将选矿厂排出的尾矿送往指定地点堆存或利用的技术称为尾矿处理。

选矿生产中，一般将尾矿输送至尾矿库堆存。尾矿库的类型有山谷型、傍山型、平地型和截河型等。按照筑坝方式的不同又可分为上游式、中线式和下游式。尾矿可以湿式排放，也可以干式堆存。尾矿库一般由尾矿堆存系统、尾矿库排洪系统、尾矿库回水系统等几部分组成。

尾矿妥善贮存在尾矿库内，一方面，尾矿水在库内澄清后回收循环利用，可有效地保护环境，充分利用水资源。另一方面，对尾矿中的稀有和贵重等有用矿物成分，起到矿产资源的保护作用，待将来再进行回收利用。

复习思考题

3-1　选矿前的准备作业有哪些?

3-2　常用的选矿方法有哪几种?

3-3　简述磁选铁精矿粉的工艺流程。

4　铁矿石和熔剂

4.1　铁矿石及其分类

在自然界中，金属状态的铁是极少见的，一般都和其他元素结合成化合物。目前已知的含铁矿物有 300 多种，但在现有工艺条件及技术水平下能够用作炼铁原料的只有 20 多种。根据含铁矿物的主要性质，按其矿物组成，通常将铁矿石分为磁铁矿、赤铁矿、褐铁矿、菱铁矿四种类型。各种铁矿石的分类及其主要特性见表 4-1。

表 4-1　铁矿石的分类及其特性

矿石名称	化学式	理论含铁量（质量分数）/%	矿石密度/t·m^{-3}	颜色	冶炼性能		
					实际含铁量（质量分数）/%	有害杂质	强度及还原性
磁铁矿	Fe_3O_4	72.4	5.2	黑色	45~70	S、P 高	坚硬、致密、难还原
赤铁矿	Fe_2O_3	70.0	4.9~5.3	红色	55~60	S、P 低	软、较易破碎、易还原
褐铁矿	水赤铁矿 $2Fe_2O_3·H_2O$	66.1	4.0~5.0	黄褐色，暗褐色至绒黑色	37~55	S 低，P 高低不等	疏松，易还原
	针赤铁矿 $Fe_2O_3·H_2O$	62.9	4.0~4.5				
	水针铁矿 $3Fe_2O_3·4H_2O$	60.9	3.0~4.4				
	褐铁矿 $2Fe_2O_3·3H_2O$	60.0	3.0~4.2				
	黄针铁矿 $Fe_2O_3·2H_2O$	57.2	3.0~4.0				
	黄赭石 $Fe_2O_3·3H_2O$	15.1	2.5~4.0				
菱铁矿	碳酸铁 Fe_2CO_3	48.2	3.8	灰色带黄褐色	30~40	S 低，P 较高	易破碎，焙烧后易还原

4.1.1　磁铁矿

磁铁矿化学式为 Fe_3O_4，结构致密、晶粒细小，呈黑色条痕。具有强磁性，含 S、P 较高，还原性差。

4.1.2　赤铁矿

赤铁矿化学式为 Fe_2O_3，条痕为樱红色，具有弱磁性。含 S、P 较低，易破碎、易还原。

4.1.3　褐铁矿

褐铁矿是含结晶水的氧化铁，呈褐色条痕，还原性好，化学式为 $nFe_2O_3 \cdot mH_2O$（$n = 1 \sim 3$，$m = 1 \sim 4$）。褐铁矿中绝大部分含铁矿物是以 $2Fe_2O_3 \cdot 3H_2O$ 的形式存在的。

4.1.4　菱铁矿

菱铁矿化学式为 $FeCO_3$，颜色为灰色带黄褐色。菱铁矿经过焙烧，分解出 CO_2 气体，含铁量即提高，矿石也变得疏松多孔、易破碎、还原性好。其含 S 低，含 P 较高。

4.2　高炉冶炼对铁矿石的要求

铁矿石是高炉冶炼的主要原料，其质量的好坏与冶炼进程及技术经济指标有极为密切的关系。决定铁矿石质量的主要因素是化学成分、物理性质及其冶金性能。高炉冶炼对铁矿石的要求是：含铁量高、脉石少、有害杂质少、化学成分稳定、粒度均匀、良好的还原性及一定的机械强度等。

4.2.1　铁矿石品位

铁矿石的品位即指铁矿石的含铁量，用 TFe 表示。品位是评价铁矿石质量的主要指标。矿石有无开采价值，开采后能否直接入炉冶炼及其冶炼价值如何，均取决于矿石的含铁量。

铁矿石含铁量高有利于降低焦比和提高产量。根据生产经验，矿石品位提高1%，焦比降低1%～2%，产量可提高1.5%～2.5%。因为随着矿石品位的提高，脉石数量减少，熔剂用量和渣量也相应减少，既节省热量消耗，又有利于炉况顺行。从矿山开采出来的矿石，含铁量一般30%～60%之间。品位较高，经破碎筛分后可直接入炉冶炼的称为富矿。一般当实际含铁量大于理论含铁量的70%～90%时方可直接入炉。而品位较低，不能直接入炉的称为贫矿。贫矿必须经过选矿和造块后才能入炉冶炼。

4.2.2　脉石成分

铁矿石的脉石中 SiO_2 含量较高。在现代高炉冶炼条件下，为了得到一定碱度的炉渣，就必须在炉料中配加一定数量的碱性氧化物与 SiO_2 作用造渣。铁矿石中 SiO_2 含量越高，需加入的碱性氧化物也越多，生成的渣量也越多，这样，将使焦比升高，产量下降。

脉石中含碱性氧化物（CaO、MgO）较多的矿石，冶炼时可少加或不加碱性熔剂，对降低焦比有利，具有较高的冶炼价值。

4.2.3　有害杂质和有益元素的含量

4.2.3.1　有害杂质

矿石中的有害杂质是指那些对冶炼有妨碍或使矿石冶炼时不易获得优质产品的元素。主要有 S、P、Pb、Zn、As、K、Na 等。

A 硫

硫在矿石中主要以硫化物状态存在。硫的危害主要表现在:

(1) 当钢中的含硫量超过一定量时,会使钢材具有热脆性。这是由于 FeS 和 Fe 结合成低熔点(985℃)合金,冷却后凝固成薄膜状,并分布在晶粒界面之间,当钢材被加热到 1150~1200℃时,硫化物首先熔化,使钢材沿晶粒界面形成裂纹。

(2) 对于铸造生铁,硫会降低铁水的流动性,阻止 Fe_3C 分解,使铸件产生气孔、难以切削并降低其韧性。

(3) 硫会显著地降低钢材的焊接性、抗腐蚀性和耐磨性。

国家标准对生铁的含硫量有严格规定,炼钢生铁,允许含硫质量分数不能超过 0.07%,铸造生铁不超过 0.05%。虽然高炉冶炼可以去除大部分硫,但需要高温、高碱度炉渣,对增铁节焦是不利的。因此矿石中的含硫质量分数必须小于 0.3%。

B 磷

磷也是钢材的有害成分。以 Fe_2P、Fe_3P 形态溶于铁水。因为磷化物是脆性物质,冷凝时聚集于钢的晶界周围,减弱晶粒间的结合力,使钢材在冷却时产生很大的脆性,从而造成钢的冷脆现象。由于磷在选矿和烧结过程中不易除去,在高炉冶炼中又几乎全部还原进入生铁。所以控制生铁含磷的唯一途径就是控制原料的含磷量。

C 铅和锌

铅和锌常以方铅矿(PbS)和闪锌矿(ZnS)的形式存在于矿石中。在高炉内铅是易还原元素,但铅又不溶解于铁水,其密度大于铁水,所以还原出来的铅沉积于炉缸铁水层以下,渗入砖缝破坏炉底砌砖,甚至使炉底砌砖浮起。铅又极易挥发,在高炉上部被氧化成 PbO,黏附于炉墙上,易引起结瘤。一般要求矿石中的含铅质量分数低于 0.1%。

高炉冶炼中锌全部被还原,其沸点低(905℃),不溶于铁水。但很容易挥发,在炉内又被氧化成 ZnO,部分 ZnO 沉积在炉身上部炉墙上,形成炉瘤,部分渗入炉衬的孔隙和砖缝中,引起炉衬膨胀而破坏炉衬。矿石中的含锌质量分数应小于 0.1%。

D 砷

砷在矿石中含量较少。与磷相似,在高炉冶炼过程中全部被还原进入生铁。钢中含砷也会使钢材产生冷脆现象,并降低钢材焊接性能。要求矿石中的含砷质量分数小于 0.07%。

E 碱金属

碱金属主要指钾和钠。一般以硅酸盐形式存在于矿石中。冶炼过程中,在高炉下部高温区被直接还原生成大量碱蒸气,随煤气上升到低温区又被氧化成碳酸盐沉积在炉料和炉墙上,部分随炉料下降,从而反复循环积累。其危害主要为:与炉衬作用生成钾霞石($K_2O \cdot Al_2O_3 \cdot 2SiO_2$),体积膨胀 40% 而损坏炉衬;与炉衬作用生成低熔点化合物,黏结在炉墙上,易导致结瘤;与焦炭中的碳作用生成化合物(CK_8、CNa_8)体积膨胀很大,破坏焦炭高温强度,从而影响高炉下部料柱透气性。因此要限制矿石中碱金属的含量。

F 铜

铜在钢材中具有两重性,铜易还原并进入生铁。当钢中含铜质量分数小于 0.3% 时能改善钢材抗腐蚀性。当超过 0.3% 时又会降低钢材的焊接性,并引起钢的热脆现象,使轧制时产生裂纹。一般铁矿石允许含铜质量分数不超过 0.2%。

4.2.3.2　有益元素

矿石中有益元素主要指对钢铁性能有改善作用或可提取的元素。如锰（Mn）、铬（Cr）、钴（Co）、镍（Ni）、钒（V）、钛（Ti）等。当这些元素达到一定含量时，可显著改善钢的可加工性，强度和耐磨、耐热、耐腐蚀等性能。同时这些元素的经济价值很大，当矿石中这些元素含量达到一定数量时，可视为复合矿石，加以综合利用。

4.2.4　铁矿石的还原性

铁矿石的还原性是指铁矿石被还原性气体 CO 或 H_2 还原的难易程度。它是一项评价铁矿石质量的重要指标。铁矿石的还原性好，有利于降低焦比。影响铁矿石还原的因素主要有矿物组成、矿物结构的致密程度、粒度和气孔率等。一般磁铁矿因结构致密，最难还原。赤铁矿有中等的气孔率，比较容易还原。褐铁矿和菱铁矿容易还原，因为这两种矿石分别失去结晶水和去掉 CO_2 后，矿石气孔率增加。烧结矿和球团矿的气孔率高，其还原性一般比天然富矿的还要好。

4.2.5　矿石的粒度、机械强度和软化性

矿石的粒度是指矿石颗粒的直径。它直接影响着炉料的透气性和传热、传质条件。

通常，入炉矿石粒度在5~40mm之间，小于5mm的粉末是不能直接入炉的。确定矿石粒度必须兼顾高炉的气体力学和传热、传质几方面的因素。在有良好透气性和强度的前提下，尽可能降低炉料粒度。

矿石的机械强度是指矿石耐冲击、抗摩擦、抗挤压的能力，力求强度要高一些为好。

铁矿石软化性包括铁矿石的软化温度和软化温度区间两方面。软化温度是指铁矿石在一定的荷重下加热开始变形的温度，软化温度区间是指矿石开始软化到软化终了的温度范围。高炉冶炼要求铁矿石的软化温度要高，软化温度区间要窄。

4.2.6　铁矿石各项指标的稳定性

铁矿石的各项理化指标保持相对稳定，才能最大限度地发挥生产效率。在前述各项指标中，矿石品位、脉石成分与数量、有害杂质含量的稳定性尤为重要。高炉冶炼要求成分波动范围：含铁原料 TFe < ±(0.5% ~1.0%)；$w(SiO_2)$ < ±(0.2% ~0.3%)；烧结矿的碱度为 ±(0.03 ~0.10)。

4.3　铁矿石冶炼前的准备和处理

从矿山开采出来的铁矿石，无论是粒度还是化学成分都不能满足高炉冶炼的要求，一般要经过破碎、筛分、混匀、焙烧、选矿和造块等加工处理过程。

4.3.1　破碎

破碎是铁矿石准备处理工作中的基本环节，当矿石粒度很大时，破碎一般都要分段进行，根据破碎的粒度，可分为粗碎、中碎、细碎和粉碎（见选矿生产中3.2.2节）。

4.3.2　筛分

通过单层或多层筛面，将颗粒大小不同的混合料分成若干不同粒度级别的过程，称为

筛分。其目的是筛除粉末，同时也要将大于规定粒度上限的大块筛除进行再破碎，并对合格块度进行分级。筛分既可以提高破碎机的工作效率，又可以改善物料的粒度组成，更好地满足高炉冶炼的要求。

矿石的筛分设备多采用振动筛。其筛分原理是利用筛网的上下垂直振动进行筛分。筛网的振动可达每分钟 1500 次左右，振幅达 0.5～12mm，筛面与水平面成 10°～40° 的倾角。振动筛的筛分效率高、单位面积产量大、筛孔不易堵塞、调整方便、适用粒度范围广。

通常，矿石在破碎、筛分过程中通过皮带运输机将破碎设备与筛分设备联系起来，构成破碎筛分流程。

4.3.3　混匀

混匀又称为中和。其目的在于稳定铁矿石的化学成分，从而稳定高炉操作，保持炉况顺行，改善冶炼指标。

矿石的混匀方法是按"平铺直取"的原则进行的。所谓平铺，是根据料场的大小将每一批来料沿水平方向依次平铺，一般每层厚度为 200～300mm，把料铺到一定高度（首钢原料场规定 4.5m）。所谓直取，即取矿时，沿料堆垂直断面截取矿石，这样可以同时截取许多层次的矿石，从而达到混匀的目的。

4.3.4　铁矿石的焙烧

铁矿石的焙烧是将其加热到低于软化温度 200～300℃ 的一种处理过程。焙烧的目的是改变矿石的矿物组成和内部结构，去除部分有害杂质，回收有用元素，同时还可以使矿石变得疏松，提高矿石的还原性。焙烧的方法有氧化焙烧、还原磁化焙烧和氯化焙烧等。

氧化焙烧是铁矿石在氧化气氛条件下焙烧，主要用于去除褐铁矿中的结晶水，菱铁矿中的 CO_2，并提高品位、改善还原性。

还原磁化焙烧是在还原气氛中进行，其作用是将弱磁性的赤铁矿及非磁性的黄铁矿转化为具有强磁性的磁铁矿，以便磁选。

4.4　熔剂

高炉冶炼中，除主要加入铁矿石和焦炭外，也可能会加入一定量的助熔物质，即熔剂。

4.4.1　熔剂的作用与种类

4.4.1.1　熔剂的作用

熔剂在冶炼过程中的主要作用是：与矿石中的脉石和焦炭中的灰分结合生成低熔点的炉渣并实现良好分离，顺利从炉缸流出；去除有害杂质硫，确保生铁质量。

4.4.1.2　熔剂的种类

高炉冶炼使用的熔剂，按其性质可分为碱性、酸性和中性三类。

A　碱性熔剂

当矿石中的脉石主要为酸性氧化物时，则使用碱性熔剂。由于燃料灰分的成分和绝大多数矿石的脉石成分都是酸性的，因此，普遍使用碱性熔剂。常用的碱性熔剂有石灰石

（$CaCO_3$）和白云石（$CaCO_3 \cdot MgCO_3$）。

　　B　酸性熔剂

高炉使用主要含碱性脉石的矿石冶炼时，可加入酸性熔剂。作为酸性熔剂使用的有石英石（SiO_2）、均热炉渣（主要成分为 $2FeO \cdot SiO_2$）及含酸性脉石的贫铁矿等。生产中酸性熔剂的使用量很少，只有在某些特殊情况下才考虑加入酸性熔剂。

　　C　中性熔剂

中性熔剂也称高铝质熔剂。当矿石和焦炭灰分中 Al_2O_3 很少，渣中 Al_2O_3 含量很低，炉渣流动性很差时，在炉料中加入高铝原料作熔剂，如铁钒土和黏土页岩。生产上极少遇到这种情况。

4.4.2　对碱性熔剂的质量要求

对碱性熔剂的质量要求如下：

（1）碱性氧化物（$CaO + MgO$）含量要高，酸性氧化物（$SiO_2 + Al_2O_3$）含量要低，即熔剂的有效熔剂性要高。否则，冶炼单位生铁的熔剂消耗量增加、渣量增大、焦比升高。一般要求石灰石中 CaO 的质量分数不低于 50%，$SiO_2 + Al_2O_3$ 的质量分数不超过 3.5%。

熔剂的有效熔剂性是指熔剂按炉渣碱度的要求，除去本身酸性氧化物含量所消耗的碱性氧化物外，剩余部分的碱性氧化物含量。它是评价熔剂质量的重要指标，可用下式表示：

$$有效熔剂性 = w(CaO)_{熔剂} + w(MgO)_{熔剂} - w(SiO_2)_{熔剂} \times \frac{w(CaO + MgO)_{炉渣}}{w(SiO_2)_{炉渣}}$$

（2）有害杂质硫、磷含量要低。石灰石中一般硫的质量分数只有 $0.01\% \sim 0.08\%$，磷的质量分数为 $0.001\% \sim 0.03\%$。

（3）要有较高的机械强度，粒度要均匀、大小适中。适宜的石灰石入炉粒度范围是：大中型高炉为 $20 \sim 50mm$，小型高炉为 $10 \sim 30mm$。

当炉渣黏稠引起炉况失常时，还可短期适量加入萤石（CaF_2）、锰矿，以稀释炉渣和洗掉炉衬上的堆积物。因此常把萤石和锰矿称为洗炉剂。

复习思考题

4-1　按矿物组成铁矿石可分为几大类？简述各类矿石的主要特征。

4-2　评价铁矿石质量有哪几项指标？

4-3　熔剂在高炉冶炼中的作用是什么？

4-4　简述高炉冶炼对石灰石的质量要求。

5 高炉用燃料

燃料是高炉冶炼中不可缺少的基本原料之一。现代高炉都使用焦炭和煤粉做燃料，焦炭从炉顶装入，而煤粉则从风口喷入。

5.1 高炉冶炼对焦炭的质量要求

5.1.1 焦炭在高炉冶炼中的作用

焦炭在高炉冶炼中主要作为发热剂、还原剂、料柱骨架和渗碳剂。焦炭在风口前燃烧放出大量热量并产生煤气，煤气在上升过程中将热量传给炉料，使高炉内的各种物理化学反应得以进行。高炉冶炼过程中的热量有约70%来自焦炭的燃烧。焦炭燃烧产生的 CO 及焦炭中的固定碳是铁矿石的还原剂。焦炭在料柱中占 1/3 ~ 1/2 的体积，尤其是在高炉下部高温区只有焦炭是以固体状态存在，它对料柱起骨架作用，高炉下部料柱的透气性基本由焦炭来维持。焦炭燃烧为炉料下降提供了自由空间。

5.1.2 高炉冶炼对焦炭质量的要求

焦炭质量的好坏直接影响高炉冶炼过程的进行及能否获得好的技术经济指标，因此对入炉焦炭有一定质量要求。

5.1.2.1 焦炭的化学成分

焦炭的化学成分常以焦炭的工业分析来表示。工业分析项目包括固定碳、灰分、硫分、挥发分和水分的含量。

（1）固定碳和灰分。焦炭中的固定碳和灰分的含量是互为消长的。固定碳按下式计算：

$$w(C_{固}) = 1 - w(灰分 + 挥发分 + 硫)$$

生产实践证明：灰分增加 1%，焦比升高 1% ~2%，产量降低 2% ~3%。因为焦炭灰分的主要成分是 SiO_2、Al_2O_3。灰分高，则固定碳含量少，而且使焦炭的耐磨强度降低，熔剂消耗量增加，渣量亦增加，使焦比升高。我国冶金焦炭灰分一般为 11% ~14%。

（2）硫和磷。在一般冶炼条件下，高炉冶炼过程中的硫有 80% 是由焦炭带入的。因此降低焦炭中的含硫量对降低生铁含硫量有很大作用。在炼焦过程中，能够去除一部分硫，但仍然有 70% ~90% 的硫留在焦炭中，因此要降低焦炭的含硫量必须降低炼焦煤的含硫量。焦炭中含磷一般较少。

（3）挥发分。焦炭中的挥发分是指在炼焦过程中未分解挥发完的 H_2、CH_4、N_2 等物质。挥发分本身对高炉冶炼无影响，但其含量的高低表明焦炭的结焦程度。正常情况下，挥发分一般在 0.7% ~1.2%。含量过高，说明焦炭的结焦程度差、生焦多、强度差；含量过低，则说明结焦程度过高、易碎。因此焦炭挥发分高低将影响焦炭的产量和质量。

（4）水分。焦炭中的水分是湿法熄焦时渗入的，通常为 2% ~6%。焦炭中的水分在高炉上部即可蒸发，对高炉冶炼无影响。但要求焦炭中的水分含量要稳定，因为焦炭是按质量入炉的，水分的波动将引起入炉焦炭量波动，会导致炉缸温度的波动。可采用中子测水仪测量入炉焦炭的水分，从而控制入炉焦炭的质量。

5.1.2.2　焦炭的物理性质

焦炭的物理性质主要包括：

（1）机械强度。焦炭的机械强度是指焦炭的耐磨性和抗撞击能力。高炉冶炼要求焦炭的机械强度要高。因为机械强度差的焦炭，在转运和高炉内的下降过程中将破裂产生大量的粉末，进入初渣时，使炉渣的黏度增加、煤气阻力增加，造成炉况不顺。

目前我国一般用小转鼓测定焦炭强度。一般要求 $M_{40} \geq 72\%$，$M_{10} \leq 10\%$。

M_{40}、M_{10} 分别为抗碎强度和耐磨强度，代表焦炭在常温下的强度，鉴定其高温强度的指标是焦炭反应后的强度。

（2）粒度均匀、粉末少。对于焦炭粒度，既要求块度大小合适，又要求粒度均匀。入炉焦炭粒度范围为 20~60mm，炉容越大，其下限值越可以取大些。

5.1.2.3　焦炭的化学性质

焦炭的化学性质包括焦炭的燃烧性和反应性两方面。

燃烧性是指焦炭在一定温度下与氧反应生成 CO_2 的速度，即燃烧速度。

反应性是指焦炭在一定温度下和 CO_2 作用生成 CO 的速度。

若这些反应速度快，则表明燃烧性和反应性好。一般认为，为了提高炉顶煤气中的 CO_2 含量，改善煤气利用程度，在较低温度下，希望焦炭的反应性差些为好。为了扩大燃烧带，使炉缸温度及煤气流分布更为合理，使炉料顺利下降，也希望焦炭的燃烧性差一些为好。

5.2　高炉冶炼对喷吹煤粉的要求

我国高炉冶炼都采用喷煤工艺，以节约焦炭，降低焦比。

5.2.1　高炉喷吹用煤的工艺性能

高炉喷吹用煤的工艺性能主要有：煤的气孔率、比表面积、可磨性、着火温度、煤灰熔融性、胶质层厚度、反应性、燃烧性、流动性、爆炸性等。

5.2.2　高炉冶炼对喷吹煤粉的质量要求

高炉冶炼对喷吹煤粉的质量要求主要包括：

（1）煤的灰分要低，一般要求煤的灰分低于或接近焦炭灰分，最高不大于15%。

（2）为了改善生铁质量，煤的硫含量要尽可能低，一般要求低于0.7%，不超过1.0%。

（3）煤的发热量要高，煤粉中含碳越高，发热量越高。

（4）煤的燃烧性能好，其着火点温度低，反应性强。

（5）胶质层要薄，以免在喷吹过程中风口结焦和堵塞喷枪，一般要求应低于10mm。

（6）煤的可磨性要好，这样磨煤机产量高、电耗低，可降低喷吹成本。

（7）煤的灰熔点温度要求高些为佳，否则风口容易挂渣和堵塞喷枪。

高炉既可以喷吹无烟煤，也可以喷吹烟煤。为了充分发挥两种煤的优点，现在很多高炉喷吹烟煤与无烟煤的混合煤。一般混合煤的挥发分控制在20%左右，灰分小于15%。

5.3　炼焦生产工艺过程

5.3.1　炼焦生产工艺流程

现代焦炭生产过程分为洗煤、配煤、炼焦和产品处理等工序。炼焦生产工艺流程如图5-1所示。

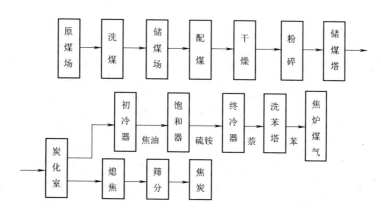

图 5-1　炼焦生产工艺流程

洗煤是原煤在炼焦之前，先进行洗选，目的是降低煤中所含的灰分和去除其他杂质。

配煤是将各种结焦性能不同的煤按一定比例配合炼焦，目的是在保证焦炭质量的前提下，扩大炼焦用煤的使用范围，合理地利用国家资源，并尽可能多得到一些化工产品。

炼焦是将配合好的煤装入炼焦炉的炭化室，在隔绝空气的条件下通过两侧燃烧室加热干馏，经过一定时间，最后形成焦炭。

炼焦的产品处理是将炉内推出的红热焦炭送去熄焦塔熄火或进行干法熄焦，然后通过破碎、筛分、分级获得不同粒度的焦炭产品，分别送往高炉及烧结等用户。

在炼焦过程中还会产生炼焦煤气及多种化学产品。焦炉煤气是烧结、炼焦、炼铁、炼钢和轧钢生产的主要燃料。各种化学产品是化学、农药、医药和国防工业部门的主要原料。

5.3.2　炼焦配煤

根据中国煤炭分类国家标准（GB/T 5751—2009），按煤化程度可将煤分为褐煤、烟煤和无烟煤三类。用干燥无类基挥发分等于10%作为烟煤与无烟煤的分界值，小于该值的煤为无烟煤，大于该值的煤划分为烟煤；采用无灰恒湿基高位发热量为24MJ/kg作为褐煤与烟煤的分界值，大于该值的煤为烟煤，小于该值的煤划分为褐煤。其中烟煤又分为贫煤、贫瘦煤、瘦煤、焦煤、1/3焦煤、肥煤、气肥煤、气煤、1/2中黏煤、弱黏煤、不黏煤和长焰煤十二类。

5.3.2.1　炼焦配煤种类

通常用具有黏结性的气煤、肥煤、焦煤和瘦煤按比例配成炼焦原料。随着工业技术的发展，为扩大炼焦用煤资源，长焰煤、弱黏煤、不黏煤、贫煤和无烟煤等也可以少量地参与炼焦。

5.3.2.2　配煤的质量指标

配合煤的质量取决于各单种煤的质量及配合比，冶金焦配煤的质量指标如下：

（1）灰分。煤中的灰分在炼焦后，全部残留在焦炭中，因此应严格控制配合煤中的灰分。其质量分数一般应不大于12%。

（2）硫分。配合煤中硫的质量分数不应大于1%，最高不大于1.2%。

（3）挥发分。若配合煤的挥发分高，则炼焦煤气和化工产品的产率高，但由于大多数挥发分高的煤结焦性能差，因此多配挥发分高的煤，会降低焦炭的强度。配合煤的可燃基挥发分的质量分数一般控制在28% ~32%之间。

（4）胶质层。配合煤必须具有一定的胶质层厚度，才能炼出强度较高的焦炭。但胶质体厚度过大会产生很大的膨胀压力，而且收缩度小，对保护炉墙及推焦不利。一般胶质层厚度控制在14 ~20mm之间。

（5）水分。水分的质量分数应在7% ~10%之间，并要求稳定，配合煤水分高时，会延长结焦时间，降低产量。

（6）细度。细度是指粉碎后的煤料中0 ~3mm的细粒占全部煤料的百分比。提高煤料的细度能提高焦炭强度，但细度过高（大于90%）装煤困难，装煤量降低。一般控制在75% ~80%之间。

5.3.3　结焦过程

从煤料装入焦炉到炼成焦炭的整个过程称为结焦过程。将配合好的煤料装入炼焦炉的炭化室内，在隔绝空气的条件下加热，经过一定时间逐渐分解，挥发物逐渐析出，残留物逐渐收缩。加热到950 ~1050℃时炼成焦炭。煤在焦炉中的结焦过程可以分为以下几个阶段。

（1）干燥和预热。湿煤装入炭化室后，在两侧燃烧室的加热下，水分开始蒸发干燥，当温度升高到100 ~200℃，煤开始预热，放出吸附于煤表面气孔中的气体（CO_2、CH_4、H_2S等）以及部分结晶水，使煤料得到干燥和预热。

（2）分解生成胶质体。当温度升高到200 ~300℃时，煤料中的结晶水和有机物开始分解，产生H_2O、CO_2、CO、CH_4等气体，同时产生少量焦油蒸汽和液态物质。当温度升高到350 ~450℃时，继续分解大量焦油蒸汽，高沸点液体和残留的固体形成胶质体。

（3）胶质体固化形成半焦。当温度升高到450 ~500℃时，胶质体开始固化并分解出大量气体，形成半焦。当温度升高到500 ~650℃时，半焦开始收缩，这个阶段分解出的气体主要是CH_4、H_2等，胶质体被鼓成许多气泡，半焦形成后，这种气泡成为固定气孔。

（4）半焦转为焦炭。当温度升高到650 ~950℃时，继续放出气体，主要是H_2，这时焦炭进一步收缩、变紧、变硬、密度扩大、裂纹扩大，当温度升高到950 ~1050℃时，焦炭成熟。若温度超过1050℃时，焦炭会变碎，甚至石墨化。

生产中结焦过程是在焦炉炭化室内进行的，炭化室中的煤料受到两侧燃烧室加热，热流从两侧炉墙同时传递到炭化室中心。因此，结焦过程也是从靠近炉墙的煤料开始逐渐向中心移动。在整个结焦过程中，炭化室中的煤料是分层变化的，靠近炉墙的先成熟，中心煤料最后成熟。因此，在沿炭化室宽度方向上，焦炭质量是不均匀的。靠墙处焦炭强度好，中心部分焦炭疏松多孔、强度差。炭化室内成焦过程如图5-2所示。

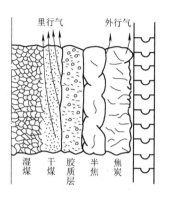

图5-2 结焦过程示意图

5.3.4 熄焦方法

现代焦炉结焦时间一般为12~17h。结焦完毕后应立即出焦。出焦时，先打开炭化室两侧炉门，然后用推焦机推出红热焦炭，必须立即进行熄焦冷却，以免被空气氧化烧损固定碳，并且易烧坏设备。

熄焦方法有湿法和干法两种。湿法熄焦是把红热焦炭运至熄焦塔，用高压水喷淋60~90s。目前我国多采用湿法熄焦。干法熄焦是将红热的焦炭放入熄焦室内，用惰性气体循环回收焦炭的物理热，时间为2~4h。我国宝钢采用干法熄焦。冷却后的焦炭送往筛焦台进行筛分处理。干法熄焦优点较多：焦炭机械强度好，裂纹少，筛分组成均匀，同时，焦炭是干的，避免了因水分波动而引起的不良影响，但这种熄焦方法设备投资大。

5.3.5 炼焦炉及附属设备

5.3.5.1 炼焦炉

炼焦炉是用耐火材料砌筑的，它主要由炭化室、燃烧室、蓄热室和斜烟道组成，其构造如图5-3所示。

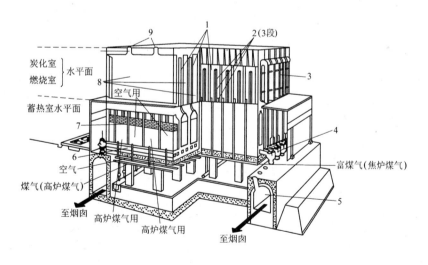

图5-3 新日铁M形炼焦炉

1—燃烧室；2—烧嘴；3—炉门；4—交换阀；5—烟道；6—小烟道；7—蓄热室；8—炭化室；9—装煤孔

炭化室和燃烧室相间布置，蓄热室位于炭化室和燃烧室的下方，斜烟道位于燃烧室和蓄热室之间，通过斜烟道将两者连在一起，炭化室和燃烧室上方是炉顶。

炭化室是装煤炼焦的区域。燃烧室是煤气和空气混合燃烧的地方，燃烧产生的热量通过炉墙传给炭化室的煤料炼焦，燃烧产生的废气预热蓄热室。蓄热室用来预热空气和煤气。在炉顶上正对着炭化室处设有装煤孔，由装煤车把煤由装煤孔装入炭化室。

5.3.5.2 附属设备

附属设备主要是四大机车：装煤车、推焦车、拦焦车和熄焦车。

装煤时，贮煤塔中配好的煤先装入装煤车内，再由装煤车从焦炉炭化室顶部的装煤孔装入炭化室。推焦时，由推焦车将焦炭从炭化室推入拦焦车，再通过拦焦车装入熄焦车内，然后运至熄焦塔熄焦。

复习思考题

5-1 焦炭在高炉炼铁中有什么作用？

5-2 高炉炼铁对焦炭有什么质量要求？

5-3 高炉炼铁对喷吹煤粉有什么质量要求？

5-4 简述炼焦生产的基本工艺过程。

5-5 简述结焦过程。

6 铁矿粉造块

铁矿粉造块是为满足高炉冶炼对精料的要求而发展起来的，通常所说的铁矿粉造块主要指烧结法和球团法。通过铁矿粉造块，可综合利用资源，扩大炼铁用的原料种类，去除有害杂质，回收有益元素，保护环境，同时可以改善矿石的冶金性能，适应高炉冶炼对铁矿石的质量要求，使高炉冶炼达到高产、优质、低耗的目的。

6.1 烧结生产

目前生产上广泛采用带式抽风烧结机生产烧结矿。其主要工艺流程如图 6-1 所示。

6.1.1 烧结原料简介

烧结生产所用原料品种较多，包括各种含铁原料、熔剂（石灰石、白云石、蛇纹石、生石灰等）以及燃料（焦粉、无烟煤）。为了保证生产过程顺利进行，保证烧结矿的产量和质量，烧结生产对所用原燃料有一定的要求。

6.1.1.1 含铁原料

含铁原料的来源有：

（1）粉矿。开采和破碎过程中形成的 0～10mm 的铁矿粉。它的物理性质和化学性质对烧结矿质量影响最大。一般要求品位高、成分稳定、杂质少、脉石成分适于造渣、粒度适宜。低硫粉矿粒度一般应为 10～0mm，大于 10mm 的含量应小于 10%；为了加强脱硫，应适当降低高硫粉矿粒度。按粒度一般分为 10～0mm、8～0mm、6～0mm 三种，粒度越细，脱硫效率越高，严禁各种杂物混入矿石中。

（2）精矿。贫矿经过深磨细选后所得到的细粒铁矿粉。

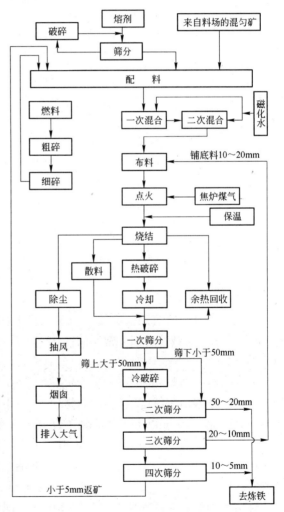

图 6-1 烧结工艺流程图

（3）冶金循环料。冶炼或其他工艺过程形成的含有用成分的粉末（如除尘灰等）。

（4）烧结返矿。返矿是烧结矿破碎筛分后的筛下物，其中有小粒度烧结矿、未烧透和没有烧结的烧结料。返矿的成分和烧结矿基本相同，只不过含 Fe 和 FeO 稍低，并含有一定数量的固定碳，未烧透的固定碳含量通常大于 2.5%。返矿粒度组成集中在 1~5mm 范围内，这样的粒度有利于造球，可以提高混合料的透气性。

对烧结原料的一般要求见表 6-1。

表 6-1 入厂烧结原料一般要求 (%)

化学成分		磁铁矿为主的精矿				赤铁矿为主的精矿				攀西式钒钛磁铁矿	包头式多金属矿	水 分
TFe		≥67	≥65	≥63	≥60	≥65	≥62	≥59	≥55	51.5	≥57	磁铁矿为主的精矿 Ⅰ级≤10 Ⅱ级≤11 赤铁矿为主的精矿 Ⅰ级≤11 Ⅱ级≤12 攀西式钒钛矿≤10 包头式多金属矿≤11
		波动范围±0.5				波动范围±0.5				波动范围±0.5	波动范围±0.5	
SiO₂	Ⅰ类	≤3	≤4	≤5	≤7	≤12	≤12	≤12	≤12			
	Ⅱ类	≤6	≤8	≤10	≤13	≤8	≤10	≤13	≤15			
S		Ⅰ级≤0.10~0.19 Ⅱ级≤0.20~0.40				Ⅰ级≤0.10~0.19 Ⅱ级≤0.20~0.40				<0.60	<0.50	
P		Ⅰ级≤0.05~0.09 Ⅱ级≤0.10~0.20				Ⅰ级≤0.08~0.19 Ⅱ级≤0.20~0.40					<0.30	
Cu		≤0.10~0.20				≤0.10~0.20						
Pb		≤0.10				≤0.10						
Zn		≤0.10~0.20				≤0.10~0.20						
Sn		≤0.08				≤0.08						
As		≤0.04~0.07				≤0.04~0.07						
TiO₂										<13		
F											<2.50	
K₂O+Na₂O		≤0.25				≤0.25					≤0.25	

6.1.1.2 熔剂

使矿物中脉石造渣用的物质，由于铁矿石的脉石成分大多数以 SiO_2 为主，故常用含有 CaO 和 MgO 的碱性熔剂。常用碱性熔剂的矿物有石灰石（$CaCO_3$）、生石灰（CaO）和白云石（$CaCO_3 \cdot MgCO_3$）。

要求熔剂中有效 CaO 含量高、杂质少、成分稳定、含水 3% 左右，粒度小于 3mm 的占 90% 以上。随着精矿粒度细化，熔剂粒度也要相对缩小。有的工厂使用细精矿烧结时，将熔剂粒度控制在 2mm 以下，已收到了良好的效果。使用生石灰时，粒度可以控制在 5mm 以内，以便于吸水消化。另外在烧结料中加入一定量的白云石，使烧结矿含有适当的 MgO（其含量决定于高炉造渣要求），对烧结过程有良好的作用，可以提高烧结矿的质量。

6.1.1.3 燃料

烧结所用燃料包括固体燃料和气体燃料。固体燃料主要为焦粉和无烟煤。对固体燃料的要求是固定碳含量高、灰分低、挥发分小、含硫低、成分稳定、含水小于 10%，粒度小于 3mm 的占 75% 以上。

气体燃料主要用于烧结料点火，包括天然气、焦炉煤气、高炉煤气和混合煤气。

6.1.2 烧结生产工艺

烧结生产工艺通常由以下几个部分组成:

(1) 烧结原料的准备,燃料与熔剂的贮存和破碎,含铁原料的贮存和处理。对于大型烧结厂设置大型中和料场,以保证所提供原料物理性质、化学成分稳定。

(2) 烧结混合料的配料、混合制粒、布料、点火与烧结。

(3) 烧结成品矿的破碎、筛分、冷却、整粒和铺底料分出。

6.1.2.1 配料

烧结厂处理的原料种类繁多、物理化学性质差异很大,必须进行精确配料。配料就是将各种烧结原燃料按照一定的比例配合,从而获得化学成分和物理性质稳定的烧结矿,满足高炉冶炼的要求。生产实践证明,配料发生偏差是影响烧结过程正常进行和烧结矿产质量的重要因素。例如,固体燃料配入量波动幅度 0.2%,会使烧结矿强度和还原性受到影响。目前的配料方法主要是重量配料法。

6.1.2.2 烧结料的混合

烧结料的混合是分段进行的。一次混合是将配合料中的各组分混匀并加水润湿;二次混合的目的是制粒,得到粒度适宜、具有良好透气性的烧结混合料,并通入蒸汽以提高混合料的温度。

加水量和加水方式、混合时间对混合料的成球及透气性有很大的影响。根据原料性质和生产实践,最适宜的水分为 6.5% ~7.5%。加水时,一次混合的加水量占总水量的 80% ~90%,并沿混合机长度方向均匀给水。二次混合时一般采用渐开式加水管补充不足的水分,提高制粒效果。为了在混合过程中强化造球,混合时间一般不少于 2.5 ~3.0min。

为了减少混合料中细粒粉末的含量和水分的波动,改善料层的流体力学性质,为固定碳的燃烧和热量的传递创造良好条件可采用磁化水、喷雾加水技术,采用红外线或中子测水仪监控水分波动,自动调节二混加水量等措施增强混合料的制粒效果。

6.1.2.3 烧结作业

烧结作业是烧结生产的中心环节,它包括铺底料、混合料布料、点火、烧结等主要工序。

A 铺底料

铺底料是把整粒流程分出的 8 ~16mm 的成品烧结矿,由带式运输机运至铺底料仓,将其铺在烧结机台车箅条上的工艺。一般铺底料厚度为 30 ~40mm。

采用铺底料工艺可以防止烧结燃烧带高温料与箅条直接接触,保护箅条;起过滤层作用,可防止细粒粉料进入烟道,减少烟气灰尘量,延长风机转子使用寿命;保持有效抽风面积,使气流分布均匀。

B 混合料布料

烧结生产对混合料的布料要求是:混合料沿台车长度方向料量均匀,沿台车宽度方向等高的混合料粒度与水分均匀,沿料层高度其粒度自上而下逐渐变粗,碳的分布自上而下减少。

混合料在台车上布料是否均匀,对烧结矿的产量、质量影响很大,因此布料装置必须均匀连续布料,并且布在台车上的混合料密度要小,透气性要好。同时,由于烧结混合料的粒度较粗，在1~10mm之间，对烧结过程而言，沿料层高度方向布料产生一定的偏析是有好处的，可改善料层的气体动力学特征和热量分布，提高产品质量。

C　点火

点火操作可将烧结机台车上的混合料表面进行点燃，并使之燃烧。点火要求有足够的点火温度、适宜的高温保持时间、沿台车宽度点火均匀，以利料层中燃料顺利燃烧。

烧结点火温度取决于烧结生成物的熔化温度，这一温度范围常在1100~1300℃，实际操作中点火温度常控制在1050℃±50℃。点火温度过高，会使烧结料表面过熔形成硬壳，降低料层透气性，减慢垂直烧结速度，降低生产率；过低时，表层出现浮灰，返矿量增加。

在一定温度下，为了保证表面料层所需热量，需要足够的点火时间，通常40~60s。

点火热量$q(kJ/m^2)$可根据点火时间$t(min)$和点火强度$I(kJ/(m^2 \cdot min))$来决定：

$$q = t \cdot I$$

点火强度即为单位表面积在单位时间内所获得的热量。点火时点火炉的负压影响点火深度。一般要求点火深度为10~20mm，使点火热量集中于表层一定厚度内。当点火炉负压较高时，会使冷空气从点火器下面大量吸入，降低点火温度，使料面点火不均匀，表面料层也将随空气的强烈吸入而紧密，从而降低料层透气性；而负压过低，抽力不足，又会使点火器内燃烧产物向外喷出，不能全部抽入料层，造成热量损失，并降低台车寿命。现代新型烧结机点火炉一般采用微负压点火工艺，通过控制点火段下方风箱开度使点火炉负压控制在-10~0Pa。

D　烧结

在点火后直至烧结整个过程中，料层不断发生变化，为了使烧结过程正常进行，对于烧结的风量、真空度、料层厚度、机速和烧结终点的准确控制是很重要的。

a　烧结风量和负压

单位烧结面积的风量大小，是决定产量高低的主要因素，当其他条件一定时，产量随风量增加而提高。但风量过大，会造成烧结速度过快，使烧结料没有足够的时间熔融黏结，降低烧结矿的成品率。目前，平均每吨烧结矿需风量为3200m³，按烧结面积计算为70~90m³/(m² · min)。

负压大小决定于风机能力、抽风系统阻力、料层透气性和漏风损失情况。一般来说，负压大小反映了料层透气性的好坏，同时，负压的变化也是判断烧结过程的一种依据。

b　料层厚度与机速

料层厚度与机速在一定条件下直接影响烧结矿的产量和质量。一般来说，料层薄、机速快，生产率高。但表面强度差的烧结矿数量相对增加，造成返矿和粉末增多。同时还会削弱料层"自动蓄热作用"，增加燃料用量，使烧结矿FeO含量增加，还原性变差。若为厚料层，虽然烧结速度有所降低，但可以较好地利用热量，减少燃料用量，降低FeO含量，改善还原性，但料层厚度增加，阻力增大，产量下降。因此，合适的料层厚度应将高产和优质结合起来考虑。国内一般采用料层厚度为350~700mm。

机速过慢，则不能充分发挥烧结机的生产能力，并使料层表面过熔，FeO含量增加，还原性变差。机速过快，烧结时间缩短，导致烧结料不能完全烧结，返矿增多，烧结矿强度变差，成品率降低，合适的机速应保证烧结料在预定的烧结终点烧透烧好。实际生产中，机速一般控制在 $1.5 \sim 4\text{m/min}$ 为宜。

c 烧结终点的判断与控制

在烧结过程中，烟气温度的变化曲线如图 6-2 所示，通常把烟气温度开始下降的瞬间位置判为烧结终点。

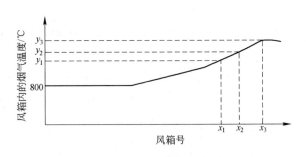

图 6-2 风箱位置-温度曲线

中小型烧结机终点一般控制在倒数第二个风箱处，大型烧结机控制在倒数第三个风箱处。准确控制烧结终点风箱位置，可以充分利用烧结机面积，确保优质高产和冷却效率的提高。烧结终点的提前和滞后，都将给烧结生产带来不利影响。

6.1.2.4 成品矿的处理

烧结机尾卸下的烧结矿粒度大小不均、温度也高，满足不了高炉冶炼的要求。因此必须进行破碎筛分、冷却和整粒，才能供给高炉使用。

A 烧结矿的冷却

烧结矿从机尾卸下时，其平均温度在 $750 \sim 800℃$，将炽热的烧结矿冷却到150℃以下有如下好处：

（1）便于整粒，可以强化高炉冶炼、降低焦比、增加产量。

（2）冷却矿可用胶带运输机运输和上料，适合高炉大型化的要求。

（3）可降低高炉炉顶的温度，延长烧结矿仓和高炉炉顶设备的使用寿命。

（4）采用鼓风冷却时，有利于冷却废气的余热回收利用。

（5）有利于改善烧结厂和冶炼厂的厂区环境。

大中型企业普遍采用强制通风冷却的方法。此法可以在烧结机尾设冷却段或在专用冷却设备上进行抽风或鼓风冷却。此法冷却效率高、冷却速度快、效果好。

B 烧结矿的整粒

一般烧结矿从冷却机卸出后要经过冷破碎，然后经过 $2 \sim 4$ 次筛分，分出小于5mm粒级的做返矿，$10 \sim 20\text{mm}$（或 $15 \sim 25\text{mm}$）做铺底料，其余的成为成品烧结矿，整粒流程如图 6-3 所示。成品烧结矿的粒度，高炉

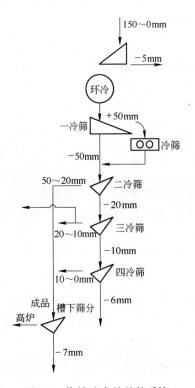

图 6-3 烧结矿成品整粒系统

要求上限一般不超过50mm，经过整粒的烧结矿粒度均匀、粉末量少，有利于高炉冶炼指标的改善。

6.1.3 烧结过程中的物理化学变化

6.1.3.1 烧结过程

烧结混合料点火后，在抽风作用下，烧结过程自上而下最终完成混合料的烧结过程，沿其料层高度温度变化的情况一般可分为五层，各层中的反应变化情况如图6-4所示。点火开始以后，依次出现烧结矿带、燃烧带、预热带、干燥带和过湿带，然后又相继消失，最终只剩烧结矿层。

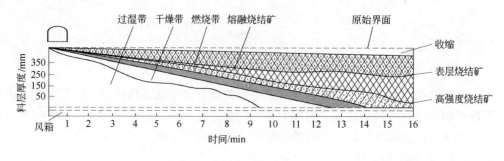

图6-4 烧结过程

（1）烧结矿带。即成矿带，主要反应是液相凝结、矿物析晶、预热空气。烧结料中燃料燃烧放出大量热量，使料层中矿物产生熔融，随着燃烧层下移和冷空气的通过，生成的熔融液相被冷却而再结晶（1000~1100℃）凝固成网孔结构的烧结矿。

（2）燃烧带。燃料在该带燃烧，温度高达1100~1500℃，使矿物软化熔融黏结成块。该带除燃烧反应外，还发生固体物料的熔化、还原、氧化以及石灰石等熔剂和硫化物的分解等反应。

（3）预热带。主要过程是干燥与预热，进行迅速的热交换，由燃烧带下来的高温废气，把下部混合料很快预热到着火温度，一般为400~800℃。此带内开始进行固相反应，结晶水及部分碳酸盐、硫酸盐分解，磁铁矿局部被氧化。

（4）干燥带。干燥带受预热层下来的废气加热，温度很快上升到100℃以上，混合料中的游离水大量蒸发，此带厚度一般为10~30mm。实际上干燥带与预热带难以截然分开，可以统称为干燥预热带。该带中料球被急剧加热，迅速干燥，易被破坏，恶化料层透气性。

（5）过湿带。从干燥带下来的热废气含有大量水分，料温低于水蒸气的露点温度时，废气中的水蒸气会重新凝结，使混合料中水分大量增加而形成过湿层。此层水分过多，使料层透气性变坏，降低烧结速度。

6.1.3.2 烧结过程中的物理化学变化

A 固体碳的燃烧和热交换

碳的燃烧反应是烧结过程中其他一切物化反应的基础。固体碳的燃烧反应为：

$$2C + O_2 = 2CO$$

$$C + O_2 =\!=\!= CO_2$$

反应后生成 CO 和 CO_2，并为其他反应提供了氧化还原气体和热量。燃烧产生的废气成分取决于烧结的原料条件、燃料用量、还原和氧化反应的发展程度，以及抽过燃烧层的气体成分等因素。

B 碳酸盐的分解和矿化作用

烧结料中的碳酸盐有 $CaCO_3$、$MgCO_3$、$FeCO_3$、$MnCO_3$ 等，其中以 $CaCO_3$ 为主。在烧结条件下，$CaCO_3$ 在 720℃ 左右开始分解，880℃ 时开始化学沸腾，其他碳酸盐相应的分解温度较低些。碳酸钙分解产物 CaO 能与烧结料中的其他矿物发生反应，生成新的化合物，这就是矿化作用。反应式为：

$$CaCO_3 + SiO_2 =\!=\!= CaSiO_3 + CO_2$$

$$CaCO_3 + Fe_2O_3 =\!=\!= CaO \cdot Fe_2O_3 + CO_2$$

如果矿化作用不完全，将有残留的自由 CaO 存在，在存放过程中，它将同大气中的水分进行消化作用：$CaO + H_2O =\!=\!= Ca(OH)_2$，使烧结矿的体积膨胀而粉化。

C 铁和锰氧化物的分解、还原和氧化

a 铁氧化物的分解、还原与氧化

铁的氧化物在烧结条件下，温度高于 1300℃ 时，Fe_2O_3 可以分解：

$$3Fe_2O_3 =\!=\!= 2Fe_3O_4 + \frac{1}{2}O_2$$

Fe_3O_4 在烧结条件下分解压很小，但在有 SiO_2 存在、温度大于 1300℃ 时，也可能分解：

$$2Fe_3O_4 + 3SiO_2 =\!=\!= 3(2FeO \cdot SiO_2) + O_2$$

烧结过程中，固体碳颗粒周围具有还原气氛，温度达到 500~600℃ 时，Fe_2O_3 即可完全还原：

$$3Fe_2O_3 + CO =\!=\!= 2Fe_3O_4 + CO_2$$

Fe_3O_4 在 900℃ 以上的高温下，当有 SiO_2 存在时，对其还原有利：

$$2Fe_3O_4 + 3SiO_2 + 2CO =\!=\!= 3(2FeO \cdot SiO_2) + 2CO_2$$

当有 CaO 存在时，不利于 Fe_3O_4 的还原，因为 CaO 先与 SiO_2 反应。FeO 被还原的可能性很小，故 CO 浓度低。

烧结过程中，料层内远离燃料的地方为氧化气氛，特别是在烧结矿层的冷却过程中，已被还原出的 Fe_3O_4 和 FeO 可能被再氧化：

$$2Fe_3O_4 + \frac{1}{2}O_2 =\!=\!= 3Fe_2O_3$$

$$3FeO + \frac{1}{2}O_2 =\!=\!= Fe_3O_4$$

在高温下，再氧化反应进行很快，当温度低时，反应速度降低甚至停止。

b　锰氧化物的分解与还原

锰的高价氧化物 MnO_2 和 Mn_2O_3 有较高的分解压力，在烧结过程中可以完全进行分解，在较低温度下，也能被 CO 还原。Mn_3O_4 的分解压力低，分解难，但易被 CO 还原反应为：

$$Mn_3O_4 + CO = 3MnO + CO_2$$

MnO 在烧结条件下是难还原的物质，与 SiO_2 等组成难还原的硅酸盐。

D　硫及其他有害杂质的去除

烧结料中的硫主要来自矿粉，少量来自燃料，矿粉中的硫主要以 FeS_2 形态存在，也有少量的 CuS、ZnS 及部分硫酸盐。燃料中的硫以有机硫形态存在。硫化物中 S 的去除反应为：

$$2FeS_2 + \frac{11}{2}O_2 = Fe_2O_3 + 4SO_2$$

$$FeS_2 = FeS + S$$

$$S + O_2 = SO_2$$

硫酸盐中的硫去除反应如下：

$$CaSO_4 = CaO + SO_2 + \frac{1}{2}O_2$$

燃料中的有机硫着火温度比焦粉低，燃烧后以 SO_2 形态去除。

在上述反应中，适宜的温度、大的反应表面、良好的扩散条件和充分的氧化气氛是保证烧结过程顺利脱硫的主要因素。一般正常烧结生产中，可去除原料中 80% 的硫。

E　固相反应、液相生成和冷却固结

固相反应是指物料在没有熔化前，两种固体在它们接触面上发生的化学反应。反应产物也是固体。烧结所用的铁精矿粉和熔剂都是粒度较细的物质。它们在被破碎时固体晶体受到严重破坏，而破坏严重的晶体具有较大的自由表面能，因而质点处于活化状态。活化质点都具有降低自身能力的倾向，表现出激烈的位移作用。温度越高，就越易于取得进行位移所必需的能量。当温度高到使离子或者原子具有参加化学反应所必需的能量时，这些高能量的离子或者原子就能够向所接触的其他固体表面扩散，从而导致固相反应的发生。图 6-5 为烧结料中各矿物间固相反应。固相反应产生的低熔点化合物是液相生成的基础。

固相反应速度慢，其反应产物晶格发展不完善，结构疏松，烧结矿强度差。因此，对铁矿粉来说属于液相型烧结，液相生成是烧结料固结成型的关键。烧结过程中产生的主要液相体系有：铁-氧体系、硅酸铁体系、硅酸钙体系、铁酸钙体系、钙铁橄榄石体系等。液相的数量和性质密切关系着烧结矿的品质。为了获得强度好的烧结矿，就必须有足够数量的液相作为烧结过程中的胶结相。但液相过多，烧

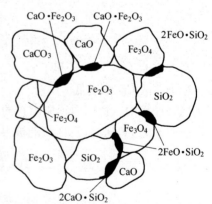

图 6-5　烧结料中各矿物间
固相反应示意图

结矿呈蜂窝状，强度反而降低。烧结液相体系中，铁酸钙强度最高，铁橄榄石、钙铁橄榄石次之，硅酸钙最差。但从还原性来看，铁酸一钙易于分解和还原，而铁橄榄石以及某些钙铁橄榄石还原性比较差。

随着烧结矿层温度的降低，其液相中的各种化合物开始冷却结晶。一般来说，表层烧结矿冷却速度快，结晶发展不完整，易形成易碎的玻璃质。下部料层冷却缓慢，结晶较完整，强度比较高。

6.1.4　烧结生产的主要设备

烧结生产使用的主要设备包括：配料设备、混料设备、烧结机本体及附属设备、烧结矿破碎筛分及冷却设备等。

6.1.4.1　配料设备

目前烧结生产广泛采用的配料设备是圆盘给料机，其结构如图 6-6 所示。它由转动机构、圆盘、套筒和调节排料量的闸门及刮刀组成。圆盘给料机具有给料均匀准确、容易调节、运行平稳可靠、操作方便等优点。

圆筒混料机是国内烧结厂普遍采用的混料设备，其构造如图 6-7 所示。它是一个带有倾角的钢制回转圆筒，内衬防磨衬板（扁钢或角钢），筒内装有喷水嘴，以便供水。它具有构造简单，对原料适应性强，生产率

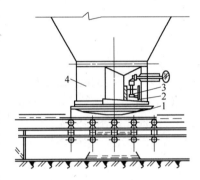

图 6-6　圆盘给料机
1—圆盘；2—刻度标尺；
3—出料口闸板；4—给料套筒

高，运转可靠，集混合、制粒作用于一体等优点。缺点是内衬黏料，振动较大。

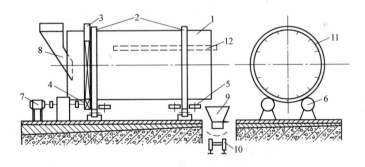

图 6-7　圆筒混料机简图
1—筒体；2—滚圈；3—传动齿圈；4—传动小齿轮；5—挡轮；6—托轮；7—传动机构
8—给料漏斗；9—出料漏斗；10—梭式给料器；11—角钢；12—给水管

6.1.4.2　带式烧结机本体设备

目前，国内外广泛使用的烧结设备是带式烧结机。带式烧结机的大小以其有效抽风面积表示。随着高炉大型化发展，烧结机面积也明显增大，太钢烧结机面积达到 $600m^2$。烧结机本体主要包括：传动装置、台车、风箱等。烧结机结构如图 6-8 所示。

（1）传动装置。烧结机的传动由电动机带动减速机驱动机头链轮（驱动轮）运动，将台车由机头弯道运到上部水平轨道，并推动前面的台车向机尾方向移动，机尾链轮为从

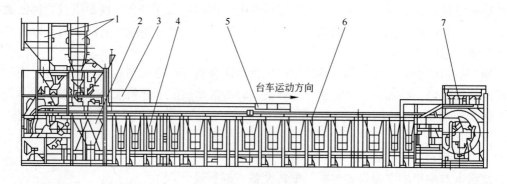

图 6-8 烧结机结构

1—铺底料布料器；2—混合料布料器；3—点火器；4—烧结机；5—台车；6—真空箱；7—机头链轮

动轮，形状大小与机头链轮相同，旧式烧结机机尾部多是固定的。

（2）台车。台车是烧结机的主要组成部分。它由车体、挡板、滚轮、箅条和活动滑板五部分组成，如图 6-9 所示。台车车体的结构可以是整体的，大型烧结机可以做成二体或三体的装配形式。车体和挡板一般由铸钢或球墨铸铁制成。

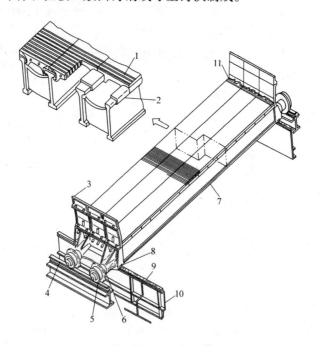

图 6-9 烧结机台车

1—中间箅条；2—两端箅条；3—挡板；4—车轮走行轨道；5—车轮；6—卡轮；7—台车体；
8—密封装置；9—固定滑道；10—隔热垫；11—箅条压块

台车的行走靠星形轮和安装在车体上的四个滚轮，滚轮使用滑动轴承后，简化了滚轮结构，延长了寿命。

箅条排列在台车的横梁上构成台车底，用以托住烧结料。它的寿命和形状对生产影响很大，因此要求箅条能够承受温度激烈变化的破坏，抗高温氧化，具有足够的机械强度。

其材质主要采用铸钢、铸铁、铬镍合金等。

（3）风箱。风箱装在烧结机台车下面，风箱用导气管（支管）同主管连接，其间设有调节阀，用以调节废气流量，风箱个数和尺寸决定于烧结机的大小和结构。

6.1.4.3 带式烧结机的附属设备

带式烧结机附属设备主要包括布料设备、点火器、抽风机和除尘设备。

（1）布料器。烧结生产中一般采用梭式布料机-圆筒布料机-多辊布料机联合布料。

梭式布料机实质上是安装在圆辊给料机的料槽上方的一台往复运动的皮带机。由于小车的往复移动，皮带给料机可以沿混合料矿槽的长度方向均匀给料，尤其对台车较宽的大型烧结机，效果更为明显。生产实践证明，梭式布料机运行可靠，布料才能均匀。

为了防止混合料落下时的压实现象，可以采用松料装置将其疏松。松料装置是安装在台车上料层中部的一排直径约40mm的钢管。钢管之间的间距约200mm，台车向前移动时钢管从料层中退出，台车继续运行，就好像在烧结料中形成了疏松的带子，能够防止混合料落下时的压紧压实现象。

（2）点火器。点火器是对烧结混合料表层进行点火的设备，它设在第一个真空箱上方，是无底的室状燃烧炉，它的外侧为钢结构，内砌耐火砖，设有水冷装置，在耐火砖衬与外壳之间充填绝热材料。燃料在点火器内燃烧后，产生的热废气被抽入真空箱，当热废气通过烧结料层时，把烧结料加热点燃。目前常用气体燃料点火器。

（3）抽风机。风机是烧结机的主要配套设备。通常选用离心式风机。它由机壳、转子、轴、轴承、吸气环和吸气阀组成。烧结要求风机效率高，运转特性平稳可靠，耐热耐磨性能良好。

（4）除尘设备。烧结生产的烟气含尘量较高，为防止污染环境，改善劳动条件，需要进行除尘处理。所使用的除尘设备有：降尘管（大烟道）、旋风除尘器、多管除尘器、电除尘器。

6.1.4.4 烧结矿破碎筛分设备

我国均使用剪切式单辊破碎机对烧结矿进行破碎。它由星轮、固定算板组成。转动的星轮与侧下方的算板形成对烧结矿的剪切作用而破碎。其优点是：破碎粒度均匀，主磨损件更换方便，主轴采用轴心中空通水冷却，减轻了高温的不利影响。

热烧结矿的筛分设备主要有热矿振动筛。热矿振动筛用耐热钢制造，它由振动器、筛箱、弹簧等组成。它最突出的优点是筛分效率高。但其工作环境恶劣、温度高、粉尘大。难免发生故障，造价也较高。

6.1.4.5 烧结矿的冷却设备

生产上使用的冷却设备主要有带式冷却机和环式冷却机等。

（1）带式冷却机是一种带有百叶窗通风孔的金属板式输送机。它由单个槽形部件构成，槽底设有便于通风的算板，各槽形部件由重型辊子连接，靠卸料端的链轮传动。其上设有密封罩，罩上安装烟囱和抽风机（或鼓风式），烟罩与带式冷却机运动部分靠摆动板密封。冷风自下而上通过矿层使热烧结矿冷却。它的优点是：料层薄，冷却效果好，冷却时料层静止，不受磨损和碰撞，兼有运输作用。缺点是：设备庞大、投资高。

（2）环式冷却机由若干个扇形台车构成，其上为密封罩（烟罩），罩顶有三个等距离分布的烟囱，每个烟囱安装一台抽风机。它的优点基本与带冷机相同。这种冷却机采用鼓风式冷却效果最佳。

（3）机上冷却系统。机上冷却不需要单独配置冷却机，只是把烧结机延长，前段台车用作烧结，后段台车用作冷却，分别称为烧结段和冷却段。两段各有独立的抽气系统，中间用隔板分开，防止互相窜风。

6.1.4.6 烧结矿的整粒设备

整粒系统的第一次筛分由于分级的粒度较大，且筛分效率不必太严格，所以一般采用固定条筛便可以满足要求。固定条筛倾角一般为35°～40°，倾角可调。条筛的间距选用50mm。筛上产品的破碎一般采用双齿辊破碎机，双齿辊破碎机在破碎过程产生的过粉碎较少、成品率高、结构简单、安全可靠、使用维修方便、能耗低，它是目前冷烧结矿破碎较理想的设备。

冷烧结矿筛分使用的振动筛主要有自定中心振动筛和直线振动筛。自定中心振动筛倾角大、处理能力大、耗电少，一般用于较大颗粒的筛分。大型烧结厂整粒流程的二次筛分可选用此设备。直线振动筛倾角小、筛分效果好，但装机容量大。一般用于整粒系统的三、四次筛分。

6.1.4.7 烧结生产的主要技术经济指标

技术经济指标能够反映出烧结生产操作的技术水平和经济效果。

（1）利用系数。烧结机利用系数是指单位时间内每平方米有效烧结面积的产量，$t/(m^2 \cdot h)$。

$$利用系数 = \frac{烧结机成品烧结矿台时产量(Q)}{烧结机有效烧结面积(F)}$$

（2）台时产量。每台烧结机单位时间内生产的烧结矿数量，$t/(h \cdot 台)$。

$$台时产量 = \frac{烧结机生产总量}{烧结机实际运行时间}$$

（3）成品率。烧结矿经机尾筛分，筛上为成品烧结矿，筛下为返矿，成品烧结矿所占混合料总产量的百分率即为成品率。

$$成品率 = \frac{成品矿}{混合料} \times 100\%$$

（4）烧成率。混合料经烧损后的烧成量（成品矿与返矿总量）与混合料之比的百分数。

$$烧成率 = \frac{成品矿 + 返矿}{混合料} \times 100\%$$

（5）作业率。通常以日历作业率表示烧结机的作业率。

$$作业率 = \frac{实际作业时间(台时)}{设备日历(台时)} \times 100\%$$

6.2 球团矿生产

随着高炉炼铁技术的进步和细磨精矿技术的提高，球团技术也有了相应的发展和应用，成为当前主要的铁矿粉造块方法之一。

球团矿生产的工艺流程一般包括原料准备、配料、混合、造球、干燥和焙烧、冷却、成品及返矿处理等工序，如图6-10所示。

6.2.1 原料及准备

6.2.1.1 铁精矿

球团矿生产采用的原料主要是铁精矿粉，占造球混合料的90%以上。球团原料具有一定的粒度和粒度组成、适宜的水分及均匀的化学成分，这也是生产球团矿的三个重要因素。具体要求如下：

（1）粒度。一般要求原料粒度小于 200 目（0.074mm）部分达 90% 以上，或者小于 325 目（0.044mm）部分占 60% 以上。原料最佳粒度用比表面积表示，实践证明精矿比表面积为 $1500 \sim 1900 cm^2/g$，成球性能良好。

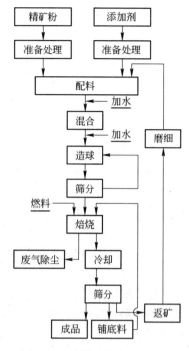

图 6-10　球团矿生产工艺流程

（2）水分。水分对造球的成功与否是极为重要的。原料最佳水分与造球物料的物理性质（包括粒度、亲水性、密度、颗粒孔隙率等），造球机生产率，成球条件有关。一般磁铁矿和赤铁矿适宜水分范围为 $7.5\% \sim 10.5\%$；黄铁矿烧渣和焙烧磁选精矿由于颗粒呈孔隙结构，其水分可达 $12\% \sim 15\%$；褐铁矿适宜水分可高达 17%。为了稳定造球，其水分波动越小越好，波动范围为不应超过 $\pm 0.2\%$。

（3）化学成分。化学成分的稳定、均匀程度直接影响生产工艺过程和产品质量，要求 TFe 波动范围不超过 $\pm 0.5\%$，SiO_2 波动范围不超过 $\pm 0.5\%$。

当用于生产球团矿的精矿粉不能满足上述要求时，需进行加工处理。

6.2.1.2 添加剂

在造球物料中加入添加剂，是为了强化造球过程和改善球团矿质量，目前我国使用的添加剂主要为膨润土（皂土）。它具有黏结性好、亲水性强的明显优势，以及较好的吸附性、分散性和膨胀性，是一种优质添加剂。在精矿造球时加入适量（一般占混合料质量分数的 $0.5\% \sim 1.0\%$）的膨润土，可提高生球的强度，调剂原料中的水分，提高物料的成核率，并使生球粒度小而均匀。更重要的是，它能提高生球的爆裂温度，使干燥速度加快，缩短干燥时间，提高球团矿质量。

6.2.2 配料及混合

6.2.2.1 配料

为了获得化学成分和冶金性能稳定的球团矿，必须精确配料，应根据原料的种类、成分和高炉冶炼要求的球团矿化学成分和性质进行配料计算。精矿采用圆盘给料机给料，圆盘给料机下部安装有一台电子皮带秤，按称量的精矿粉流量自动调节圆盘给料机的速度，达到定量给料的目的。膨润土采用封闭型圆盘给料机和螺旋输送机配料。

6.2.2.2 混合

球团矿生产使用的原料种类虽然不多，但为了获得均匀分散的效果，需要进行混合作业。常用的混合机为圆筒混合机，其机构同烧结生产用的圆筒混合机相似。混合工艺大部分采用一次混合流程。

6.2.3 造球

6.2.3.1 矿粉造球原理

造球又称滚动成型。整个造球过程是依靠加水湿润矿粉和用滚动的方法产生机械作用力来完成的。水在散料中存在的形态：一是结合水，即吸附水和薄膜水；二是自由水，即毛细水和重力水；三是结晶水和化合水。其中在造球过程起重要作用的是结合水和自由水。矿粉的成球过程可分为三个阶段来进行：

（1）形成母球。为了形成母球，必须在混合料中加水进行点滴湿润，并利用机械外力的作用，使部分颗粒接触更紧密，造成更大的毛细压力，形成较紧密的颗粒集合体，从而形成母球。

（2）母球长大。母球长大是靠毛细效应。母球形成之后，继续在造球机内滚动受压，逐步紧密，内部过剩的毛细水被挤压到母球表面，过湿的母球表面将周围含水较少的矿粉黏结在母球表面上，这样多次重复，使母球逐步长大。当母球的水分低于适宜的毛细水含量后，母球停止长大，为了使母球继续长大到要求尺寸，需往母球表面补充喷水。

（3）生球密实。长大了的生球内部结合力仅靠毛细力，强度不高，因此须经密实以提高其强度。在这个阶段停止加水湿润，仅靠机械力的作用，使生球继续滚动，排出其内部的毛细水至生球表面，为周围矿粉所吸收，生球内部的矿粉颗粒排列的更紧密，使薄膜水层相互接触迁移，形成众多颗粒的公共水化膜，再辅以内摩擦力的作用，加强其结合力，获得的生球强度大大提高。

在实际造球过程中，成球过程的三个阶段是不能截然分开的。

6.2.3.2 影响造球的因素

A 原料性质的影响

矿粉的亲水性、湿度、粒度组成及表面形状直接影响造球过程和生球质量。矿粉表面亲水性越好，越易被水湿润，成球性也就越好。矿粉湿度过小，成球缓慢，母球很难长大，生球强度也不好；湿度过大，母球易黏结变形，成球粒度不匀，强度也差，同时矿粉也易黏结在造球机上。矿粉的粒度组成越细、越均匀，成球性越好，生球强度越高。矿粉颗粒比表面积越大、越粗糙，相互嵌入也越紧密，成球性越好，生球强度也越高。

B 添加剂的影响

在造球原料中加入一定数量的添加剂，如膨润土、生石灰、消石灰等，可改善物料的成球性，提高生球强度。一是它们能改善物料的亲水性和增加比表面积；二是可以提高物料颗粒间的内摩擦力和黏结力。

C 造球机工艺参数的影响

我国普遍使用圆盘造球机。圆盘造球机的工艺参数有：转速、倾角、充填率、刮板位置等，直接影响造球过程。

物料随圆盘转动时，小球由于受到盘底及物料的摩擦力和离心力的作用，被带到上部，当小球下落时，黏附物料而长大，如此反复运动，小球逐渐长大，被带到的高度不断降低，并逐渐离开盘底，当粒度达到一定大小时，生球越过盘边而滚出圆盘。

圆盘的圆周转速过低时，不能把物料带到一定高度，造成物料向下滑动，影响生球产量，同时母球上升高度不够，影响它的长大和降低强度。圆周转速过大，物料会被抛向盘边，使盘心空料。适宜的圆周转速才能使物料沿圆盘工作面滚动。圆盘造球机的转速与圆盘的倾角和造球的物料性质有关，一般为 10 ~ 12r/min。

圆盘倾角一般为 45° ~ 50°，倾角越大，把物料提到一定高度所要求的圆盘转速越高，有利于提高生球的产量和质量。但倾角过大，会使生球强度降低，倾角小时，转速也慢，易造成母球形成区空料。

充填率指造球物料的容积和圆盘的几何容积之比。它与圆盘的边高和倾角有关。盘边高、倾角小，充填率就大。给料量一定时，成球时间增加，生球的粒度和强度增大。但过分增大充填率，会破坏物料的运动性质。充填率低时，成球时间短，生球强度低。充填率一般在 10% ~ 20% 为宜。

造球机在工作时，盘底会黏附一层物料，称为底料，生球在底料上滚动，会使底料压实和过湿，导致母球长大速度降低。为使底料保持松散状态，在圆盘上安装一定数量的刮板，用以疏松底料和组织料流，便于加水加料。刮板的位置应尽量避开成球区，以免破坏母球运动特性和生球。

D 造球过程中操作条件的影响

造球过程中操作条件的影响主要包括：

（1）加水方法。经过预先湿润的混合料，在造球时可采用下列三种方法处理：当混合料的湿度等于造球时的适宜水分时，造球过程中不再加水；当混合料的湿度大于造球时的适宜水分时，在造球过程中添加干精矿粉；当混合料的湿度低于适宜水分时，在造球过程中补加不足水分。

采用第一种方法时，母球易形成，粒度也均匀，但水分在物料中迁移速度慢，母球长大速度慢，生球粒度不够大。第二种方法对于粗矿粉可以成球，细磨物料松散性差，难以成球。第三种方法广泛采用，它可以加速母球的形成与长大，并可以控制生球的水分和粒度，同时能通过给水方法强化造球过程。

（2）加料方法。加料方法应保证有利于母球的形成与长大，因此应将大部分料加在母球长大区，少部分料加在母球形成区。在母球长大区加大料量可以促进母球迅速长大，在母球形成区的加料量，只需满足母球形成就可以了。加料方法应与加水方法配合，以获得粒度合适的生球。

（3）造球时间。造球所需的时间与物料的性质和生球的粒度有关。物料的成球性差，生球的粒度大，需要造球的时间就长。延长造球时间，可以提高生球强度，但会降低产量。反之，缩短造球时间，会降低生球强度，恶化生球干燥条件。

（4）生球粒度。生球的粒度很大程度上决定了造球机的生产率和生球的强度。生球粒度小，生产率高。较大粒度的生球落下强度差，抗压强度高。

6.2.3.3 造球设备

圆盘造球机是目前国内外广泛采用的造球设备，它主要由圆盘、刮刀、刮刀架、大伞齿轮、小圆锥齿轮、主轴、倾角调节机构、减速机、电动机、底座等组成。造球机的转速和圆盘的倾角可调。

圆盘造球机的优点是造出的生球粒度均匀，没有循环负荷。采用固体燃料焙烧时，可在圆盘边缘加一环形槽就能向生球表面附加固体燃料，不必另置专门设备。另外，设备重量轻、电能消耗少、操作方便，但单机产量低。

6.2.3.4　生球的质量检验

生球的质量对成品球团矿的质量影响很大，因此对生球的质量应从严要求与检验，其指标如下：

（1）粒度组成。粒度一般控制在 9～16mm，竖炉焙烧时可放宽到 15～25mm。粒度过大不仅会降低造球机的生产率，也会限制生球的干燥速度及其在高炉内的还原度。

（2）落下强度。将单个生球从 0.5m 高度自由落下至钢板上，反复跌落，直到生球破坏为止的落下次数，取 4 个球的平均值，作为落下强度指标。要求落下次数不小于 4 次。

（3）抗压强度。用天平法测出生球破裂时所受的压力。取 5 个球的平均值作为生球的抗压强度指标。一般湿球不小于 90N/个，干球不小于 450N/个。

（4）生球的破裂温度。将生球放入预先升温的管式炉中，从 100℃ 开始加热，每升高 25℃ 后恒温 5min，至生球开裂时的温度作为破裂温度，一般要求破裂温度不低于 400℃。

6.2.4　生球的干燥和焙烧固结

6.2.4.1　生球的干燥

生球在焙烧之前进行干燥的目的是降低水分，以免在高温焙烧时发生破裂，恶化料层透气性，影响球团矿的质量和产量。

生球干燥可在专门的设备上进行，如在链箅机—回转窑法的链箅机上进行，也可在焙烧设备上设干燥段（干燥带），如带式焙烧机，竖炉法就是如此。干燥温度一般在 400～600℃。

生球在干燥过程中，受热气流加热，表层水分不断蒸发，内部水分不断向外扩散，整个生球的温度不断降低。因此加热气流越干燥、温度越高，气流速度越快，生球干燥的也越快。

随着水分的蒸发，生球将发生不均匀收缩，干燥速度越快，收缩越明显，开裂的危险也越大。合理的干燥制度是在保证生球不发生破裂的条件下，尽量提高干燥速度，以提高生产率和产品质量。

6.2.4.2　生球的焙烧固结

生球经过干燥后，强度有所提高，但仍满足不了高炉冶炼的要求，需要在氧化气氛下进行高温焙烧。我国目前生产上采用的磁铁精矿多为高硅质，适宜的焙烧温度一般在 1150～1200℃。生球焙烧对球团矿的冶金性能和机械强度起着决定性的作用。在焙烧过程中，随着生球矿物组成与焙烧制度的不同，发生不同的固结反应，比如：磁铁矿氧化所得的 Fe_2O_3 晶粒的再结晶；磁铁矿晶粒的再结晶；赤铁矿中 Fe_2O_3 的再结晶；黏结液相的形成及原子的扩散过程等。根据生产实践，球团生产提出了"晶体为主体，液相为辅助，发展赤结晶，重视铁酸钙"的固结原则。

6.2.5　焙烧设备

球团生产应用较为普遍的方法有竖炉球团法、带式焙烧机球团法和链箅机—回转窑球团法。

6.2.5.1 竖炉

竖炉是最早被采用的一种焙烧设备。它的结构如图 6-11 所示。中间是焙烧室,两侧是燃烧室,下部是卸料辊和密封闸门,焙烧室和燃烧室的横截面多为矩形。竖炉的规格以炉口面积(料线处的面积)来表示。我国竖炉的炉口面积多为 4 ~ 8m²,一般宽度不超过1.8m,长度为宽度的 3 ~ 3.25 倍,从炉口到卸料辊的距离为 7.5 ~ 10m。国外竖炉横截面积为 2.13 ~ 6.40m²,高为 13.7m。

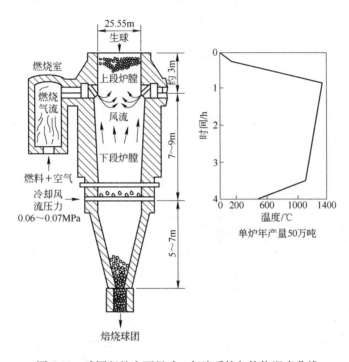

图 6-11 球团竖炉主要尺寸、气流系统与焙烧温度曲线

竖炉生产时,生球用梭式皮带布料机从炉口加入焙烧室,在其下降运动中,被两侧燃烧室内燃料燃烧(煤气或重油)生成的高温废气(1150 ~ 1250℃)所加热,高温废气是从喷火孔进入焙烧室的。生球在下降时由上至下经过干燥、预热、焙烧、均热和冷却几个阶段,由下部排出炉外。卸料辊可将黏结成的大块球团破碎。通过燃烧室进入的空气量约为焙烧所需全部空气量的 35%,其余空气由下部冷却风入口鼓入,在对球团矿冷却的同时,空气被加热至高温后进入焙烧区。

在竖炉内,为了保证竖炉正常生产,要求炉内有均匀而稳定的气流分布,从而保证合理的温度分布。首先应保证生球具有足够的强度,防止生球在炉内破碎,恶化透气性;其次,由于竖炉内温度难于控制,当矿物软化温度低时,或要求较高的焙烧温度时,容易因为温度波动使球团结块而悬料,破坏炉内气流正常分布。因此,目前竖炉多用于焙烧磁铁矿生球,焙烧赤铁矿和褐铁矿生球时尚有困难。

6.2.5.2 带式焙烧机

带式焙烧机是目前球团矿生产中产量比重最大的一种焙烧设备。它的构造与带式烧结机相似,但采用多辊布料器,抽风系统比烧结机复杂,传热方式也不同。

带式焙烧机沿台车工作面的长度分为：干燥段、预热段、焙烧段、均热段、冷却段。各段工作面均用机罩覆盖，它们之间通过管道、风机等组成一个气流循环系统，使焙烧过程中的热能得到了充分利用。对于不同的厂家，不同的原料条件，各段长度不同，大致比例为：干燥段占总长度的18%～33%，预热、焙烧和均热段共占30%～35%，冷却段占33%～43%。各段温度为：干燥段不高于800℃，预热段不超过1100℃，焙烧段为1250℃左右。

带式焙烧机可以采用固、气和液体燃料作为热源。全部使用固体燃料时，将燃料粉末滚在生球表面，经点火燃烧，供给焙烧所需的热量。也可全部使用气体或液体燃料，将燃料通入焙烧机上部的机罩中燃烧，产生的高温废气被抽风机抽过球层进行焙烧。还可以在使用气体或液体燃料的同时，在生球表面滚附少量固体燃料，组成气—固或液—固混合供热形式。

6.2.5.3　链箅机—回转窑

链箅机—回转窑目前已成为焙烧球团的一种重要方法。它由链箅机、回转窑和冷却机联合组成。因此，生球的干燥、预热、焙烧和冷却分别在不同的设备上进行。如图6-12所示。

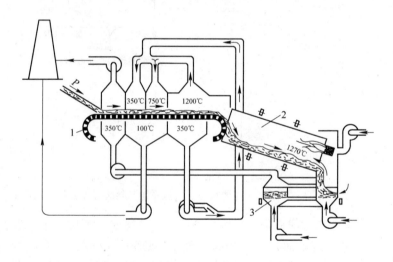

图6-12　链箅机—回转窑工艺流程
1—链箅机；2—回转窑；3—冷却机

链箅机装在衬有耐火砖的室内，分为干燥室和预热室两部分，生球经辊式布料机布在链箅机上，随箅条向前移动的同时，抽来预热室的废气（250～450℃）对生球进行干燥，干燥后的干球进入预热室，再被从回转窑出来的1000～1100℃的氧化性废气加热，干球被部分氧化和再结晶，然后进入回转窑焙烧。

回转窑为一长圆筒，用钢板焊成，内衬耐火砖，倾角5°，窑体做回转运动。随窑体回转，球团在窑内滚动并向排料端移动，燃料由装在排料端的烧嘴喷入窑内燃烧，可用气体或液体燃料（也可用煤粉），产生的热废气与球团运动方向相反，由进料端排入预热室。整个焙烧过程是在球团运动状态下进行的，因而球团受热均匀，加上窑内高温（1300～1350℃），焙烧效果良好。

焙烧后的球团卸入冷却机进行冷却，冷却常用环式冷却机，也有用带冷机的。冷却球团矿时被加热的空气，可以回收作为回转窑的二次空气或用于干燥生球。

链算机—回转窑法的优点是：生产能力大，耗电少，适应性强，可处理不同原料的生球，干燥预热和焙烧分别控制，生球受热均匀，在高温区停留时间长，生产的球团矿质量好，强度高；缺点是：基建费用高，在窑内滚动摩擦、落下等会产生粉末，操作不当时还会产生结圈而影响正常生产。

6.2.5.4 竖炉和链算机—回转窑球团矿生产的比较

竖炉和链算机—回转窑球团矿生产对比如表6-2所示。

表6-2 竖炉和链算机—回转窑球团矿生产对比

项 目	竖 炉	链算机—回转窑
原 料	一般只能用于焙烧磁铁矿球团或者磁、赤铁矿混合精矿球团，并且要求二价铁含量不应低于20%	磁铁精矿，赤、褐铁矿混合矿都可以作为原料，也可全使用赤铁精矿
产品质量	单机生产能力小，最大60万~70万吨/年左右。由于炉内球层受热不均匀，产品质量相比回转窑较差	生产能力大，可达500万吨/年。质量稳定（焙烧均匀）
设备特点	国外：电耗高，原因是竖炉料柱高，气流阻力大，主风机工作压力要求高；国内：炉内有导风墙、干燥床，采用低真空度风机，低热值高炉煤气及低焙烧温度操作，热效率高	最早用于水泥工业，是一种联合机组，包括链算机、回转窑、冷却机及附属设备，工艺特点是干燥、预热、焙烧和冷却过程分别在三台不同的设备上进行，生球先在链算机上干燥，脱水预热，然后进入回转窑内焙烧，最后在冷却机上冷却
可用燃料	采用气体燃料	采用气体、固体燃料
设备材质要求	设备简单，对材料无特殊要求，操作维护方便	材质要求相对竖炉较高，但国内已可提供此材质
建设投资	投资少，建设周期短	相比竖炉投资大，建设周期长
工艺特点	竖炉是按逆流原理工作的热交换设备，其特点在炉顶通过布料设备将生球装入炉内，球以均匀的速度连续下降，燃烧室的热气体从喷火口进入炉内，热气体自上而下与自下而上的生球进行热交换，生球经过干燥、预热进入焙烧区，在焙烧区进行高温固结反应，然后在炉子下部进行冷却和排出，整个过程是在炉内一次完成，因此竖炉正常操作是炉料具有良好的透气性，生球必须松散均匀地布到料柱上边	生球是在链算机上利用从回转窑出来的热废气进行鼓风干燥、抽风干燥和抽风预热的。球团焙烧是在回转窑内进行的，生球经过干燥预热后，在链算机尾部铲料板下，通过溜槽进入回转窑，物料随回转窑沿周翻滚动的同时，沿轴向移动，窑头没有燃烧器（烧嘴），燃烧燃料供给热量，以保持窑内所需要的焙烧温度，烟气由窑尾排出导入链算机，球团在翻滚过程中，经1250~1350℃的高温焙烧后，从窑头排料口进入冷却机，高温冷却段出来的热风温度达1000~1100℃，可作为二次燃烧空气返回窑内利用
易发生的工艺事故	炉内结块 原因：(1)焙烧温度超过球团软化温度，当原料配比改变后，而焙烧温度未进行调整，以致高于软化温度，造成结块；(2)燃烧室出现还原气氛，使球团矿产生硅酸铁等低熔点化合物，造成炉内结块；(3)因设备事故或停电造成停炉，没有松动料柱（无法排矿与补加熟球），物料在高温区停留时间过长；(4)湿料入炉，造成生球严重爆裂，产生大量粉末，使生球黏结，逐渐堆积结块	回转窑内结圈 原因：(1)球团中粉末多，一是生球筛分效率差，二是生球在链算机上结构受到破坏，开裂或者爆炸，三是预热强度差；(2)温度控制不当，过熔；(3)气氛控制不好；(4)原料的SiO_2过高

6.2.5.5　球团矿的质量要求

球团矿含铁量高，堆积密度大，可使高炉料柱的有效重力增大。球团矿粒度小而均匀，又成球状，在高炉内的堆角小，易于滚动，使用时应该选择与其相适应的操作制度。球团矿的热性能较差，在高温下易发生还原膨胀粉化。试验得出，球团矿膨胀率小于20%时，高炉操作无困难。当焦炭强度不高时，必须要求球团矿的热膨胀率不大于20%，以保证高炉炉况顺行。

复习思考题

6-1　什么是烧结，烧结生产对使用的原料有何要求？

6-2　烧结过程中，料层发生了哪些变化？

6-3　烧结生产的主要技术经济指标有哪些？

6-4　简述球团矿生产的工艺流程。

6-5　简述生球的形成过程，在造球时如何控制加水和加料？

6-6　球团矿有哪些特点？

6-7　球团矿生产较为普遍的方法有哪些，各有何特点？

第2篇 炼铁生产

7 炼铁概述

7.1 我国炼铁工业发展简史

我国是世界上用铁最早的国家之一。早在 2500 年前的春秋、战国时期，就已生产和使用铁器，赵国铸的"刑鼎"就是我国掌握冶炼液态铁和铸造技术的见证，而欧洲各国直到 14 世纪才炼出液态生铁。

冶炼技术在我国的发展，表现了我国古代劳动人民的伟大创造力，有力地促进了我国封建社会的经济繁荣。欧洲的冶炼技术也是从中国输入的。但是，到了 18 世纪，特别是清朝时期，冶铁业和其他行业一样发展非常缓慢。与此同时，欧洲爆发了工业革命。19 世纪英国和俄国首先把高炉鼓风动力改为蒸汽机，使冶铁炉的规模不断扩大。不久英国又用高炉煤气预热鼓风，逐渐形成了现代高炉的雏形。当高炉生产向着大型化、机械化、电气化方向发展，冶炼技术不断完善的时候，中国却正处在落后的封建统治时代，发展迟缓，一直到 19 世纪末，不得不转而从欧洲输入近代炼铁技术。

1891 年，清末洋务派首领张之洞首次在汉阳建造了两座日产 100t 生铁的高炉，迈出了我国近代炼铁的第一步。之后，鞍山、本溪、石景山、太原、马鞍山、唐山等地相继修建了高炉。到了 1949 年，生铁年产量仅为 25 万吨，钢年产量 16 万吨。

新中国成立后，我国于 1953 年生铁产量就达到了 190 万吨，超过了当时历史最高水平。1957 年生铁产量达到了 597 万吨，高炉利用系数达到了 1.321t/(m³·d)，我国在这一指标上跨入世界先进行列（美国当时高炉利用系数为 1.0t/(m³·d)）。1958 年生铁产量为 1364 万吨，1978 年突破了 3000 万吨，1988 年达到了 6000 万吨，1993 年生铁产量为 8000 万吨，跃居世界第二位，1995 年生铁产量为 1 亿吨，居世界第一位。2013 年生铁产量超过 7.89 亿吨。

7.2 高炉生产工艺过程及产品

用于炼钢和机械制造等行业的生铁绝大多数是由高炉生产出来的。高炉冶炼的任务是把铁矿石冶炼成合格生铁并做到优质、高产、低耗和长寿。

7.2.1 高炉生产工艺过程

高炉生产工艺过程是由一个高炉本体和五个辅助设备系统完成的。如图 7-1 所示。

（1）高炉本体。高炉本体包括炉基、炉壳、炉衬、冷却设备、炉顶装料设备等。高炉

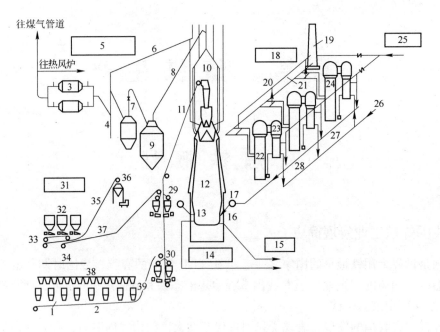

图 7-1　高炉本体和辅助设备系统

1—称量漏斗；2—漏矿皮带；3—电除尘器；4—闸式阀；5—煤气净化设备；6—净化煤气放散管；

7—文氏管煤气洗涤器；8—下降管；9—除尘器；10—炉顶装料设备；11—装料传送皮带；12—高炉；

13—渣口；14—高炉本体；15—出铁场；16—铁口；17—围管；18—热风炉设备；19—烟囱；

20—冷风管；21—烟道总管；22—蓄热室；23—燃烧室；24—混风总管；25—鼓风机；26—净煤气；

27—煤气总管；28—热风总管；29—焦炭称量漏斗；30—碎铁称量漏斗；31—装料设备；32—焦炭槽；

33—给料器；34—原料设备；35—粉焦输送带；36—粉焦槽；37—漏焦皮带；38—矿石槽；39—给料器

的内部空间称为炉型，自上而下分为炉喉、炉身、炉腰、炉腹、炉缸五段。整个冶炼过程是在高炉内完成的。

（2）上料系统。上料系统包括储矿槽、槽下筛分、称量、运料设备以及向炉顶供料设备。其任务是将高炉所需原燃料通过上料设备装入高炉内。

（3）送风系统。送风系统包括鼓风机、热风炉、冷风管道、热风管道、热风围管等。其任务是将风机送来的冷风经热风炉预热以后送入高炉。

（4）煤气净化系统。煤气净化系统包括煤气导出管、上升管、下降管、重力除尘器、洗涤塔、文氏管、脱水器及高压阀组等，有的高炉用布袋除尘器进行干法除尘。其任务是将高炉冶炼所产生的荒煤气进行净化处理，以获得合格的气体燃料。

（5）渣铁处理系统。渣铁处理系统包括出铁场、炉前设备、渣铁运输设备、水力冲渣设备等。其任务是将炉内放出的渣、铁按要求进行处理。

（6）喷吹燃料系统。喷吹燃料系统包括喷吹物的制备、运输和喷入设备等。其任务主要是按要求制备燃料并喷入炉内以取代部分焦炭。

高炉冶炼过程是一系列复杂的物理化学过程的总和。有炉料的挥发与分解、铁氧化物和其他物质的还原、生铁与炉渣的形成、燃料燃烧、炉料与煤气运动等。这些过程不是单独进行的，而是数个过程在相互制约下同时进行。基本过程是：燃料在炉缸风口前燃烧形成的高温还原煤气向上运动时，与不断下降的炉料发生热交换和化学反应，其温度、数量和化学成分逐渐发生变化，最后从炉顶逸出炉外。而炉料则在高温还原煤气的加热和化学作用下，物理形态和化学成分逐渐发生变化，最后在炉缸里形成液态渣铁，从渣铁口排出炉外。

7.2.2　高炉冶炼产品

高炉冶炼的主要产品是生铁，副产品是炉渣、煤气和一定量的炉尘（瓦斯灰）。

7.2.2.1　生铁

生铁组成以铁为主，此外含质量分数为 2.5%～4.5% 的碳，并有少量的硅、锰、磷、硫等元素。生铁质硬而脆，缺乏韧性，不能延压成型，机械加工性能及焊接性能差，但含硅高的生铁（灰口）的铸造及切削性能良好。

生铁按用途又可分为普通生铁和合金生铁，前者包括炼钢生铁和铸造生铁，后者主要是锰铁和硅铁。合金生铁可作为炼钢的辅助材料，如脱氧剂、合金元素添加剂。普通生铁占高炉冶炼产品的 98% 以上，而炼钢生铁目前又占我国普通生铁的 80% 以上，随着工业化水平的提高，这个比例还将继续提高。

我国现行生铁标准如表 7-1、表 7-2 所示。

表 7-1　炼钢用生铁的化学成分标准（YB/T 5296—2011）

牌　号			L03	L07	L10
化学成分（质量分数）/%	C		≥3.50		
	Si		≤0.35	>0.35～0.70	>0.70～1.25
	Mn	一组	≤0.400		
		二组	>0.400～1.000		
		三组	>1.000～2.000		
	P	特级	≤0.100		
		一级	>0.100～0.150		
		二级	>0.150～0.250		
		三级	>0.250～0.400		
	S	一类	≤0.030		
		二类	>0.030～0.050		
		三类	>0.050～0.070		

表 7-2　铸造用生铁牌号及化学成分（GB/T 718—2005）

牌　号		Z14	Z18	Z22	Z26	Z30	Z34
化学成分（质量分数）/%	C	>3.30					
	Si	≥1.25～1.6	>1.6～2.0	>2.0～2.4	>2.4～2.8	>2.8～3.2	>3.2～3.6
	Mn 一组	≤0.500					
	二组	>0.500～0.900					
	三组	>0.900～1.300					

牌　号			Z14	Z18	Z22	Z26	Z30	Z34
化学成分（质量分数）/%	P	一级	≤0.060					
		二级	>0.060~0.100					
		三级	>0.100~0.200					
		四级	>0.200~0.400					
		五级	>0.400~0.900					
	S	一类	≤0.030					
		二类	≤0.040					
		三类	≤0.050					

7.2.2.2 炉渣

炉渣是高炉冶炼的副产品。矿石中的脉石、熔剂以及燃料灰分等熔化后即组成炉渣，其基本成分为 CaO、MgO、SiO_2、Al_2O_3 及少量的 MnO、FeO、CaS 等。炉渣有许多用途，常用作水泥原料及隔热、建材、铺路等材料。目前每吨生铁的炉渣量已由过去的 700~1000kg 降低至 300kg 左右。

7.2.2.3 高炉煤气

高炉煤气的化学成分为 CO、CO_2、H_2、N_2。煤气中含有可燃成分 CO 和 H_2，经除尘脱水后可作为燃料使用，其发热值约 $(800~900)\times4.18168kJ/m^3$，一般每吨铁可产煤气 2000~3000m³。高炉煤气是无色、无味的气体，有毒、易爆炸，因此应加强煤气的使用管理。

7.2.2.4 炉尘

炉尘是随高炉煤气逸出的细粒炉料，经除尘处理与煤气分离。炉尘含铁、碳、氧化钙等有用物质，可作为烧结的原料，每吨铁产炉尘为 10~100kg，炉尘量随着原料条件的改善而减少。

7.3 高炉生产主要技术经济指标

高炉生产的技术水平和经济效果可以用技术经济指标来衡量。其主要技术经济指标有以下各项。

（1）高炉有效容积利用系数（η_V）。

$$\eta_V = \frac{P}{V_u}$$

式中　η_V——每立方米高炉有效容积一昼夜内生产铁的吨数，$t/(m^3 \cdot d)$；

P——高炉一昼夜生产的合格生铁量，t/d；

V_u——高炉有效容积，指炉缸、炉腹、炉腰、炉身、炉喉五段之和，m^3。

高炉有效容积利用系数 η_V 是衡量高炉生产强化程度的指标。其值越高，高炉生产率越高，日产铁量越多。目前我国高炉有效容积利用系数普遍在 $2.0t/(m^3\cdot d)$ 以上，有的高达 $4.0t/(m^3\cdot d)$。

（2）焦比（K）和燃料比（K_f）。

$$K = \frac{Q}{P}$$

式中　K——冶炼 1t 生铁消耗的干焦量，kg/t；

　　　Q——高炉一昼夜消耗的干焦量，kg。

$$K_f = \frac{Q_f}{P}$$

式中　K_f——冶炼 1t 生铁消耗的焦炭和喷吹燃料的数量之和，kg/t；

　　　Q_f——高炉一昼夜消耗的干焦量和喷吹燃料之和，kg。

焦比和燃料比是衡量高炉物资消耗，特别是能耗的重要指标，它对生铁成本的影响最大，因此，降低焦比和燃料比始终是高炉操作者努力的方向。目前我国喷吹高炉的焦比一般低于 450kg/t，燃料比小于 550kg/t。

（3）冶炼强度（I）。

$$I = \frac{Q}{V_u}$$

式中　I——每昼夜每立方米高炉有效容积燃烧的焦炭量，t/（m³·d）。

当高炉喷吹燃料时，每昼夜每立方米高炉有效容积消耗的燃料总量，称为综合冶炼强度（$I_综$），即：

$$I_综 = \frac{Q_f}{V_u}$$

冶炼强度是表示高炉生产强化程度的指标，它取决于高炉所能接受的风量，鼓入高炉的风量越多，冶炼强度越高。

当休风时间为零、不喷吹燃料时，利用系数、焦比和冶炼强度之间的关系为：

$$\eta_V = \frac{I}{K}$$

冶炼强度和焦比均影响利用系数。当采用某一技术措施后，若冶炼强度增加而焦比又降低时，可使利用系数得到最大程度的提高。

（4）生铁合格率。

化学成分符合国家标准的生铁为合格生铁。合格生铁量占高炉总产量的百分数为生铁合格率，即：

$$生铁合格率 = \frac{生铁合格量}{生铁总产量} \times 100\%$$

生铁合格率是评价高炉产品质量好坏的重要指标，我国一些企业高炉生铁合格率已达 100%。

（5）休风率。

休风率是指休风时间占规定作业时间（日历时间扣除计划检修时间）的百分数，即：

$$休风率 = \frac{休风时间}{日历时间 - 计划检修时间} \times 100\%$$

休风率反映设备管理维护水平和高炉的操作水平。降低休风率是高炉增产节焦的重要途径，我国先进高炉休风率已降到1%以下。

（6）生铁成本。

生铁成本是指冶炼1t生铁所需的费用，包括原料、燃料、动力、工资、车间经费等。成本受价格因素的影响较大，一般原燃料成本费占80%左右；其余20%左右为冶炼成本费，其中动力、工资、折旧、运输费约占18%，车间经费约占2%。副产品回收费应从成本中扣除，目前大型高炉此项回收费占成本的8%~9%。降低消耗，尤其是降低焦炭消耗是降低成本的重要内容。

（7）炉龄。

高炉从开炉到停炉大修之间的时间为一代高炉的炉龄。延长炉龄是高炉工作者的重要课题，大高炉炉龄要求达到10年以上，国外大型高炉炉龄最长已达20年。

复习思考题

7-1 简述我国炼铁发展简史。

7-2 简述高炉炼铁生产工艺流程。

7-3 高炉冶炼的主要产品和副产品有哪些？

7-4 高炉生产主要技术经济指标有哪些？

8 高炉冶炼原理

8.1 炉料在炉内的物理化学变化

炉料从炉顶装入高炉后自上而下运动，被上升的煤气流加热，发生了吸附水的蒸发、结晶水的分解、碳酸盐的分解、焦炭中挥发分的挥发等反应。

8.1.1 高炉炉内的状况

通过国内外高炉解剖研究得到如图 8-1 所示的典型炉内状况。按炉料物理状态，高炉内大致可分为五个区域或称五个带：

（1）炉料仍保持装料前块状状态的块状带。

（2）矿石从开始软化到完全软化的软熔带。高炉解剖肯定了软熔带的存在。软熔带的形状和位置对高炉内的热交换、还原过程和透气性有着极大的影响。

（3）已熔化的铁水和炉渣沿焦炭之间的缝隙下降的滴落带。

（4）由于鼓风动能的作用，焦炭做回旋运动的风口带。

（5）风口以下，贮存渣铁完成必要渣铁反应的渣铁带。

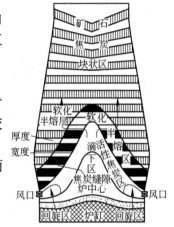

图 8-1 炉内的状况

8.1.2 水分的蒸发与结晶水的分解

在高炉炉料中，水分以吸附水与结晶水两种形式存在。

吸附水也称物理水，以游离状态存在于炉料中。常压操作时，吸附水一般在 105℃ 以下即蒸发，高炉炉顶温度常在 250℃ 左右，炉内煤气流速很快，因此吸附水在高炉上部就会蒸发完。蒸发时消耗的热量是高炉煤气的余热，因此不会增加焦炭的消耗。

结晶水也称化合水，以化合物形态存在于炉料中。高炉炉料中的结晶水一般存在于褐铁矿（$nFe_2O_3 \cdot mH_2O$）和高岭土（$Al_2O_3 \cdot 2SiO_2 \cdot 2H_2O$）中，结晶水在高炉内大量分解的温度为 400~600℃。结晶水的分解反应属于吸热反应，将消耗高炉内的热量。

8.1.3 挥发物的挥发

挥发物的挥发包括燃料挥发物的挥发和高炉内其他物质的挥发。

燃料中的挥发分存在于焦炭及煤粉中，焦炭中挥发分质量分数为 0.7%~1.3%。焦炭在高炉内到达风口前已被加热到 1400~1600℃，挥发分全部挥发。由于挥发分数量少，对煤气成分和冶炼过程影响不大。但在高炉喷吹燃料的条件下，由于煤粉中挥发分含量高，则会引起炉缸煤气成分的变化，对还原反应有一定的影响。

除燃料中挥发物外，高炉内还有许多元素和化合物进行少量挥发（也称气化），如 S、

P、As、K、Na、Zn、Pb、Mn 和 SiO、PbO、K$_2$O、Na$_2$O 等。这些元素和化合物的挥发对高炉炉况和炉衬都有影响。

8.1.4 碳酸盐的分解

炉料中的碳酸盐主要来自石灰石（CaCO$_3$）和白云石（CaCO$_3$·MgCO$_3$）熔剂，有时也来自碳酸铁（FeCO$_3$）和碳酸锰（MnCO$_3$）。

其中 MnCO$_3$、FeCO$_3$ 和 MgCO$_3$ 的分解温度较低，一般在高炉上部分解完毕，对高炉冶炼影响不大；CaCO$_3$ 的分解温度较高，约910℃，且是吸热反应，对高炉冶炼影响较大。CaCO$_3$ 的分解反应式为：

$$CaCO_3 = CaO + CO_2 \qquad \Delta_r H_m^{\ominus} = 168406 J/mol$$

若部分石灰石来不及分解而进入高温区，则石灰石分解生成的 CO$_2$ 在高温区与焦炭作用：

$$CO_2 + C = 2CO \qquad \Delta_r H_m^{\ominus} = 165800 J/mol$$

此反应既消耗热量又消耗碳素，使焦比升高。因此，高炉多采用高碱度烧结矿来提供造渣需要的熔剂，而避免熔剂直接入炉。

8.2 还原过程和生铁的形成

高炉炼铁的目的是将铁矿石中的铁和一些有用元素还原出来，所以还原反应是高炉内最基本的化学反应。

8.2.1 基本概念

8.2.1.1 还原反应

还原反应的通式为 MeO + X = Me + XO。还原反应是还原剂 X 夺取氧化物 MeO 中的氧，使之变为金属单质或该金属低价氧化物的反应。高炉炼铁常用的还原剂主要有 CO、H$_2$ 和固体碳。

8.2.1.2 铁氧化物的还原顺序

铁氧化物的还原顺序与分解顺序相同，遵循逐级还原的原则，从高价氧化物逐级还原到低价氧化物，最后获得金属铁。

当温度小于570℃时，按 Fe$_2$O$_3$→Fe$_3$O$_4$→Fe 的顺序还原；

当温度大于570℃时，按 Fe$_2$O$_3$→Fe$_3$O$_4$→FeO→Fe 的顺序还原。

8.2.2 高炉内铁氧化物的还原

8.2.2.1 用 CO 和 H$_2$ 还原铁氧化物

矿石从炉顶入炉后，在温度未超过 900~1000℃时，铁氧化物中的氧是被煤气中的 CO 和 H$_2$ 夺取而产生 CO$_2$ 和 H$_2$O 的。这种还原不直接用焦炭中碳素作还原剂，所以称为间接还原。

当温度大于570℃时，用 CO 作还原剂的还原反应为：

$$3Fe_2O_3 + CO === 2Fe_3O_4 + CO_2 \qquad \Delta_r G_m^{\ominus} = -52500 - 41.05T, \text{J/mol}$$

$$Fe_3O_4 + CO === 3FeO + CO_2 \qquad \Delta_r G_m^{\ominus} = 35400 - 40.29T, \text{J/mol}$$

$$FeO + CO === Fe + CO_2 \qquad \Delta_r G_m^{\ominus} = -22800 + 24.27T, \text{J/mol}$$

当温度大于570℃时，用 H_2 作还原剂的还原反应为：

$$3Fe_2O_3 + H_2 === 2Fe_3O_4 + H_2O \qquad \Delta_r G_m^{\ominus} = -15547 - 74.40T, \text{J/mol}$$

$$Fe_3O_4 + H_2 === 3FeO + H_2O \qquad \Delta_r G_m^{\ominus} = 71940 - 73.62T, \text{J/mol}$$

$$FeO + H_2 === Fe + H_2O \qquad \Delta_r G_m^{\ominus} = 23430 - 16.16T, \text{J/mol}$$

8.2.2.2 用固体碳还原铁氧化物

用固体碳还原铁氧化物生成 CO 的还原反应称为铁的直接还原。由于矿石在炉内下降过程中先进行间接还原，残留的铁氧化物主要以 FeO 形式存在，因此在高炉内具有实际意义的只有 FeO + C = Fe + CO 的反应。由于固体碳与铁氧化物进行固相反应，接触面很小，直接进行反应受到很大限制，所以通常认为直接还原要通过气相进行反应，其反应过程如下：

$$FeO + CO === Fe + CO_2$$

$$+) \quad CO_2 + C === 2CO$$

$$\overline{FeO + C === Fe + CO \qquad \Delta_r H_m^{\ominus} = 152200 \text{J/mol}}$$

在上述反应中，虽然 FeO 仍是与 CO 反应，但气体产物 CO_2 在高炉下部高温区几乎100%和碳发生气化反应，最终结果是直接消耗了碳素。CO 只是从中起到了一个传递氧的作用。正因为碳的气化反应的存在和发展，使高炉内出现了间接还原和直接还原两种方式。如图 8-2 所示，直接还原在大于800℃时开始进行，大于1100℃时大量进行。故低于800℃的区域是间接还原区，高于1100℃区域为直接还原区。800~1100℃区域为直接还原与间接还原的混合区。

8.2.3 直接还原与间接还原

8.2.3.1 铁的直接还原度

巴甫洛夫假定，铁矿石在高炉内全部以间接还原的形式还原至 FeO，从 FeO 开始以直接还原的形式还原的铁量与还原出来的总铁量之比，称为铁的直接还原度，记作 r_d。

8.2.3.2 直接还原与间接还原的比较

间接还原是以气体为还原剂，是一个可逆反应，还原剂不能全部利用，需要有一定过量的还原剂。直接还原与间接还原相反，由于反应生成物 CO 随煤气离开反应面，而高炉内存在大量焦炭，所以可以认为直接还原反应是不可逆反应，1mol 碳就可以夺取铁氧化物中1mol 的氧原子，不需过量的还原剂。因此，从还原剂需要量角度看，直接还原比间接还原更能有利于降低焦比。

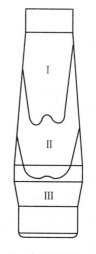

图 8-2　直接还原与间接
还原区域分布
Ⅰ—低于800℃区域；
Ⅱ—800~1100℃区域；
Ⅲ—高于1100℃区域

间接还原大部分是放热反应，而直接还原是大量吸热的反应。由于高炉内热量收入主要来源于碳素燃烧，所以从热量的需要角度看，间接还原比直接还原更能有利于降低焦比。

通过上述两方面的比较可以看到：高炉内全部直接还原（$r_d = 1$）行程和全部间接还原（$r_d = 0$）行程都不是高炉的理想行程。只有直接还原与间接还原在适宜的比例范围内，维持适宜的 r_d，才能降低焦比，取得最佳效果。这一适宜的 r_d 为 0.2～0.3，而高炉实际操作中的 r_d 常在 0.35～0.65。所以，高炉炼铁工作者的奋斗目标，仍然是降低 r_d，这是降低焦比的重要内容。

发展间接还原，降低 r_d，降低焦比的基本途径是：改善矿石的还原性；控制高炉煤气的合理分布；采用氧煤强化冶炼新工艺。降低单位生铁的热量消耗的措施有：提高风温；提高矿石品位；使用高碱度烧结矿；减小外部热损失；降低焦炭灰分等。

8.2.4 高炉内非铁元素的还原

高炉内除铁元素之外，还有锰、硅、磷等其他元素的还原。根据各氧化物分解压的大小，可知铜、砷、钴、镍在高炉内几乎全部被还原；锰、钒、硅、钛等较难还原，只有部分还原进入生铁。

8.2.4.1 锰的还原

锰是高炉冶炼经常遇到的金属，是贵重金属元素。高炉内的锰由锰矿带入，有的铁矿石中也含有少量的锰。

高炉内锰氧化物的还原也是由高价向低价逐级还原直到金属锰，顺序为：

$$MnO_2 \longrightarrow Mn_2O_3 \longrightarrow Mn_3O_4 \longrightarrow MnO \longrightarrow Mn$$

其中从 MnO_2 到 MnO 可通过间接还原进行还原反应，而 MnO 是相当稳定的化合物，分解压力比 FeO 小得多。所以，在高炉内 Mn 不可能由间接还原获得的。MnO 开始直接还原的温度约在 1100～1200℃之间，此时 MnO 已与脉石组成硅酸盐初渣，故 Mn 是在液态初渣中由 MnO 以直接还原形式还原而得：

$$MnO + C = Mn + CO \qquad \Delta_r H_m^{\ominus} = 287190J/mol$$

MnO 的直接还原是吸热反应，由 MnO 还原出来 1kg 锰比还原同等数量的铁的热量消耗要大一倍。因此高炉炉温是锰还原的重要条件；其次适当提高炉渣碱度，增加 MnO 的活度，也有利于锰的直接还原。还原出来的锰可溶于生铁或生成 Mn_3C 溶于生铁。冶炼普通生铁时，有40%～60%的锰进入生铁，5%～10%的锰挥发进入煤气，其余进入炉渣。

8.2.4.2 硅的还原

生铁中的硅主要来源于矿石和焦炭灰分中的 SiO_2。SiO_2 是稳定的化合物，它的生成热大，分解压小，比 Fe、Mn 难还原。硅的还原只能在高炉下部高温区（1300℃以上）以直接还原的形式进行：

$$SiO_2 + 2C = Si + 2CO \qquad \Delta_r H_m^{\ominus} = 627980J/mol$$

由于 SiO_2 在还原时要吸收大量热量，所以硅在高炉内只有少量被还原。还原出来的硅可溶于生铁或生成 $FeSi$ 再溶于生铁。较高的炉温和较低的炉渣碱度有利于硅的还原，以获得含硅较高的铸造生铁。

由于硅的还原与炉温密切相关，所以铁水中的含硅量可作为衡量炉温水平的标志。

8.2.4.3　磷的还原

炉料中的磷以磷酸钙 $[(CaO)_3 \cdot P_2O_5]$ 的形态存在，有时也以磷酸铁 $[(FeO)_3 \cdot P_2O_5 \cdot 8H_2O]$ 的形态存在。磷酸铁又称蓝铁矿，蓝铁矿的结晶水分解后形成多微孔的结构较易还原，反应式为：

$$2Fe_3(PO_4)_2 + 16CO = 3Fe_2P + P + 16CO_2$$

磷酸钙是很稳定的化合物，它在高炉内首先进入炉渣。在 $1100 \sim 1300℃$ 时用碳作还原剂还原磷，其还原率能达 60%；当有 SiO_2 存在时，可以加速磷的还原：

$$2Ca_3(PO_4)_2 + 3SiO_2 = 3Ca_2SiO_4 + 2P_2O_5$$
$$+)\qquad\qquad 2P_2O_5 + 10C = 4P + 10CO$$

$$2Ca_3(PO_4)_2 + 3SiO_2 + 10C = 3Ca_2SiO_4 + 4P + 10CO \qquad \Delta_r H_m^{\ominus} = 2840660J/mol$$

磷虽难还原，反应吸热量大，但在高炉冶炼条件下，全部被还原以 Fe_2P 形态溶于生铁。因此，降低生铁中的含磷量的唯一途径是控制炉料中的含磷量。

8.2.4.4　铅、锌、砷的还原

我国的一些铁矿石含有铅、锌、砷等元素，这些元素在高炉冶炼条件下易被还原。

还原出来的铅不溶于铁，而且因密度大于铁易沉积于炉底，渗入砖缝，破坏炉底；部分铅在高炉内易挥发上升，遇到 CO_2 和 H_2O 将被氧化，随炉料一起下降时又被还原，在炉内循环。

还原出来的锌，在炉内挥发、氧化、体积增大，使炉墙破坏，或凝附于炉墙形成炉瘤。

还原出来的砷与铁化合，影响钢铁性能，使钢冷脆，焊接性能大大降低。

8.2.5　还原反应动力学

铁矿石的还原属异相反应，各反应相之间有明显的界面。根据动力学研究，被还原气体包围的铁矿石，还原反应是由矿石颗粒表面向中心进行的，如图 8-3 所示。

因此，提高还原气体的浓度和还原温度；使用粒度较小，气孔率较大的入造矿石将改善还原条件，加快还原反应速度。

8.2.6　生铁的生成与渗碳

生铁的生成，主要是渗碳和已还原的元素进入生铁中，最终得到含 Fe、C、Si、Mn、P、S 等元素的生铁的过程。

矿石在加入高炉内即开始还原，在高炉炉身部位，就已有部分铁矿石在固态时被还原成金属铁，这种铁称为海绵铁。当温度升高到 $727℃$ 以上时，固体海绵铁发生如下渗碳过程：

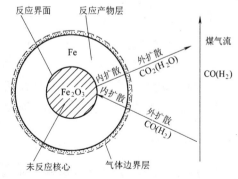

图 8-3　矿球反应过程模型

$$2CO = CO_2 + C_黑$$

$$+) \quad 3Fe_固 + C_黑 = Fe_3C_黑$$

$$3Fe_固 + 2CO = Fe_3C_黑 + CO_2$$

根据高炉解剖资料分析：经初步渗碳的金属铁在 1400℃ 左右时，与炽热的焦炭继续进行固相渗碳，才开始熔化成铁水，穿过焦炭滴入炉缸，熔化后的金属铁与焦炭接触改善，渗碳反应加快，$3Fe_液 + C_焦 = Fe_3C_液$。至炉腹处，生铁的最终含碳质量分数为 4% 左右。生铁在渗碳的同时还溶入由直接还原得到的 Si、Mn、P 等元素，形成最终成分的生铁。

生铁的最终碳含量与生铁中合金元素的含量有着密切关系。Mn、Cr、V、Ti 等元素由于能与碳生成碳化物，所以有助于增加生铁中的含碳量。另外有一些元素如 Si、P、S 等能与铁生成化合物，促进碳化物分解，阻止渗碳，能促使生铁的含碳量降低。冶炼锰铁时，碳的质量分数可以达到 7%；普通生铁的含碳质量分数一般在 4% 左右。

8.3　高炉炉渣与脱硫

高炉生产过程中，铁矿石中的铁氧化物还原出金属铁；铁矿石中的脉石和焦炭（燃料）中的灰分等与熔剂相互作用生成低熔点的化合物，形成非金属的液相，即为炉渣。

8.3.1　高炉炉渣的成分与作用

8.3.1.1　高炉炉渣的成分

高炉炉渣主要来源于矿石中的脉石、焦炭（燃料）中的灰分、熔剂中的氧化物、被侵蚀的炉衬等。

组成炉渣的氧化物很多，高炉炉渣的主要成分有 SiO_2、CaO、Al_2O_3、MgO、MnO、FeO、CaS、CaF_2 等。对炉渣性能影响较大且炉渣中含量最多的是 SiO_2、CaO、Al_2O_3、MgO 四种。

8.3.1.2　高炉炉渣的作用

炉渣和生铁是高炉冶炼生成的两种产物。炉渣对生铁的产量和质量有极其重要的影响。炉渣的具体作用如下：

（1）炉渣与生铁互不溶解，且密度不同，因而使渣铁得以分离，得到纯净的生铁。

（2）渣铁之间进行合金元素的还原及脱硫反应，炉渣起调整成分的作用。

（3）炉渣对高炉炉况顺行、炉缸热制度以及炉龄等方面也有很大影响。

炉渣的上述作用是由炉渣的物理性能决定的，其物理性能包括炉渣的黏度、炉渣的熔化性和稳定性等，它们由炉渣的化学成分决定。

8.3.2　成渣过程

加入高炉内的炉料与煤气接触，将发生如下变化：

（1）焦炭在风口以上保持固态，直到风口处才完全燃烧，灰分进入炉渣。焦炭是料柱的骨架，对炉内透气性影响很大。

（2）矿石在下降过程中，经历了块状带、软熔带、滴落带、风口带、渣铁带。矿石的软化是由于在块状带固相反应生成了低熔点的化合物，此时半熔融的含有很多已还原的铁的"冰柱"沿焦炭缝隙流下，炉渣从冰柱中分离出来，为初渣。分离出来的初渣是自然碱度。随后渣中 FeO 不断还原进入铁中，至滴落带，炉渣以滴状下落，渣中 FeO 已降到 2% ~3%，当温度达 1400℃以上时，金属铁由于渗碳而熔点降低，也以滴状下落。

滴落的初渣成分不断变化，初渣开始是自然碱度，以后随着 SiO_2 的还原，焦炭灰分的加入，经过碱度波动之后形成终渣。

8.3.3 生铁去硫

硫是影响钢铁质量的重要因素，高炉中的硫来自矿石、焦炭和喷吹燃料。炉料中焦炭带入的硫最多，占 70% ~80%。冶炼每吨生铁由炉料带入的总硫量称为硫负荷。

8.3.3.1 硫在煤气、渣、铁中的分配

炉料带入高炉内部的硫在冶炼过程中又全部转入炉渣、生铁、煤气中。因此：

$$m(S_m) = m(S_g) + m(S_渣) + m(S_铁)$$

若以 1kg 为计算单位，则上式可写成：

$$m(S_m) = m(S_g) + nw(S) + w[S]$$

式中　$m(S_m)$——每吨生铁由炉料带入的总硫量；

　　　$m(S_g)$——每吨生铁随煤气挥发的硫量；

　　　n——每吨生铁的相对渣量；

　　　$w(S)$——炉渣中硫的质量分数,%；

　　　$w[S]$——生铁中硫的质量分数,%。

渣中含硫量与铁中含硫量之比称为硫的分配系数，用 L_S 表示。$L_S = w(S)/w[S]$ 代入上式得：

$$w[S] = [m(S_m) - m(S_g)]/(1 + L_S n)$$

由此可以看出，欲得到低硫生铁应采取如下措施：降低硫负荷；增大硫的挥发量；加大渣量；增大硫的分配系数 L_S。

8.3.3.2 炉渣去硫

实际生产中，一定的原料条件 $m(S_m)$ 变化不大，且不提倡大渣量操作，而气化去硫也仅占很少一部分。所以欲得到低 [S] 生铁，只有提高炉渣的去硫能力，即提高硫在渣铁间的分配系数 L_S。除气化去硫外，硫在高炉中全部变成 CaS 和 FeS。CaS 不溶于生铁而进入炉渣中，FeS 则溶于生铁。生铁去硫主要是将溶于生铁的 FeS 变成不溶于生铁的 CaS，反应式如下：

$$[FeS] + (CaO) = (CaS) + (FeO)$$

生成的 FeO 在高温下与焦炭作用：

$$(FeO) + C = [Fe] + \{CO\}$$

因此，总的脱硫反应可写成：

$$[FeS] + (CaO) + C = (CaS) + [Fe] + \{CO\} \qquad \Delta_r H_m^\ominus = 14122J/mol$$

从上述脱硫反应式可以看到，要提高炉渣的脱硫能力必须具备以下条件：

（1）适当高的炉渣碱度。碱度高则 CaO 多，对脱硫有利。

（2）要有足够的炉温。脱硫反应是吸热反应，温度高则有利于反应的进行。

（3）黏度小。可使生成物 CaS 很快脱离反应的接触面，降低（CaS）的浓度，促进反应的进行。

8.3.3.3 炉外脱硫

当炉料中含硫较高时，若操作不当，生铁含硫难免超过规定标准，此时，可采用炉外脱硫的办法，以保证生铁的质量。目前高炉常用的炉外脱硫剂是苏打粉（Na_2CO_3）。出铁时，用占铁水质量 1% 的苏打粉加入铁水罐，脱硫效率可达 70% ~ 80% 或更高。反应式为：

$$Na_2CO_3 + FeS \Longrightarrow Na_2S + FeO + CO_2 \quad -Q$$

此外，炉外脱硫剂还有石灰、白云石、电石、复合脱硫剂等。为了满足炼钢对铁水的要求，也可采用铁水预处理技术。

可见，如果选择合理的操作制度，保证充沛的炉温，生铁的含硫量是可控的。由于炉料中的硫大部分是由燃料带入的，所以降低燃料比是控制入炉硫量，保证生铁质量的有效措施。

8.4 高炉风口区炭素的燃烧

焦炭是高炉炼铁的主要燃料。随着喷吹技术的发展，煤粉已代替部分焦炭作为高炉燃料使用。

8.4.1 燃料燃烧

8.4.1.1 燃烧反应

焦炭中的碳除部分参加直接还原和进入生铁之外，有 70% 以上在风口前燃烧，高炉炉缸内的燃烧反应与一般的燃烧反应不同，它是在空气量一定而焦炭过剩的条件下进行的。燃烧反应的机理一般认为分两步进行：

$$C + O_2 \Longrightarrow CO_2 \qquad \Delta_r G_m^\ominus = -394762 - 0.84T, \ J/mol$$

$$+) \quad CO_2 + C \Longrightarrow 2CO \qquad \Delta_r G_m^\ominus = 172130 - 177.46T, \ J/mol$$

$$2C + O_2 \Longrightarrow 2CO \qquad \Delta_r G_m^\ominus = -222632 - 178.30T, \ J/mol$$

所以，风口前碳素的燃烧只能是不完全燃烧，生成 CO 并放出热量。

由于鼓风中总含有一定的水蒸气，灼热的 C 与 H_2O 发生下列反应：

$$C + H_2O \Longrightarrow CO + H_2 \qquad \Delta_r G_m^\ominus = 135540 - 144.00T, \ J/mol$$

因此，实际生产的条件下，风口前炭素燃烧的最终产物由 CO、H_2、N_2 组成。

8.4.1.2 燃烧反应的作用

风口前碳素燃烧反应是高炉内最重要的反应之一，燃烧反应有以下几方面作用：

（1）为高炉冶炼过程提供主要热源。

（2）为还原反应提供 CO、H_2 等还原剂。

（3）为炉料下降提供必要的空间。

8.4.2 回旋区及燃烧带

当鼓风以很高的速度（100~200m/s）从风口鼓入高炉时，具备足够的动能吹动风口前端的焦炭块，形成一个比较疏松的球形空间。沿着球形空间内部，煤气流夹带着焦炭做回旋运动，并迅速燃烧。回旋运动主要发生在风口中心线以上，风口前产生焦炭和煤气流回旋运动的区域称为回旋区。在回旋区外围，有一层厚约100~300mm 的中间层，此层的焦炭既受高速煤气流的冲击作用，又受阻于外围包裹着的紧密焦炭，因此比较疏松，但又不能和煤气流一起运动。

回旋区和中间层组成焦炭在炉缸内进行燃烧反应的区域称之为燃烧带。如图 8-4所示。

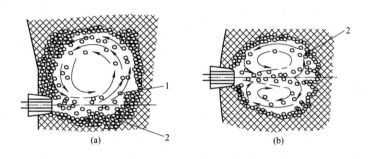

图 8-4　风口前焦炭循环运动示意图

（a）风口区域的垂直平面；（b）风口区域的水平截面

1—气流中心线；2—焦炭的中间层

8.4.3 影响燃烧带大小的因素

燃烧带的大小决定着煤气在炉内的初始分布，对炉内煤气温度和炉缸温度分布及高炉顺行都有影响。当燃烧带沿水平方向上截面积越大，相邻两燃烧带之间的不活跃区越小时，炉缸工作越均匀。

影响燃烧带大小的主要因素有：

（1）鼓风动能。鼓风动能是单位时间内鼓风具有的机械能。它反映了鼓风克服风口前料柱阻力向炉缸中心的穿透能力。鼓风动能大则燃烧带长，炉缸中心煤气流分布多；反之则煤气流分布少。鼓风参数（风温、风量、喷吹量、鼓风湿度等）与风口数目、风口直径等影响鼓风动能的大小。

（2）燃烧反应速度。一般情况下，燃烧反应速度快，燃烧反应在较小的区域进行，使燃烧带缩小；反之，则使燃烧带扩大。

（3）炉缸料柱阻力。炉缸内料柱疏松，燃烧带则延长；反之，燃烧带则缩小。

8.5　炉料和煤气的运动

在高炉冶炼过程中，各种物理化学反应都是在炉料和煤气相向运动的条件下进行的。这个过程伴随着热量与物质的传递与输送。因此，保证炉料在高炉内顺利下降和煤气流的合理分布，是高炉冶炼顺行，获得高产、优质、低耗的前提。

8.5.1 炉料运动

在高炉的冶炼过程中，炉料在炉内的运动是一个固体散料的缓慢移动床，炉料均匀而有节奏地下降是高炉顺行的重要标志。

炉料在炉内下降的基本条件是高炉内不断形成促使炉料下降的自由空间。形成这一空间的因素有：焦炭在风口前燃烧生成煤气；炉料中的碳素参加直接还原；炉料在下降过程中重新排列、压紧并熔化成液相，体积缩小；定时放出渣铁等。其中风口前焦炭的燃烧对炉料的下降影响最大。除此之外，炉料在炉内能否顺利下降还要受到力学因素的支配，只有炉料的有效重力大于煤气浮力，炉料才能顺利下降。

8.5.2 煤气运动

高炉煤气主要产生于炉缸风口前燃料的燃烧。炉缸煤气是高炉冶炼过程中热能与化学能的来源。所以，煤气在上升过程中经过一系列的传热传质后，从炉顶逸出，其体积、成分、温度和压力均发生了变化。

8.5.2.1 煤气的体积与成分的变化

煤气量取决于冶炼强度、鼓风成分、焦比等因素。炉缸煤气的体积总量在上升过程中是增加的。

纯焦冶炼时，炉顶煤气量为鼓风量的 1.35 ~ 1.37 倍；喷吹燃料时，为 1.40 ~ 1.45 倍。

炉顶煤气成分为：

CO_2	CO	N_2	H_2
15% ~ 22%	20% ~ 25%	55% ~ 57%	约 2.0%

炉顶煤气中 CO_2 与 CO 的总含量基本稳定在38% ~ 42%之间。

8.5.2.2 煤气温度的变化

炉缸煤气在上升过程中把热量传递给炉料，温度逐渐降低；而炉料在下降过程吸收煤气的热量，温度逐渐上升，这便是炉内热交换现象。讨论高炉内热交换时，一般将高炉分为三个区域（如图8-5所示）：

（1）在高炉上部区域，炉顶温度即煤气离开高炉时的温度是评价高炉热交换的重要指标。降低炉顶温度的措施有：煤气在炉内分布合理，煤气与炉料充分接触；提高风温、降低焦比；富氧鼓风等。此外，炉顶温度的高低还与炉料的性质有关。

（2）在高炉下部区域，炉缸所具有的温度水平是反映炉缸热制度的重要参数。提高炉缸温度的措施有：提高风温；富氧鼓风、喷吹煤粉等。

（3）在高炉上部和下部热交换区之间存在一个热交换达到平衡的空区。此区的特点是炉料与煤气的温差很小，对于大量使用烧结矿的高炉，该区煤气的温度约为1000℃。

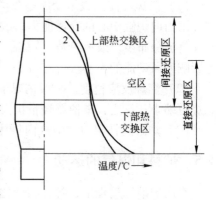

图 8-5 理想高炉的竖向温度分布图
1—煤气；2—炉料

8.5.2.3　煤气压力的变化

煤气在炉内上升过程中，由于克服料柱的阻力产生很大的压头损失（Δp），可表示为 $\Delta p = P_{炉缸} - P_{炉喉}$。煤气在上升过程中，在高炉下部压力变化比较大而在高炉上部比较小，如图 8-6 所示。随着风量加大（冶炼强度提高），高炉下部压差变化更大，说明此时高炉下部料柱阻力增长值提高。当压头损失 Δp 增加到一定程度时，将妨碍高炉顺行，由此可见，改善高炉下部料柱的透气性是进一步提高冶炼强度、促进高炉顺行的重要措施。

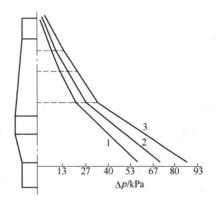

图 8-6　某高炉煤气静压力分布
1—冶炼强度 0.985；2—冶炼强度 1.130；
3—冶炼强度 1.495

8.5.3　影响 Δp 的因素

在高炉冶炼过程中，影响 Δp 的因素很多，归纳起来主要可分为煤气流和原料两个方面。

8.5.3.1　煤气流

A　煤气流速的影响

随着煤气流速的增加，Δp 迅速增加。因此，降低煤气流速能明显降低 Δp。煤气流速同煤气量或鼓风量成正比。所以提高风量，煤气量增加，Δp 增加，不利于高炉顺行。

B　煤气温度和压力的影响

煤气的体积受温度影响很大，所以炉内温度升高，煤气体积膨胀，煤气流速增加，Δp 增大，不利于炉况顺行；当炉内煤气压力升高，煤气体积缩小，煤气流速降低，Δp 减少，有利于炉况顺行。

C　煤气的密度和黏度的影响

降低煤气的密度和黏度能降低 Δp。高炉喷吹燃料后，由于煤气中 H_2 含量增加，煤气的密度和黏度都相应减少，因而有利于炉况顺行。

8.5.3.2　原料

A　粒度的影响

从降低 Δp 有利于高炉顺行的角度看，增加原料的粒度是有利的，但是对矿石的还原反应不利。所以在保证高炉顺行的前提下，应尽量减小入炉原料的粒度。

B　孔隙度的影响

入炉原料的孔隙度大，透气性好，Δp 将降低，有利于炉况的顺行。对同一粒度，孔隙度随粒度大小变化不大。但粒度大小相差悬殊，小颗粒的炉料填充在大颗粒炉料之间的缝隙中，孔隙度会大大下降，Δp 将增加，不利于炉况顺行。所以要大力改善原料的粒度组成，如加强原料的整粒工作，筛除粉末，分级入炉。

C　其他方面

高炉炼铁的操作制度对 Δp 也有很大影响。比如，对造渣制度来讲，渣量少，成渣带薄，初渣黏度小都会使 Δp 下降，有利于炉况顺行。

8.6　高炉强化冶炼与节能

高炉强化冶炼的主要目的是提高产量，即提高高炉有效容积利用系数（η_V）。从公式

$\eta_V = I/K$ 可知，欲强化冶炼，提高产量，其途径是提高冶炼强度 I 和降低燃料比 K，主要措施是精料、高压操作、高风温、富氧鼓风、加湿与脱湿鼓风、喷吹燃料等。

8.6.1　精料

精料就是全面改善原料质量，为高产、优质、低耗打下物质基础。精料的具体内容可概括为"高、熟、净、匀、小、稳、熔"七个字。此外还应重视高温冶金性能及合理的炉料结构。

(1) 提高矿石品位。提高矿石品位是指提高入炉矿石的含铁量。提高矿石品位是高炉提高产量和降低燃料比的首要内容。矿石品位提高后，脉石量减少，减少了单位生铁的熔剂用量，降低了单位生铁的渣量，使高炉冶炼单位生铁的热量消耗减少，产量提高，同时又能改善高炉下部透气性，有利于顺行。

(2) 增加熟料比。烧结矿和球团矿统称为熟料，也称人造富矿。增加入炉的熟料比，可以改善矿石的透气性、还原性和造渣性能，促进高炉热制度的稳定和炉况顺行。尤其是采用高碱度烧结矿时，还原粉化率低、软化温度和还原度高，又可减少熔剂加入量。所以增加熟料比既有利于降低焦比，提高冶炼强度，又有利于高炉顺行。

(3) 加强原料的整粒工作。缩小矿石粒度，可缩短矿石的还原时间，改善还原过程，有利于降低焦比。但粒度过小的炉料，将恶化料柱透气性，使煤气流分布失常，炉尘增多。另外炉料应按"匀"的要求分级分批入炉，以改善料柱的透气性。

(4) 稳定炉料成分。入炉原料的成分，尤其是矿石成分的稳定是稳定炉况、稳定操作、保证生铁质量及实现自动控制的先决条件。否则，高炉生产会受到很大影响。要保证炉料化学成分和物理性质的稳定，减少入炉料成分的波动，关键在于加强原料的管理，搞好炉料的混匀和中和工作。

(5) 合理的炉料结构。合理的炉料结构是指入炉炉料组成的合理搭配，应以获得最好的技术经济指标为前提。合理的炉料结构，应当符合下列要求：具有优良的高温冶金性能，包括高温还原强度、还原性、软熔特性等；炉料中，以人造富矿为主，炉料的成分能满足造渣需要，不加或少加熔剂等。据生产实践和各种研究表明：高炉用 80% 左右的高碱度烧结矿和 20% 左右的酸性球团矿或天然矿块的炉料结构较为理想。

(6) 提高焦炭质量。焦炭质量的优劣对高炉强化冶炼至关重要，高炉冶炼对焦炭的质量要求主要表现在机械强度、化学成分和高温强度三方面。

提高焦炭的机械强度，尤其是高温下的机械强度，才能减少焦炭在高炉内摩擦挤压形成的粉末量，改善粒度组成，才能保证料柱透气性良好，保证高炉顺行。

降低焦炭灰分，不仅可使焦炭的固定碳含量增加，降低焦比，提高焦炭的耐磨强度，以提高料柱透气性；而且还能有效地减少熔剂用量，降低渣量，使焦比降低。另外降低焦炭中的硫含量能有效地降低入炉原料的硫负荷，减少渣量，降低焦比，提高生铁的产量和质量。

8.6.2　高压操作

高压操作是指提高高炉内煤气压力。提高炉内煤气压力是由煤气系统中的高压调节阀组或 TRT 来实现的。高压的程度用炉顶压力表示。当前的高压水平一般为 140 ～ 250kPa，

$3000m^3$ 级以上高炉大多采用 $250 \sim 300kPa$。高压操作对高炉冶炼的影响主要表现为：

（1）高压操作有利于提高冶炼强度，即提高产量。高压操作使炉内的平均煤气压力提高，煤气体积缩小，煤气流速降低，使 Δp 下降，为提高风量、增加产量创造了条件。但高压操作受原料状况、风机能力、操作水平和设备条件的影响。

（2）高压操作有利于炉况顺行，减少管道行程，降低炉尘吹出量。高压操作后，Δp 降低，煤气对炉料下降的阻力减少，有利于高炉顺行。同时，由于炉内煤气流速的降低，炉尘吹出量减少，炉况变得稳定，从而减少了每吨铁的原料消耗量，减少了除尘设备的工作负荷，提高了除尘效率。

（3）高压操作有利于降低焦比。高压操作对不同条件的高炉，降低焦比的数值也不相同。降低焦比的原因如下：

1）改善了高炉间接还原。高压操作时，降低了煤气流速，延长了煤气在炉内与矿石的接触时间，改善了间接还原，促使间接还原得以充分进行，煤气利用改善，使焦比降低。

2）抑制了高炉内的直接还原。高压操作能使反应 $CO_2 + C = 2CO$ 向左进行，从而抑制了碳的气化反应，使高温区下移。或者说把直接还原推向更高的温度区域进行，因此直接还原度降低，焦比降低。

3）高压操作后，生铁产量提高。高压操作后，炉尘量减少，实际的焦炭负荷增加；冶炼强度提高，使生铁产量增加，单位生铁的热损失减少，焦比降低。

4）高压操作可抑制硅的还原。高压操作后，可使反应 $SiO_2 + 2C = Si + 2CO$ 左移，有利于降低生铁的含硅量，促进焦比降低。

（4）高压操作容易促使边缘气流发展，生产中应注意调节风口面积。

8.6.3 高风温

提高风温是高炉降低焦比和强化冶炼的有效措施。特别是采用喷吹技术之后，使用高风温更为迫切。据统计，风温每提高 $100℃$ 可降低焦比 $8 \sim 20kg$，增加产量 $2\% \sim 3\%$。

（1）提高风温有利于降低焦比。高炉内热量收入来源于两方面，一是风口前炭素燃烧放出的化学热；二是热风带入的物理热。热风带入的热量占总热量收入的 $20\% \sim 30\%$。

1）高风温带入的物理热增加了高炉内非焦炭燃烧的热收入，减少了作为发热剂所消耗的焦炭。

2）提高风温后，焦比降低，一方面使单位生铁的煤气量减少，炉顶煤气温度下降，煤气带走的热量减少；另一方面，焦比降低，灰分量小，硫负荷低，渣量少，由炉渣带走的热量少，因而可进一步降低焦比。

3）提高风温后，焦比降低，煤气量减少，高温区下移，中温区扩大，有利于间接还原的发展，使 r_d 降低，有利于焦比的进一步降低。

4）由于提高风温，焦比降低，生铁产量相应提高，单位生铁的热损失相对减少，因而可促进焦比的降低。

（2）提高风温能为提高喷吹量和喷吹效率创造条件。风温提高后，鼓风动能增大，有利于活跃炉缸，改善煤气能量的利用；同时风口前理论燃烧温度提高，炉缸温度升高，为提高喷吹量和喷吹效率创造条件，但高风温对顺行不利。

8.6.4　富氧鼓风

提高鼓风中的含氧量，相对降低其中的含氮量，称为富氧鼓风。一般把单位体积风中含有来自工业氧气的氧量称为富氧率。富氧率一般为 3%～4%。富氧鼓风对高炉冶炼的影响有以下几方面：

（1）提高冶炼强度。鼓风中含氧量的增加，使每吨生铁需要的风量减少；若保持入炉风量（包括富氧）不变，相当于增加了氧量，从而提高了冶炼强度，增加了产量。若焦比有所降低，可望增产更多。

（2）对煤气量的影响。对单位生铁而言，由于富氧之后带入的氮量减少，单位生铁的煤气量减少。因此，富氧鼓风在产量不变时，Δp 是降低的，有利于高炉顺行。

（3）提高风口前的理论燃烧温度。富氧鼓风之后，风口前炭素燃烧放出的热量增加，单位生铁的煤气量的减少，风口前理论燃烧温度升高，有利于提高高炉喷煤量。

但是，由于富氧鼓风降低了冶炼单位生铁的风量，因而热风带入高炉的热量减少，热收入减少，所以富氧鼓风并没有给高炉开辟新的热源，这一点与提高风温有着本质的区别。

8.6.5　脱湿鼓风

随着喷吹技术的发展，风中的自然湿度已成为有碍喷吹效果的因素之一。为此，需采用脱湿鼓风技术。将鼓风中的湿分降低到较低的水平，称为脱湿鼓风。脱湿鼓风能减少风口前水分的分解吸热，从而提高风口前理论燃烧温度，降低焦比和增加喷吹量；同时脱湿鼓风能稳定风中的湿分，从而稳定炉况。

8.6.6　高炉喷煤

高炉喷煤是指从风口把煤粉喷入炉缸，直接代替一部分焦炭在风口前燃烧，从而扩大高炉的燃料来源，以达到降低焦比，提高生铁产量、质量的目的。喷煤是高炉强化冶炼的一种手段，也可作为高炉下部调剂的一种手段。喷吹单位数量的煤粉所能代替焦炭的数量称为煤粉的置换比。喷吹煤粉的作用如下：

（1）炉缸煤气量增加，煤气的还原能力增加。高炉喷吹煤粉后，考虑到置换比的影响，炉缸煤气量有所增加，同时由于煤粉中含有一定数量的 H_2，所以煤气的还原能力也有所增加。

（2）煤气分布改善，中心煤气明显发展。首先，喷煤后，鼓风动能显著增大，使炉缸工作更加活跃；其次，煤气中 H_2 含量增加，使煤气的黏度降低，因而扩散能力增强，使中心煤气得到发展。但喷煤量增大到一定程度后，煤气分布将发生变化。

（3）炉缸冷化，顶温升高，有热滞后现象。喷煤后，由于焦炭带入高温区的物理热减少，喷吹物分解吸收热量和炉缸煤气量增加，致使风口前理论燃烧温度降低，炉缸冷化。要采用提高风温进行温度补偿。

喷煤后，单位生铁煤气量增加，使得炉顶温度升高。但煤粉置换比越高时，炉顶温度上升的幅度越小。

热滞后现象是高炉喷吹燃料初期，炉缸温度暂时下降，过一段时间后，炉缸温度又上升的现象。产生热滞后的原因主要是喷吹燃料后，煤气中 CO、H_2 的含量增加，改善了间接还原过程，当这部分炉料到达炉缸时，减少了高温区的直接还原量，减轻了炉缸的热负荷，使炉缸温度回升。

（4）压差升高。喷煤量增加，压差有增加的趋势，尤其是高炉下部的压差。因为喷吹燃料后，焦炭负荷相应增加，料柱透气性变差；另外喷吹燃料后，煤气量增加，煤气流速加快，所以压差升高。但这并不妨碍高炉的顺行，因为喷吹燃料后，焦炭负荷增加的同时，炉料的质量也增加；而且煤气中 H_2 的含量增加，使煤气的黏度降低，扩散能力增加，允许在高压下操作。所以喷煤后的高炉常常更易接受风量和风温，喷吹燃料在一定程度上能促进高炉顺行。

（5）生铁质量提高。高炉喷吹燃料之后，由于焦比降低，所以硫负荷降低；而煤气增加，促进间接还原的发展，使高温区渣中 FeO 量减少；炉缸工作全面活跃，渣铁温度高。

上述诸方面原因促使炉渣能有高的脱硫能力。因此，喷吹煤粉的高炉更适宜于冶炼低硅低硫生铁。

8.6.7　高炉冶炼低硅生铁

随着炼钢技术的发展，生铁中的硅作为发热剂的意义早已不再重要，为了满足无渣或少渣炼钢的需要，炼钢生铁含硅量逐渐降低。同时，低硅生铁对于降低高炉焦比、提高产量及铁水炉外预处理（脱磷，脱硫）是有益的。一般生铁中 $w(Si)$ 每降低 1%，焦比降低 $4 \sim 7 kg/t$。

20 世纪 70 年代 $w(Si)$ 为 0.8% 左右，现在很多高炉铁水含硅量 $w(Si)$ 已降低到 0.2% ~ 0.4%。

8.6.8　提高炉衬寿命

高炉冶炼的强化和新技术的应用，使高炉的生产能力不断提高。与此同时，高炉寿命缩短，严重影响着钢铁企业综合效益的提高。为此，延长高炉的一代寿命，即炉龄，成为当前高炉冶炼相当突出的、必须解决的重要问题。目前，常采用选择合理的冷却方式，改进冷却器的材质与结构，提高耐火材料的材质，选择合理的操作制度，炉缸、炉底用含钛物料护炉等措施，延长高炉的一代寿命。

8.6.9　高炉节能

钢铁工业是高能耗工业，炼铁系统（焦化、烧结、球团、炼铁等工序的总称）直接的能源消耗占钢铁生产总能耗的一半以上。

高炉的能耗包括燃料消耗和动力消耗两方面，其中燃料占总能耗的75%以上。高炉冶炼过程还有许多余能，称为炼铁的二次能源，利用潜力很大。因此，高炉节能的方向，除采取各种措施，降低综合燃料比、降低动力消耗之外，还应在回收和利用二次能源方面下功夫，其重要意义不亚于提高能源利用率。

目前，回收和利用二次能源的技术有：炉顶煤气余压发电；煤气余热发电；渣铁的显热利用；回收热风炉烟道废气的余热；冷却水落差发电等。

复习思考题

8-1 写出铁氧化物的还原顺序。

8-2 什么是直接还原反应和间接还原反应，它们各有何利弊？

8-3 何为炉渣碱度，高炉炉渣的作用是什么？

8-4 如何提高炉渣的脱硫能力？写出脱硫反应式。

8-5 什么是燃烧带，风口前焦炭的燃烧有什么作用？

8-6 简述高炉煤气上升过程体积、成分的变化。

8-7 高炉强化冶炼的措施有哪几方面？简述高风温、高压操作、富氧鼓风、喷吹煤粉对高炉冶炼的影响。

9　炼铁车间构筑物与设备

9.1　高炉本体

高炉本体设备包括高炉炉型、炉衬、冷却设备、钢结构及高炉基础等。

9.1.1　高炉炉型

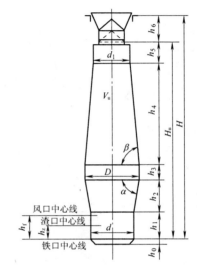

高炉是一个竖立的圆筒形炉子。其内部工作空间剖面的形状为高炉炉型，炉型由高炉炉衬构筑而成。现代生产的高炉炉型均设计成五段式，由炉缸、炉腹、炉腰、炉身、炉喉组成，如图9-1所示。高炉炉型要适应原燃料条件的要求，保证冶炼过程的顺利进行。

五段式高炉是近百年来高炉生产实践的科学总结。随着冶炼技术的发展，人们逐渐摸索出炉型发展的规律，这就是炉型必须和炉料、送风制度以及它们在炉内运动的规律相适应。因而形成了上、下部直径小、中间粗的圆筒形，这符合炉料下降时受热膨胀、松动、软熔和最终形成液态渣铁而体积收缩变化过程的需要。也符合煤气流上升初期，离开炉墙，减少对炉衬的冲刷，有利于渣皮的形成和稳定；煤气在上升过程中热量传给炉料，本身温度降低、体积收缩减小的特点。

高炉各部分相关尺寸的确定见表9-1。

图 9-1　高炉炉型各部位采用符号

V_u—高炉有效容积；H—高炉全高；H_u—有效高度；
h_0—死铁层高度；h_1—炉缸高度；h_2—炉腹高度；
h_3—炉腰高度；h_4—炉身高度；h_5—炉喉高度；
h_6—炉头高度；d—炉缸直径；D—炉腰直径；
d_1—炉喉直径；α—炉腹角；β—炉身角；
h_f—风口高度；h_z—渣口高度

表 9-1　高炉各部分相关尺寸的确定

项　目	厚壁高炉经验式	薄壁高炉经验式
D/d	$1.10 \sim 1.20$（V_u：$300 \sim 1000\text{m}^3$）	$1.14 \sim 1.20$（V_u：$2000 \sim 5000\text{m}^3$）
d_1/d	一般为 $0.65 \sim 0.72$，大高炉取大值	$0.73 \sim 0.77$（V_u：$2000 \sim 5000\text{m}^3$）
H_u/D	一般为 $2.0 \sim 4.0$	$1.9 \sim 2.4$（V_u：$2000 \sim 5000\text{m}^3$）
炉缸高度 h_1/m	$h_1 = (0.12 \sim 0.15)H_u$ 或 $h_1 = h_f + a$；$a = 0.5 \sim 0.7$	$h_1 = (0.124 \sim 0.170)H_u$ （V_u：$2000 \sim 5000\text{m}^3$）
炉腹角 $\alpha/(°)$	一般为 $78 \sim 82$	$75 \sim 78$
炉腰高度 h_3/m	调整高炉容积用，一般为 $1.0 \sim 3.0$	调整高炉容积用，一般为 $1.0 \sim 3.0$
炉身角 $\beta/(°)$	一般为 $80 \sim 83$	一般为 $79 \sim 83$
风口高度 h_f/m	$h_1 - h_f = 0.5 \sim 0.6$	$h_1 - h_f = 0.5 \sim 0.6$

9.1.2 高炉炉衬

高炉炉衬是维持合理炉型的保证，炉衬构成了高炉的内部工作空间，能起到减少炉子的热损失，保护冷却设备和炉壳免受热力和化学侵蚀的作用。它是决定高炉寿命的最重要的因素之一。

高炉常用的耐火材料有两大类，即陶瓷质耐火材料（包括黏土砖和高铝砖）和炭质耐火材料（炭砖、炭捣料、石墨、碳化硅砖）等。

在设计炉衬时应考虑高炉各部位的破损机理，不同耐火材料抵抗侵蚀的能力及不同冷却装置对砖衬所起的作用。

（1）炉底、炉缸。炉底和炉缸破损的主要原因有渣铁的冲刷，炭砖被熔损，重金属渗透，渣铁和炉料的静压及高温作用。炉底与炉缸是高炉的关键部位，如出了问题很难处理，会酿成重大事故。

目前炉底、炉缸内衬结构主要存在两大体系：一是导热体系，像以霍戈文公司为代表的采用高导热性材料薄炉底、炉缸体系；二是隔热体系，如陶瓷杯体系。即在高导热炭砖的内侧，砌筑一个陶瓷质的杯状内衬，如图9-2所示，以保护炭砖免受铁水渗透、冲刷、热应力和化学侵蚀。

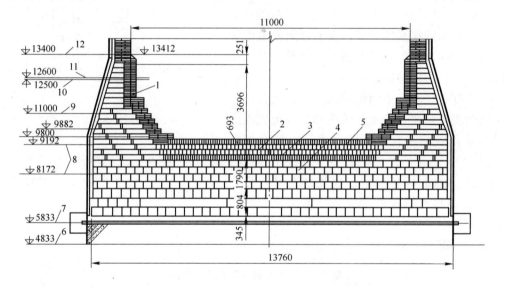

图 9-2　陶瓷杯结构

1—刚玉莫来石砖；2—黄刚玉砖；3—烧成铝炭砖；4—半石墨化自焙炭砖；5—保护砖；6—炉壳封板；
7—水冷管；8—测温电偶；9—铁口中心线；10，11—东西渣口中心线；12—炉壳拐点

炉缸部位装有风口、渣口和铁口。炉缸下部的工作条件与炉底上部的工作条件相近，因而中型以上高炉多将环形炭砖一直砌到渣口与风口之间，再往上砌高铝砖。目前大型高炉已把炭砖砌至炉缸上沿。

炉缸下部的主要矛盾是高温铁水和炉渣的机械冲刷和铁口维护困难，所以下部要维护好铁口的深度。炉缸上部是高炉温度最高区域，风口装置安装于此，故炉缸砖衬呈截锥形剖面。

（2）炉腹。炉腹部分的砖衬在开炉后不久很快就会被侵蚀掉，这部分主要靠形成的渣皮起保护作用。所以常用高铝砖或黏土砖砌筑，而且较薄，一般采用单层（230mm 或 345mm）砖砌筑。其作用是在开炉时保护镶砖冷却壁，而后冷却壁就靠渣皮保护。

（3）炉腰。炉腰是炉腹与炉身之间的过渡段，在结构上有厚墙、薄墙及其过渡结构三种形式。对炉腰部分的砖衬应与使用的冷却器结合起来考虑，并要求能尽快形成操作炉型。

（4）炉身。炉身部分要求炉衬耐磨、抗冲刷能力强，特别是炉身下部要考虑用抗炉渣侵蚀性强的耐火材料。炉身砖衬有薄厚两种，现多采用薄壁炉身。

（5）炉喉。炉喉部分由于受炉料下落时的打击，以及煤气流的冲刷，一般不采用耐火材料砌筑，而是用耐磨金属构件组装的炉喉钢砖。炉喉钢砖由厚度为 100 ~ 150mm 的铸钢组成，形状有块状的和条状的。条状炉喉钢砖如图 9-3 所示。

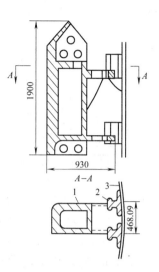

图 9-3　条状炉喉钢砖
1—长条状钢砖；2—钢轨型吊挂；3—炉壳

9.1.3　冷却设备

高炉冷却的目的是保护炉衬，维护合理的操作炉型，通过冷却使炉渣凝固形成保护性渣皮代替炉衬工作。保护炉壳及金属结构不被烧坏或变形。所以，要选择合理的冷却设备和冷却制度。高炉冷却介质有水、空气、汽化混合物，冷却形式有水冷、风冷、汽化冷却。各高炉由于生产和工作条件不同，所采用的冷却形式、结构、材质及冷却制度也不尽相同。

高炉冷却设备按其结构的不同，可分为外部喷水冷却装置、炉内冷却装置（冷却壁和冷却板）、炉底冷却装置及风口和渣口冷却装置。

9.1.3.1　炉外喷水冷却装置

高炉炉身下部和炉腹可在炉壳外部安装环形喷水管进行喷水冷却。常用于小型高炉和中型以及大型高炉炉役末期，当冷却壁被烧坏的情况下，进行外部喷水冷却以维持生产。其特点是结构简单，对水质要求不高。

9.1.3.2　炉内冷却装置（冷却壁和冷却板）

冷却壁安装在砖衬和炉壳之间，其内部铸有无缝钢管。分为光面冷却壁和镶砖冷却壁两种。光面冷却壁用于炉底和炉缸部位冷却，镶砖冷却壁用于炉腹、炉腰和炉身下部冷却。炉腹部位采用不带凸台的镶砖冷却壁，炉腰和炉身下部又多采用带凸台的镶砖冷却壁。两种镶砖冷却壁如图 9-4 和图 9-5 所示。

冷却板又称为扁水箱，埋设在炉衬内，内部铸有无缝钢管以通水冷却。冷却板常用在炉腰和炉身部位冷却，进出水管与炉壳焊接，密封性好。冷却板能维护较厚的炉衬，便于更换，质量轻，节省金属材料；但是冷却不均匀，炉衬侵蚀后高炉内衬表面凹凸不平，不利于炉料下降。

9.1.3.3　炉底冷却装置（水冷炉底）

大型高炉炉缸直径较大，周围径向冷却壁的冷却不足以将炉底中心部位的热量散发出去，如不进行冷却则炉底向下侵蚀严重。因此，大型高炉炉底中心部位需冷却。

水冷炉底多采用 $\phi40\text{mm} \times 10\text{mm}$ 的无缝钢管。炉底中心部位管间距为 200 ~ 300mm，

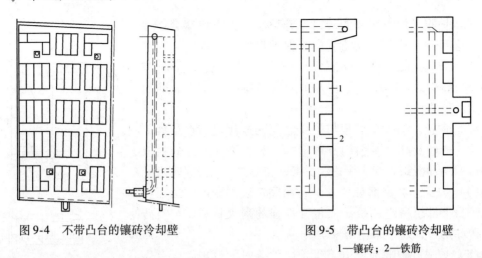

图 9-4　不带凸台的镶砖冷却壁　　　　图 9-5　带凸台的镶砖冷却壁

1—镶砖；2—铁筋

边缘部位管间距为 350~500mm。通水管设在耐热混凝土的基墩上，用碳捣耐火材料找平，其厚度为 100~200mm。

9.1.3.4　高炉汽化冷却系统

汽化冷却是把接近沸腾温度的软化水送进冷却件内，部分热水在冷却件内吸热后变成蒸汽，由于水的汽化热较大，从而达到冷却的目的。汽化冷却主要用于大中型高炉。汽化冷却循环工况的稳定性、可靠性及系统检测调节还有待进一步解决。

软水密闭循环冷却系统近年来在大型高炉上广泛使用，具有工作稳定可靠、冷却效果好、冷却水量消耗少、动力消耗少等优点。

9.1.4　风口和渣口装置

风口装置是向高炉送风的设备。风口装置由风口、风口二套、风口大套、直吹管、带有窥视孔的弯管、鹅颈管、拉杆等组成。其构造如图 9-6 所示。

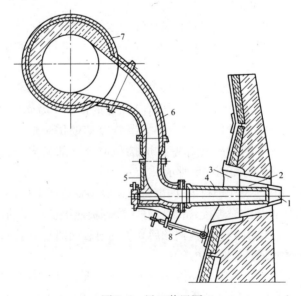

图 9-6　风口装置图

1—风口；2—风口二套；3—风口大套；4—直吹管；5—带有窥视孔的弯管；6—鹅颈管；7—热风围管；8—拉杆

渣口装置是高炉的放渣设备。中型以上高炉渣口装置一般由四个套组成，即渣口大套、二套、三套和小套。其装配形式如图 9-7 所示。当渣量较少时，高炉可以不设或不使用渣口。

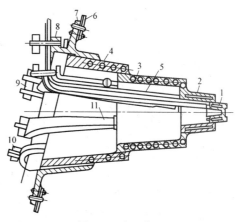

图 9-7 渣口装置

1—小套；2—三套；3—二套；4—大套；
5—冷却水管；6—炉壳；7，8—大套
法兰；9，10—固定楔；11—挡杆

9.1.5 高炉钢结构

高炉钢结构包括炉壳、炉体支撑结构、炉顶框架、支柱、平台和梯子。

炉壳的作用是承受载荷，固定冷却设备及内衬砌体，防止煤气逸漏。一般采用钢板焊成，炉底和炉缸的钢板厚些。炉壳的厚薄与炉容大小、炉体支撑形式等有关。

目前常见的炉体支撑结构是由 4 根支柱连成的框架结构，整个炉顶载荷由框架传给基础，如图 9-8 所示。

9.1.6 高炉基础

高炉基础由基座和基墩组成。其作用是将高炉的全部重量均匀地传给地层。其结构如图 9-9 所示。

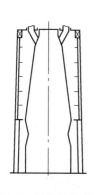

图 9-8 炉体结构形式

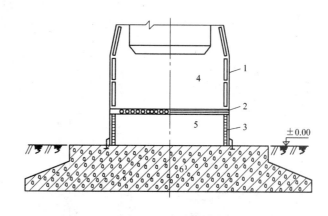

图 9-9 高炉基础

1—冷却壁；2—风冷管；3—耐火砖；4—炉底砖；
5—耐热混凝土基墩；6—钢筋混凝土基座

高炉生产对基础的要求是要稳固，均匀下沉量不大于 20～30mm，热稳定性好，结构简单、造价低。基础承受的重量按有效容积的 13～15 倍估算。基座有圆形的和多边形的，用钢筋混凝土浇筑。基墩包在炉壳内，用耐热混凝土浇筑。

9.2 上料系统和炉顶布料系统

高炉上料系统包括将输送到炼铁车间的原、燃料输送到炉顶的所有设备。炉顶布料系统包括从受料斗开始至将炉料布于炉喉的所有设备。

9.2.1 储矿槽

储矿槽位于高炉一侧，储存原料用于解决高炉连续上料和间断供料的矛盾。

常见的储矿槽有钢筋混凝土结构和混合结构两种形式。储矿槽的总容积应能保证供给高炉 12 ~ 18h 的矿石量，储焦槽一般要保证供给高炉 6 ~ 8h 的焦炭需求量。一般储焦槽的总容积为高炉有效容积的 0.6 ~ 1.1 倍，小高炉取上限。

9.2.2 槽下设备

槽下运输主要用皮带机输送原料。皮带运输机的特点是：设备轻便，便于实现全面的自动控制，从而改善劳动条件。另外槽下设备还包括筛分和称量设备。

9.2.3 料车坑内设备

斜桥料车上料的高炉，在斜桥的下端向料车供料的场所称为料车坑。料车坑中安装的设备主要有称焦炭和矿石用的称量漏斗或中间漏斗、料车，如图 9-10 所示。

9.2.4 上料设备

上料设备有两种形式：一种是传统的斜桥卷扬机上料设备；另一种是皮带机上料设备。

料车式上料设备主要包括斜桥、卷扬机、料车三部分，如图 9-11 所示。

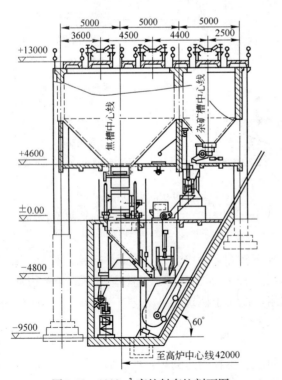

图 9-10 1000m³ 高炉料车坑剖面图

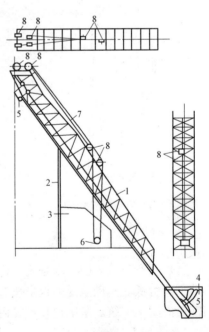

图 9-11 斜桥料车式上料机

1—斜桥（其上铺轨道）；2—支柱；3—料车
卷扬机室；4—料车坑；5—料车；
6—卷扬机；7—钢绳；8—导向轮

9.2.4.1　斜桥

斜桥多采用桁架式结构，也有用实腹梁式结构。桁架式结构是用槽钢和角钢焊接而成，其角度一般为 $55° \sim 60°$。$100m^3$ 以下的高炉为单个料车上料；大于 $255m^3$ 高炉铺复线，双料车上料。

9.2.4.2　卷扬机

卷扬机是上料的驱动设备，主要由电动机、减速机和卷筒组成。卷扬机必须运行安全可靠，调速性能良好，终点位置停车准确，且能自动运行。卷扬机的作业率一般不应超过 75%，以利于低料线时能及时赶上料线。

9.2.4.3　料车

料车由车体、车轮、辕架三部分组成。料车容积为高炉容积的 0.7% ~ 1.0%。

皮带机上料适用于大高炉，其优点是：上料能力大；炉前操作空间大；便于实现全面自动化；设备简单；易于检修等。

采用皮带机上料时，一般在距离高炉较远处设称量配料库，皮带上料机上料流程如图 9-12 所示。上料皮带机的倾角最小 11°，最大 14°。

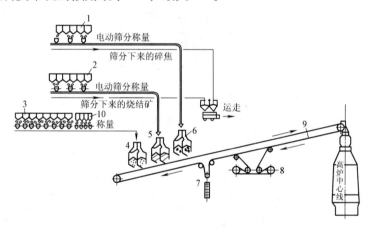

图 9-12　高炉皮带机上料流程示意图

1—焦炭料仓；2—烧结矿料仓；3—矿石料仓；4—矿石及辅助原料集中斗；5—烧结矿集中斗；
6—焦炭集中斗；7—皮带机张紧装置；8—皮带机传动机构；9—皮带机；10—辅助原料仓

9.2.5　炉顶布料设备

高炉炉顶布料设备的作用是用来将炉料装入高炉，并使之分布合理，同时要保证炉顶可靠密封，使高压操作顺利进行。

现代大型高炉多采用摆动—旋转布料溜槽式炉顶，也称无钟炉顶。由于无钟炉顶的大量普及，传统的钟式炉顶逐渐被淘汰。无钟炉顶有并罐式（见图 9-13）和串罐式两种。

无钟炉顶装料顺序是：打开上密封阀 4 和上料闸（上闸门）3 后，炉料经受料漏斗 2，进入称量料罐 5；打开下密封阀 7 和料流控制阀（下闸门）6 后，料流经中心喉管 9 进入旋转溜槽 13，旋转溜槽将炉料布于炉喉。从理论上讲无钟炉顶的布料可将炉料布于炉喉的任意方位上。

无钟炉顶的受料斗装有翻板阀，以保证炉料可进入任一料仓。料仓的容积是根据焦批

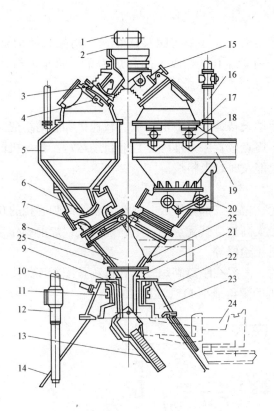

图 9-13　并罐式无钟炉顶装置示意图

1—皮带运输机；2—受料漏斗；3—上闸门；4—上密封阀；5—称量料罐；6—下闸门；7—下密封阀；

8—叉形漏斗；9—中心喉管；10—冷却气体充入管；11—传动齿轮机构；12—探尺；

13—旋转溜槽；14—炉喉煤气封盖；15—闸门传动液压缸；16—均压或放散管；

17—料仓支撑轮；18—电子秤压头；19—支撑架；20—下部闸门传动机构；

21—波纹管；22—测温热电偶；23—气密箱；24—更换滑槽小车；25—消声器

确定的，1000m³ 高炉的料仓容积为 20m³，300m³ 高炉的为 8m³。

无钟炉顶的优点很多，可以进行环形布料、螺旋布料、扇形布料和定点布料等。由于密封阀不接触炉料，因而寿命长、休风率低。这种炉顶简化了炉顶设备，使炉顶高度降低了 1/3，设备质量减少了 1/2，驱动功率减少了 1/5。

9.3　渣铁处理系统

渣铁处理系统包括风口工作平台与出铁场、炉前设备、铁水处理及炉渣处理设备。

9.3.1　风口工作平台与出铁场

在风口中心线以下 1.15 ~ 1.25m 左右的炉缸周围，设置的操作平台称为风口工作平台。操作人员在这里可以通过风口观察炉况、更换风口、检查冷却设备、操纵阀门等。风口工作平台用耐火砖侧砌铺平，留排水坡度。渣沟设置在平台上，渣沟由铸铁铸成，壁厚约 80mm，上面捣一层垫沟料。渣口附近坡度为 20% ~ 30%，其他部位为 10% 左右。

出铁场比风口工作平台低 1.0 ~ 1.5m。一般高炉设一个出铁场，铁口数目多时，可设 2 或 3 个出铁场。也有的大型高炉把矩形出铁场改为环形出铁场。

出铁场为钢筋混凝土架空式结构，上铺约 1.5m 的河沙。设有主沟（见图 9-14、图 9-15）、铁沟、下渣沟和挡板、撇渣器（见图 9-16）等。

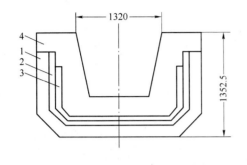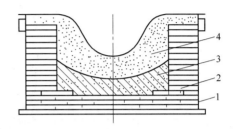

图 9-14　某钢高炉主沟结构图

1—隔热砖；2—黏土砖；3—高铝
碳化硅砖；4—浇注料

图 9-15　中小高炉主沟断面图

1—钢板外壳；2—黏土砖；3—炭素
捣打料；4—铺沟泥

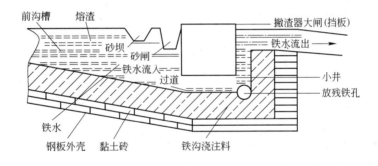

图 9-16　高炉撇渣器结构图

9.3.2　炉前设备

炉前设备主要有开铁口机、泥炮、堵渣口机、吊车等。

开铁口机是用来打开高炉铁口，放出渣铁的一种设备。从传动形式上可分为电动开铁口机、气动开铁口机、气液复合传动开铁口机等；从安装方式上可分为悬挂式开铁口机、落地式开铁口机；按其钻削原理分为单冲式、单钻式、冲钻联合式和正反冲钻联合式开铁口机。开铁口机结构主要由回转部分和钻进部分等组成。钻杆为无缝钢管，钻头为双刃，材质为硬质合金。冲钻式开铁口机结构如图 9-17 所示。

泥炮是堵铁口的必备设备，目前国内使用的液压泥炮主要有日本的 MHG 式、德国的 DDS 式以及国产 BG 式等。DDS 型液压泥炮由立柱基础、立柱、回转悬臂装置、调整装置、炮体、打泥机构及吊挂缓冲装置组成，如图 9-18 所示。

堵渣口机是一平行四边形连杆机构，下边一根杆的延长部分带有塞头，杆的中心通冷却水冷却塞头。其结构如图 9-19 所示。新设计的堵渣机都在塞头处向炉内鼓压缩空气，这样当塞头拔出时，渣即可流出。

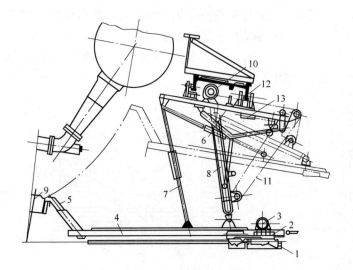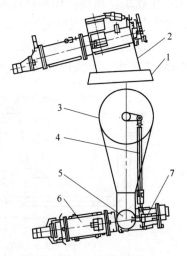

图9-17　冲钻式开铁口机

1—钻孔机构；2—送进小车；3—风动马达；4—轨道；5—锚钩；
6—压紧气缸；7—调节蜗杆；8—吊杆；9—环套；10—升降
卷扬机；11—钢绳；12—移动小车；13—安全钩气缸

图9-18　DDS型液压泥炮设备组成

1—基础架；2—立柱及旋臂连接；
3—回转悬臂装置；4—调整装置；
5—炮体及臂架连接装置；6—打泥
机构；7—吊挂缓冲器

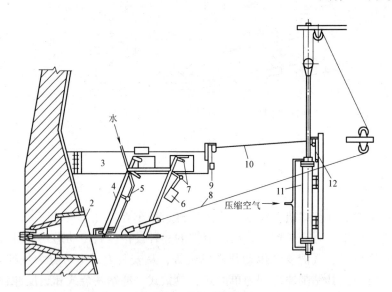

图9-19　连杆式堵渣机

1—塞头；2—塞杆；3—框架；4—平行四连杆；5—塞头冷却水管；6—平衡重；7—固定心轴；
8—操纵钢绳；9—钩子；10—操纵钩子的钢绳；11—气缸；12—钩子的操纵端

9.3.3　渣铁处理设备

9.3.3.1　铁水处理设备

对铁水的处理，除部分小高炉采用炉前铸块外，其余均需要用铁水罐车将铁水运到炼钢厂热装炼钢，或运到铸铁机车间铸块。铁水罐车由铁水罐、车架、连接缓冲装置、转向架四部分组成。铁水罐的外形结构有锥形、梨形和混铁炉形三种。一般锥形铁水罐用于中小高炉；梨形的用于中型以上高炉；混铁炉形多用于大型高炉，如图 9-20 所示。

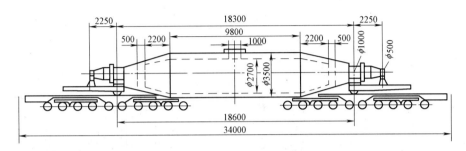

图 9-20　420t 混铁炉形铁水车

铸铁机是一种由许多铸铁模连成的链带。铸铁机除本体外，还配有铁罐牵引、倾翻装置、铁水流槽、铁块冷却、铁模喷浆等装置。

9.3.3.2　炉渣处理设备

高炉炉渣的处理，取决于对炉渣利用途径的选择。目前炉渣的处理方式主要有水冲渣法、渣棉法、渣罐车法。

应用最广泛的是水冲渣法，炉渣水淬处理主要包括水淬、输送、脱水过滤三个环节。水淬是熔渣液与一定流量和压力的水接触，由于急冷和产生水汽，炉渣粒化为水渣。粒化的渣是良好的水泥原料。

9.4　送风系统

高炉送风系统包括鼓风机、冷风管路、热风炉、热风管路以及管路上的各种阀门。

9.4.1　高炉用鼓风机

风是高炉冶炼过程的物质基础之一，鼓风机是高炉冶炼的关键设备。目前，中型以上高炉均采用离心式风机和轴流式风机，小高炉多用罗茨风机。

离心式鼓风机的结构如图 9-21 所示。其工作原理是利用装有许多叶片的工作轮高速旋转所产生的离心力，来挤压空气，并将空气甩向叶轮顶端，从而使空气具有一定的速度和密度。然后空气进入环形空间扩散段，这样空气的部分动能就转变为势能，压力升高。这样经过多级并逐级升压，风压最后达到出口处所要求的水平。空气流再经蜗壳汇集并流向蜗壳排气口。排气口为一锥形扩散段，作用是使气体的部分动能转变为势能。

离心式鼓风机有以下特点：

（1）风量随外界阻力的增加而减小。

（2）风量和风压随转速而变化，转速可作为调节手段。

（3）转速高时，风量—风压曲线的曲率增大，而对于同一转速，曲线末端的曲率大，因此风量过大时，风压急剧下降，中等风量时，曲线平坦，是高效经济运行区。

（4）风压过高时，风量迅速减小，如果再提高压力，则会产生倒风现象。此时的风机压力称为临界压力。将对应于各个不同转速的临界压力连接起来所得的曲线称作风机的飞动线，风机只能在风量—风压坐标图中飞动线右侧风量增加 20% 处工作。

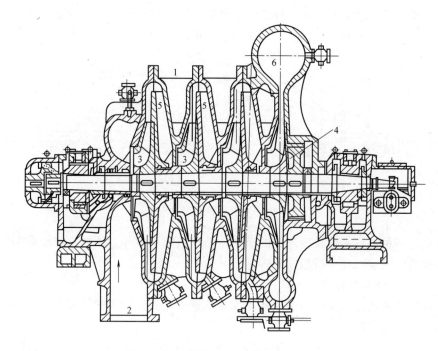

图 9-21　离心式鼓风机

1—机壳；2—进气口；3—工作叶轮；4—扩压器；5—固定的导向叶片；6—出气口

轴流式鼓风机是由装有工作叶片的转子和装有导流叶片的定子以及吸气口、排气口组成。工作原理是：在转子上装有扭转一定角度的工作叶片随转子一起高速旋转，由于工作叶片对气体做功，使获得能量的气体沿轴向流动，达到一定风量和风压。轴流式风机体积小，效率高，适合于大高炉使用。

选用鼓风机确定风量和风压时，不但要考虑系统的漏风率，而且还要考虑该地区的大气湿度、压力、温度、季节及海拔高度等实际条件的变化情况，根据有关资料具体换算。

9.4.2　热风炉

使用热风冶炼是提高高炉冶炼强度、降低焦比的主要措施。高炉上采用较多的是蓄热式热风炉。根据燃烧室和蓄热室布置形式的不同，热风炉分为三种基本结构形式，即内燃式热风炉、外燃式热风炉和顶燃式热风炉。图 9-22 为蓄热式热风炉构造示意图，它由炉基、炉壳、拱顶、大墙、燃烧室和蓄热室等部分组成。

为了确保高炉获得连续稳定的高风温，每座高炉必须配备 3 或 4 座热风炉。热风炉蓄热能力的大小常用高炉有效容积所具有的加热面积来表示，一般 $1m^3$ 炉容的加热面积为 $80 \sim 120m^2$。

热风炉的主要尺寸是外径和全高，高径比（H/D）一般在 $5.0 \sim 5.5$ 之间。过低时气流分布不均，废气温度高，热能利用不好，过高则热风炉不稳定，下部格子砖不起蓄热作用。

热风炉基础要高出地面 $200 \sim 400mm$，以防水浸。基础材料为 200 号以上水泥钢筋混凝土。

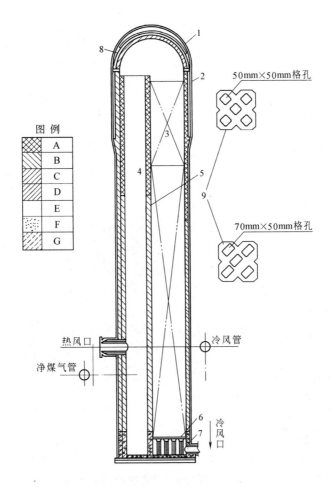

图 9-22　蓄热式热风炉构造示意图

1—炉壳；2—大墙；3—蓄热室；4—燃烧室；5—隔墙；6—炉箅；7—支柱；8—拱顶；9—格子砖；

A—磷酸-焦宝石耐火砖；B—矾土-焦宝石耐火砖；C—高铝砖（$w(Al_2O_3)$ 为 65% ~ 71%）；

D—黏土砖（RN-38）；E—轻质黏土砖；F—水渣硅藻土；G—硅藻土砖

热风炉炉壳用 8 ~ 80mm 钢板焊接而成。传统热风炉顶部为半球形，炉身为圆柱形，底部为平板形。由于投入生产后耐火砌体膨胀，因此炉壳顶部要比砌体顶部高出 250 ~ 500mm，这样才能吸收膨胀。底部封板要用地脚螺栓固定在基础上。

炉墙各部位的材质和厚度要根据砌体所承受的温度、载荷和隔热需要来定。炉墙从炉壳起由外到内由隔热层、填料层和砌体组成。砌体下部为黏土砖，上部多为高铝砖。隔热层一般用 65mm 的硅藻土砖，顶部高温区外加一层 113mm 或 230mm 的轻质高铝砖。隔热砖和砌体中间填 60 ~ 80mm 的水渣填料。拱顶砖较厚，一般为 380 ~ 450mm。由于新型耐火材料的不断出现，砌体的材质和形式也在不断更新。

燃烧室是燃烧煤气的空间。内燃式热风炉的燃烧室位于炉内一侧，紧靠大墙。隔墙由两层互不错缝的砌体构成。燃烧室比蓄热室高出 300 ~ 500mm，以保证气流在蓄热室内的均匀分布。燃烧室断面有三种形式，即圆形、眼睛形和苹果形，如图 9-23 所示。一般以苹果形的为好。

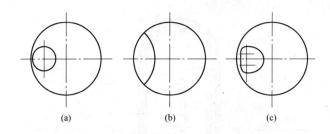

图 9-23　热风炉燃烧室断面形状

（a）圆形；（b）眼睛形；（c）苹果形

燃烧室的尺寸一般按烟气的流速确定。眼睛形的流速小于 3m/s，苹果形的流速小于 3.5m/s。燃烧室的断面积（包括隔墙）可按占热风炉总内截面的 22%～30% 来确定。

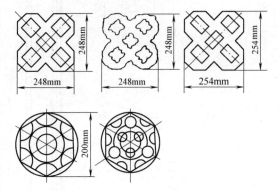

蓄热室内充满格子砖，砖表面就是蓄热室的加热面积。常用的几种格子砖如图 9-24 所示。

蓄热室内的全部格子砖都由支柱通过炉箅子支撑，支柱和炉箅子一般用耐热铸铁或球墨铸铁铸成。支柱和箅子的孔道与格子砖对应相通，以保证透气性良好。

图 9-24　几种常用的蓄热室格子砖砖形

改造内燃式热风炉是在旧式热风炉的基础上，针对生产中暴露出的缺陷，进行结构改造而成的。其特点为：（1）拱顶与大墙分开，拱顶不稳定因素消除；（2）隔墙之间设滑动缝加耐热合金钢板，防止短路现象发生；（3）拱顶改成悬链线顶，改善了气流的分布。

为降低焦比，满足喷吹燃料对风温越来越高的要求，外燃式热风炉和顶燃式热风炉发展较快。使用后均能获得 1200～1300℃ 以上的高风温。

外燃式热风炉的燃烧室独立于蓄热室之外，从根本上消除了隔墙受热不均的现象，杜绝了隔墙短路的情况。燃烧室与蓄热室各自单独膨胀，互不影响，燃烧室为圆形，有利于燃烧和气流分布均匀。外燃式热风炉拱顶连接方式有四种，如图 9-25 所示。它们各有特点，一般认为新日铁式的较为完善。外燃式热风炉送风温度较高，可长时间保持 1300℃ 以上的高风温。

顶燃式热风炉是将煤气直接引入拱顶燃烧。由于燃烧空间小，故需要短焰或无焰烧嘴。顶燃式热风炉的耐火材料工作负荷均衡，上部温度高，质量载荷小；下部质量载荷大，温度较低。顶燃式热风炉结构对称，稳定性好。蓄热室内气流分布均匀，效率高，更加适应高炉大型化的要求。这种热风炉存在的问题是热风出口燃烧器都集中于顶部，给操作带来了不便，并且高温区开孔多也是薄弱环节。卡鲁金顶燃式热风炉结构如图 9-26 所示。

目前，也有一些中小型高炉采用顶燃球式热风炉。球式热风炉是用 φ30～50mm 的耐火球代替格子砖填充于蓄热室内。球式热风炉的优点是加热面积大。缺点是阻力损失大，对煤气质量要求严格，耐火球高温下易变形、渣化，影响球床的透气性。

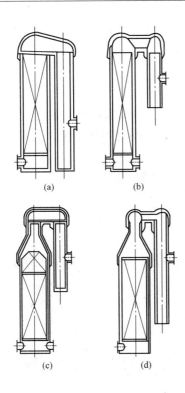

图 9-25　外燃式热风炉形式

（a）地得式；（b）拷贝式；（c）马琴式；（d）新日铁式

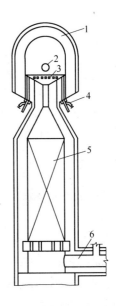

图 9-26　卡鲁金顶燃式热风炉结构

1—拱顶；2—热风出口；3—燃烧孔；4—混合道；
5—高效格子砖；6—烟道与冷风入口

热风炉用阀门有冷风阀、热风阀、混风阀、燃烧阀、煤气切断阀、煤气调节阀、烟道阀、废气阀、放散阀等。

9.5　高炉喷吹系统

高炉从风口喷吹燃料，可代替部分昂贵的冶金焦，降低了生铁成本，改善了高炉操作指标。喷吹燃料主要以煤粉为主。喷吹的煤种有无烟煤、烟煤和混合煤三种。喷煤工艺主要由制粉、输煤、喷吹三部分组成。

9.5.1　煤粉制备工艺

煤粉制备工艺是指通过磨煤机将原煤加工成粒度及水分含量符合高炉喷煤要求的煤粉的工艺过程。为了便于气力输送和煤粉的完全燃烧，要求小于 0.074mm（200 目）的煤粉占 80% 以上，湿度小于 1%。根据磨煤设备可分为球磨机制粉工艺和中速磨制粉工艺两种。制备包括原煤卸车、储存、干燥、磨煤、捕收、煤粉仓等，其工艺流程如图 9-27 所示。

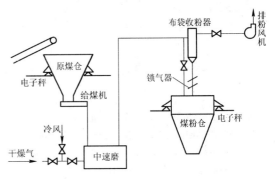

图 9-27　中速磨制粉工艺流程图

制粉的主要设备是中速磨。球磨机对

各种煤都可通用，一般用于可磨系数大于1.0的煤是合理的，但设备笨重、系统复杂、电耗高。煤的硬度大则会影响产量。

9.5.2 煤粉输送

从煤粉仓到高炉旁的喷吹罐，从喷吹罐到风口，煤粉都采用气力输送，其方式有两种。一种是带有压力的喷吹罐用差压法来给煤，给煤量是粉煤料柱上下压力差的函数，煤粉进入混合器后用压缩空气向外输送。另一种是用螺旋泵输送煤粉，煤粉由煤粉仓（或喷吹罐）底部经过阀门进入料箱，由电动机带动螺旋杆旋转，将煤粉压入混合室，借助于通入混合室内压缩空气将煤粉送出。

9.5.3 喷吹设备

喷吹设施包括集煤罐、储煤罐、喷吹罐、输送系统及喷枪。常用的喷吹方式是高压喷吹。

高压喷吹时，喷吹罐一直在充压状态下，按仓式泵的原理向高炉喷吹煤粉，适合于压力较高的高炉。我国的高压喷吹装置基本上有两种形式，即并罐高压喷吹系统和串罐高压喷吹系统，如图9-28、图9-29所示。

并罐喷吹是由两个或两个以上喷吹罐在同一水平面上并列布置的一种喷吹方式。为便于处理事故及提高喷吹稳定性，并列罐数常为3或4个。

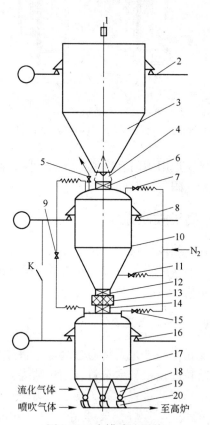

图9-29 串罐喷吹系统

1—塞头阀；2—煤粉仓电子秤；3—煤粉仓；4,13—软连接；5—放散阀；6—上钟阀；7—中间罐充压阀；8—中间罐电子秤；9—均压阀；10—中间罐；11—中间罐流化阀；12—中钟阀；14—下钟阀；15—喷吹罐充压阀；16—喷吹罐电子秤；17—喷吹罐；18—流化器；19—给煤球阀；20—混合器

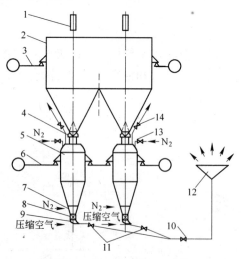

图9-28 并罐喷吹系统

1—塞头阀；2—煤粉仓；3—煤粉仓电子秤；4—软连接；5—喷吹罐；6—喷吹罐电子秤；7—流化器；8—下煤阀；9—混合器；10—安全阀；11—切断阀；12—分配器；13—充压阀；14—放散阀

　　串罐式喷吹是指将两个主体罐重叠设置而形成的喷吹系统。下罐称为喷吹罐，总是处于向高炉喷煤的高压工作状态；上罐称为加料罐，自身装粉称量时，处于常压状态，仅当向下罐装粉时才处于与下罐相连通的高压状态。串罐式喷吹的倒罐操作是通过连接上下罐的均排压装置完成的。根据实际需要，串罐可以采用单系列，也可采用多系列，以满足大型高炉多风口喷煤的需要。串罐式喷吹装置占地小，喷吹距离短，喷吹稳定性好，但称量复杂，投资也较大。

　　喷枪斜插入直吹管，交角为 12°～14°，插入位置应保证煤粉流股与风口不摩擦，否则易烧坏风口。喷枪为内径 15～25mm 的耐热钢管。喷枪插入位置如图 9-30 所示。

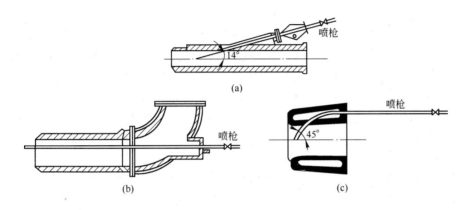

图 9-30　喷煤枪
（a）斜插式；（b）直插式；（c）风口固定式

9.5.4　安全措施

　　煤粉是易燃易爆品，尤其是高压喷吹系统中的容器都处于高压条件下工作，如处理不当，即会发生爆炸。引起煤粉爆炸的因素有：

　　（1）煤粉自身性质因素，如粒度细、挥发分高。

　　（2）喷吹的气氛具备一定的含氧量。

　　若存在以上两个条件，遇煤粉自燃或回火时即会产生爆炸。

　　针对上述引起爆炸的因素，防止爆炸可采取如下措施：

　　（1）减少系统中的死角，防止煤粉长期积存，锥体部位倾角应大于 70°。

　　（2）向系统内充氮气，控制系统内含氧量在 10% 以下。

　　（3）在易积存煤粉的部位设热电偶，当温度高于 70℃ 时，应停喷、排煤，并用氮气吹扫。

　　（4）输煤管线上设自动切断阀，防止回火。

　　（5）罐上设防爆孔，孔截面积按 $0.01m^2/m^3$ 选取，材质为厚 1.0～1.2mm 的铜板或铝板。

9.6　煤气处理系统

　　高炉煤气中含有 CO、H_2 等可燃气体，其发热值（标态）为 3000～4000kJ/m^3，占燃料平衡的25%~30%。但从高炉引出的煤气不能直接使用，需经除尘处理。荒煤气的含尘量一般为40~100g/m³，净化后的煤气含尘量应小于10mg/m³。

高炉上常用的除尘设备有重力除尘器、洗涤塔、文氏管、静电除尘器、袋式除尘器。

9.6.1 重力除尘器

高炉煤气从炉头引出，经导出管、上升管、下降管进入重力除尘器。

重力除尘器的构造如图9-31所示。它由8~20mm钢板焊成，底部保持53°以利于清灰。除尘原理是煤气经中心导入管进入除尘器后突然减速和改变流动方向，煤气中的尘粒在重力和惯性作用下沉降。灰尘集于下部，定期排除。

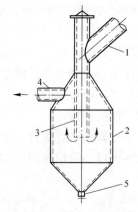

图9-31 重力除尘器

1—下降管；2—炉壳；3—中心导入管；4—塔前管；5—清灰口

重力除尘器称为粗除尘器，可除去大于0.050mm以上的粉尘颗粒，除尘效率可达到80%。

9.6.2 洗涤塔和溢流文氏管

洗涤塔和溢流文氏管是半精细除尘设备。洗涤塔是湿法除尘设备，其构造如图9-32所示。其外壳由8~16mm钢板焊成，内设2或3层喷水管和木格栅，每层均设喷头，上层逆气流方向喷水，下层顺气流方向喷水，灰尘被水雾润湿后相互碰撞团聚沉降至塔底，经水封排出。同时煤气与水进行热交换，使煤气温度降至40℃以下，从而降低了饱和水含量，洗涤塔的除尘效率可达80%~85%以上。

溢流文氏管是由文氏管改造而来的，它不但能起除尘作用，而且还可起到煤气冷却的作用。它的主要特点是喉口流速低和通过喉口的压头损失低。溢流文氏管可代替洗涤塔作为半精细除尘设备。溢流文氏管的构造如图9-33所示。它由煤气入口管、

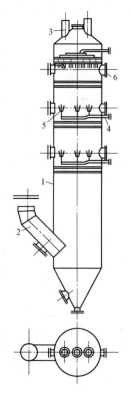

图9-32 空心洗涤塔

1—洗涤塔外壳；2—煤气导入管；3—煤气导出管；4—喷嘴给水管；5—喷嘴；6—人孔

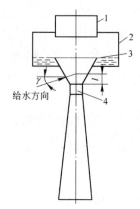

给水方向

图9-33 溢流文氏管示意图

1—煤气入口；2—溢流箱；3—溢流口；4—喉口

溢流水箱、收缩管、喉口和扩张管组成。设溢流水箱是为避免灰尘在干湿交界处聚集,防止喉口堵塞。溢流文氏管可除去大于 0.020mm 以上的粉尘颗粒。

溢流文氏管的工作原理是:煤气以高速通过喉口与净化水冲击,使水雾化后与煤气接触,灰尘润湿,凝聚沉降后随水排出,同时进行热交换,煤气温度降低。其特点是:构造简单,体积小,高度低,钢材消耗为洗涤塔的一半,除尘效率高,耗水量低。存在的问题是阻力较洗涤塔大,温度也高出 3~5℃。

9.6.3 高能文氏管与环缝洗涤塔

高能文氏管属精细除尘设备,其构造如图 9-34 所示。它由收缩管、喉口、扩张管三部分组成。在收缩管中心设有一个喷嘴。

高能文氏管的除尘原理与溢流文氏管相同,所不同的是文氏管喉口流速更大,水与煤气的扰动更剧烈,使更细的灰尘被水捕集而沉降。

由于高炉冶炼条件经常变化,煤气量也经常变化。所以多用变径文氏管或将多个文氏管并联,当煤气量减小时,可适当调小喉口直径或关闭若干文氏管,以保证喉口流速相对稳定。

文氏管的结构简单,设备质量轻,制作、安装与维修方便,耗水、耗电量少,除尘效率高,用文氏管作为精细除尘设备是经济合理的。

环缝洗涤塔(又称 Bischoff 洗涤塔)将煤气净化、冷却、调节炉顶压力等功能集于一体,耗水少,除尘效率高达 99.8% 以上。它由筒体、洗涤水喷嘴、环缝洗涤器及液压驱动装置、上下段锥形集水槽、煤气入口及出口管等组成,如图 9-35 所示。

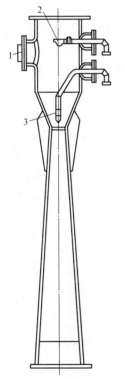

图 9-34 高能文氏管

1—人孔;2—螺旋形喷水嘴;3—弹头式喷水嘴

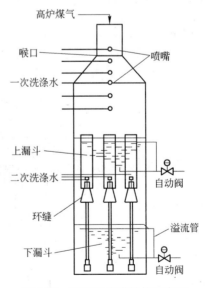

图 9-35 环缝洗涤塔结构示意图

9.6.4 脱水器

经过湿法除尘的煤气中含有大量的细小水滴,如不去除将使煤气的发热值降低,而且水滴中的灰泥还将堵塞管道和燃烧器。脱水器常见的有挡板式、重力式和旋风式。

挡板式脱水器煤气以 12m/s 的速度沿切线方向进入，在离心力作用下水与煤气分离，加上有的水珠与挡板碰撞失去动能从而与煤气分离。其结构如图9-36所示。

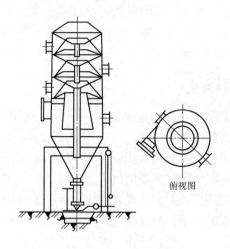

俯视图

图9-36 挡板式脱水器

重力式脱水器是利用煤气的速度降低和方向改变来使水滴在重力和惯性力作用下与煤气分离的。煤气在脱水器内运动速度为 4~6m/s。

旋风式脱水器多用于小高炉，煤气沿切线方向进入后，水滴在离心力作用下与器壁发生碰撞而失去动能从而与煤气分离。

9.6.5 干式布袋除尘器

湿法除尘器所需设备多、投资高、耗水量大，在有些缺水地区供水问题也难以解决。而干法除尘克服了湿法除尘的缺点，已成为当代炼铁新技术方面的一项重要内容。

干法布袋除尘器的工作原理如图9-37、图9-38所示。含尘煤气通过滤袋，煤气中的

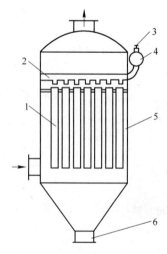

图9-37 布袋除尘器示意图

1—布袋；2—反吹管；3—脉冲阀；4—脉冲气包；5—箱体；6—排灰口

尘粒附着在织孔和袋壁上，并逐渐形成灰膜，煤气通过布袋和织孔灰膜后得到净化。随着过滤的不断进行，灰膜增厚，阻力增加，达到一定数值时需进行反吹，抖落大部分灰膜使阻力降低，恢复正常的过滤。反吹是利用自身的净煤气进行的。为保持煤气净化过程的连续性和工艺上的要求，一个除尘器一般设置多个箱体（4～6个），反吹时分箱体轮流进行。反吹后的灰尘落到箱体下部的灰斗中，经卸灰、输灰装置排出外运。

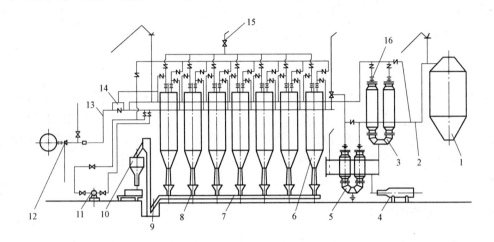

图 9-38　布袋除尘工艺流程

1—重力除尘器；2—荒煤气管；3—降温装置；4—燃烧炉；5—换热器；6—布袋箱体；
7—卸灰装置；8—螺旋输送机；9—斗式提升机；10—灰仓；11—煤气增压机；
12—叶式插板阀；13—净煤气管；14—调压阀组；15—蝶阀；16—翻板阀

复习思考题

9-1　现代高炉炉型是如何组成的，有什么特点？

9-2　高炉常用的冷却设备有哪些？

9-3　炉体钢结构有几种支撑形式，各有何特点？

9-4　现代高炉原料供应系统有哪些主要设备？

9-5　炉顶装料系统有哪些主要设备？

9-6　渣铁处理系统有哪些主要设备？

9-7　热风炉有几种结构形式？试述考贝式热风炉的结构组成。

9-8　高炉煤气除尘设备有哪些，如何分类？

9-9　喷吹煤粉的主要设备有哪些？

10   高 炉 操 作

高炉炼铁的日常操作主要包括四个方面的内容：高炉炉内操作、炉前操作，热风炉操作，休风与复风操作，开炉与停炉操作。

10.1   高炉炉况的综合判断和处理

高炉冶炼过程是一个复杂的物理化学反应的过程，这些反应发生在炉料的下降和煤气上升的相向运动中。因此高炉生产要取得良好的技术经济指标，必须实现高炉炉况的稳定顺行。客观条件的变化和主观操作的失误都将使炉况波动，破坏顺行。高炉炉内操作的基本任务是及时对炉况的变化做出正确的判断，灵活运用上、下部调剂的措施，使炉料和煤气流合理分布，促进高炉炉况稳定、顺行。

10.1.1   高炉操作的基本制度

高炉操作的基本制度包括炉缸热制度、造渣制度、送风制度和装料制度。选择合理的高炉操作的基本制度是实现高炉炉内操作任务的重要手段。

10.1.1.1   炉缸热制度

炉缸热制度是指炉缸所具有的温度水平，即炉缸温度。稳定均匀而充沛的炉缸热制度是高炉顺行的基础。

代表炉缸热制度的参数有两个：一是铁水温度，又称物理热，一般在 $1400 \sim 1550℃$，而炉渣温度比铁水温度高 $50 \sim 100℃$；二是生铁含硅量，又称化学热，[Si] 高表示炉温高，反之则表示炉温低。

合理的炉缸热制度要根据高炉的具体冶炼特点及冶炼生铁的品种确定。影响炉缸热制度波动的因素很多，炉缸温度的调节参数主要是喷煤量、富氧率、风温、风量、焦炭负荷。

10.1.1.2   造渣制度

造渣制度是根据原燃料条件（主要是含硫量）和生铁成分的要求（主要是 [Si]、[Mn] 和 [S]），选样合理的炉渣成分和碱度。选择的原则是保证炉渣的流动性好，脱硫能力强，具有良好的热稳定性和化学稳定性，有利于炉况顺行，保证生铁成分合格。目前，炉渣碱度主要靠调整高碱度烧结矿与酸性矿石的配比来控制。

10.1.1.3   送风制度

送风制度是指在一定的冶炼条件下，确定适宜的鼓风数量、质量和风口进风状态。它是实现煤气流合理分布的基础，是顺行和炉温稳定的必要条件。送风制度的调整是通过对风量、风压、风温、鼓风湿度、富氧率、喷煤量、风口面积和长度等参数的调节来完成的。

合理的送风制度应达到：煤气流分布合理，热量充足，利用好；炉况顺行；炉缸工作均匀、活跃；铁水质量合格；有利于炉型和设备维护的要求。

10.1.1.4　装料制度

装料制度是指炉料装入炉内时炉料的装入顺序、批重的大小、料线高低、布料溜槽倾角与份数等内容的合理规定。

（1）料线。料线是指料尺零位到炉内料面的距离。相同布料倾角时，提高料线，炉料堆尖逐步离开炉墙，促使边缘煤气发展；降低料线，堆尖逐步移近炉墙，促使中心气流发展，如图 10-1 所示。这一调剂手段的实质是促使堆尖位置水平移动。一般料线不能低于碰撞点。

（2）批重。每批料中矿石的质量称为矿批；焦炭的质量称为焦批。增大批重，使装入炉内的矿石量增多，可使矿石分布均匀，相对地加重中心，疏松边缘，如图 10-2 所示。相反，批重小时，可看成是加重边缘。这一调剂手段的实质是由在炉喉断面上覆盖的矿石厚度不同所致。

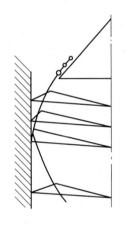

图 10-1　料线高低对布料的影响

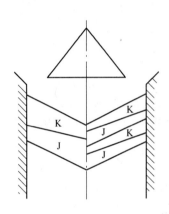

图 10-2　批重大小对布料的影响

K—矿石；J—焦炭

（3）装入顺序。装入顺序是指矿石和焦炭入炉的先后顺序。先矿后焦为正装；先焦后矿为倒装。除了正装与倒装，还有同装与分装。同装是矿石和焦炭一次装入炉内，大钟开一次；分装是矿石和焦炭分别开大钟装入炉内。就加重边缘而言，分装比同装缓和。

边缘负荷由重到轻的装入顺序是：正同装（OC↓）→正分装（O↓C↓）→倒分装（C↓O↓）→倒同装（CO↓）（O—矿石；C—焦炭）。

（4）布料溜槽倾角与布料份数。无钟炉顶布料时，主要通过改变布矿倾角、布焦倾角、布料份数来调节炉顶煤气流的分布。当布矿倾角大于布焦倾角时，抑制边缘气流的发展；反之，则发展边缘气流。布矿多的环位，煤气流分布比较少。

选择装料制度的原则是保证煤气合理分布，充分利用煤气的热能和化学能，保证高炉顺行。装料制度与冶炼条件、送风制度及炉型状况有关。

上述四种基本制度的调整是互相联系又互相制约的，按其调节部位可分为上部调剂和下部调剂。上部调剂主要是通过装料制度的调节来保证煤气的合理分布，充分利用煤气能量；下部调剂则主要是通过送风制度的调节来改变煤气流的原始分布，达到活跃炉缸、顺行的目的。两者有机的结合才能实现高炉高产、优质、低耗、长寿。

10.1.2 炉况判断

10.1.2.1 直接观察法

直接观察法主要包括：

(1) 看风口。风口是唯一能看到炉内冶炼情况的地方，从风口可以观察到炉子的凉热、顺行情况及风口是否有烧穿漏水等现象。

(2) 看出渣。因为出渣次数多，又先于铁，所以看出渣是判断炉况的重要手段，一看渣碱度；二看渣温；三看渣的流动性及出渣过程中的变化。

(3) 看出铁。通过出铁时铁水的流动性，火花的高矮、疏密，铁样及铁口断面的形状可以估计生铁成分，进而判断炉况。

10.1.2.2 间接观察法

通过对仪表的观察做出炉况判断。监测高炉冶炼的仪表可分为以下四大类：

(1) 压力计。包括热风压力计、炉顶煤气压力计、炉身静压力计及压差计等。

(2) 温度计。包括热风温度计、炉顶温度计、炉墙温度计、炉基温度计及冷却水温差计等。

(3) 流量计。包括风量计、氧量计及冷却水流量计等。

(4) 料尺及料面探测仪表。

高炉操作时应通过直接观察与间接观察来综合判断炉况。

10.1.3 炉况处理

10.1.3.1 正常炉况的特征

正常炉况的特征主要包括：

(1) 热制度稳定。炉温波动在规定的范围之内，各风口工作均匀活跃，风口明亮，无生降，不挂渣、涌渣。铁水物理热高，波动小。

(2) 造渣制度稳定。渣温充足，流动性好，上、下渣的碱度与温度基本一致，放渣顺畅，上渣不带铁，不结厚壳。

(3) 炉缸工作均匀活跃。煤气流分布合理炉喉的 CO_2 曲线近于双峰形；炉顶煤气压力曲线平稳，没有较大尖峰；炉喉、炉身、炉腰各部位温度正常、稳定。

(4) 送风制度稳定。风压与风量曲线稳定，而且对应，曲线无锯齿状。

(5) 下料速度均匀。料尺无停滞和塌落现象，两料尺基本一致。

(6) 冷却水温差符合规定。炉体各部位冷却水温差正常、稳定。

10.1.3.2 炉况失常处理

炉况失常表现有：煤气流分布失常，炉温失常，炉料分布失常。如边缘煤气过分发展、炉热、低料线、管道行程、崩料、悬料、结瘤、炉缸冻结等。

炉况失常的处理一般是采用先上后下以及上部调剂与下部调剂相结合的办法来完成。下面分析一下几种典型的失常炉况的处理方法。

A 煤气流分布失常

判断煤气流分布失常的主要手段有炉顶摄像、炉喉 CO_2 曲线等。煤气流分布失常包括边缘煤气过分发展、中心煤气过分发展、管道行程三种类型，如图 10-3、图 10-4 所示。

煤气流分布失常能降低煤气热能和化学能的利用率，促使焦比升高、生铁质量下降、设备损坏等。产生煤气流分布失常的主要原因是装料制度和送风制度不合理，抑或是原燃料的质量和设备的原因。

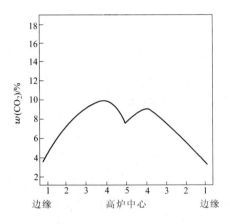 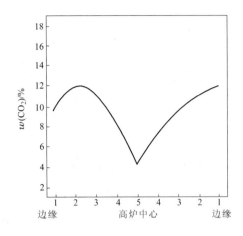

图 10-3　边缘气流过分发展时的 $w(CO_2)$ 曲线　　　图 10-4　中心气流过分发展时的 $w(CO_2)$ 曲线

处理方法是先进行上部调剂。如边缘煤气过分发展，可以增大边缘的矿石厚度；中心煤气过分发展，可以增加中心处布矿的数量；管道行程，可以加大批重、定点布料等。在上部调剂没有取得成效时，再考虑用下部调剂。边缘煤气过分发展，可以缩小风口直径；中心煤气过分发展，可以扩大风口直径；管道行程，可以减少风量等。

B　炉温失常

炉温失常分炉热和炉凉两种情况，它是由热量收入和热量支出的大幅度波动引起的。炉热易引起 Δp 增加，造成炉料不能顺利下降而悬料。

处理炉温失常时，应首先分清失常的原因是操作因素还是客观因素，可以通过调节喷吹量、富氧率、风量、风温、鼓风湿度、焦炭负荷等方法来处理炉温失常。

C　高炉结瘤

高炉内已熔化物凝结在炉墙上，与炉墙耐火砖结成一体，在正常冶炼条件下不能自动消除，且越积越厚，形成严重影响炉料下降的障碍物称为炉瘤。

处理措施有两种。一是洗瘤，下部炉瘤可加萤石，通过发展边缘气流洗炉，即利用萤石等洗炉料形成易熔炉渣冲洗炉瘤；二是炸瘤，洗炉不能消除的炉瘤，必须用炸瘤的办法来解决。其操作要点是：降低料面使炉瘤完全暴露；休风，从炉顶观察确定炸瘤位置；在结瘤部位的炉墙上开孔，放入炸药，自下而上分段炸瘤；炸瘤后适当补加足够数量的净焦和减轻焦炭负荷，防止炉凉。

D　炉缸冻结

炉凉进一步发展，使渣铁不能从渣铁口自由流出，炉缸处于凝固或半凝固状态称为炉缸冻结。

处理措施是：大量减风 20%~30%；停止喷吹，大量加净焦，减轻焦炭负荷，提高风温至最高水平，尽量保持较多的风口能正常工作，至少要保证渣铁口两侧的风口能进风，用氧气烧开铁口和渣口，让炉内渣铁流出来，降低炉渣碱度，避免休风；如果炉缸冻结严重，铁口打不开，可将渣口三、二套卸下砌上耐火砖，从渣口出铁；如果渣口也冻结时，则用氧气向上烧渣口，使其与上方相邻的两个风口相通，用渣口上方的两个风口进风，从渣口出渣、出铁；待炉温转热时，首先恢复渣口工作，然后逐渐增加进风风口，用大量氧气烧开铁口以恢复铁口工作。炉缸冻结后，需要较长时间去处理，恢复炉况很困难，因此应防止炉缸冻结。

　　E　其他失常炉况

　　其他失常炉况有低料线、崩料、悬料。由于各种原因，不能按时上料，以致探尺较正常规定料线低 0.5m 以上时即为低料线；炉料在炉内突然塌落称为崩料，炉料连续多次突然塌落为连续崩料；炉料在炉内停止下降，超过 1~2 批料的时间时即为悬料。不同的炉况失常有不同的处理方式。

10.2　高炉操作计算机控制

　　高炉冶炼过程受多种因素的影响，过程复杂且滞后时间长，要实现高炉过程的全部自动控制，还要相当长的一段时间，目前在高炉系统中成功地实现计算机控制的是原料系统和热风炉系统。高炉操作中，炉况的判断和调节的计算机控制正在不断地发展和完善。如图 10-5 所示为日本川崎公司的（GO—STOP）炉况诊断系统。它可以消除操作者因经验不足和水平差异或操作不一致造成的炉况波动。其基本构思是：炉凉使炉况严重失常，引起炉凉的主要原因是炉料下降不顺，炉缸温度下降，出渣、出铁不平衡，如图 10-6 所示。

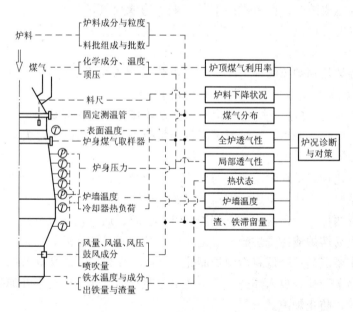

图 10-5　高炉炉况自动诊断系统

　　例如炉料下降不顺，炉内产生局部悬料、崩料时，炉温就要下降，炉渣黏度上升，炉缸渣铁滞留量增加，最终顺行受阻，炉料下降不均还会引起焦矿层状结构局部破坏，也使煤气能量利用变差与软熔带形状发生变化，结果使炉温和顺行更加恶化。

　　高炉运行数据表明，在大崩料前总是伴有铁水温度的下降、渣铁比降低、炉内残渣量增加、压差 Δp 上升、料线异常等现象。

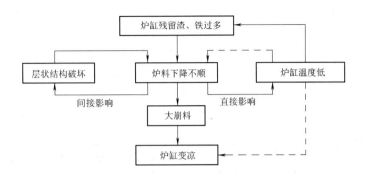

图 10-6　使炉况恶化诸因素的内在联系

利用高炉各部位测温、测压装置以及煤气自动分析所提供的信息来判断炉内煤气分布,并与设定的煤气流相比较,决定调节装料制度或变动活动炉喉保护板、溜槽角度等,以取得合理的煤气分布。此外,还有炉料称量与补正模块、热风炉操作系统的控制模块和操作数据与信息处理积累模块。

总之,随着计算机在高炉冶炼过程中的应用和开发,操作者和管理者可以从繁杂的计算中解脱出来,致力于业务研究和技术水平的提高。

10.3　炉前操作与热风炉操作

10.3.1　炉前操作

炉前操作是实现高炉高产、优质、低耗和长寿目的的重要工作。它的基本任务是配合炉内操作,通过对铁口、渣口、撇渣器和炉前设备等的正确操作与维护,做到按时出净渣铁。

10.3.1.1　炉前操作指标

衡量炉前操作工作的好坏有如下四项指标:

(1) 出铁正点率。它是正点出铁次数与实际出铁次数的比值。为了保持炉况顺行、稳定,必须按规定时间出铁,提前或晚点出铁对高炉冶炼过程都不利。

(2) 铁量差。又称出铁均匀率,它是两次出铁间理论计算出铁量与实际出铁量的差值。该差值不应大于理论值 10% ~15%。

(3) 铁口深度合格率。它是铁口深度合格的出铁次数与实际出铁次数的比值。是衡量铁口维护好坏的重要指标。

(4) 上渣率。它是从渣口排放的炉渣量与全部渣量的比值。一般要求在 70% 以上。

10.3.1.2　出铁操作与铁口维护

出铁操作包括按时开铁口放铁,注意铁流速度的变化,及时控制流速,控制铁罐、渣罐的装入量,出净渣铁,堵铁口等。

维护好铁口的主要措施包括:按时出净渣铁,全风堵铁口;勤放上渣,减少下渣量;严禁潮泥铁口出铁;提高炮泥质量,打泥量适当而稳定;固定适宜的铁口角度,确定适宜的出铁次数;稳定炉内操作等。

出铁时常见的事故有:

（1）跑大流。出铁时间延迟，出铁时铁流量过大、失去控制而溢出主沟，漫过沙坝流入下渣沟即为跑大流。发生跑大流时不仅会烧坏渣罐和铁道，而且如不能及时制止，还会发生突然喷焦等事故。遇到这种情况应及时放风，控制铁水流速，制止铁流漫延，并根据情况提前堵口。如喷出的大量焦炭积满主沟，泥炮无法工作，则应紧急休风处理。

（2）铁口自动流铁。铁水自动从铁口流出，因无出铁准备，往往造成严重后果。其原因有铁口过浅、炮泥质量太差或泥套破损没有打进泥等。如发生这种事故应根据跑铁的严重程度采取放风堵口或紧急休风的处理措施。

（3）铁口或渣口放炮。遇到这种事故应及时进行放风或休风处理。

（4）炉缸烧穿。其根本原因是铁口长期过浅，特别是在一代炉龄的中后期，砖衬侵蚀严重，铁水穿过残余砖衬和冷却壁接触，烧坏冷却壁，导致炉缸烧穿。预防炉缸烧穿的措施是必须维护好铁口，保持住铁口的正常深度。

10.3.1.3 出渣操作与渣口维护

在堵铁口后一定时间，待渣面已上升到渣口平面以上，即可打开渣口放渣。上渣要多放、放净，给炉况顺行和铁口维护创造有利条件。

维护好渣口应做到：保持渣口泥套完好，定期修理；制作泥套或修补渣沟后均应烘干；严禁在渣中带铁的情况下放渣，放渣时应勤放、勤透、及时堵；用堵渣机堵口时应轻放轻拔；渣口破损时应及时堵口等。

10.3.1.4 撇渣器的维护

撇渣器又称砂口，是出铁时使渣铁分离的设备，其工作应保证渣中不带铁，铁中不带渣。

撇渣器结构如图10-7所示。它由前沟槽、大闸、过道眼、小井、砂坝和残铁眼组成。

其工作原理是借助于大闸以及渣铁密度不同（渣的密度为 $2.5 \sim 3.0 kg/m^3$，铁的密度为 $6.8 \sim 7.0 kg/m^3$）而分离渣铁。

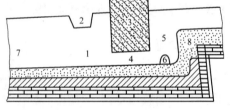

图 10-7 撇渣器结构

1—前沟槽；2—砂坝门；3—大闸；4—过道眼；5—小井；6—残铁眼；7—主沟；8—沟头

撇渣器的维护在于保证其完整，要及时修补。修补时应将残余渣铁清理干净，捣固后烘烤。

10.3.2 热风炉操作

热风炉操作的任务是稳定地向高炉提供热风，为高炉降低焦比、强化冶炼过程创造条件。

烧炉是热风炉操作的重要环节。在设备条件一定时，烧炉操作的好坏直接关系到风温水平高低、热效率大小和热风炉寿命。现在烧炉一般都采用快速烧炉制度来提高风温。具体方法有三种：固定煤气量调节空气量；固定空气量调节煤气量；空气量与煤气量都调节。

热风炉的换炉操作就是把热风炉由燃烧变为送风或由送风变为燃烧的操作。要求做到准确、快速、安全，即不间断地向高炉送风，并且风压、风量波动小。操作程序如下：

（1）由燃烧转为送风。关煤气调节阀，关煤气切断阀，关助燃风机或助燃风阀，关燃烧阀，关烟道阀，开冷风阀小门均压，打开冷风阀，关冷风阀小门，开热风阀。

（2）由送风转为燃烧。关冷风阀，关热风阀，打开废气阀均衡炉内与烟道间压力，开烟道阀，关废气阀，开燃烧阀，开煤气切断阀，小开煤气调节阀，点火，开助燃风机或助燃风阀，大开煤气调节阀。

热风炉的送风制度在有三座热风炉时分两烧一送、一烧两送、交叉半并联三种；有四座热风炉时主要是两烧两送、交叉并联两种方法，采用交叉并联送风可以提高风温20~40℃。

复习思考题

10-1　高炉基本操作制度包括哪几方面？

10-2　何为料线、批重、装入顺序？

10-3　正常炉况的征兆有哪些方面，判断炉况的方法有哪些？

10-4　炉前操作的指标有哪几方面？

10-5　叙述热风炉的换炉操作程序。

11　炼铁技术的进步与发展

新技术革命的浪潮带来一个新的信息，似乎化工材料或新型材料将取代传统的金属材料，钢铁工业已是"夕阳工业"。这对一些发达国家而言，也许是事实。因为在这些国家，钢铁工业已获得长足的发展，它经历了发展、成熟和衰减阶段，转而向高级、精密、尖端、智能方向发展，以获取更大的利润。但是，我国目前的经济发展，只处于工业化的初始阶段，具有与发达国家完全不同的特点，发展包括钢铁在内的原材料工业已成为国家中长期经济发展规划的内容。对于新型材料的发明研制，需要一定的技术基础，其广泛应用更需要其他各种技术的协调，尽管我国某些技术已居于世界前列，但总的技术状况还是比较落后的，因此开发应用各种新型材料还有一个过程，即使研究出具有钢铁性能的新材料，要完全取代钢铁也是很难做到的。因此，在今后相当长一段时期内，高炉炼铁仍将是钢铁生产中的主要手段，而且必须加快炼铁技术的进步与发展。总的发展方向是：节约能源、资源，提高设备效率，实现全方位自动化，加强环境保护，实行综合治理。

11.1　高炉炼铁的进步与发展

11.1.1　高炉大型化和自动化

近年来，我国炼铁生产技术处于快速发展阶段，生铁产量高速增长，国内外炼铁装备在向大型化、自动化、高效化、长寿化、节能降耗、高效率方向发展。同时，一些炼铁企业已开始向环保治理方面投入，向清洁炼铁方向发展。

11.1.1.1　高炉大型化

目前，世界高炉大型化、现代化的趋势和水平可以概括为：高炉容积 4000 ~ 5000m³，日产生铁能力 1.0 万 ~ 1.3 万吨，年产规模 300 万 ~ 400 万吨，焦比由过去的 700 ~ 800kg/t 降低到 240 ~ 300kg/t，煤比 150 ~ 200kg/t，有的已突破 250kg/t，富氧 25% ~ 40%，风温 1300 ~ 1400℃，高压 250 ~ 300kPa，渣量由过去的 700 ~ 1000kg/t，降低到 150 ~ 300kg/t，熟料率 80% ~ 100%，利用系数 2.3 ~ 3.0t/(m³·d)，生铁含硅小于 0.5%，含硫小于 0.03%。目前我国最大的高炉为沙钢 5860m³ 的高炉。

11.1.1.2　高炉自动化

随着高炉检测技术和计算机的发展，在高炉大型化的要求和推动下，高炉的自动化有了迅猛的发展，以计算机的广泛运用为其主要标志。

A　高炉检测技术的发展

现代高炉检测技术的发展集中表现在：开发更多的检测项目；使用微型计算机运算和补正以提高检测精度；开发设备诊断技术。主要有：

（1）料面形状测量。采用辐射线或超声波式料面仪测料面形状。

（2）煤气流分布测量。测定方法是把热电偶直接通电，使测温点加热到规定温度，停止通电后，煤气流将测温点冷却，测定其冷却速度并补正煤气成分、温度和压力的影响，就可得出煤气流速。将探针在炉喉半径各点上进行测量后，便得出煤气流分布情况。所有这些操作和处理均由计算机来执行。

（3）炉顶煤气成分分析。主要包括：除尘器后总的煤气成分分析和炉喉两垂直径向上各点煤气分析。使用固定探针，一次取样，然后依次自动分析各个样品。分析仪器采用带微型计算机的色谱仪和质谱仪。

（4）软熔带的测量。测量方法有：在炉身静压力计测量数据的基础上推算的方法；以炉喉煤气流分布为基础，划分为多个同心圆模型推算的方法；从炉顶插入特殊导线，以其残存长度直接测定的方法；从炉顶插入热电偶，以其长度和测得的温度进行推算的方法；插入垂直或倾斜探测器测量的方法；在炉料中装入示踪原子的方法等。

（5）炉料下降速度的测量。最近开发的炉料下降速度测量方法有电磁法和电阻法。日本新日铁公司堺厂利用磁场原理，用传感器测量料层下降。传感器安装在炉身各层及各个方向耐火砖内，利用下降的矿石和焦炭磁导率的不同，测定炉料下降速度。电阻式传感器是用测量料层的电阻确定焦、矿层的下降速度。

（6）风口前的检测。主要有：用工业电视测量风口前焦炭回旋区的状况、焦炭粒度和温度水平等；测量炉内微压变化，了解悬料、崩料、管道行程等炉况，并可推断焦炭回旋区状况；测量各风口的风量和风口前端的温度等。

（7）设备诊断。主要包括风口破损的诊断；炉身冷却系统破损的诊断；耐火材料烧损的诊断。

（8）焦炭水分测量。目前常用中子水分计测量焦炭水分。所用的中子源为 ^{252}Cf 射源，其中子与 γ 射线平均能量为 2MeV，水分测量为 0~15%，密度为 0~1g/m^3。

除了上述各种检测技术外，还有煤粉喷吹量测量和铁水测温等新技术。

B 高炉生产过程的部分自动控制

国内外先进高炉的部分生产过程，如鼓风机、热风炉、炉顶煤气压力调节，装料和喷吹燃料等系统，已采用计算机实现了自动控制。

（1）热风炉的自动控制。计算机控制热风炉的主要内容是确定最佳的燃烧制度，根据燃烧废气成分分析、废气温度和炉顶燃烧温度等参数，自动调节助燃空气和煤气量，自动确定换炉时间和进行换炉，以及自动显示和打印各种参数及报表。与人工操作相比较，自动控制能节省燃料，保持送风温度、风量和风压稳定，安全可靠，充分发挥了热风炉的能力并提高了热风炉的寿命。

（2）装料系统的自动控制。它主要包括装料设备的顺序控制和焦炭、铁矿石及其他原料的自动称量、装料顺序控制。相应的控制系统由两部分组成，即高自动操作所必需的基本功能环节和由于添加计算机而具有的附加功能。

（3）高炉的自动控制。高炉冶炼过程进行着复杂的传质、传热和传动量过程，影响因素多，采用电子计算机实现高炉冶炼过程的自动控制十分困难。尽管如此，经过30年的研究和探索，高炉上采用电子计算机控制现在已经有了很大的发展。

高炉的自动控制方法有两大类：一为前馈控制，二为反馈控制。控制高炉的一般方案如图11-1所示。

前馈控制就是控制输入参数（炉料和鼓风），使首尾一致，尽量减少输入参数的波动。对于高炉来说，前馈控制尤为重要。因为高炉的纯时延和时间常数很长，如果输入参数波

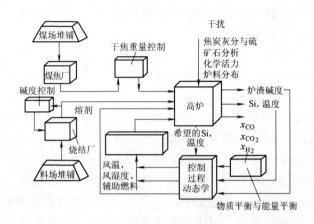

图 11-1　控制高炉的一般方案

动很大，在为了校正高炉的偏离而采取的措施尚未产生全部效应之时，可能遇到新的变化，使措施无效，甚至造成更大困难。

反馈控制就是根据输出参数，如铁水成分、铁水温度、煤气成分、料柱透气性等偏离预定标准值的程度，改变输入参数以消除波动。

以上两种控制方法，前馈控制是基础，反馈控制也是必不可少的，但后者只有在前者的基础上才能发挥作用。

利用计算机模拟高炉的操作系统称为高炉的数学模型。高炉数学模型是高炉计算机系统的灵魂。它是比较完整的数学表达式，每一个高炉计算机系统都必须由若干数学模型支持其工作。功能越完备的系统，其数学模型的构成就越齐全和完善。高炉数学模型的种类很多，按使用目的划分，有控制模型和解析模型；按模型构造方法划分，有统计模型、物料及热平衡模型、反应工程学模型和控制论模型。

目前，高炉计算机控制领域里还有大量的课题亟待研究和解决，主要是：高炉冶炼过程规律性的深入研究，探索和建立更完善的数学模型；高炉检测技术的进一步发展，为计算机提供更准确可靠的检测参数和信息；高炉的各种操作必须逐步完善，由性能良好适合于自动控制的机械所代替。高炉自动化的发展目标是实现全面自动化，但要达到这一目标还有很长的一段路要走。

11.1.2　高炉喷吹还原气体

高炉在风口喷吹含碳氢化合物高的辅助燃料，会产生理论燃烧温度降低等不良影响。若将重油和天然气等辅助燃料转化为还原气体（CO、H_2）再喷入高炉内，就可以避免辅助燃料直接喷入时的不利影响，取得更好的喷吹效果。

高炉喷吹还原气体的研究工作开始于 20 世纪 50 年代，60~70 年代进入工业性试验，目前仍在进行广泛的研究和实验。

11.1.2.1　还原气体的制取方法

高炉喷吹还原气体中的 CO 和 H_2 的含量应在90%以上，温度应高于1000℃。目前制取还原气体的主要方法是重油和天然气的裂化转化法，其次还有高炉煤气清洗转化法等。

A 重油和天然气的裂化转化法

a 部分氧化法

部分氧化法是将重油或天然气通入一特制的转化炉内，并通入一定的氧气进行燃烧，以供给热量和高温，使重油蒸发为油气和裂解为相对分子质量更小的碳氢化合物，燃烧生成的 CO_2 和 H_2O 再与其余的碳氢化合物进行转化反应，最终得到还原性气体。此法生产连续、安全可靠、裂化气含水低、气体温度高（1000~1100℃以上），符合高炉冶炼要求，故采用较广泛。

b 高温裂解法

高温裂解法是将天然气或重油通过1200℃高温裂化炉（蓄热室格子砖），并通入预热到900~1000℃的蒸气（经过预热炉），使天然气或重油进行高温裂解转化，最后制得温度高于1000~1100℃的裂化气。

B 高炉煤气清洗转化法

高炉煤气清洗法是将高炉炉顶煤气中的 CO_2 清除掉，或将 CO_2 转化为 CO 制取还原性气体。对于 CO_2 的去除，可用单乙醇胺（MEA）、二乙醇胺（DEA）、K_2CO_3、K_2O 等加热清洗吸收法。对于 CO_2 的转化，可在高温转化炉中将高炉煤气与天然气或焦炉煤气混合，使 CO_2 与 CH_4 发生转化反应（$CO_2 + CH_4 \rightarrow 2CO + 2H_2$），从而使 CO_2 转化为 CO。

11.1.2.2 还原气体喷入高炉的方法

关于还原气体喷入高炉的方法目前尚无定论。喷入还原气体的目的在于提高炉内煤气中还原气氛的浓度，从而发展间接还原，降低直接还原度。因此，最好是从间接还原进行最激烈的区域喷入，即从炉身下部、炉腰或炉腹处喷入。若喷入位置过高，则还原气体与炉料的接触时间短，同时温度太低，还原气体分布不均，难以吹透炉子中心，因而不利于还原气体参加还原，使还原气体的利用率降低。若喷入位置太低，比如从风口喷入，则因还原气体的温度不高，将会使炉缸温度降低，同时将使炉缸煤气量增大，对顺行不利。但是，正在研究的还原鼓风新工艺采用的却是还原气体从风口喷入的方法。

高炉喷吹还原气体的工艺是可行的，是高炉炼铁的一项新技术。但目前这一工艺仍然处于试验研究阶段，尚有许多课题有待研究和解决。关键在于寻求更经济合理的制取还原气体的方法，其次在于探索更有效的喷吹方法和制度。

11.1.3 高炉使用金属化炉料

高炉使用金属化炉料（或称为预还原炉料），是将铁矿石的部分还原任务移出或提前到生产烧结矿或球团矿阶段进行。这样可以减少铁矿石在高炉内还原消耗的碳量，即减少焦炭的消耗量。

此外，金属化炉料的冷强度高。由于金属化炉料基本不含 Fe_2O_3，相当一部分 FeO 已还原为金属铁，如果还原过程中膨胀减小，避免了异常膨胀，因而大大提高了烧结矿和球团矿的热强度，减少了高炉内还原过程中的破碎，改善了料柱的透气性。再有，金属铁的存在能明显提高炉料传热能力，加速炉内热交换过程。

由于金属化炉料的上述特点，高炉使用金属化炉料后，焦比将大幅度降低，生产率大幅度提高。但由于迄今为止制取金属化炉料的成本较高，高炉冶炼所能节约的费用通常还不能补偿生产金属化炉料的费用，因此高炉使用金属化炉料暂时还不经济，但可以预料，随着直接还原炼铁方法的完善和发展，供高炉冶炼的金属化含铁原料的数量势必增加，因而高炉使用金属化炉料这一新技术也将得到发展。

11.1.4 原子能在炼铁中的应用

近20年来，由于原子能工业迅速发展，工业发达国家对在黑色冶金工业的各个环节中，特别是在炼铁中运用原子能表现出极大的兴趣。

随着原子动力技术的发展和原子反应堆功率的增大，生产的热能和电能的价格逐渐降低，接近甚至低于由矿物燃料（煤、石油、天然气）生产的热能和电能的价格。由原子能装置所生产的无论是电能还是热能，在黑色冶金工业中都可以利用。表11-1列出了在高炉生产中利用原子能的可能途径。

表11-1　高炉生产中利用原子能的可能途径

过　程		反应堆冷却剂温度/℃	原子能装置与冶金工厂联合的程度
鼓风加热	完全加热	约1200	完全联合
	部分加热	约1200	完全联合
炉缸电加热	借助于电极	任意温度	不需要联合
	预热喷吹气体		
	电磁加热生铁		
气体循环	喷吹除去了 CO_2 的炉身煤气 CO_2 的还原	任意温度① 900~1200②	不完全联合，但最好是完全联合
	喷吹除去了 CO_2 的炉顶煤气 CO_2 的还原	任意温度① 900~1200②	不完全联合，但最好是完全联合
还原气体的喷吹	在富氧鼓风条件下，向炉缸喷吹冷气体	任意温度	不需要联合
	在富氧鼓风条件下，向炉缸喷吹热气体	任意温度①	最好联合
	在电加热炉缸条件下，向炉缸喷吹冷的或热的气体	任意温度①	喷吹热气体时最好联合
	在用任何方法加热炉缸的条件下，向高于软熔带以上的炉身喷吹热气体	任意温度①	最好联合

①在同时用原子热能（1200℃）加热气体的条件下；
②取决于还原采用的燃料种类（甲烷、褐煤、煤）。

加热鼓风是高炉生产中利用原子能最简单的方式，在原子反应堆冷却剂的温度为1200℃的条件下，原子热能可以直接用来加热鼓风。若利用原子反应堆的热能直接炼铁，则原子反应堆的类型取决于还原所必需的温度。

上述各种在炼铁中运用原子能的途径，有的仅是一种设想。但可以预料，随着原子能和钢铁冶金工业以及整个科学技术的发展，在炼铁中运用原子能的技术也必将得到发展。

11.2　非高炉炼铁的进步与发展

通常钢铁企业的炼铁工艺由焦化、烧结、高炉冶炼几个工序共同来完成。总的来看，铁矿资源蕴藏量极大，而炼焦用煤日渐短缺，传统的钢铁工业是严重的污染源。近十几年来，从根本上解决不用炼焦煤炼铁的非高炉炼铁得到了迅速的发展。

11.2.1 电炉炼铁

高炉炼铁法主要是靠焦炭在风口前的燃烧热及鼓风显热为其热源。而电炉法则是用电阻发热值为主要热源，固体的炭质材料主要起还原剂和增碳剂的作用。

电炉炼铁法的优点除了不用焦炭或用少量焦粉外，由于炉体矮，高度仅数米，因而不要求像高炉那样的原料强度，故原料的选择范围宽。但由于电耗高，电炉炼铁法的采用一直局限在像水能资源丰富或电价低廉的地方。若能靠原子能发电得到廉价电力，那么电炉炼铁法也是可供选择的工艺之一。

11.2.2 直接还原炼铁

直接还原是一种不用焦炭的非高炉炼铁方法。其产品为海绵铁，主要用于电炉炼钢。

直接还原炼铁方法已有 30 多种。但按燃料和还原剂种类可分为气体还原剂法和固体还原剂法两大类。按还原器的类型可分为流化床、竖炉、反应罐和回转窑四大类。

如图 11-2 所示为几种直接还原方法的工艺流程示意图。

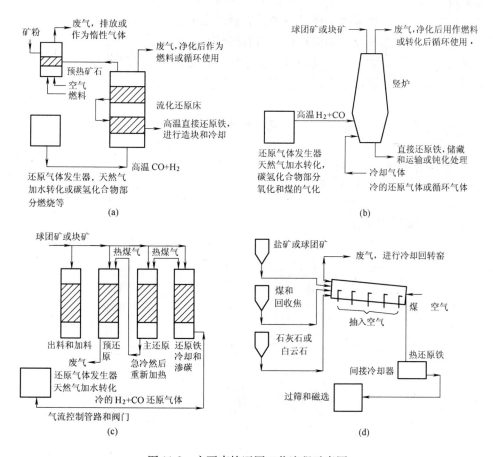

图 11-2 主要直接还原工艺流程示意图
（a）流化床工艺；（b）竖炉运动床工艺；（c）反应罐固定床工艺；（d）回转窑工艺

11.2.3　熔融还原炼铁

熔融还原法是除了电炉炼铁和直接还原法以外的另一类非高炉炼铁法。

熔融还原的方法种类繁多，曾先后提出过90余种，但只有少数通过了试验，进入半工业试验和工业生产阶段。预还原的装置多为流化床或竖炉，终还原装置有转炉型、竖炉型和电炉型三大类。

熔融还原法的优点是解决了气体直接还原法中的制气问题，不用天然气和重油；可生产与高炉法一样的铁水，避免了高炉软熔带对冶炼的不利影响；有利于喷射冶金、等离子体冶金、复合吹炼、铁水预处理和炉外精炼等现代冶金技术的综合运用。COREX是目前唯一已投入实际应用的熔融还原技术，世界上使用COREX技术的有南非伊斯科钢铁公司、韩国浦项钢铁公司、印度京德勒钢铁公司和我国宝钢股份公司。

11.2.4　等离子体炼铁

等离子体是一种新的能源技术，其实质是将工作气体（氧化性、还原性、中性均可）通过等离子发生器（等离子枪）的电弧，使之电离成为等离子体。这时的气体不是分子结构，而是由带电的正离子和电子组成。显然，等离子体在总体上是电中性的，所以有人称它为物质的第四态。这种等离子体是一种具有极高温度（可达3700~4700℃，甚至更高）的热源。它与常规电弧比较，不但有较高的电热转换效率，还有较高的传热效率。等离子体用于炼铁过程，将极大地加速其物理化学过程，成倍地提高生产率。

目前，等离子体主要用于直接还原炼铁和熔融还原炼铁。

复习思考题

11-1　高炉大型化和自动化有何特点？

11-2　简述高炉喷吹还原气体工艺过程。

11-3　简述原子能在炼铁中的应用。

11-4　简述非高炉炼铁方法和特点。

第3篇 炼钢生产

12 炼钢概述

12.1 炼钢基本任务

12.1.1 钢和生铁的主要区别

钢和生铁都是铁基合金，都含有碳、硅、锰、硫、磷五种元素。其主要区别见表 12-1。

表 12-1 钢和生铁的主要区别

项 目	钢	生 铁
碳含量(质量分数)/%	≤2，一般为 0.04~1.7	>2，一般为 2.5~4.3
硅、锰、磷、硫含量	较 少	较 多
熔点/℃	1450~1530	1100~1150
力学性能	强度、塑性、韧性好	硬而脆，耐磨性好
可锻性	好	差
焊接性	好	差
热处理性能	好	差
铸造性	好	更 好

钢和生铁最根本的区别是含碳量不同，生铁中 $w(C) > 2\%$，钢中 $w(C) \leqslant 2\%$。含碳量的变化引起铁碳合金质的变化。钢的综合性能，特别是力学性能（抗拉强度、韧性、塑性）明显优于生铁，从而用途也比生铁更加广泛。因此，占生铁总量 90% 以上的炼钢生铁要进一步冶炼成钢，以满足国民经济各部门的需要。

12.1.2 炼钢的基本任务

所谓炼钢，就是通过冶炼降低生铁中的碳和去除有害杂质，再根据对钢性能的要求加入适量的合金元素，使之成为性能优良的钢。

炼钢的基本任务可归纳如下：

（1）脱碳。在高温熔融状态下进行氧化熔炼，把生铁中的碳氧化降低到所炼钢种要求的范围内，是炼钢过程的一项最主要任务。

（2）去磷和去硫。把生铁中的有害杂质磷和硫降低到所炼钢号的规格范围内。

（3）去气和去非金属夹杂物。把熔炼过程中进入钢液中的有害气体（氢和氮）及非金属夹杂物（氧化物、硫化物和硅酸盐等）排除掉。

（4）脱氧与合金化。把氧化熔炼过程中生成的对钢质有害的过量的氧（以 FeO 形式存在）从钢液中排除掉；同时加入合金元素，将钢液中的各种合金元素的含量调整到所炼钢种的规格范围内。

（5）调温。按照冶炼工艺的需要，适时地提高和调整钢液温度到出钢温度。

（6）浇注。把冶炼好的合格钢液浇注成一定尺寸和形状的钢锭、连铸坯或铸件，以便下一步轧制成钢材或锻造成锻件。

完成了冶炼过程、未经塑性加工的钢称为粗钢，其形态是液态或铸态固体。粗钢的一部分用于铸造或锻造机械零部件，绝大部分经压延加工成各种钢材后使用。

12.1.3 现代炼钢方法及其发展趋势

现代炼钢方法主要有氧气转炉炼钢法和电炉炼钢法。

氧气转炉炼钢法以顶底复合吹炼氧气转炉炼钢法和氧气顶吹转炉炼钢法为主，此外还有氧气底吹转炉炼钢法和氧气侧吹转炉炼钢法，主要用于普碳钢和低合金钢的冶炼。

电炉炼钢法以交流电弧炉炼钢为主，同时也有少部分直流电弧炉炼钢、感应炉炼钢等。主要用于特殊钢、高合金钢及普碳钢的冶炼。

特殊炼钢法有电渣重熔法和不同形式的真空冶金法。主要用于某些尖端技术或特殊用途要求特高质量的钢。

12.2 钢的分类

12.2.1 按化学成分分类

根据化学成分的不同，钢可分为非合金钢、低合金钢、合金钢和不锈钢四类。具体规定界限值见表12-2。

表 12-2 非合金钢、低合金钢、合金钢和不锈钢中化学成分规定界限值

合 金 元 素	合金元素规定含量界限值/%			
	非合金钢	低合金钢	合金钢	不锈钢
Al	<0.10	—	≥0.10	—
B	<0.0005	—	≥0.0005	—
Bi	<0.10	—	≥0.10	—
Cr	<0.30	0.30～<0.50	≥0.50	≥12.0
Co	<0.10	—	≥0.10	—
Cu	<0.10	0.10～<0.50	≥0.50	—
Mn	<1.00	1.00～<1.40	≥1.40	—
Mo	<0.05	0.05～<0.10	≥0.10	—
Ni	<0.30	0.30～<0.50	≥0.50	—
Nb	<0.02	0.02～<0.06	≥0.06	—

合金元素	合金元素规定含量界限值/%			
	非合金钢	低合金钢	合金钢	不锈钢
Pb	<0.40	—	≥0.40	—
Se	<0.10	—	≥0.10	—
Si	<0.50	0.50～<0.90	≥0.90	—
Te	<0.10	—	≥0.10	—
Ti	<0.05	0.05～<0.13	≥0.13	—
W	<0.10	—	≥0.10	—
V	<0.04	0.04～<0.12	≥0.12	—
Zr	<0.05	0.02～<0.05	≥0.05	—
La 系（每种元素）	<0.02	0.02～<0.05	≥0.05	—
其他规定元素（S、P、C、N 除外）	<0.05	—	≥0.05	—

12.2.1.1 非合金钢

非合金钢按照质量等级又可分为普通质量非合金钢、优质非合金钢和特殊质量非合金钢。

A 普通质量非合金钢

普通质量非合金钢是指不规定生产过程中需要特别控制质量要求，同时满足下列四种条件的钢种：

（1）钢为非合金化的。

（2）不规定热处理的（退火、正火、消除应力及软化处理不作为热处理对待）。

（3）如产品标准或技术条件中有规定，其特性值应符合有关要求。

（4）未规定其他质量要求。

普通质量非合金钢主要包括一般用途碳素结构钢、碳素钢筋钢、铁道用一般碳素钢和一般钢板桩用钢等。

B 优质非合金钢

优质非合金钢是指普通质量非合金钢和特殊质量非合金钢以外的非合金钢，在生产过程中需要特别控制质量，以达到比普通质量非合金钢特殊的质量要求，但生产控制不如特殊质量非合金钢严格。

优质非合金钢主要包括机械结构用优质碳素钢、工程结构用碳素钢、冲压薄板用的低碳结构钢、镀层板、带用的碳素钢、锅炉和压力容器用碳素钢、造船用碳素钢、铁道用优质碳素钢、焊条用碳素钢等。

C 特殊质量非合金钢

特殊质量非合金钢是指在生产过程中需要特别严格控制质量和性能的非合金钢。主要包括保证淬透非合金钢、保证厚度方向性能非合金钢、铁道用特殊非合金钢、特殊焊条用非合金钢等。

12.2.1.2 低合金钢

低合金钢按照质量等级可分为普通质量低合金钢、优质低合金钢和特殊质量低合金钢。

A 普通质量低合金钢

普通质量低合金钢是指不规定生产过程中需要特别控制质量要求的低合金钢。

普通质量低合金钢主要包括一般用途低合金结构钢、矿用一般低合金钢、低合金钢筋钢、铁道用一般低合金钢等。

B 优质低合金钢

优质低合金钢是指除普通质量低合金钢和特殊质量低合金钢以外的低合金钢，在生产过程中需要特别控制质量，以达到比普通质量低合金钢特殊的质量要求，但生产控制的质量要求不如特殊质量低合金钢严格。

优质低合金钢主要包括可焊接的高强度结构钢、锅炉和压力容器用低合金钢、造船用低合金钢、铁道用优质碳素钢、低合金耐候钢等。

C 特殊质量低合金钢

特殊质量低合金钢是指在生产过程中需要特别严格控制质量和性能的低合金钢。

特殊质量低合金钢主要包括保证厚度方向性能低合金钢、铁道用特殊低合金钢、核能用低合金钢等。

12.2.1.3 合金钢（不含不锈钢）

合金钢按照质量等级可分为优质合金钢和特殊质量合金钢。

A 优质合金钢

优质合金钢是指在生产过程中需要特别控制质量和性能，但其生产控制的质量要求不如特殊质量合金钢严格的合金钢。

优质合金钢主要包括一般工程结构用合金钢、合金钢筋钢、铁道用优质合金钢、地质和石油钻探用合金钢、电工用硅（铝）钢等。

B 特殊质量合金钢

特殊质量合金钢是指在生产过程中需要特别严格控制质量和性能的合金钢，除优质合金钢以外的所有其他合金钢都为特殊质量合金钢。

特殊质量合金钢主要包括合金结构钢、压力容器用合金钢、合金弹簧钢、合金工具钢和轴承钢等。

12.2.1.4 不锈钢

不锈钢是指在大气、水、酸、碱和盐等溶液或其他腐蚀介质中具有一定化学稳定性的钢的总称。

不锈钢具有良好的耐腐蚀性能，这是因为在铁碳合金中加入了铬。尽管铜、铝、锰、硅、镍、钼等元素也能提高钢的耐腐蚀性能，但是如果没有铬的存在，这些元素的作用就会受到限制。所以说铬是不锈钢中最重要，也是必备的元素。铬在钢中的作用同其含量有很大关系，当钢中铬含量达到12%时，钢在氧化性介质中和各种大气环境中的耐蚀性产生突变性提高。因此，我国将不锈钢的铬含量定为不小于12%。

不锈钢的分类方法很多，但一般将不锈钢分为铬系不锈钢、铬镍系不锈钢和耐热不锈钢。

（1）铬系不锈钢。一般指不含镍或含镍5%以下的不锈钢，简称铬不锈钢。典型钢种如：AISI400系列的410（1Cr13）、420（2Cr13）、430（1Cr17）、431（1Cr17Ni2）等。

（2）铬镍系不锈钢。一般指含镍5%以上的不锈钢，简称铬镍不锈钢或镍不锈钢。典型钢种如 AISI300 系列的 301、303、304（0Cr18Ni9）、316（0Cr17Ni17Mo2）、321（1Cr18Ni9Ti）等。

（3）耐热不锈钢。是指高温强度性能好且耐高温氧化的一类不锈钢，一般含铬20%以上。典型钢种如 AISI 牌号中的 308（0Cr20Ni10）、309s（0Cr23Ni13）、310s（0Cr25Ni20）或更高牌号的钢。

12.2.2　按冶炼方法分类

按冶炼方法不同，钢可分为转炉钢、电弧炉钢和感应电炉钢。

（1）转炉钢。即利用向转炉内吹入的空气或氧气与铁水中碳、硅、锰、磷反应放出的热量进行冶炼而得到的钢。

（2）电弧炉钢，简称电炉钢。即在电弧炉内利用电能在电极与金属之间所产生电弧的热能炼成的钢。

（3）感应电炉钢。即在感应炉内利用电能通过电磁感应产生的热能炼成的钢。

12.2.3　按脱氧程度分类

按脱氧程度不同，钢可分为镇静钢、沸腾钢和半镇静钢。

（1）镇静钢。属于全脱氧钢，是指在浇铸前采用沉淀脱氧和扩散脱氧等方法，将脱氧剂（如铝、硅）加入钢水中进行充分脱氧，使钢中的氧含量在凝固过程中不会与钢中的碳发生反应生成一氧化碳气泡的钢。这种钢在浇铸时钢液镇静，不呈现沸腾现象，所以称为镇静钢。镇静钢成分偏析少，质量均匀。

（2）沸腾钢。属于不脱氧钢，是指在冶炼后期不加脱氧剂，浇铸前没有经过充分脱氧的钢。这种不脱氧的钢，钢水中还剩有相当量的氧，碳和氧起化学反应，放出一氧化碳气体，钢水在锭模内呈沸腾现象，所以称为沸腾钢。钢锭凝固后，蜂窝气泡分布钢锭中，加热轧制后气泡焊合。沸腾钢含硅量低、收得率高、加工性能好、成本低，但成分偏析大、杂质多、质量不均匀、机械强度较差。

（3）半镇静钢。属于半脱氧钢，指在脱氧程度上，介于镇静钢和沸腾钢两者之间，浇铸时有沸腾现象但较沸腾钢弱的钢。半镇静钢的钢锭结构、成本和收得率也介于沸腾钢和镇静钢之间，只是在冶炼操作上较难掌握。

12.3　炼钢生产主要技术经济指标

12.3.1　产量和效率

12.3.1.1　年产量

$$年产量 = \frac{24nga}{100t}$$

式中　n ——年内工作日（24h 为一个工作日）；

　　　g ——每炉金属料质量，t；

　　　a ——合格钢坯（锭）收得率，%；

t ——每炉平均冶炼时间，h。

12.3.1.2　每炉钢产量

$$每炉钢产量(t/炉) = 合格钢产量(t) / 出钢炉数$$

12.3.1.3　作业率

$$作业率 = \frac{工作日}{日历时间} \times 100\%$$

式中，工作日 = 日历时间 - 停炉时间，单位为天。

12.3.1.4　利用系数

转炉日历利用系数（单位为 $t/(t \cdot d)$）指转炉在日历工作时间内每公称吨位容积每天所生产的转炉钢合格产出量（单位为 t），即：

$$转炉日历利用系数 = \frac{合格钢产量}{转炉公称吨位 \times 日历时间}$$

电炉日历利用系数（单位为 $t/(MV \cdot A \cdot d)$）指电炉在日历工作时间内每兆（百万）伏安变压器容量每天所生产的电炉钢合格产出量（单位为 t），即：

$$电炉日历利用系数 = \frac{电炉钢合格产出量}{变压器容量 \times 日历天数}$$

12.3.1.5　出钢周期

出钢周期（单位为 min/炉）是指平均每炼一炉钢所需的全部时间（单位为 min），即：

$$出钢周期 = \frac{炼钢作业时间}{出钢炉数}$$

12.3.2　质量

质量方面的经济技术指标主要有锭坯合格率。

锭坯合格率是指合格锭坯量占锭坯检验总量（单位为 t）的百分比，即：

$$锭坯合格率 = \frac{锭坯检验合格量}{锭坯检验总量} \times 100\%$$

12.3.3　成本和消耗

（1）产品成本（单位为元/t）。

$$产品成本 = \frac{各种费用总和}{合格钢锭坯量}$$

（2）炼钢金属收得率（单位为%）。

$$炼钢金属收得率 = \frac{合格产出量}{入炉金属料量} \times 100\%$$

（3）炼钢工序能耗，以产出 1t 合格钢炼钢工序净耗标准煤的质量表示（单位为 kg/t）。

$$炼钢工序能耗 = \frac{炼钢工序净耗能量(标准煤)}{钢合格产出量}$$

（4）炼钢金属料消耗（单位为 kg/t）。

炼钢金属料消耗 ＝ 入炉金属料耗用量／炼钢合格产出量

（5）电炉电耗（单位为 kW·h/t）。

电炉电耗 ＝ 电弧炉电力耗用量／电炉钢合格产出量

（6）炉壁寿命（单位为炉）。

炉壁寿命 ＝ 出钢炉数／更换炉壁次数

（7）炼钢从业人员实物劳动生产率（单位为 t/人）

炼钢从业人员实物劳动生产率 ＝ 合格钢产出量／炼钢从业人员平均人数

复习思考题

12-1　钢和生铁的主要区别有哪些？

12-2　炼钢的基本任务有哪些？

12-3　钢是如何分类的？

12-4　现代炼钢方法主要有哪些，各有哪些用途？

13 炼钢的基本原理

13.1 炼钢熔渣

13.1.1 熔渣的来源、组成和作用

13.1.1.1 熔渣的来源

熔渣又称炉渣,是炼钢过程中产生的。熔渣的主要来源有:

(1) 为了完成炼钢任务,专门向炉内加入的造渣材料,如石灰、萤石、白云石、氧化铁皮、矿石等,这是炉渣的主要来源。

(2) 含铁原料中的部分元素如 Si、Mn、P、Fe 等氧化后生成的氧化物,如 SiO_2、MnO、FeO、P_2O_5 等。

(3) 被侵蚀的炉衬以及各种原料带入的泥沙杂质等,如 CaO、MgO、SiO_2 等。

13.1.1.2 熔渣的组成

化学分析表明,炼钢炉渣的主要成分是 CaO、SiO_2、Fe_2O_3、FeO、MgO、P_2O_5、MnO、CaS 等,这些物质在炉渣中能以多种形式存在,除了上面所述的简单分子化合物以外,还能形成复杂的复合化合物,如 $2FeO \cdot SiO_2$、$2CaO \cdot SiO_2$、$4CaO \cdot P_2O_5$ 等。

13.1.1.3 熔渣的作用

炼钢过程中熔渣的主要作用可归纳成如下几点:

(1) 通过调整炉渣的成分、性质和数量来控制钢液中各元素的氧化还原反应过程,如脱碳、脱磷、脱氧、脱硫等。

(2) 吸收金属液中的非金属夹杂物。

(3) 覆盖在钢液上面,可减少热损失,防止钢液吸收气体。

(4) 能吸收铁的蒸发物和转炉氧流下的反射铁粒,可稳定电弧炉的电弧。

(5) 成分适宜的炉渣能减轻冲刷和侵蚀炉衬的不良影响,延长炉衬寿命。

由此可以看出,造好渣是实现炼钢生产优质、高产、低耗的重要保证。因此实际生产中常讲炼好钢首先要炼好渣。

13.1.2 熔渣的化学性质和物理性质

熔渣的化学性质主要是指熔渣的碱度、氧化性和还原性。熔渣的物理性质主要是指炉渣的熔点和黏度。

13.1.2.1 熔渣的化学性质

A 熔渣的碱度

炉渣中常见的氧化物有酸、碱性之分,其分类如下:

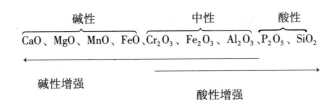

碱度是指熔渣中碱性氧化物与酸性氧化物浓度的比值，用"B"来表示。

碱度是判断熔渣碱性强弱的指标。根据碱度高低，熔渣可分为三类：

（1）$B<1$，酸性渣。

（2）$B=1$，中性渣。

（3）$B>1$，碱性渣，其中 $B<1.5$ 为低碱度渣；$B=1.8\sim2.2$ 为中碱度渣；$B>2.5$ 为高碱度渣。

B　炉渣的氧化性

炉渣的氧化性或炉渣的氧化能力是指炉渣向金属相供氧的能力，也可以认为是氧化金属熔池中杂质的能力。

炉渣的氧化性常用渣中氧化亚铁总量 $\Sigma(FeO\%)$ 表示：$\Sigma(FeO\%)=(FeO\%)+1.35\times(Fe_2O_3\%)$。渣中 $\Sigma(FeO\%)$ 越高，表示炉渣的氧化性越强。

C　熔渣的还原性

熔渣的还原性和氧化性是炉渣的同一种化学性质的两种不同说法。

在碱性电弧炉还原期操作中，要求炉渣具有高碱度、低氧化性、流动性好的特点，以达到钢液脱氧、脱硫和减少合金元素烧损的目的。所以应降低渣中的 FeO，提高渣的还原性。

电弧炉还原期出钢时，一般要求渣中的 FeO 质量分数应小于 0.5%。

13.1.2.2　熔渣的物理性质

A　熔渣的黏度

黏度是表示熔渣内部各部分质点间移动时的内摩擦力的大小。黏度的单位是泊（P），$1P=0.1Pa\cdot s$（帕·秒）。

黏度与流动性正好相反，黏度低则流动性好。

冶炼时，若熔渣的黏度过大，则物质在钢液及熔渣之间的传递缓慢，不利于炼钢反应的迅速进行；但若黏度过小，又会加剧炉衬的侵蚀。所以在炼钢时，希望获得适当黏度的炉渣。

影响熔渣黏度的主要因素是熔渣成分和温度。凡是能降低炉渣熔点的成分均可以改善熔渣的流动性，降低渣的黏度；熔池温度越高，渣的黏度越小，流动性越好。实际操作中，黏度的调节主要是靠控制渣中的 FeO、碱度和加入萤石等来实现的。

B　熔渣的熔点

熔渣是多元组成物，成分复杂，当它由固相转变成液相时，是逐渐进行的，不存在明显的熔点，其熔化过程有一个温度范围。通常熔渣的熔点是指炉渣完全转变成均匀液体状态时的温度。

不同的氧化物和复合氧化物的熔点是不同的，炉渣中各种氧化物的熔点见表13-1。

表 13-1 炉渣中各种氧化物的熔点

氧化物	CaO	MgO	SiO$_2$	FeO	Fe$_2$O$_3$	MnO	Al$_2$O$_3$	CaF$_2$
熔点/℃	2570	2800	1710	1370	1457	1785	2050	1418
复合化合物	CaO·SiO$_2$	2CaO·SiO$_2$	2FeO·SiO$_2$	MnO·SiO$_2$	MgO·SiO$_2$	MgO·Al$_2$O$_3$	CaO·FeO·SiO$_2$	3CaO·P$_2$O$_5$
熔点/℃	1540	2130	1217	1285	1557	2135	1400	1800

炉渣中最常见的氧化物大部分都有很高的熔点。炼钢温度下，这些氧化物很难熔化。但实际上，它们相互作用生成了各种复杂化合物，这些化合物的熔点低于原氧化物的熔点，从而降低了熔渣的熔点。降低炉渣熔点的主要措施是加入一定量的助熔剂，如矿石（Fe$_2$O$_3$）、萤石（CaF$_2$）等，以便形成低熔点的多元系化合物。

13.2 铁、硅、锰的氧化

铁和氧的亲和力小于 Si、Mn、P，但由于金属液中铁的浓度最大，质量分数为 90% 以上，所以铁最先被氧化，生成大量的 FeO，并通过 FeO 使与氧亲和力大的 Si、Mn、P 等被迅速氧化。在转炉中，Si、Mn、P、Fe 在冶炼初期的大量氧化使熔池温度迅速上升，为碳的迅速氧化提供了有利条件；同时也对炉渣的碱度和流动性等产生了较大的影响。

13.2.1 铁的氧化

铁的氧化反应是一个极其重要的化学反应，它是其他元素进行氧化反应的基础。向金属液供氧的方式有两种：一是直接供氧，即吹入氧气；二是间接供氧，即加入矿石。因此铁的氧化方式也有两种：直接氧化和间接氧化。

直接氧化是指钢液中的元素直接和氧分子进行接触而被氧化的反应，如：

$$[Fe] + \frac{1}{2}\{O_2\} = [FeO] \quad （放热）$$

间接氧化反应是指金属液中的元素直接和氧原子或 FeO 接触而被氧化的反应，如：

$$[Fe] + [O] = [FeO] \quad （放热）$$

铁被氧化后，其反应产物 FeO 一部分进入炉渣，一部分继续存留在金属液中，并在金属液—熔渣之间建立动态平衡，它应服从分配定律，即：

$$[FeO] = (FeO)$$

$$\frac{w(FeO)}{w[FeO]} = L_0$$

在一定温度下，L_0 为一常数，称为氧在金属液和熔渣中的分配系数。

13.2.2 硅的氧化

13.2.2.1 硅的氧化反应式

在吹炼初期，铁水中的 [Si] 和氧的亲和力大，而且 [Si] 氧化反应为放热反应，低温下有利于此反应的进行，因此，[Si] 在吹炼初期就大量氧化。

$$[Si] + O_2 === (SiO_2) \qquad （氧气直接氧化）$$

$$[Si] + 2[O] === (SiO_2) \qquad （熔池内反应）$$

$$[Si] + 2(FeO) === (SiO_2) + 2[Fe] \qquad （界面反应）$$

$$2(FeO) + (SiO_2) === (2FeO \cdot SiO_2)$$

在碱性渣操作中，随着吹炼的进行，石灰逐渐溶解，$2FeO \cdot SiO_2$ 转变为 $2CaO \cdot SiO_2$，即 SiO_2 与 CaO 牢固的结合为稳定的化合物，这样不仅使 $[Si]$ 被氧化到很低程度，而且在其后的冶炼中，SiO_2 也不可能被还原。

13.2.2.2　硅氧化反应的主要特点

硅的氧化对熔池温度、熔渣碱度和其他元素的氧化产生的影响包括：

（1）$[Si]$ 氧化可使熔池温度升高。

（2）$[Si]$ 氧化后生成 (SiO_2)，降低熔渣碱度，熔渣碱度影响脱磷、脱硫。

（3）熔池中 $[C]$ 的氧化反应只有到 $w[Si] < 0.15\%$ 时，才能激烈进行。

影响硅氧化规律的主要因素有 $[Si]$ 与 $[O]$ 的亲和力、熔池温度、熔渣碱度和 FeO 活度。

13.2.3　锰的氧化

13.2.3.1　锰的氧化反应式

在吹炼初期，$[Mn]$ 也迅速氧化，但不如 $[Si]$ 氧化的快。其反应式可表示为：

$$[Mn] + [O] === (MnO) \qquad （熔池内反应）$$

$$2[Mn] + [O_2] === 2(MnO) \qquad （氧气直接氧化反应）$$

$$[Mn] + (FeO) === (MnO) + [Fe] \qquad （界面反应）$$

$$(SiO_2) + (MnO) === (MnO \cdot SiO_2)$$

13.2.3.2　余锰（残锰）

锰的氧化产物是碱性氧化物，在吹炼前期形成 $(MnO \cdot SiO_2)$。但在碱性渣操作中，随着吹炼的进行和渣中 CaO 含量的增加，会发生：

$$(MnO \cdot SiO_2) + 2(CaO) === (2CaO \cdot SiO_2) + (MnO)$$

(MnO) 呈自由状态，吹炼后期炉温升高后，(MnO) 被还原，即：

$$(MnO) + [C] === [Mn] + [CO] \quad 或 \quad (MnO) + [Fe] === (FeO) + [Mn]$$

吹炼终了时，钢中的锰含量也称余锰。余锰高，可以降低钢中硫的危害，但冶炼工业纯铁则要求余锰越低越好。

13.2.3.3　影响余锰的因素

影响余锰的因素主要有：

（1）炉温高有利于 (MnO) 的还原，余锰量高。

（2）碱度升高，可提高自由 (MnO) 浓度，余锰量增加。

（3）降低熔渣中 (FeO) 含量，可提高余锰含量。

（4）铁水中锰含量高，单渣操作，钢水余锰也会高些。

13.3　碳的氧化

碳的氧化反应是贯穿整个炼钢过程的一个最重要的反应，它是完成诸多炼钢任务的一个重要手段。

13.3.1　碳的氧化反应

13.3.1.1　氧气流股与金属液间的 C—O 反应
氧气流股与金属液间的 C—O 反应为：

$$[C] + \frac{1}{2}\{O_2\} === \{CO\} \qquad \Delta_r H_m^{\ominus} = -136000J/mol$$

该反应放出大量的热，是转炉炼钢的重要热源。在转炉炼钢的氧流冲击区及电炉炼钢采用氧管插入钢液吹氧脱碳时，氧气流股直接作用于钢液，均会发生此类反应。脱碳示意图分别如图 13-1、图 13-2 所示。流股中的气体氧 $\{O_2\}$ 与钢液中的碳原子 $[C]$ 直接接触，反应生成气体产物一氧化碳 $\{CO\}$，脱碳速度受供氧强度的直接影响，供氧强度越大，脱碳速度越快。

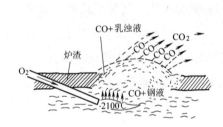

图 13-1　熔池吹氧示意图
（吹氧脱碳操作）

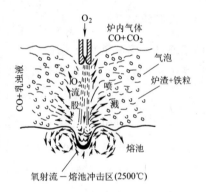

图 13-2　氧气顶吹转炉氧射流与
熔池相互作用示意图

13.3.1.2　金属熔池内部的 C—O 反应
金属熔池内部的 C—O 反应为：

$$[C] + [FeO] === \{CO\} + [Fe] \qquad \Delta_r H_m^{\ominus} = -7600J/mol$$

该反应为弱放热反应，温度降低有利于反应的进行。在转炉和电炉炼钢吹氧脱碳时，气体氧 $\{O_2\}$ 会使金属熔池内铁原子 $[Fe]$ 大量氧化成 $[FeO]$，金属液中的 $[C]$ 与 $[FeO]$ 接触反应，从而起到间接脱碳的作用。

13.3.1.3　金属液与渣液界面的 C—O 反应
在转炉泡沫渣和采用矿石脱碳的电炉渣内均含有大量的 (FeO)，渣中的 (FeO) 通过渣—钢接触界面向钢液中扩散，然后与钢液中的碳原子反应生成一氧化碳气体。其反应式如下：

$$[C] + (FeO) === \{CO\} + [Fe] \qquad \Delta_r H_m^{\ominus} = 75100J/mol$$

所谓泡沫渣是转炉炼钢吹氧脱碳时钢液—熔渣—炉气三相物质混合乳化而形成的乳浊液。在泡沫渣中，钢液被粉碎成很细小的小液滴，使钢—渣的接触界面积大大增加，这是泡沫渣中脱碳速度很快的原因。

电炉采用矿石脱碳的基本条件是：

（1）FeO 要多，以满足氧化性要求，即必须保证一定的矿石加入量。

（2）熔池温度要高，因为矿石熔化及（FeO）进入钢液中是强吸热反应。

（3）炉渣流动性要好，以满足扩散要求。

（4）炉底要经常维护，以便于 CO 气泡在粗糙的炉底和炉壁处形成。

13.3.2　转炉中碳的氧化规律

影响碳氧化速度变化规律的主要因素有熔池温度、熔池金属成分、熔渣中 $\Sigma(FeO)$ 和炉内搅拌强度。在吹炼的前、中、后期，这些因素是在不断发生变化的，从而体现出吹炼各期不同的碳氧化速度，如图 13-3 所示。

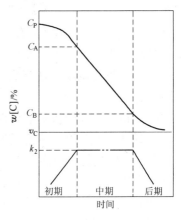

图 13-3　转炉内碳氧反应速度变化

吹炼前期，熔池平均温度低于 1400～1500℃，[Si]、[Mn] 含量高且与 [O] 亲和力均大于 [C] 与 [O] 的亲和力，$\Sigma(FeO)$ 较高，但化渣、脱碳消耗的（FeO）较少，熔池搅拌、碳的氧化速度不如中期高。

吹炼中期，熔池温度高于 1500℃，[Si]、[Mn] 含量降低，[P] 与 [O] 的亲和力小于 [C] 与 [O] 的亲和力，碳氧化消耗较多的（FeO），熔渣中 $\Sigma(FeO)$ 有所降低，熔池搅拌强烈，反应区乳化较好，结果此期的碳氧化速度高。

吹炼后期，熔池温度很高，超过 1600℃，[C] 含量较低，$\Sigma(FeO)$ 增加，熔池搅拌不如中期，碳氧化速度比中期低。

13.3.3　碳氧反应在炼钢过程中的作用

把钢液中的碳氧化降低到所炼钢号的规格内，这是炼钢的任务之一。碳氧反应时产生大量的 CO 气泡，这些气泡从钢液中排出时，对熔池有强烈的搅拌作用，它均匀了钢液的成分和温度，改善了各种化学反应的动力学条件，有利于炼钢中反应的进行；同时，还有去除钢中气体和促进钢中夹杂物上浮排除的作用。碳的氧化反应放出大量的热，是氧气转炉炼钢的重要热源。

13.4　脱磷

13.4.1　磷对钢性能的影响

磷在钢中以磷化铁的形式存在，一般用 [P] 表示。它对钢性能的具体影响是：

（1）能恶化钢的焊接性能。

（2）降低钢的塑性和韧性，使钢产生冷脆性，即在低温条件下钢的冲击韧性明显降低。

（3）能提高易切削钢的切削性能。

（4）能改善钢液的流动性，提高钢液的铸造性能。

（5）能提高合金钢耐大气和海水的腐蚀能力。

（6）能提高电工用硅钢的磁导率。

对绝大多数钢种而言，［P］是一种有害元素。

13.4.2　脱磷反应的基本条件和方法

将钢中的磷脱除到要求的范围内是炼钢的任务之一。

脱磷的基本反应为：

$$2[P] + 5(FeO) + 4(CaO) \Longrightarrow (4CaO \cdot P_2O_5) + 5[Fe] \qquad （放热）$$

从反应式中可以看出：低温、高（FeO）、高（CaO）有利于脱磷反应的进行。

脱磷的基本条件和方法为：

（1）炉渣的碱度要适当高，流动性要好。研究结果认为，脱磷时的炉渣碱度控制在 2.5~3 最好。

（2）适当提高炉渣的氧化性，即渣中的氧化铁要高。

（3）适当的温度。尽管低温有利于放热反应的进行，但低温不利于石灰的熔化，不利于扩散反应的进行，最终将影响到脱磷反应速度。所以，为了获得最佳的脱磷效果，熔池应有适当的温度，不能太高也不能太低。

（4）大渣量也是提高脱磷效果的有效方法之一。对于电炉来说，采用自动流渣的方法放旧渣、造新渣就是大渣量的另一种操作形式。

13.4.3　回磷

回磷是指冶炼后期钢液中磷含量比中期有所回升，以及成品钢中的含磷量比冶炼终点钢水含磷量高的现象。

回磷的原因主要有：

（1）炉温过高会使脱磷反应逆向进行。

（2）冶炼终了及出钢时，向炉内或钢包内加入铁合金等脱氧，会使渣中的 $\Sigma(FeO)$ 大大降低，同时，脱氧产物如 SiO_2 等也会使炉渣碱度大大降低，使脱磷反应逆向进行。

（3）铁合金本身带入一定数量的磷。

在上述几种原因中，以 $\Sigma(FeO)$ 的降低对回磷影响最为显著，而碱度和温度的影响要小些。

对于电炉而言，防止还原期回磷的主要措施是扒净氧化渣。对于转炉而言，防止钢包回磷的主要措施是防止下渣，即防止炉渣进入到钢包中。

生产中常用的防止回磷的办法有：

（1）出钢前向炉内加入石灰稠化终渣，同时进行挡渣出钢。

（2）出钢过程中向钢包内渣面上投入少量石灰，稠化钢包内的炉渣，保持碱度。

13.5 脱硫

13.5.1 硫对钢性能的影响

硫在钢中多以硫化物形式存在，如 FeS、MnS 等，硫对钢性能产生以下影响：

（1）使钢产生热脆现象。所谓热脆现象是指钢锭或钢坯在高温条件下（如 1100℃）进行轧制时会产生断裂的现象。

（2）对钢的力学性能产生不利影响。

（3）使钢的焊接性能降低。

（4）能改善易切削钢的切削性能。

由于硫对绝大多数钢种而言是有害的，所以脱硫是炼钢的主要任务之一。

13.5.2 炉渣脱硫

炉渣脱硫的基本反应式为：

$$[FeS] = (FeS)$$
$$+) \quad (CaO) + (FeS) = (CaS) + (FeO)$$
$$\overline{(CaO) + [FeS] = (CaS) + (FeO)} \quad （吸热）$$

从反应式中可以看出，脱硫的基本条件是高碱度、高温、低氧化性。

影响脱硫反应的基本条件分析如下：

（1）炉渣碱度。研究结果表明：炉渣碱度在 3.0~3.5 之间最好，过高会使黏度增加，不利于硫在钢—渣之间的扩散，过低则不符合脱硫要求。

（2）氧化性。炉渣氧化性对脱硫的影响较为复杂，从脱硫反应式中可以看出，渣中的还原性越强，即 $\Sigma(FeO)$ 越低越有利于脱硫反应。但实际生产中氧气转炉的氧化渣中也能去除一部分硫，其主要原因是 $\Sigma(FeO)$ 的存在改善了渣的流动性，能促进石灰的熔化，有利于高碱度渣的形成，从而部分改善了脱硫条件。

尽管氧化渣中也能脱硫，但在其他条件如搅拌、温度、碱度等完全相同的条件下，氧化渣的脱硫效果还是远远低于还原渣的。

（3）温度。高温有利于吸热反应的进行，即有利于脱硫反应的顺利进行。

（4）钢—渣搅拌情况。脱硫是钢—渣界面反应，加强钢—渣搅拌、扩大反应界面面积有利于脱硫。例如电炉（还原期）出钢时，采用钢—渣混出的方法，使钢液和炉渣强烈混合，钢—渣界面大大增加，充分发挥了电炉还原渣的脱硫能力，使脱硫反应能够迅速进行。

（5）渣量。增加渣量可以减少（CaS）的相对浓度，可促进脱硫反应。

13.6 脱氧

13.6.1 脱氧的目的和任务

13.6.1.1 氧的危害

各种炼钢方法中，都是利用氧化法来去除钢中的大部分杂质元素和有害物质。这就使氧化后期钢中溶入了过量的氧。这些过量的氧在钢液凝固时将逐渐从钢液中析出，形成夹杂物或气泡，严重影响钢的性能，其具体表现是：

（1）严重降低钢的力学性能，尤其是塑性和韧性。

（2）大量气泡的产生将破坏钢锭、铸坯的合理结构，严重影响钢锭、铸坯质量，甚至造成废品。

（3）钢中的氧能加剧硫的热脆危害。

13.6.1.2 脱氧的目的和任务

炼钢过程中，利用对氧的亲和力比 Fe 大的元素，如 Mn、Si、Al 等，把钢液中的氧夺走，形成不残留在钢液中的脱氧产物如 MnO、SiO_2、Al_2O_3 等，这种工艺操作称为钢液的脱氧。能用来使钢液脱氧的元素或合金称为脱氧剂。

脱氧的目的在于降低钢中的氧含量，脱氧的任务是：

（1）降低钢液中溶解的氧，把氧转变成难溶于钢液的氧化物如 MnO、SiO_2 等。

（2）将脱氧产物排出钢液之外，否则钢液中的氧只是改变了存在形式，总含氧量并没有降低，氧对钢的危害依然存在。

（3）脱氧时还要完成调整钢液成分和合金化的任务。

13.6.2 各种元素的脱氧能力

13.6.2.1 对脱氧元素的要求

对脱氧元素的要求有：

（1）脱氧元素与氧的亲和力应大于 Fe 与氧的亲和力，即脱氧产物（MeO）在钢液中应比 FeO 稳定。

（2）脱氧产物 MeO 在钢液中溶解度应非常低，否则便以另一种形式保留在钢中，未达到脱氧的目的。

（3）脱氧产物的密度应小于钢液密度，且熔点应较低，在钢液中应以液态形式存在，这样脱氧产物才容易黏聚长大，并能迅速地上浮到熔渣中，完成脱氧任务。

（4）未与氧结合的剩余脱氧元素应该对钢的性能无不良影响，甚至还应产生有利影响。

13.6.2.2 元素的脱氧能力

元素的脱氧能力是指在一定温度和一定浓度的脱氧元素呈平衡的钢中溶解的氧含量。显然和一定浓度的脱氧元素呈平衡的氧含量越低，这种元素的脱氧能力越强。在 1600℃时，元素的脱氧能力按以下顺序增强：Cr、Mn、V、P、Si、C、B、Ti、Al、Mg、Ca。其中最常用的是 Mn、Si、Al。

13.6.2.3 常用的脱氧剂

常用的脱氧剂有：

（1）Mn。Mn 的脱氧能力较低，但几乎所有的钢都用 Mn 来脱氧，因为它可以增加 Si 和 Al 的脱氧作用。此外（MnO）可以与其他的脱氧产物如 SiO_2 等形成低熔点化合物，有利于从钢液中排出。冶炼沸腾钢时，只用锰脱氧。

（2）Si。Si 是一种较强的脱氧元素，它是镇静钢中不可缺少的脱氧元素之一。Si 的脱氧能力高于 Mn。

Si 的脱氧能力受温度影响而发生变化，温度越高，Si 的脱氧能力越弱。

Si 的脱氧产物 SiO_2 熔点高（1700℃），不易从钢液中上浮排出，所以应与 Mn 一起使用。

（3）Al。Al 是钢中常用的而且是非常强的脱氧元素，它是镇静钢中不可缺少的脱氧元素之一。

Al 的脱氧产物 Al_2O_3 熔点很高（2050℃），形成很细小的固体颗粒，Al_2O_3 颗粒表面与钢液间界面张力大，易于上浮，所以常用来作终脱氧剂。

目前炼钢生产中常用的块状脱氧剂有锰铁、硅铁、铝、硅锰和硅钙合金等。电弧炉还原期炉渣脱氧时常用的粉状脱氧剂有碳粉、碳化硅粉、硅铁粉等。真空脱碳时，钢液中 [C] 是脱氧剂。

使用块状脱氧剂时，一般用复合脱氧剂最好，因为复合脱氧剂的脱氧能力以及脱氧产物的上浮能力都很强。若无复合脱氧剂而单独使用各脱氧剂时，应注意脱氧剂的加入顺序，一般情况是先弱后强，即先用锰铁脱氧，再用硅铁脱氧，最后用铝脱氧。因为先加锰铁后形成的 MnO 可提高 Si、Al 的脱氧效果，同时也有利于几种脱氧产物形成低熔点化合物，从而有利于脱氧产物的上浮。

13.6.3　脱氧方法

钢液的脱氧方法有三种，即沉淀脱氧法、炉渣脱氧法和真空脱氧法。

13.6.3.1　沉淀脱氧法

沉淀脱氧法又称强制脱氧法或直接脱氧法。它是把块状脱氧剂，如锰铁、硅铁和铝饼等加入钢液内，直接使钢液脱氧。其反应式可表示为：

$$[FeO] + [Me] === [Fe] + [MeO]$$

$$[MeO] === (MeO)$$

式中　Me——脱氧元素；
　　　MeO——脱氧产物。

这种脱氧方法的优点是操作简便、脱氧速度快、节省时间、成本低。其缺点是部分脱氧产物来不及上浮而进入熔渣中，残留在钢液内污染了钢液，影响了钢液的纯净度，使钢质量的提高受到一定的限制。因此，假若不采取炉外精炼等其他措施，靠这种方法脱氧的转炉就不能生产某些质量要求很严格的钢种，而只能生产一些常用钢种。

转炉多采用沉淀脱氧法。

13.6.3.2　炉渣脱氧法

炉渣脱氧法习惯上又称扩散脱氧。它是把粉状脱氧剂，如炭粉、碳化硅或硅铁粉撒在渣液面上，形成还原渣间接使钢液脱氧。其反应式可表示为：

$$(FeO) + [Me] === [Fe] + (MeO)$$

$$[FeO] === (FeO)$$

由于在一定温度下，$\dfrac{w(FeO)}{w[FeO]} = L_0$，$L_0$ 为一常数，（FeO）的降低必然引起钢液中的 [FeO] 向渣中扩散转移，从而间接地使钢液脱氧。由于 [O] 的扩散速度比较慢，在实际生产中氧在渣—钢间的这一分配过程并未达到平衡。但这种方法仍可将钢中的［O］的质量分数降至 0.005% ~0.01% 的水平。

扩散脱氧法明显的优势是钢液不易被脱氧产物所玷污，能提高钢的纯洁度。其缺点是脱氧过程慢，还原时间长。

碱性电弧炉炼钢的还原期多采用扩散脱氧法。

13.6.3.3 真空脱氧法

所谓真空脱氧法是指将已炼成的钢液置于真空条件下，打破原有的［C］、［O］平衡关系，使碳氧反应继续进行，利用钢液中［C］进行脱氧。反应式可表示为：

$$［FeO］+［C］ \Longrightarrow ［Fe］+\{CO\}$$

在真空中，由于 CO 分压的降低，打破了［C］与［O］的平衡关系，引起碳脱氧能力的急剧增强，甚至可以超过硅和铝，真空脱氧能力随着真空度的增加而增加。

对于低碳钢，［O］的质量分数可降至 0.003% ~0.015%；对于高碳钢，［O］的质量分数可降至 0.0007% ~0.002%。与此同时，钢中碳的质量分数相应下降了 0.003% ~0.007%。

真空脱氧法的最大特点是它的产物 CO 不留在钢液中，不玷污钢液，而且 CO 上浮的过程中还有去除气体和非金属夹杂物的作用。

生产实践表明，真空处理能显著地提高钢的质量，除一些必要的设备投资外，工艺并不十分复杂，故这种方法在许多合金钢的生产中已被广泛采用。

真空脱氧多作为转炉和电炉的炉外精炼手段，以进一步提高钢的质量。

13.7 钢中的气体

13.7.1 钢中气体对钢性能的影响

13.7.1.1 氢对钢性能的影响

氢在钢中基本上有害无利。随着钢强度的提高，氢对钢的危害性则更为严重。但在一般情况下，要完全除去钢中的氢几乎是不可能的。

氢在钢中的不良影响主要有以下几方面：

(1) 使钢产生"氢脆"。氢能使钢的塑性和韧性明显降低，即产生"氢脆"现象。对于高强度钢来讲，"氢脆"的影响更严重。钢中的"氢脆"属于滞后破坏。表现在应力作用下经过一段时间钢突然发生脆断。

(2) 使钢产生"白点"。所谓"白点"是指在钢材断面上呈银白色的斑点。其实质是有锯齿形边缘的微小气泡，又称发裂。它的产生与"氢脆"不同，它是钢从高温冷却到室温时产生的。"白点"也使钢的塑性和韧性明显降低。

(3) 产生石板断口。其主要原因是：氢含量高的地方会出气泡，在气泡的周围易出现 C、P、S 和夹杂物的偏析，这些缺陷在钢材热加工时被拉长，但不能焊合，于是形成石板断口。

(4) 产生氢腐蚀。在高温高压作用下，钢中的氢即高压氢会使钢产生网络状裂纹，严重时还可以鼓泡，这种现象称氢腐蚀。

13.7.1.2 氮对钢性能的影响

氮对钢的性能有利有弊。氮对钢的不良影响是：

（1）引起钢的时效硬化。在低碳钢中，氮能引起钢的时效硬化现象，表现为钢的强度、硬度随时间的推移而增大，而塑性则有所下降。只有当［N］的质量分数小于 0.0006% 时，才有免除时效硬化的可能。

（2）氮会使钢产生"蓝脆"。淬火钢在 250～400℃ 回火后，塑韧性不仅不增大，反而下降，这个温度范围的钢呈蓝色，故称为"蓝脆"。

（3）氮和氢综合作用使钢产生缺陷。氮和氢的综合作用会使镇静钢锭产生结疤和皮下气泡，使轧钢生产中出现裂纹和发纹，影响钢的质量。

氮对钢有益的作用是：

（1）钢中的氮能和 Al、Ti 等形成 AlN、TiN 等高熔点的细小颗粒。均匀弥散分布的 AlN、TiN 等能细化晶粒，从而提高钢的强度和塑性，对改善焊接性能也有良好作用。

（2）能提高钢的强度和耐磨性。实际生产中常用渗氮的方法来改善钢表面的耐磨性，同时也能使钢表面的抗蚀性和疲劳强度有所改善。

13.7.2 钢中气体的来源

钢中的氢来自原料、耐火材料、炉气和空气中的潮气，以及金属料中的铁锈（铁锈是含有结晶水的氧化铁）。

钢中的氮来自铁水、氧气和炉气。

13.7.3 减少钢中气体的基本途径

减少钢中气体含量，一是减少钢液吸进去的气体；二是增加排出去的气体。

减少钢液吸气的基本途径主要有：

（1）原材料如石灰、矿石、铁合金、耐火材料等必须进行烘烤或干燥。金属料中的铁锈要少。

（2）熔炼过程中，钢液温度不宜过高，因为氢和氮在钢液中的溶解度随温度的升高而升高，同时应尽量减少钢液裸露的时间，防止钢液从炉气中吸收氢、氮。

（3）应尽量提高氧气的纯度，防止或减少吹氧时由于氧的不纯给金属液中带入氮。

（4）钢水包要烘烤，钢液流经的地方要烘干和密封（如 Ar 气密封）保护。

增加排气的措施主要有：

（1）氧化熔炼过程中，钢液要进行良好的沸腾去气。

（2）采用钢液吹氩，真空处理和真空浇注来降低钢液中的气体。

13.8 钢中的非金属夹杂物

在冶炼或浇注过程中，产生于或混入钢液中，而在其后的热加工过程中分散在钢材中的类似于炉渣的非金属物质称为非金属夹杂物。它的主要来源是：

（1）与生铁、废钢等一起进入炉内的非金属物质。

（2）从入炉到浇注的整个过程中，与钢液相接触并卷入钢液的耐火材料。

（3）在炉内、桶内和钢锭模内脱氧过程中所产生的脱氧产物。

13.8.1　非金属夹杂物的分类

按照化学成分非金属夹杂物可分为：

（1）氧化物夹杂。简单氧化物，如 FeO、MnO、SiO_2、Al_2O_3 等；复杂氧化物，如 $FeO \cdot Al_2O_3$、$MnO \cdot Al_2O_3$、$MgO \cdot Al_2O_3$ 等；硅酸盐，如 $2FeO \cdot SiO_2$、$2MnO \cdot SiO_2$、$3MnO \cdot Al_2O_3 \cdot 2SiO_2$ 等。

（2）硫化物。主要是 FeS、MnS、$(Fe \cdot Mn)S$ 和 CaS 等。

（3）氮化物。若钢中有与氮亲和力大的元素时，会形成氮化物，如 AlN、TiN、BN、ZrN 等。

按照夹杂物的来源非金属夹杂物可分为：

（1）外来夹杂物。这类夹杂物是从冶炼到浇注过程中进入钢液的耐火材料或熔渣滞留在钢中而造成的。一般外来夹杂物的特征是外形不规则，尺寸比较大和分布不均匀。

（2）内生夹杂物。这类夹杂物是在液态或固态钢内，由于脱氧或凝固过程中进行的物理化学反应而生成的。钢中大部分夹杂物属于这一类。内生夹杂物的颗粒比较小，分布也比较均匀。

按照变形性能非金属夹杂物可分为：

（1）脆性夹杂物。指完全不具有塑性的夹杂物。当钢进行热加工时不会变形，但夹杂物会沿加工方向破碎成串。如 Al_2O_3、Cr_2O_3、TiN、ZrN 等就属于这一类。

（2）塑性夹杂物。塑性夹杂物即热加工时能沿加工方向延伸成条带状的夹杂物，如 MnS、FeS 等。

（3）点状不变形夹杂物。呈点状的、不随加工变形而变形的夹杂物称为点状不变形夹杂物。属于这一类的有石英玻璃（SiO_2）和含 SiO_2 较高（$w(SiO_2) > 7\%$）的硅酸盐等。

按尺寸大小非金属夹杂物可分为：

（1）超显微类夹杂物。即小于 $1\mu m$ 的夹杂物。这类夹杂物都是内生夹杂物。

（2）显微夹杂物。即小于 $50\mu m$ 的夹杂物，又称微观夹杂物。它们以内生夹杂物为主。

（3）大型夹杂物。即大于 $50\mu m$ 的夹杂物，也称宏观夹杂物，它们多为外来夹杂物。

13.8.2　非金属夹杂物对钢性能的影响

钢中的非金属夹杂物破坏了金属基体的连续性，使钢的塑性、韧性和疲劳强度降低，也使钢的冷、热加工性能变坏。

但某些特殊场合下，夹杂物也能起到好的作用。如细小的 Al_2O_3 夹杂能细化晶粒，硫化物夹杂能改善钢的切削性能等。

13.8.3　降低钢中非金属夹杂物的途径

降低钢中非金属夹杂物有以下途径：

（1）使用洁净的炉料，钢液接触和流经的地方也要洁净。

（2）提高耐火材料的材质，减少其侵蚀损坏而混入钢液。

（3）氧化熔炼过程中，钢液应进行良好的沸腾，以清除钢液中的非金属夹杂物。

（4）采用正确的脱氧操作方法，使脱氧产物易于上浮入渣。

（5）浇注前钢液在钢包中镇静适当的时间，以利非金属夹杂物充分上浮。

（6）采用钢液吹氩、真空处理和真空浇注，减少钢液中的非金属夹杂物。

复习思考题

13-1 熔渣由几部分组成，其作用是什么？

13-2 衡量炉渣好坏的主要性质是什么，如何表示？

13-3 铁、硅、锰三种元素氧化的主要特点分别是什么？

13-4 碳的氧化反应有几种类型，其主要作用是什么？

13-5 硫、磷去除的基本条件和主要方法是什么？

13-6 脱氧的目的和任务是什么？

13-7 简述常用的脱氧剂和其脱氧特点。

13-8 钢中气体的主要危害是什么，怎样才能减少钢中气体？

13-9 钢中非金属夹杂物的主要危害有哪些，怎样才能消除或减轻其不良影响？

14　炼 钢 原 料

原料的质量和供应条件直接影响炼钢的技术经济指标。保证原料的质量，既指保证原料化学成分和物理性质满足技术要求，还指原料化学成分和物理性质保持稳定。这是达到优质、高产、低耗的前提条件。

炼钢原料可分为金属料和非金属料两大类。

14.1　金属料

炼钢用的金属料主要有铁水、废钢、生铁、铁合金和海绵铁。

14.1.1　铁水

铁水是转炉炼钢最主要的金属料，一般占转炉金属料 70% ~ 100%，是转炉炼钢的主要热源。铁水的成分、温度是否适当和稳定，对简化、稳定转炉操作，保证冶炼顺行以及获得良好的技术经济指标都十分重要。

转炉炼钢对铁水有如下要求：

（1）温度。温度是铁水带入炉内物理热多少的标志，铁水物理热约占转炉热收入的 50%，是转炉炼钢热量的重要来源之一。铁水温度过低，将造成炉内热量不足，影响熔池升温和元素的氧化过程，不利于化渣和去除杂质，还容易导致喷溅。一般要求入炉铁水温度不低于 1250℃，而且要稳定。

（2）硅。铁水中硅的氧化能放出大量的热量，生成的 SiO_2 是渣中主要的酸性成分，是影响熔渣碱度和石灰消耗量的关键因素。铁水含硅高，则转炉可以多加废钢、矿石，提高钢水收得率，铁水中 Si 量增加 0.10%，废钢的加入量可提高 1.3% ~ 1.5%。但铁水含硅量过高，会因石灰消耗量的增大而使渣量过大，易产生喷溅并加剧对炉衬的侵蚀，影响石灰熔化，从而影响脱磷、脱硫。如果铁水含硅量过低，则不易成渣，对脱磷、脱硫也不利。因此，要求铁水含硅质量分数在 0.3% ~ 0.6%。

（3）锰。锰是发热元素，铁水中 Mn 氧化后形成的 MnO 能有效促进石灰溶解，加快成渣，减少助熔剂的用量和炉衬侵蚀。同时铁水含 Mn 高，终点钢中余锰高，从而可以减少合金化时所需的锰铁合金，有利提高钢水纯净度。转炉用铁水对锰与硅的比值要求为 0.8 ~ 1.0，目前使用较多的为低锰铁水，锰的含量为 0.20% ~ 0.80%。

（4）磷。磷是一个强发热元素。一般讲磷是有害元素，但高炉冶炼中无法去除磷。因此，只能要求进入转炉的铁水含磷量尽量稳定，且铁水含磷越低越好，一般要求铁水 $w[P] \leqslant 0.20\%$。

（5）硫。除了含硫易切削钢以外，绝大多数钢种要求去除硫这一有害元素。氧气转炉单渣操作的脱硫效率只有 30% ~ 40%。我国炼钢技术规程要求入炉铁水的硫含量不超过 0.05%。

（6）铁水带渣量。高炉渣中含硫、SiO_2 和 Al_2O_3 量较高，过多的高炉渣进入转炉内会导致转炉钢渣量大，石灰消耗增加，造成喷溅，降低炉衬寿命，因此，进入转炉的铁水要求带渣量不得超过0.5%。

14.1.2　废钢

废钢是电弧炉炼钢最主要的金属料，其用量约占金属料的70%～90%。氧气转炉炼钢时，由于热量富裕，可以加入多达30%的废钢作为调整吹炼温度的冷却剂。采用废钢冷却可以降低铁水量、造渣材料和氧气的消耗，而且比用铁矿石冷却的效果稳定，喷溅少。按来源，废钢分为本厂返回废钢和外购废钢两类，后者来源复杂，两者质量差异较大。为合理利用废钢，保证冶炼正常进行和钢的质量，要搞好废钢的管理和加工。

不同性质的废钢应分类存放，以避免贵重元素损失和造成熔炼废品。外观相似而成分不同的废钢不能邻近堆放。

废钢入炉前应仔细检查，严防混入封闭器皿、爆炸物、易燃易爆品和有毒物品；废钢中不得混有铁合金，严禁混入铜、锌、铅、锡等有色金属和橡胶。废钢的硫、磷含量均不能超过0.050%，废钢应清洁干燥、少锈，应尽量避免带入泥土、沙石、油污、耐火材料和炉渣等杂质。

废钢应有合适的外形尺寸和单重。轻薄料应打包或压块使用，以便一次装入炉内，缩短装料时间；重型废钢应预先进行解体和切割，以保证顺利装料，既不撞伤炉体又有利于加速废钢熔化。国标要求废钢的长度不大于1000mm，最大单件质量不大于800kg。

14.1.3　生铁

生铁在电弧炉炼钢中一般被用来提高炉料中的配碳量，通常配入量为10%～30%。电炉炼钢对生铁的质量要求较高，一般S、P含量要低，Mn不能高于2.5%，Si不能高于1.2%。除此以外，低磷、低硫生铁可作为冷却剂用。当铁水不足时，可用生铁作为辅助金属料。

14.1.4　铁合金

铁合金是脱氧及合金化材料。用于钢液脱氧的铁合金称为脱氧剂，常用的有锰铁、硅铁、硅锰合金、硅钙合金等；用于调整钢液成分的铁合金称为合金剂，常用的有锰铁、硅铁、铬铁、钨铁、钒铁、钼铁、钛铁、镍铁等。

炼钢对铁合金的要求是：成分应符合标准规定，以避免造成成分控制不准；要选用适当牌号的铁合金，以降低钢的成本，因为同一类合金的不同牌号中，合金元素含量越高，C、P等杂质含量越低，价格越高；铁合金块度要合适，以减少烧损和保证其全部熔化，使钢的成分均匀，加入钢包中的铁合金尺寸一般为5～50mm，加入炉中的铁合金尺寸一般为30～200mm。往电炉中加Al时常将其化成铝饼，用铁杆穿入插入钢液；铁合金使用前应烘烤，特别是对含氢量要求严格的钢种，必须烘烤，以减少带入钢中的气体量和避免钢水温降，锰铁、铬铁、硅铁应加热到不低于800℃，烘烤时间应超过2h，钛铁、钒铁、钨铁加热到近200℃，烘烤时间应超过1h。

14.1.5　海绵铁

海绵铁是用氢气或其他还原性气体还原精铁矿而得。一般是将铁矿石装入反应器中，通入氢气或 CO 气体或使用固体还原剂，在低于铁矿石软化点以下的温度范围内反应，不生成铁水，也没有熔渣，仅把氧化铁中的氧脱掉，从而获得多孔性的金属铁即海绵铁。

海绵铁中金属铁含量较高，S、P 含量较低，杂质较少。电炉炼钢直接采用海绵铁代替废钢铁料，不仅可以解决钢铁料供应不足的困难，而且可以大大缩短冶炼时间，提高电炉钢的生产率。此外，以海绵铁为炉料还可以减少钢中的非金属夹杂物及氮含量。由于海绵铁具有较强的吸水能力，因此使用前须保持干燥或以红热状态入炉。

14.2 非金属料

炼钢用的非金属料主要有造渣材料、增碳剂和氧化剂。

14.2.1 造渣材料

造渣材料主要有石灰、萤石、白云石和合成造渣剂。

14.2.1.1 石灰

石灰是炼钢主要的造渣材料。它由石灰石煅烧而成。其来源广、价廉，有相当强的脱磷和脱硫能力，不危害炉衬。炼钢对石灰的要求是：

(1) CaO 含量高，SiO_2 和 S 含量尽可能低。SiO_2 消耗石灰中的 CaO，降低石灰的有效 CaO 含量；S 能进入钢中，增加炼钢脱硫负担。石灰中杂质越多，石灰的使用效率越低。一般要求 $w(CaO) \geqslant 85\%$，$w(SiO_2) \leqslant 3.0\%$（电炉 $<2.0\%$），$w(MgO) \leqslant 5.0\%$，$w(Fe_2O_3 + Al_2O_3) \leqslant 3\%$，$w(S) \leqslant 0.15\%$，$w(H_2O) \leqslant 0.3\%$。

(2) 应具有合适的块度，以 $5 \sim 40mm$ 为宜。块度过大，石灰熔化缓慢，不能及时成渣并发挥作用；块度过小或粉末过多，容易被炉气带走。

(3) 石灰容易吸水粉化，变成 $Ca(OH)_2$ 而失效，所以应使用新烧石灰并限制存放时间。石灰的烧减率应控制在合适的范围内（$4\% \sim 7\%$），避免造成炉子热效率降低。

(4) 活性度要高。活性度是衡量石灰与炉渣反应能力的指标，即石灰在炉渣中溶解速度的指标。活性度高，石灰熔化快，成渣迅速，反应能力强。

研究表明，石灰的熔化是一个复杂的多相反应，石灰本身的物理性质对熔化速度有重要影响。煅烧石灰必须选择优质石灰石原料，低硫、低灰分燃料，合适的煅烧温度以及先进的煅烧设备，如回转窑、气烧窑等。

石灰石在煅烧过程中的分解反应为：

$$CaCO_3 \Longrightarrow CaO + CO_2$$

$CaCO_3$ 的分解温度为 $880 \sim 910℃$，而煅烧温度应控制在 $1050 \sim 1150℃$ 的范围。

根据煅烧温度和时间的不同，石灰可分为以下几种：

(1) 生烧石灰。煅烧温度过低或煅烧时间过短，含有较多未分解的 $CaCO_3$ 的石灰称为生烧石灰。

(2) 过烧石灰。煅烧温度过高或煅烧时间过长而获得的晶粒大、气孔率低以及体积密度大的石灰称为过烧石灰。

(3) 软烧石灰。煅烧温度在 $1100℃$ 左右而获得的晶粒小、气孔率高、体积密度小、反应能力高的石灰称为软烧石灰或活性石灰。

生烧和过烧石灰的反应性差，成渣也慢。活性石灰是优质冶金石灰，它有利于提高炼钢生产能力，减少造渣材料消耗，提高脱磷、脱硫效果并能减少炉内热量消耗。

14.2.1.2 萤石

萤石是炼钢常用的熔剂之一，主要成分为 CaF_2。它的熔点很低（约930℃），还能使 CaO 和阻碍石灰溶解的 $2CaO \cdot SiO_2$ 外壳的熔点显著降低，生成低熔点 $3CaO \cdot CaF_2 \cdot 2SiO_2$（熔点1362℃），加速石灰溶解，迅速改善碱性炉渣的流动性，但大量使用会增加转炉喷溅，加剧对炉衬的侵蚀。

炼钢用萤石含 CaF_2 要高，含 SiO_2、S 等杂质要低，要有合适的块度，并且干燥清洁。冶炼优质钢用的萤石应加热烘烤。

由于萤石价格贵而且供应不足，寻求其他代用品的研究相当活跃。我国许多厂家使用铁矾土和氧化铁皮作为萤石代用品，但它们的助熔能力比萤石慢，而且消耗的热量也比萤石多。

14.2.1.3 白云石

白云石的主要成分是 $CaCO_3 \cdot MgCO_3$，经焙烧可成为轻烧白云石，其主要成分为 $CaO \cdot MgO$。转炉采用生白云石或轻烧白云石代替部分石灰造渣。增加造渣料中 MgO 含量可以减少炉衬中的 MgO 向炉渣中转移，而且还能加速石灰熔化，促进前期化渣，减少萤石用量和稠化终渣，减轻炉渣对炉衬的侵蚀，延长炉衬寿命。

溅渣护炉操作时，通过加入适量的生白云石或轻烧白云石保持渣中的 MgO 含量达到饱和或过饱和，使终渣变黏，出钢后达到溅渣的要求。对生白云石的要求为：

$w(MgO) \geqslant 20\%$，$w(CaO) \geqslant 29\%$，$w(SiO_2) \leqslant 2.0\%$，烧结≤47%，块度为 5 ~ 40mm。

14.2.1.4 合成造渣剂

合成造渣剂是用石灰加入适量的氧化铁皮、萤石、氧化锰或其他氧化物等熔剂，在低温下预制成型。合成渣剂熔点低、碱度高、成分均匀、粒度小，且在高温下易碎裂，成渣速度快，因而改善了冶金效果，减轻了转炉造渣负荷。

高碱度烧结矿或球团矿也可作为合成造渣剂使用，其化学成分和物理性能稳定，造渣效果良好。

14.2.2 增碳剂

在冶炼过程中，由于配料或装料不当以及脱碳过量等原因，有时造成钢中碳含量没有达到预期的要求，这时要向钢液中增碳。常用的增碳剂有增碳生铁、电极粉、石油焦粉、木炭粉和焦炭粉。

转炉冶炼中、高碳钢种时，使用含杂质很少的石油焦作为增碳剂。对顶吹转炉炼钢用增碳剂的要求是固定碳含量要高，灰分、挥发分和硫、磷、氮等杂质含量要低，且需干燥、干净、粒度适中。其固定碳 $w(C) \geqslant 96\%$，$w(挥发分) \leqslant 1.0\%$，$w(S) \leqslant 0.5\%$，$w(水分) \leqslant 0.5\%$，粒度在 1 ~ 5mm。

14.2.3 氧化剂

炼钢用的氧化剂主要有氧气、铁矿石和氧化铁皮。

14.2.3.1 氧气

炼钢过程中，一切元素的氧化都是直接或间接与氧作用的结果，氧气已成为各种炼钢方法中氧的主要来源。

吹氧炼钢时成品钢中的氮含量与氧气纯度有关，氧气纯度低时，会显著增加钢中的氮含量，使钢的质量下降。因此，对氧气的主要要求是：氧气纯度应达到或超过99.6%，冶炼含氮量低的钢种时，应大于99.9%；氧气使用时应脱除水分；氧气的使用压力一般为0.6~1.2MPa。由于炼钢是周期性用氧，必须有储氧装置。考虑到输氧过程中的压力损失，一般将氧气加压到2.5~3.0MPa储存。

14.2.3.2　铁矿石和氧化铁皮

转炉和电弧炉炼钢普遍使用氧气。有时为了改善脱磷条件，促进化渣，还需要使用一定量的铁矿石和氧化铁皮。作为氧化剂使用的铁矿石，要求含铁量高，$w(Fe) \geqslant 56\%$，$w(SiO_2) \leqslant 10\%$，$w(S) \leqslant 0.2\%$，磷和水分要少，块度以10~50mm为宜，使用前要加热。转炉有时也利用轧钢、锻造车间和连铸生产过程产生的氧化铁皮代替部分铁矿石，对氧化铁皮的要求是$w(\Sigma Fe) \geqslant 70\%$，$SiO_2$、S、P等其他杂质含量均应低于3.0%，粒度不大于10mm。但氧化铁皮潮湿，油污较多，因此使用前必须烘烤。

复习思考题

14-1　转炉炼钢对铁水的主要要求是什么？

14-2　常用的造渣材料有哪些，炼钢对石灰的要求是什么？

14-3　什么是活性石灰，它有哪些特点？

14-4　萤石在炼钢中起什么作用？

14-5　对炼钢用氧气的主要要求有哪些？

15　氧气转炉炼钢法

氧气转炉炼钢法是当今世界上最重要的炼钢方法，可分为顶吹法、底吹法、顶底复合吹炼法、侧吹法、顶底侧三向复合吹炼法五种。在顶底复合吹炼法出现之前，以顶吹法和底吹法为主。自1978年由法国钢铁研究院和卢森堡阿尔贝德公司合作开发了顶底复合吹炼炼钢新方法后，此法在世界范围内得到迅速普及和发展。

15.1　氧气顶吹转炉炼钢法

氧气顶吹转炉是在英国人亨利·贝塞麦发明的酸性空气底吹转炉的基础上发展起来的一种炼钢设备。它最早于1952年和1953年在奥地利的林茨（Linz）城和多纳维茨（Dona-witz）城先后建成并投入生产，故又称为LD。氧气顶吹转炉炼钢法因具有原材料适应性强、生产率高、成本低、可炼钢种多、质量好、投资省、建设速度快、便于实现自动控制等一系列优点，在全世界范围内得到迅速发展。

15.1.1　氧气顶吹转炉构造及主要设备

15.1.1.1　转炉构造
转炉构造主要包括炉壳、托圈、耳轴及倾动机构，如图15-1所示。

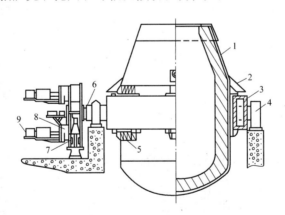

图15-1　转炉炉体结构和倾动机构示意图

1—炉壳；2—挡渣板；3—托圈；4—轴承及轴承座；5—支撑系统；
6—耳轴；7—制动装置；8—减速机；9—电动机及制动器

（1）炉壳。炉壳由锥形炉帽、圆筒形炉身及球形炉底三部分组成。各部分由钢板成型后再焊接成整体。为防止炉帽变形，设有水冷炉口。

（2）托圈。托圈与炉壳相连，主要作用是支撑炉体，传递倾动力矩。大、中型转炉托圈一般用钢板焊成箱式结构，可通水冷却。托圈与耳轴连成整体。

（3）耳轴。转炉工艺要求炉体应能正反旋转360°，在不同操作期间，炉子要处于不同的倾动角度。为此，转炉有两根旋转耳轴，一侧耳轴与倾动机构相连而带动炉子旋转。为通水冷却托圈、炉帽及耳轴本身，将耳轴制成空心的。耳轴和托圈用法兰、螺栓或焊接等方式连接成整体。

（4）倾动机构。倾动机构由电动机和减速装置组成。其作用是倾动炉体，以满足兑铁水、加废钢、取样、出钢和倒渣等操作的要求。该机构应能使转炉炉体正反旋转360°，并能在启动、旋转和制动时保持平稳，能准确地停在要求的位置上，安全可靠。

15.1.1.2　转炉炉衬

炉壳内砌筑的耐火材料即为炉衬，它由工作层、填充层和永久层组成。

工作层直接接触金属液、炉气和炉渣，不断受到物理的、机械的和化学的冲刷、撞击与侵蚀作用，其质量直接关系到炉龄的高低。国内外转炉大多采用镁碳砖。为了延长整个炉衬的寿命，可根据炉子各部位的工作条件和破损性质的不同，采用不同档次和厚度的砖组合砌筑。

永久层的作用是保护炉壳。修炉时一般不拆换永久层，可用烧成镁砖、焦油结合镁砖等砌筑。

填充层是指填充在工作层与永久层之间的一种散料层，它能防止工作层在受热膨胀时被挤裂而使炉衬报废。

转炉从开新炉到工作层损坏不能继续使用而停炉的时间，称为一个炉役。在整个炉役期间内炼钢的总炉数，称为炉衬寿命（即炉龄），它是转炉炼钢生产的一项重要技术经济指标。

15.1.1.3　附属设备

转炉主要附属设备有供氧设备、供料设备、烟气回收及处理设备等。

A　供氧设备

供氧设备主要有供氧系统、氧枪及其升降装置。

a　供氧系统

氧气由制氧车间经管道送入球罐，然后经减压阀、调节阀、快速切断阀送到氧枪。

b　氧枪

氧枪也称为喷枪。它担负着向熔池吹氧的任务，因其在高温条件下工作，故采用循环水冷的套管结构，由喷头、枪身及尾部结构所组成，如图15-2所示。

喷头采用导热性好的紫铜或纯铜经锻造和切削加工制成，也有用压力浇铸而成型的。喷头与枪身外层管焊接，与中心管用螺纹或焊接方式连接。喷头内通高压水强制冷却。为使喷头在远离熔池面工作也能获得应有的搅拌作用，以提高氧枪寿命，所

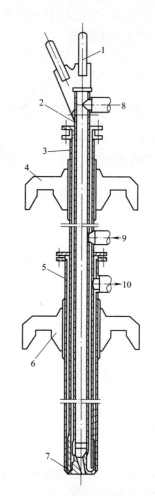

图 15-2　氧枪基本结构简图

1—吊环；2—中心管；3—中层管；4—上托座；
5—外层管；6—下托座；7—喷头；
8—氧气管；9—进水口；10—出水口

用喷头均制成拉瓦尔型，为超音速喷头（一般马赫数为 1.8~2.2），喷头孔数有单孔和多孔，如图 15-3 所示。常用三孔、四孔或五孔。

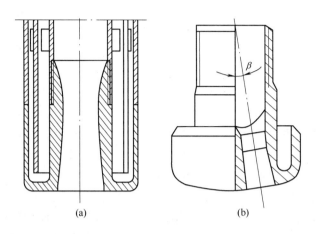

图 15-3　氧枪喷头类型

（a）单孔拉瓦尔型喷头；（b）三孔拉瓦尔型喷头

枪身由三层同心套管构成，中心管通氧经喷头喷入熔池，冷却水由中心管与中层管间的间隙进入，经由中层管与外层管间的间隙上升而排出。枪身的三层套管一般均用无缝钢管制作，上端与尾部结构连接，下端与喷头连接。

尾部结构指氧气及冷却水的连接管头（法兰、高压软管等）以及把持氧枪的装置、吊环等。

c　氧枪升降装置

氧枪在吹炼过程中需要频繁升降，因此，要求其升降机构应有合适的升降速度，并可变速，且升降平稳、位置准确、安全可靠。除与氧气切断阀有联锁装置外，还应有安全联锁装置，当出现异常情况（如氧压过低、水压低等）时，应能自动提升氧枪。此外，还设有换枪装置，以保证快速换枪。

B　供料设备

供料设备指供应铁水、废钢、铁合金和散状材料等使用的设备。

a　铁水供应设备

铁水供应设备主要有铁水罐车、混铁炉及铁水罐。

混铁炉是铁水的中间储存设备，以协调高炉与转炉之间铁水供应的不一致性，同时可均匀铁水的成分和温度。混铁车兼有运送和储存铁水两种作用，实质上是列车式的小型混铁炉。随着高炉大型化和采用精料等，混铁炉均匀铁水成分的作用已不明显。近年来大型转炉车间多采用混铁车，可减少投资。我国一些中小型转炉车间一般采用铁水罐车方式运送铁水。

铁水供应流程有如下几种方式：

（1）高炉—铁水罐车—混铁炉—铁水罐—称量—转炉。

（2）高炉—混铁车—铁水罐—称量—转炉。

（3）高炉—铁水罐车—铁水罐—称量—转炉。

废钢装入主要是用桥式吊车吊挂废钢槽向转炉倒入。此法简单，但需占用炉前吊车，对生产干扰大。

b 铁合金供应设备

一般在车间的一端设有铁合金料仓和自动称量漏斗，铁合金由叉车式运输机送至炉旁，经溜槽加入盛钢桶内。

c 散状材料供应设备

散状材料主要指炼钢过程中加入的造渣材料和冷却剂等，如白云石、石灰、氧化铁皮、萤石、铁矿石等。每隔一定时间，用胶带运输机将各种散料分别从低位料仓运送到高位料仓内。将需要加入炉内的散料分别通过每个高位料仓下面的称量漏斗和振动给料器送到汇集料斗，然后沿着溜槽加入到转炉内。

C 烟气回收及处理设备

转炉烟气主要有两种处理方法，即燃烧法和未燃法。

燃烧法是指在炉气离开炉口进入烟罩时与大量空气混合，使炉气中的 CO 全部燃烧。利用过剩的空气和水冷烟道对烟气冷却，然后进入文氏管湿法净化系统进一步冷却，最后排入大气。净化后的废气含尘量约 $130g/m^3$。

未燃法是指炉气在离开炉口进入烟罩时，控制炉口压力或用氮气密封，仅使吸入少量空气和炉气混合，令其中 10% ~20% 的 CO 燃烧。出口后的烟气仍含有 50% ~70% 的 CO，经气化冷却到 1000℃ 左右，然后进入文氏管湿法净化系统，进一步冷却和净化。净化后成为转炉煤气，可供用户使用。每吨钢约可回收煤气 60 ~70m³。由于此法可回收大量煤气和部分热量，故近年来国内外多采用此法。

15.1.2 顶吹转炉的冶金特征

氧气流股从喷头喷出后以一定的速度冲击熔池，产生一定的冲击深度和冲击面积，起到搅拌作用并引起熔池的循环运动。这种搅拌作用越强烈、越均匀，则对吹炼反应越有利，反应速度也就越快。

氧气射流冲击到熔池表面上，当射流压力大于维持液面静平衡状态的炉内压力时，渣层被吹开，并把铁水挤开，形成凹坑，凹坑的上沿面积即为冲击面积（实为氧流与熔池的直接作用区）。而凹坑的最低点到熔池表面的距离，即为冲击深度。

在其他条件一定时，冲击深度和冲击面积则与枪位和氧压有关。枪位是喷头到熔池液面的距离。根据枪位和氧压的不同，可形成两种吹炼效果，即硬吹和软吹，如图 15-4 所示。

硬吹是当枪位较低或使用氧压较高时，氧流对熔池产生较高的冲击力，金属液被冲击成一深坑（见图 15-4（a）），熔池受到强烈的搅拌而进行循环运动。此时冲击面积较小，一部分金属液被粉碎成液滴，从深坑中沿切线方向喷溅出来，逸入熔池上方空间被大量氧化，然后又被卷入熔池。

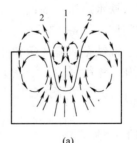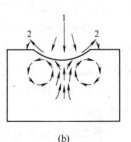

图 15-4 氧气流股与熔池相互作用

（a）硬吹；（b）软吹

1—氧流方向；2—喷溅方向

硬吹时熔池中金属液做强烈的循环运动，对脱碳反应速度等有利，但渣中氧化铁含量较低，对化渣不利。

软吹是当枪位较高或使用氧压较低时，氧流对熔池的冲击力较低，金属液被冲击成一浅坑（见图 15-4（b）），而冲击面积较大。被击碎的金属液滴从浅坑沿切线喷出的方向较接近于水平，熔池内金属液的循环运动强度较弱，较平稳。

软吹时，由于对熔池的搅拌作用较弱，因而金属液的氧化速度减慢，脱碳速度降低。但此时渣中氧化铁含量较高，有利于化渣。

15.1.3　顶吹转炉冶炼工艺过程

顶吹转炉冶炼操作分单渣法、双渣法和留渣法。目前多用铁水预处理（铁水兑入转炉前的脱硅、脱磷、脱硫等操作）与单渣法相配合。

15.1.3.1　单渣法吹炼工艺及其特点

单渣法就是在吹炼过程中只造一次渣，中途不扒渣、不放渣，直到终点出钢。单渣法的优点是操作简单，易于实现自动控制，熔炼时间短和金属收得率高。其缺点是脱磷、脱硫能力较差，所以适用于吹炼磷、硫、硅含量较低的铁水或对磷、硫含量要求不高的钢种。

通常将冶炼相邻两炉钢之间的间隔时间（从装入钢铁料至倒渣完毕）称为一个冶炼周期。一个冶炼周期一般为 20～40min。单渣法冶炼周期由装料、吹炼和出钢三个阶段组成。

A　装料期

先将上一炉的炉渣倒净，检查炉体，进行必要的补炉和堵好出钢口，然后开始装料，一般先装入废钢，之后再兑入铁水。

B　吹炼期

摇正炉体，下降氧枪并同时加入第一批渣料（石灰、萤石、氧化铁皮、铁矿石），其量为总渣量的 1/2～2/3。当氧枪降至开氧点时，氧气阀自动打开，调至规定氧压，开始吹炼。根据吹炼期金属液成分、炉渣成分和熔池温度的变化规律，吹炼期又可大致分为吹炼前期、吹炼中期和吹炼后期。

（1）吹炼前期。也称为硅、锰氧化期或造渣期，此期大约在开吹后的 6min 内。本期主要是硅、锰、磷的氧化，初渣的形成并乳化起泡。开吹后 3min 左右，硅、锰就氧化到很低含量，继续吹氧则不再氧化，而锰在后期稍有回升的趋势。

本期脱磷速度最快，每分钟脱磷质量分数为 0.007%～0.021%，但脱硫较少。由于熔池平均温度通常较低（小于 1500℃），且硅、锰含量还较高，所以脱碳速度是逐渐增加的。

（2）吹炼中期。也称为碳氧化期，大约在开吹后 6～16min 内。脱碳反应剧烈，火焰长而白亮（因 CO 气体自炉口喷出时与周围空气相遇而发生氧化燃烧）。这时应供氧充足，并分批加入铁矿石和第二批造渣材料，防止炉渣"返干"（即炉渣中 FeO 含量过低，有一部分高熔点微粒析出而使炉渣变黏稠）而引起严重的金属喷溅。

本期脱碳速度最快，一般每分钟脱碳质量分数为 0.1%～0.4%。本期也是脱硫的最好时期。若炉渣流动性好，没有"返干"现象，仍能每分钟脱磷 0.002%～0.01%。

（3）吹炼后期。也称拉碳期。本期钢液含碳量已大大降低，脱碳速度明显减弱，火焰短而透明。若炉渣碱度高，流动性又好，仍然能去除磷和硫。

吹炼后期的任务，是根据火焰状况、吹氧数量和吹炼时间等因素，按所炼钢号的成分和温度要求确定吹炼终点。当碳含量符合所炼钢种的要求时即可提枪停止吹炼，即"拉碳"。

出钢温度（模铸）一般比钢的熔点高 70~120℃，即高碳钢为 1540~1580℃；中碳钢为 1580~1600℃；低碳钢为 1600~1640℃。连铸的出钢温度一般比模铸的出钢温度高。

判定出钢终点后，提枪停氧，倒炉，进行测温取样。根据测定和分析结果决定出钢和补吹时间。

每炉钢的纯吹炼（吹氧）时间约为 20min。

C　出钢期

出钢时倒下炉子，先向炉内加入部分锰铁，然后打开出钢口，并进行挡渣出钢（以避免回磷和回硫），将钢水放入钢水包。出钢期间进行钢液的脱氧和合金化，一般在钢水流出总量的 1/4 时开始向钢液中加入铁合金。至流出总量的 3/4 以前全部加完。根据是镇静钢或是沸腾钢以及当时钢水的沸腾情况，向钢包内加入适量的锰铁或硅铁，并用铝（锭）使钢液最后脱氧。

钢水放完，运走钢水包后，将炉渣倒入渣罐中。至此为一炉钢的冶炼操作过程，即一个冶炼周期。

15.1.3.2　双渣法吹炼工艺及其特点

双渣法是在冶炼过程中需倒出或扒出部分炉渣（约 1/2~2/3），然后重新加渣料造渣。其关键是选择合适的倒渣时机。一般在渣中含磷量最高、含铁量最低时倒渣最好。该法适用于磷、硫、硅含量高的铁水，或优质钢和低磷中、高碳钢，以及需在炉内加入大量易氧化元素的合金钢的冶炼。

此法的优点是脱磷、硫效率高，能避免大渣量引起的喷溅。

15.1.3.3　留渣法吹炼工艺及其特点

留渣法是将上一炉的终渣留一部分在炉内。由于终渣碱度高、氧化铁含量高、温度高，有助于吹炼前期渣的形成，有利于前期脱磷、脱硫，并改善全程化渣，同时还可以减少石灰石用量。但是在兑入铁水时易引起大喷，危及设备及人身安全，留渣量不宜过多。该法适用于吹炼中、高磷铁水。

留渣法又可分为单渣留渣法和双渣留渣法。

15.1.4　氧气顶吹转炉炼钢的特点

相对于其他炼钢方法，氧气顶吹转炉炼钢法具有如下优点和缺点。

15.1.4.1　氧气顶吹转炉炼钢的优点

氧气顶吹转炉炼钢的优点如下：

（1）冶炼周期短、生产效率高。氧气顶吹转炉炼钢的冶炼周期短，约为 30min，其中纯氧吹炼时间仅为 20min 左右。一座经常吹炼的氧气顶吹转炉，其每公称吨位的年生产能力可达 1.1 万~1.5 万吨。

（2）产品品种多、质量好。氧气顶吹转炉能熔炼平炉冶炼的全部钢种和电炉熔炼的部分钢种。氧气顶吹转炉钢中气体和非金属夹杂物的含量低，其深冲性能、延展性和焊接性能好，适宜轧制板带钢、钢管和线材，并适宜拉丝，而这类钢材往往占钢材总量的50% ~ 60%或更多。

（3）热效率高且不需要外部热源。其热源是铁水物理热和吹炼过程中反应放热，且此部分热量还有富余。

（4）产品成本低。氧气顶吹转炉由于不需要外部热源且热效率较高，故其成本较低。

（5）对原料的适应性强。氧气顶吹转炉能吹炼低、中、高磷铁水，还能吹炼含钒、钛等特殊成分的铁水。

（6）基建投资少、建设速度快。氧气顶吹转炉车间设备比较简单，占地面积和需要的重型设备数量少，因而基建投资也低，而且生产规模越大，基建投资就越少。

（7）有利于开展综合利用和实现自动化。氧气顶吹转炉的炉气和炉尘可回收并加以综合利用。由于其机械化程度高，也有利于实现操作控制自动化。

15.1.4.2　氧气顶吹转炉炼钢的缺点

氧气顶吹转炉炼钢的缺点是：

（1）吹损大、金属收得率低。金属吹损率一般为10%左右。

（2）相对于顶底复合吹炼的氧气转炉，氧气顶吹转炉的氧气流股对熔池的搅拌强度还不够，熔池具有不均匀性，供氧强度和生产率进一步提高受限。所以自20世纪80年代以来，氧气顶吹转炉逐渐被顶底复合吹炼的氧气转炉所代替。

15.1.4.3　氧气顶吹转炉炼钢的钢质量

氧气顶吹转炉炼钢的钢中气体含量较少。如用铝脱氧的转炉钢其含氮量平均为0.0037%，而电炉钢为0.0090%；氧气顶吹转炉冶炼的低合金高强度钢含氢量为$(1.0 \sim 2.5) \times 10^{-4}\%$，约为电炉钢的1/2。

氧气顶吹转炉所炼钢的深冲性能、延展性、焊接性都比较好。所以适用于生产加工板带钢、钢管、线材、钢丝等钢材。

15.2　底吹氧气转炉炼钢法

底吹氧气转炉是在底吹空气转炉的基础上发展起来的，最早出现于欧洲。氧气顶吹转炉诞生后，随着制氧技术的不断应用，开始在底吹空气转炉上应用氧气，产生了底吹氧气转炉。

与氧气顶吹转炉相比，底吹氧气转炉主要有以下一些特点。

15.2.1　底吹氧气转炉的设备特点

底吹氧气转炉的炉型大多是对称型，与顶吹转炉相似，但其炉容比较小，一般为$0.6 m^3/t$；炉壳高宽比为1.0 ~ 1.1，几乎呈球形，如图15-5所示。

底吹氧气转炉的炉体结构也与顶吹转炉相似，其差别在于前者装有带喷嘴的活动炉底，同时耳轴结构比较复杂，是空心的并有开口，通过此口将输送氧气、保护介质和粉状熔剂的管路引至炉底与分配器相接。

底吹氧气转炉炉底包括炉底钢板、炉底塞、喷嘴、炉底固定件和管道固定件等，如图15-6所示。

炉底塞为捣筑于炉底钢板上的耐火材料内衬，呈上大下小的塞状。喷嘴安装在炉底塞

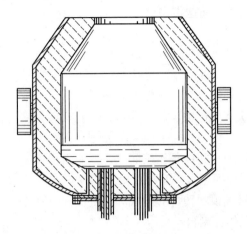

图 15-5　底吹氧气转炉炉型

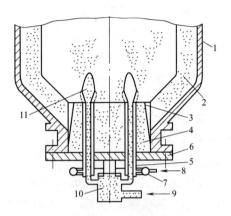

图 15-6　底吹氧气转炉炉底结构示意图

1—炉壳；2—炉衬；3—环缝；4—炉底塞；
5—套管；6—炉底；7—保护介质分配环；
8—保护介质；9—氧和石灰粉；10—氧和
石灰粉分配箱；11—舌状气袋

上，其常见的布置方式有两种，如图 15-7 所示。喷嘴个数可取 5~25 个，大炉子可取上限，小炉子可取下限。

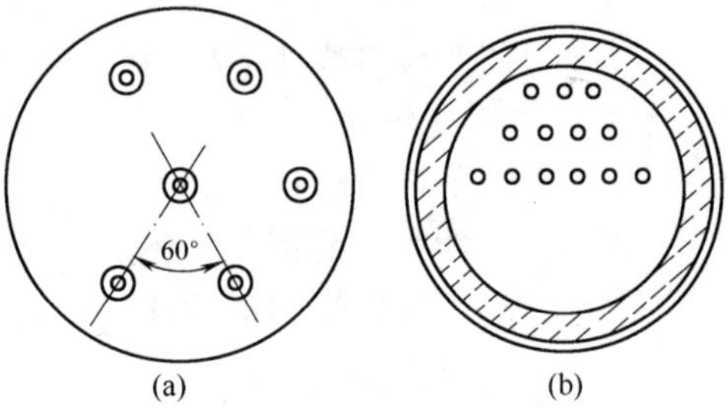

15.2.2　底吹氧气转炉的冶金特征

在底吹转炉冶炼过程中，氧气由分散在炉底上的数十支喷嘴自下而上地喷入金属熔池中，因而使其具有与顶吹转炉明显不同的冶金特性：

（1）熔池搅拌强度较大，搅拌条件好，其搅拌力高于顶吹法 10 倍。即使在熔池含碳

图 15-7　喷嘴布置方式

（a）以炉底中心为圆心的喷嘴布置方式；
（b）非对称成行的喷嘴布置方式

量很低时，由炉底吹入的氧流仍在剧烈地搅拌熔池。因此，炉内反应的动力学条件极为理想，优于其他炼钢方法。

（2）由于氧流分散而均匀地吹入熔池，同时又无强烈的反向气流作用，因此，吹炼过程平稳，气—渣—金属液间产生强烈搅动，炉内反应迅速而均匀，渣—钢间反应更趋于平衡，渣中氧化铁含量低，吹炼过程基本不喷溅，氧的利用率高，为提高供氧强度、缩短冶炼时间创造了条件。

（3）由于氧气喷嘴埋在铁水下面，高温和面积较大的反应区在炉底喷嘴出口处附近，反应产物需穿过金属液后才能进入炉渣或炉气中，因此，上部渣层对炉内反应的影响较小。

（4）由于搅拌条件好，所以改善了脱硫的动力学条件，渣中氧化铁含量又低，因此，脱硫率较顶吹转炉高。

此外，当终点碳含量相同时，底吹转炉的钢水中含氧量比顶吹转炉低，因而有利于扩

大冶炼钢种，提高钢的质量，减少钢铁料和脱氧剂消耗。

15.2.3 底吹氧气转炉与顶吹氧气转炉的比较

底吹氧气转炉与顶吹相比，最突出的问题是顶吹时氧气射流对熔池的搅拌不均匀。顶吹与底吹氧气转炉的比较见表 15-1。

表 15-1　顶吹氧气转炉与底吹氧气转炉主要特点比较

顶 吹	底 吹
1. 工艺简单	1. 搅拌能力大
2. 生产率高	2. 渣—金属液间反应动力学条件改善
3. 废钢熔化率高，适应性强	3. 没有渣的过氧化，铁损较少
4. 成渣易于控制	4. 合金回收率较高
5. 吹炼操作灵活	5. 金属液中氮含量较低
6. 耐火材料寿命长	6. 喷溅少，烟尘生成少
7. 可脱碳加热	7. 较易预热废钢
8. 在含碳量高的条件下可较好地脱磷	8. 高重复性
9. 氧流及其搅拌作用仅仅在局部，而且不到冶炼结束	9. 废钢熔化能力较低（热效率降低）
10. 熔池成分、温度不均匀	10. 炉底材料寿命低
11. 反应未达平衡	11. 吹入气体量大
12. 临界状态下喷溅	12. 喷嘴处保护气体吸热以及吸入氢气
13. 含碳质量分数不能低于 0.01%	13. 前期只有通过喷入石灰粉脱磷，因而工艺复杂
14. 终渣（FeO）高	
15. 炉渣温度高（不适于脱磷）	
16. 由于没有平衡，过程控制困难	

15.3　顶底复合吹炼氧气转炉炼钢法

15.3.1　顶底复合吹炼

顶底复合吹炼，就是在顶吹的同时从底部吹入少量的气体，以增加金属熔池和炉渣的搅拌并控制熔池内气相中 CO 的分压，因而克服了顶吹氧流搅拌能力不足的弱点，使炉内反应接近平衡，铁损失减少，同时又保留了顶吹法容易控制造渣过程的优点，具有比顶吹和底吹更好的技术经济指标。顶吹与顶底复吹的比较见表 15-2。

表 15-2　50t 顶吹与顶底复吹转炉主要指标比较

项　目	顶 吹	顶底复吹	项　目	顶 吹	顶底复吹
铁水/kg·t^{-1}	786	698	铁的收得率/%	95.1	95.5
铸铁/kg·t^{-1}	59	13	CO 二次燃烧率/%	10	27
废钢/kg·t^{-1}	271	390	透气砖透气量/m³·min^{-1}		正常 2~4，最高 8
铁矿石/kg·t^{-1}	6	4	透气砖平均寿命/炉		1000

国外从20世纪70年代中后期开始研究此项工艺，出现了各种类型的复合吹炼法。其中大多数已于1980年投入工业性生产。由于复吹法在冶金上、操作上以及经济上具有比顶吹法和底吹法都要好的一系列优点，加之改造现有转炉容易，仅仅几年时间就在全世界范围内普及起来。一些国家如日本已基本上淘汰了单纯顶吹法。

我国首钢和鞍钢钢铁研究所分别于1980年和1981年开始进行复吹的试验研究，并于1983年分别在首钢30t转炉和鞍钢150t转炉上推广应用。目前，我国顶底复吹转炉均采用惰性气体、中性气体搅拌熔池，透气砖的寿命有待进一步改进和提高。

15.3.2 顶底复合吹炼法的种类

按底部供气的种类不同，可将顶底复合吹炼法分为两大类：

(1) 顶吹氧气、底吹惰性或中性或弱氧化性气体的顶底复合吹炼炼钢法。此法除底部全程恒流量供气和顶吹枪位适当提高外，冶炼工艺制度基本与顶吹法相同。底部供气强度一般等于或小于$0.15m^3/(t \cdot min)$，属于弱搅拌型。吹炼过程中，钢、渣成分变化趋势也与顶吹法基本相同，此法被世界各国普遍采用。

(2) 顶、底均吹氧气的顶底复合吹炼炼钢法。20%～40%的氧由炉底吹入熔池，其余的氧由顶枪吹入。供氧强度可达$2m^3/(t \cdot min)$以上。

由于顶底同时吹入氧气，因而在炉内形成两个火点区，即下部区和上部区。下部火点区，可使吹入的气体在反应区高温作用下体积剧烈膨胀，并形成过热金属的对流，从而增加熔池搅拌力，促进熔池脱碳。上部火点区主要是促进炉渣的形成和进行脱碳反应。另外，由于底部吹入氧气与熔池中的碳发生反应，可以生成两倍于吹入氧气体积的CO气体，从而增大了吹入气体的搅拌作用。研究表明，当底部吹入氧量为总氧量的10%时，基本上能达到纯氧底吹的主要效果；当底部吹氧量为总氧量的20%～30%时，则几乎能达到纯底吹的全部混合效果，此法在日本和欧洲使用较多。

15.3.3 顶底复合吹炼炼钢法的主要冶金特征

与顶吹转炉相比，顶底复合吹炼转炉主要有以下冶金特征：

(1) 熔池内金属液成分和温度比较均匀。由于增加了底部供气，加强了对熔池的搅拌能力，搅拌强度增大，使熔池内成分和温度的不均匀性得到了改善。采用底吹法时熔池混匀时间约为10s，而顶吹法则需要100s以上。

(2) 由于搅拌能力增强，改善了渣—金属间反应的平衡条件。所以减少了钢和渣的过氧化现象，提高了钢液中的残锰含量，降低了钢液中的磷含量，减少了喷溅。金属中碳氧更接近于平衡，特别是在低碳时，对降低钢中的溶解氧有明显效果。

(3) 通过改变顶枪枪位和顶底吹制度，可以控制化渣，有利于充分发挥炉渣的作用。

氧气顶吹转炉通过调整枪位可以使吹入的氧主要用于氧化碳或主要用于氧化铁，从而控制炉渣的氧化性。当从炉底吹入气体后，可通过调节底吹气体流量达到控制炉渣氧化性及控制冶炼过程物理化学变化的目的。目前，底吹供气已成为顶底复合吹炼的主要控制手段，而顶枪枪位变化的控制仅为辅助手段。但是，采用顶底复合吹炼时，由于减少了Fe、Mn、C等元素的氧化放热，同时吹入的搅拌气体如Ar、N_2、CO_2等要吸收熔池的显热，以及吹入的CO_2代替了部分工业氧，使熔池中元素氧化放热量减少，因此，复吹法熔池的富余热量减少。如不采取专门增加熔池热量的措施，将导致废钢装入量的减少，铁水用量增加。

15.3.4　顶底复合吹炼炼钢法的优越性

顶底复合吹炼法具有顶吹法和底吹法的优点，即有更好的冶金效果和经济效益。

（1）更好的冶金效果。吹炼过程平稳，基本上没有喷溅，降低了喷溅损失，又由于炉渣的氧化性降低，减少了金属的氧化损失，提高了金属的收得率（比顶吹法高 0.5% ~ 1.5%），也减少了吨钢的氧气消耗量，从而降低了熔炼成本；由于搅拌强度增大，供氧强度提高，冶炼时间缩短，炉子生产率提高。当供氧强度（标态）为 $6m^3/(min \cdot t)$ 时，纯吹时间缩短到 10min；可以冶炼从极低碳钢到高碳钢的广泛钢种；炉子的可控制性好，终点碳和温度同时命中率高于顶吹法。

（2）更好的经济效益。渣中含铁量降低 2.5% ~ 5.0%，金属收得率提高 0.5% ~ 1.5%，残锰提高 0.02% ~ 0.06%，磷含量降低 0.002%，石灰消耗降低 3 ~ 10kg/t，氧气消耗（标态）减少 4 ~ 6m^3/t，并提高了炉龄，减少了耐火材料消耗。

15.4　转炉炼钢新技术

转炉炼钢的新技术主要是铁水预处理"三脱"、溅渣护炉与转炉长寿、转炉吹炼自动控制、煤气回收与负能炼钢等。

15.4.1　铁水预处理工艺技术

铁水预处理是指将铁水兑入转炉之前进行的各种提纯处理。可分为普通铁水预处理和特殊铁水预处理。普通铁水预处理包括铁水脱硫、脱硅、脱磷的"三脱"预处理。特殊铁水预处理是针对铁水中含有特殊元素进行提纯精炼或资源综合利用，如铁水提钒、提铌、脱铬等预处理工艺。

15.4.1.1　铁水"三脱"预处理的目的和意义

铁水"三脱"预处理的目的和意义是：

（1）转炉渣量大幅度降低（15 ~ 25kg/t），实现少渣冶炼。可降低成本、节能、提高钢质量和洁净度。

（2）脱碳速度加快，终点控制容易，氧效率提高，提高生产率。

（3）锰的回收率提高，可进行锰矿熔融还原，降低成本。

（4）转炉煤气成分稳定，煤气回收控制更加容易，以利实现转炉负能炼钢、节能、降低成本。

（5）有利于扩大品种（高碳、高锰钢系列）。

15.4.1.2　铁水预脱硫工艺技术

铁水预脱硫是指在铁水罐、铁水包、混铁车中进行脱硫。统计资料表明，在高炉、炉外精炼炉和转炉内每脱除 1kg 硫的成本分别是铁水脱硫法的 2.6 倍、6.1 倍、16.9 倍，故铁水预脱硫更具优越性。

A　铁水预脱硫的工艺方法

铁水预脱硫的工艺方法如图 15-8 所示，其中常用的铁水预脱硫方法有投掷法（将脱硫剂投入铁水中）、喷吹法（将脱硫剂通过喷枪喷入铁水中）和搅拌法（KR法，通过中空机械搅拌器向铁水内加入脱硫剂搅拌脱硫）。三种方法的比较见表15-3。

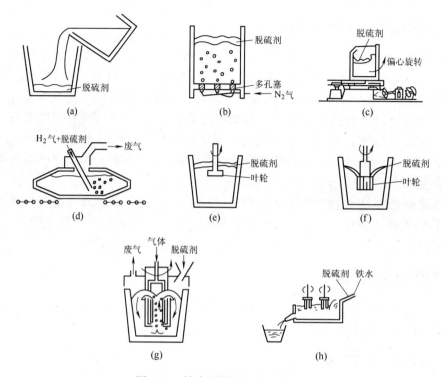

图 15-8　铁水预脱硫方法示意图

（a）铁流搅拌法；（b）喷气体搅拌法；（c）摇包脱硫法；（d）混铁车脱硫法；
（e）机械搅拌法；（f）机械搅拌卷入法；（g）喷吹气体循环搅拌法；（h）搅拌式连续脱硫法

表 15-3　三种铁水脱硫方法的比较

工艺方法	投掷法	喷吹法	KR法
脱硫率/%	60~70	80~90	90~95
脱硫剂种类	苏打粉	镁系脱硫剂	石灰
脱硫剂消耗/kg·t^{-1}	8~10	0.5~2	10~12
最低铁水含硫[S]/%	0.015	0.003	0.002
铁耗/kg·t^{-1}	30	<10	15~20
温降/℃·次$^{-1}$	30~40	<10	20~30
处理成本/元·t^{-1}	—	15	20
投资成本	低	一般	较高

B　铁水脱硫剂的选择

元素的脱硫能力，由高到低依次为：CaC_2、Na_2O、Mg、BaO、CaO、MnO、MgO。

工业中常用的脱硫剂有：CaO系、$CaO+CaC_2$系、CaC_2、$CaO+Mg$系、Mg系。几种脱硫剂的特点见表15-4。

表 15-4　几种铁水脱硫剂的特点比较

脱硫剂	CaC$_2$	石灰粉（CaO）	镁 系
反应平衡常数（1350℃）	6.9×10^5	6.489	3.17×10^3
脱硫能力	很　强	较　强	较　强
[S]/%	4.9×10^{-5}	3.7×10^{-3}	1.6×10^{-3}
特　点	1. 极易吸潮劣化； 2. 运输和保存时要采用氮气密封； 3. 要单独储存； 4. 析出的石墨态碳对环境产生污染； 5. 生产能耗高、价格昂贵	1. 耗量、渣量和铁损较大； 2. 资源广，价格低，易加工，使用安全； 3. 在料罐中下料易"架桥"堵料，石灰粉易吸潮； 4. 需要惰性气体或还原性气氛	1. 加入后变成镁蒸气气泡，反应区搅拌良好； 2. 经镁饱和后能防止回硫； 3. 价格贵，处理成本高

15.4.1.3　铁水预脱磷工艺技术

铁水脱磷可在四种容器中进行：混铁车同时脱硫脱磷、铁水罐同时脱硫脱磷、铁水包同时脱硫脱磷、转炉铁水脱磷。

铁水预脱磷时，反应温度低（1300～1350℃），铁水中 C、Si 含量高，提高了铁水磷的活度，反应的热力学条件好，易于脱磷。此时，渣钢间磷的分配系数是炼钢脱磷的 5～8 倍，因而渣量小，并可控制较低的渣中 FeO 含量，脱磷成本低。

铁水预脱磷的脱磷剂主要有苏打系和石灰系。苏打系脱磷剂的主要成分为 Na$_2$CO$_3$，不仅具有很强的脱硫能力，而且也有很强的脱磷能力。石灰系脱磷剂的主要成分是 CaO，通常由固定剂（CaO）、氧化剂（FeO、MnO、Fe$_2$O$_3$）和助熔剂（CaCl$_2$、CaF$_2$ 等）组成。

铁水预脱磷的方法有机械搅拌法、喷吹法和转炉法。

15.4.1.4　铁水预脱硅工艺技术

铁水预脱硅是预脱磷的必要条件（铁水预脱磷要求 $w(\text{Si}) < 0.1\% \sim 0.15\%$）。铁水预脱硅还利于减少转炉的石灰加入量和渣量，降低冶炼成本。

铁水预脱硅的脱硅剂有氧化铁皮、烧结矿粉、氧气等。

按脱硅剂加入的方式，铁水预脱硅分为：

（1）投入法。利用电磁振动给料器向铁水沟内流动的铁水表面加入脱硅剂，借铁水从主沟落入铁水罐时的冲击搅拌作用，使脱硅剂与铁水充分混合进行脱硅反应。这是最早的一种脱硅方法，脱硅效率较低。

（2）喷吹法。是以空气、氮气或氧气作为载气，向铁水沟、铁水罐或鱼雷罐车内的铁水喷送脱硅剂的方法。

15.4.2　溅渣护炉技术

溅渣护炉技术是利用高 MgO 含量的炉渣，用高压氮气将炉渣喷吹到转炉炉衬上，进而凝固到炉衬上，减缓炉衬砖的侵蚀速度，从而提高转炉的炉龄。

15.4.2.1　技术要点

溅渣护炉技术要点主要包括：

（1）炉内合理的留渣量通常控制在 80～120kg/t 较合适。

（2）炉渣特性控制。终渣 $w(MgO) \geqslant 8\%$ 为宜（特别对镁碳砖转炉）。$w(FeO)$ 为 $12\% \sim 18\%$ 为宜。合适的炉渣黏度为易溅起、挂渣、均匀，又防止炉底上涨、炉膛变形。

（3）溅渣操作参数控制。N_2 压力和流量与氧气压力、流量相接近时效果较好。枪位高度要根据企业实际摸索，可在 $1 \sim 2.5m$ 之间变化；溅渣时间通常为 $2.5 \sim 4min$；多数企业的实践证明枪位夹角为 $12°$ 比较理想。

15.4.2.2　溅渣护炉的经济效益

采用溅渣护炉技术，可提高转炉炉龄 $3 \sim 4$ 倍以上、利用系数提高 $2\% \sim 4\%$，可降低炉衬消耗 $0.2 \sim 1.0kg/t$、降低补炉料消耗 $0.5 \sim 1.0kg/t$，并可减轻工人的劳动强度。而且投资回报率高，据我国 62 座转炉测算，溅渣护炉投资回收期为 1.3 年，综合经济效益大约为 $2 \sim 10$ 元/t(钢)。

15.4.2.3　溅渣护炉与复吹转炉的关系

对于采用溅渣护炉与复吹冶炼并存的转炉，随着溅渣后炉龄的提高，炉底相应上涨，影响了底吹透气砖的工作，此时，底吹透气砖的寿命约为 3000 炉，这意味着从 3000 炉以后，复吹效果大大减弱，甚至消失。而溅渣护炉的炉龄远远大于 3000 炉（现已达 3 万多炉）。这正是普遍采用复吹技术的日本和西欧各国不愿采用溅渣护炉技术的原因。中国钢铁企业成功地解决了复吹转炉炉底喷嘴长寿命的技术难题，使底吹喷枪的寿命与转炉炉龄同步，复吹比达到 100%，对国际钢铁生产技术的发展做出了重大贡献。

15.4.3　氧气顶吹转炉炼钢自动控制技术

氧气顶吹转炉炼钢的冶炼周期较短，高温冶炼过程极为复杂，需控制和调节的参数很多；加之炉子容量不断扩大，单凭技术人员的经验来控制冶炼过程，已不能适应生产发展的需要。

随着电子计算机及检测技术的迅速发展，现在已实现了对氧气顶吹转炉冶炼过程的全面自动控制。实践表明，应用计算机控制冶炼过程，可显著改善和稳定产品质量，提高劳动生产率，降低原材料消耗以及节省劳动力和改善劳动条件。

转炉炼钢计算机控制技术的发展，按原理与方法划分，可分为三代。

第一代：离线（在线）开环静态控制。

由计算机用静态数学模型（理论模型、统计模型、增量模型），根据铁水质量、温度、含 Si 量、废钢量等计算石灰石分批加入量；根据热平衡计算铁矿石量；根据氧平衡计算吹氧量。离线预先计算，按计算结果进行操作指导或在线开环程序控制，在吹炼过程中不再做测试与修正，其命中率一般为 $40\% \sim 50\%$，原材料质量特别稳定时最多也只能达到 70%。

第二代：在线闭环动态控制。

在静态控制的基础上，采用直接测试（如副枪法）或间接测试（如质谱法）等方法。在吹炼动态过程中，在不倒炉、不中断吹炼的情况下，对钢水的成分及温度进行自动检测和计算，取得动态反馈信息，输入计算机构成闭环控制系统，对吹炼过程进行在线闭环动态控制，对静态控制的升温曲线与脱碳曲线进行动态校正，提高终点定碳、控温的命中率。命中率一般可达 $80\% \sim 90\%$，甚至更高。

与静态控制相比，动态控制具有更大的适应性和准确性。动态控制的关键在于吹炼过程中快速、正确、连续地获得熔池的各个参数，尤其是熔池的温度和碳含量这两个重要参数。

目前，采用测温定碳副枪进行动态控制的方法，已得到普遍重视。所谓副枪，是指在氧枪的一侧设置一水冷枪，如图15-9所示。在吹炼过程中副枪可以下降，枪头上安装了可更换的测定温度和碳含量的探测器（探头）。将此副枪伸入钢液中，即可由此探头在几秒钟内测定出钢液的成分和温度。利用此测定值算出供氧量、冷却剂用量、枪位高度等，控制过程达到预定的终点温度和终点碳量。

第三代：全自动控制。

新一代的计算机控制系统将是智能、集成、复合控制。智能化是将人工智能、专家系统、模式识别、神经网络等先进技术应用于转炉吹炼过程的智能控制。如转炉炼钢专家系统LD-ES。集成化是将几种有效的测控方法和技术进行集成，相互结合，以提高终点命中率。如采用副枪测试与质谱仪炉气分析相结合的集成测试技术。复合控制是开环静态控制与闭环动态控制相结合，组成开环前馈与闭环反馈相配合的快速、高精度的复合控制系统。智能化与集成化是当前的发展方向。

转炉计算机控制系统的智能集成控制结果是令人满意的。新日铁公司名古屋厂、住友金属公司鹿岛厂等采用快速直接出钢的计算机集成、复合控制技术，直接出钢率可达94%～95%，终点碳温同时命中率可达99.4%，再吹率降低到1%以下，从装料到出钢的冶炼时间由28min/炉缩短到26.5min/炉。

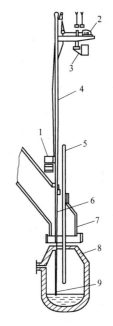

图15-9 转炉副枪设备示意图
1—探头的装卸装置；2—提升绞车；
3—导轨旋转机构；4—副枪导轨；
5—氧枪；6—副枪；7—烟气
处理烟罩；8—转炉；9—探头

日本钢管公司福山厂将静态控制、副枪动态控制与质谱仪炉气分析技术进行集成、复合控制，利用炉气信息连续测试，分析计算炉内氧活度与脱碳量，估计终点钢水温度和[C]，配合副枪，控制停吹出钢，并预报喷溅。在250t复吹转炉上应用结果表明：无倒炉出钢率接近100%，其中1/5为快速直接出钢，冶炼时间缩短了36s，节省了熔剂消耗量，喷溅预报命中率达80%。

三种转炉自动控制技术性能和方法的比较见表15-5。

表15-5 三种转炉自动控制技术性能和方法的比较

控制方式	检测内容	控制目标	控制精度	命中率
静态控制	铁水温度、成分和质量，各种原辅料成分和质量，氧气流量和枪位	根据终点碳和温度要求确定吹炼方案、供氧时间和原辅料加入量	[C]，±0.03%；T，±15℃	50%
动态控制	静态检测内容全部保留，增加副枪测温、定碳、取钢水样	静态模型预报副枪检测点，根据[C]和温度检测值修正计算结果，预报达到终点的供氧量和冷却剂加入量	[C]，±0.02%；T，±12℃	80%～90%
全自动控制	动态检测内容全部保留，并增加渣检测、气分析、Mn光谱强度连续检测	在线计算机闭环控制：吹供氧工艺、吹搅拌工艺、造渣工艺、终点预报T、[C]、[S]、[P]，全程预报碳含量和温度	[C]，±0.015%；T，±10℃	≥90%

15.4.4　煤气回收和负能炼钢技术

15.4.4.1　技术原理

氧气转炉炼钢的基本化学反应是碳、硅的氧化反应。

$$[C] + [O] \longrightarrow CO \uparrow$$

$$[Si] + [O] \longrightarrow SiO_2$$

氧化反应生成大量 CO 燃气。燃气温度（物理热）平均为 1500~1600℃，燃气热值（化学潜热）（标态）平均为 8792kJ/m³，煤气波动（标态）为 97~115m³/t，见表 15-6。

表 15-6　转炉煤气成分、热值和回收气体量

回收煤气成分/%					煤气热值（标态）/kJ·m⁻³	回收煤气量（标态）/m³·t⁻¹
CO	CO₂	N₂	H₂	O₂		
67.7~71.2	14.4~15	13.3~15.8	0.9~1.2	0.1	871~9165	97~115

采用煤气回收装置回收转炉烟气的化学潜热、采用余热锅炉回收烟气的物理显热，当炉气回收的总热量大于炼钢厂生产消耗的总能量时，就实现了"炼钢厂负能炼钢"。

日本君津钢厂、我国宝钢、武钢三炼钢厂和太钢二炼钢厂均实现了"炼钢厂负能炼钢"。

15.4.4.2　炼钢节能的主要途径

炼钢节能的主要途径有：

（1）降低铁钢比，每降低 0.1 可降低吨钢能耗 70~80kg 标准煤。

（2）提高连铸比，与模铸相比，连铸可降低能耗 50%~80%，提高成材率 7%~8%，降低生产成本 10%~30%。

（3）回收利用转炉煤气，降低吨钢能耗 3~11kg 标准煤。

（4）提高连铸坯热送比，一般可降低吨钢能耗 1.9~2.1kg 标准煤。

（5）提高转炉作业率，宝钢转炉作业率从 1995 年到 1998 年提高了 4.96 个百分点，工序能耗降低 2.97kg 标准煤。

（6）降低动力和燃料消耗。

复习思考题

15-1　氧气顶吹转炉构造主要由哪几部分组成，顶吹转炉炉型有哪几种？

15-2　氧枪的结构如何？

15-3　氧气顶吹转炉炼钢车间的特点主要有哪些？

15-4　什么是单渣法吹炼工艺？

15-5　何谓冶炼周期？

15-6　氧气顶吹转炉炼钢的优缺点主要有哪些？

15-7　什么是顶底复合吹炼，其主要冶金特征是什么？

16　电炉炼钢法

电炉是利用电能作为热源进行炼钢的炉子的统称。按电能转换热能方式的差异，炼钢电炉可分为电渣重熔炉、感应熔炼炉、电子束炉、等离子炉及电弧炉。目前，世界上95%以上的电炉钢是电弧炉冶炼的，因此，电炉炼钢主要指电弧炉炼钢。

16.1　电弧炉的主要设备

电弧炉的主要设备包括炉体、机械设备和电气设备。

16.1.1　电炉的分类

电炉设备的分类方法很多：

（1）按炉衬耐火材料的性质可分为酸性电炉、碱性电炉，现以碱性电炉为主。

（2）按电流特性可分为交流电炉、直流电炉。

（3）按功率水平可分为普通功率、高功率、超高功率电炉。1981年，国际钢铁协会（IISI）提出的具体分类方法见表16-1。

表16-1　按功率水平电炉的分类

类　别	普通功率（RP）	高功率（HP）	超高功率（UHP）
功率水平/kV·A·t^{-1}	<400	400~700	>700

注：1. 表中数据主要指不小于50t炉子，对于大容量电炉可取下限；
　　2. UHP电炉功率水平没有上限，目前已达1000kV·A/t，并还在增加，故出现SUHP一说。

（4）按废钢预热可分为竖炉、双壳炉、康斯迪炉等。

（5）按出钢方式可分为槽式出钢电炉、偏心底出钢（EBT）电炉、中心底出钢（CBT）电炉及水平出钢（HOT）电炉等。

（6）按底电极形式可分为触针式、导电炉底式及金属棒式直流炉。

16.1.2　电炉炉体结构

炉体是电炉最重要的装置，用来熔化炉料和进行各种冶金反应。电炉炉体由金属构件和耐火材料砌筑成的炉衬两部分组成。金属构件有炉壳、水冷炉壁、水冷炉门及开启机构、出钢槽或偏心炉底出钢箱及出钢口开启机构、水冷炉盖、电极密封圈等。电炉炉体结构如图16-1所示。

16.1.2.1　炉壳及炉衬

炉壳即炉体的外壳，用钢板焊接而成。炉壳内衬耐火材料。炉底自下而上由绝热层（石棉板、硅藻土）、砌砖层（黏土砖、镁砖）和打结层（镁砂）三部分构成。炉壁由外向内由绝热层、黏土砖、镁砖砌筑而成，这种炉壁称为砌砖炉壁，此外还有大块镁砂炉壁和炉内整体打结炉壁等多种。超高功率大型电炉要采用水冷炉壁。

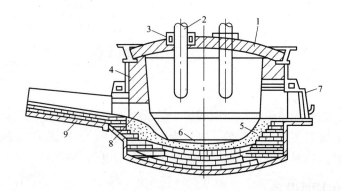

图 16-1　电炉炉体结构图

1—炉盖；2—电极；3—水冷圈；4—炉墙；5—炉坡；
6—炉底；7—炉门；8—出钢口；9—出钢槽

16.1.2.2　水冷炉壁和水冷炉盖

由于电炉单位功率水平的提高，导致炉内热负荷的急剧增加，炉内温度分布的不平衡加剧，从而大大降低了电炉炉衬的使用寿命，因此采用水冷炉壁和水冷炉盖已成为提高超高功率电炉炉衬使用寿命的关键技术。

水冷炉壁的结构分为铸管式、板式或管式、喷淋式。各种形式的水冷炉壁和水冷炉盖都具有一定的散热能力和挂渣能力，可以成倍地提高电炉炉衬和炉盖的使用寿命，大幅度地降低耐火材料消耗，而且运行安全可靠，但比较普遍的是管式水冷炉壁。水冷炉壁的安装如图16-2所示。

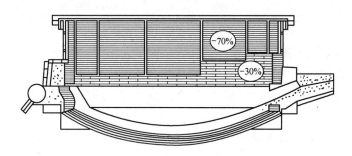

图 16-2　电炉冷却板的典型安装形式

水冷炉盖主要采用管状结构，并根据需要开设数个孔，三相交流电炉需三个电极孔，直流电炉可以有一个或三个孔，另有辅助料加入孔和废气排放孔等。由于电极自身被加热，电极孔应由导热性良好的环状水冷管构成。水冷炉盖的结构如图16-3所示。

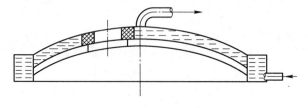

图 16-3　水冷炉盖结构

16.1.2.3 炉门

炉门由金属门框、炉门和炉门升降机构组成。炉门框起保护炉门附近炉衬和加强炉壳的作用，一般用钢板焊成或采用铸钢件，内部通水冷却。为使炉门与门框贴紧，门框带有约 10% 的倾斜度。炉门的升降可以通过电动、气动和液压等方式实现。

中小型电弧炉只有一个炉门，位于出钢口对面。为了便于操作，大于 40t 的电弧炉常增设一个侧门，两炉门位置成 90°。炉门尺寸的大小，应以便于观察、修补炉底和炉坡为宜。

对炉门结构的要求是：结构严密，升降平稳灵活，升降机构牢固可靠。

16.1.2.4 出钢槽和偏心炉底出钢箱

出钢槽用钢板焊成，内砌耐火材料，多采用预制整块的出钢槽砖，方便、耐用、效果好。为避免冶炼时钢液由出钢口溢出，流钢槽应向上倾斜，与水平面成 8°~15°。出钢槽在可能的情况下，应尽量短些，以减少出钢过程中钢液的氧化和吸气。

随着超高功率电炉的推广，并采用水冷炉壁和炉外精炼，要求最大限度地增加水冷面积和实现无渣出钢，出钢槽出钢很难满足这一要求。为此，曼内斯曼德马格公司、蒂森公司和丹麦特殊钢公司共同开发了电炉偏心炉底出钢技术，如图 16-4 所示。

偏心炉底出钢电炉和槽式出钢电炉相比，其电气设备完全相同，炉身上部仍是圆形，但炉身下部为突出炉壳的鼻状椭圆形出钢箱，以取代原来的出钢槽。出钢箱内部砌筑耐火材料，并形成一个小熔池。它与原炉底大熔池圆滑连接。出钢口垂直地开在出钢箱小熔池的底部，为双层结构，外形为方形座砖，内层为袖砖，层与层之间用镁质耐火材料填充，以便更换袖砖。出钢口的开闭可通过开闭摆动式盖板完成。电炉装料前，关闭出钢口盖板，在出钢口内填充 10% Fe_2O_3 的 MgO-SiO_2 混合粉料，堵塞出钢口。图 16-5、图 16-6 为偏心炉底出钢机构和偏心炉底电炉出钢过程。

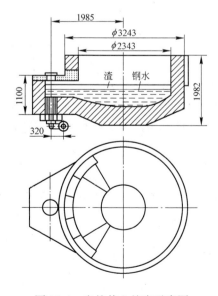

图 16-4 电炉偏心炉底示意图

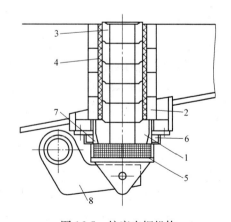

图 16-5 炉底出钢机构
1—底砖；2—出钢砖；3—出钢管；4—混合可塑料；
5—石墨板；6—水冷；7—底环；8—盖板

16.1.3 电弧炉主要机械设备

电弧炉主要机械设备包括电极升降机构、炉子倾动机构和装料机构。

16.1.3.1 电极升降机构

电极升降机构用以调节电极的上升和下降。要求其工作平稳可靠，启动灵活迅速。电极升降机构由电极把持器、横臂、立柱及传动机构组成。

（1）电极把持器（电极夹）。其作用是向电极导电和固定电极。用铜或钢制成，采用水冷以降低温度，减轻氧化程度和保证其强度。电极把持器种类很多，目前生产上用得最多的是弹簧式（见图16-7），采用气动或液压传动，操作平稳、方便。

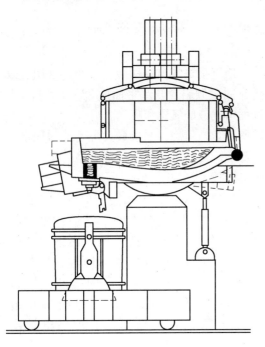

图 16-6 偏心炉底出钢示意图

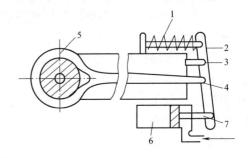

图 16-7 弹簧式把持器构造
1—弹簧；2—杠杆；3—支点；4—把持器；
5—电极；6—气缸；7—活塞杆

（2）横臂。横臂连接电极和活动立柱。

（3）电极立柱。电极立柱为钢质结构，它与横臂连接成一个Γ形结构，通过传动机构使矩形立柱沿着固定在倾动平台上的导向轮升降，故常称为活动立柱。

（4）电极升降传动机构。电极升降机构有液压传动和钢丝绳传动两种。大型先进电炉均采用液压传动。液压传动电极升降机构如图16-8所示。液压传动的缸体4通过销轴6固定在升降立柱3之内，柱塞5则固定在炉架上。当工作液体由油管8经柱塞内孔进入液压缸时，即推动缸体带动立柱—横臂—电极升降。

16.1.3.2 炉子倾动机构

电弧炉出钢时，要求炉体能够向出钢口方向倾动40°~45°，偏心炉底出钢电炉要求向出钢方向倾动15°~20°；向炉门方向倾动10°~15°以利出渣，这些动作由炉体倾动机构来完成。

目前，广泛采用摇架底倾结构（见图16-9），它由两个摇架支持在相应的导轨上，导轨与摇架之间有销轴或齿条防滑、导向。摇架与倾动平台连成一体，炉体坐落在倾动平台上，并加以固定。倾动机构多采用液压驱动。

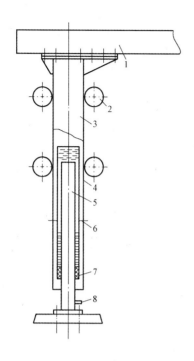

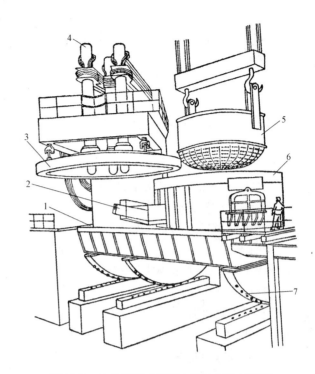

图 16-8 液压传动的电极升降机构

1—横臂；2—导向滚轮；3—立柱；

4—液压缸缸体；5—柱塞；6—销轴；

7—密封装置；8—油管

图 16-9 炉盖旋转式炼钢电弧炉的装料情况

1—电弧炉平台；2—出钢槽；3—炉盖；4—石墨电极；

5—装料筐；6—炉体；7—倾炉摇架

16.1.3.3 装料机构

目前，绝大部分电弧炉都采用料筐炉顶装料。炉顶装料可缩短装料时间，减少炉子热损失，有利于合理布料，降低劳动强度。

料篮顶装方式有三种：炉盖旋转式、炉盖开出式和炉身开出式。新建电炉都采用炉盖旋转式装料。炉盖旋转式装料时先将电极和炉盖抬起，然后使炉盖与固定支柱一起绕垂直回转轴向一边转动 80°~100°，装料完毕再将它们旋转回原位置，放下炉盖并盖紧，如图16-9 所示。

16.1.4 电弧炉电气设备

电弧炉电气设备包括"主电路"设备和电控设备。

16.1.4.1 电弧炉主电路

由高压电源到电极之间的输电线路称为电弧炉的主电路（见图16-10）。冶炼所需全部电能通过这一回路输入炉内。主电路电气设备的组成及其作用如下：

（1）隔离开关。隔离开关用以检修设备时断开高压电源，为一无载刀形开关。

（2）高压断路器。高压断路器是电弧炉的操作开关，用来切断电源，以保护电源和电器。当电流过大时，断路器会自动（在有负载下）跳闸，切断电源。为一有载开关。

高压断路器的种类有油断路器、空气断路器、磁吹断路器、SF_6 断路器及真空断路器，后者使用广泛。

（3）电抗器。电抗器串联在变压器的高压侧，其作用是使电路中的感抗增加，以稳定电弧和限制短路电流。

（4）炉用变压器。电弧炉炉用变压器是一种专用变压器，其作用是将输入电压降到 100～400V 的工作电压，产生大电流供给电炉。

对炉用变压器的要求是：能承受很大的过载，不会因为一般的温升而影响变压器的寿命；有足够的强度，能经受很大的短路电流的冲击作用；副边电压可以调节，以便调整输入功率；变压比要大，副边电流要大。

（5）短网。电弧炉的短网是指从变压器副边的引出线到电弧炉电极这一段电路，这段线路长约 10～20m，导体截面很粗，电流较大。

短网中的电阻和感抗对电炉操作以及电炉性能的影响很大，特别是交流电通过大截面导体产生集肤效应，增大了导体的电阻。短网部分接头很多，极易由于接触不良而使电阻增大，甚至因接触处过热，烧坏短网。所以要尽量缩短短网的长度，并且接头处要紧密连接。

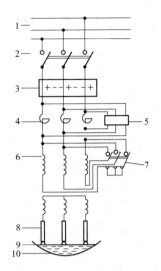

图 16-10 电弧炉电气线路简图

1—高压电源；2—空气断路开关；3—油开关；
4—塞流线圈（电抗）；5—分流开关；
6—电炉变压器；7—电压转换开关；
8—电极；9—电弧；10—金属熔池

（6）电极。电极是电弧炉的重要构件之一，其作用是把电流导入炉内，并在电极与炉料间形成电弧而放出大量的热。

电极在高温下工作，受到炉气的氧化以及塌料的撞击，所以对电极的要求是：具有较好的导电性；耐高温，不易氧化烧损；有足够的强度，不易折断和破碎；含灰分、硫等杂质少；几何形状规整，电极与卡头之间接触良好，减小接触电阻。

电极有炭素电极和石墨电极两种，石墨电极的各方面性能都优于炭素电极，故常用石墨电极，但其价格较高。

16.1.4.2 电弧炉电控设备

电弧炉电控设备包括高压控制柜、操作台和电极升降自动调节器。

A 高压控制柜与电弧炉操作台

高压控制柜上装有隔离开关手柄、断路器、电抗器及变压器的开关、高压仪表和信号装置等。

电弧炉操作台上安装有控制电极升降的手动、自动开关，炉盖提升旋转，电炉倾动及炉门，出钢口等炉体操作开关，低压仪表和信号装置等。

B 电极升降自动调节器

在冶炼过程中，电弧长度的不断变化，造成电弧电流波动，偏离选定的工作电流，影响炉内的输送功率，从而延长了冶炼时间，增加了单产电耗，特别是在短路或断弧时，如不及时调整，影响更严重。电极升降自动调节系统的作用就是根据冶炼要求，通过调整电极和炉料之间的电弧长度来调节电弧电流大小，及时消除工作电流偏离规定值的现象。

电极升降自动调节系统应具有较高的灵敏度，调节迅速且调节过程稳定。按电极升降机构驱动方式的不同，电极升降调节器可分为机电式调节器和液压式调节器两种。通常前者用于容量20t以下的电弧炉，后者用于30t以上的大中型电弧炉。

目前应用的机电式电极升降调节器主要是晶闸管—交流力矩电机式和交流变频调速式及其微机控制的产品。

液压式调节器按控制部分的不同有模拟调节器、微机调节器、PLC调节器。液压式调节器三种形式并存，但模拟式调节器将逐步被后两种计算机控制的调节器取代。

16.2　电炉冶炼工艺

16.2.1　传统电炉冶炼工艺

传统的氧化冶炼工艺包括补炉、装料、熔化、氧化、还原和出钢六个阶段。主要由熔化、氧化、还原三期组成，俗称老三期，它是电炉炼钢的基础。

16.2.1.1　补炉

补炉的任务是在上炉出钢完毕后，扒净残钢残渣，检查炉底炉坡损坏的情况，对损坏处立即进行修补，以保证下一炉冶炼的正常进行。补炉的原则是高温、快补、薄补以保证补炉质量。补炉材料是镁砂（粒度1~3mm），黏结剂用沥青和焦油。小型炉子多采用人工投补和贴补，大中型炉子采用补炉机喷补。

16.2.1.2　装料

目前，广泛采用炉顶料篮装料，每炉钢的炉料分1~3次加入。装料的好坏影响炉衬寿命、冶炼时间、电耗、电极消耗以及合金元素的烧损等。因此要求合理装料，这主要取决于炉料在料筐中的分布合理与否。

现场布料（装料）经验是下致密、上疏松、中间高、四周低、炉门口无大料、穿井快、不搭桥，提前助熔效果好。

16.2.1.3　熔化期

装料完毕就通电下降电极引弧开始熔化炉料。熔化期占整个熔炼时间一半左右，电耗占全部电耗60%~70%。因此，缩短熔化期对提高生产率和降低电耗具有非常重要的意义。

熔化期的任务是尽快熔化炉料，及时造好渣和去除一部分磷。

熔化期开始的5min左右用次于最高电压的电压，然后用最高电压最大功率，基本熔毕时换为次于最高电压的电压。当电极插入炉料后，加造渣材料入"井"内造熔化渣，以利于稳定电弧和脱磷。当废钢达红热时，可进行吹氧助熔和推冷料，以加快炉料的熔化。全熔后，取样分析碳、锰、磷。炉料熔化过程如图16-11所示。

16.2.1.4　氧化期

要去除钢中的磷、气体和夹杂物，必须采用氧化法冶炼。氧化期是氧化法冶炼的主要过程。传统冶炼工艺当废钢炉料完全熔化，并达到氧化温度，磷脱除70%以上进入氧化期。为保证冶金反应的进行，氧化开始温度应高于钢液熔点50~80℃。

A　氧化期的主要任务

氧化期的主要任务是：继续脱磷到要求（$w(P) < 0.02\%$）；脱碳至规格下限；去气、

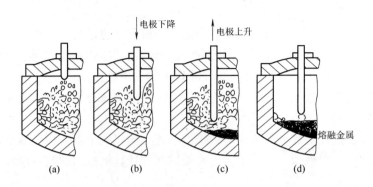

图 16-11　炉料熔化过程示意图

(a) 起弧；(b) 穿井；(c) 电极回升；(d) 熔清

去夹杂物（利用 C—O 反应）；提高钢液温度。

B　氧化期操作

氧化期操作主要有：

（1）造渣与脱磷。传统冶炼方法中氧化期还要继续脱磷，由脱磷反应式可以看出氧化期要造好高氧化性、高碱度和流动性良好的炉渣，并及时流渣、换新渣，抓紧氧化前期（低温）快速脱磷。

（2）氧化与脱碳。按照熔池中氧的来源不同，氧化期操作分为矿石氧化，吹氧氧化及矿、氧综合氧化法三种。近些年，强化用氧的实践表明，除钢中磷含量特别高而采用矿、氧综合氧化外，均用吹氧氧化，尤其当脱磷任务不重时，通过强化吹氧氧化钢液降低钢中碳含量。

（3）气体与夹杂物的去除。电炉炼钢钢液去气、去夹杂物是在氧化期进行的。它是借助 C—O 反应、一氧化碳气泡的上浮，使熔池产生激烈沸腾，促进气体和夹杂物的去除，均匀成分与温度。为此，一定要控制好脱碳反应速度，保证熔池有一定的激烈沸腾时间。

（4）氧化期的温度控制。氧化期的温度控制要兼顾脱磷与脱碳二者的需要，并优先脱磷。在氧化前期应适当控制升温速度，待磷达到要求后再放手提温。一般要求氧化末期的温度略高于出钢温度 20~30℃，以弥补扒渣、造新渣以及加合金造成的钢液降温。

当钢液的温度、磷、碳等符合要求，扒除氧化渣、造稀薄渣进入还原期。

16.2.1.5　还原期

传统电炉冶炼工艺中，还原期的存在显示了电炉炼钢的特点。而现代电炉冶炼工艺的主要差别是将还原期移至炉外进行。

A　还原期的主要任务

还原期的主要任务是：脱氧至要求（$w(O)$ 为 0.003%~0.008%）；脱硫至一定值；调控钢液成分，进行合金化；调整钢液温度。其中脱氧是核心，温度是条件，造渣是保证。

B　还原操作——脱氧操作

电炉常用综合脱氧法，其还原操作以脱氧为核心。步骤如下：

（1）当钢液的温度、磷和碳含量符合要求，扒渣量超过 95%。

（2）加 Fe-Mn、Fe-Si 块等预脱氧（沉淀脱氧）。

（3）加石灰、萤石、火砖块，造稀薄渣。

（4）还原。加碳粉、Fe-Si 粉等脱氧（扩散脱氧），分 3~5 批，7~10min/批。

（5）搅拌。取样、测温。

（6）调整成分—合金化。

（7）加 Al 或 Ca-Si 块等终脱氧（沉淀脱氧）。

（8）出钢。

C 温度的控制

考虑到出钢到浇注过程中的温度损失，出钢温度应比钢的熔点高出 100~140℃。由于氧化期末控制钢液温度大于出钢温度 20~30℃ 以上，所以扒渣后还原期的温度控制，总的来说是保温过程。若还原期大幅度升温，则造成钢液吸气严重、高温电弧加重对炉衬的侵蚀及局部钢水过热。为此，应避免还原期"后升温"操作。

16.2.1.6 出钢

传统电炉冶炼工艺，钢液经氧化、还原后，当化学成分合格，温度符合要求，钢液脱氧良好，炉渣碱度与流动性合适时即可出钢。因出钢过程的钢—渣接触可进一步脱氧与脱硫。故要求采取"大口、深冲、钢—渣混出"的出钢方式。

传统电炉老三期工艺，虽然是电炉炼钢的基础，但因其设备利用率低，生产率低，能耗高等，无法满足现代冶金工业的发展，使其改革成为必然。

16.2.2 现代电炉冶炼工艺

16.2.2.1 现代电炉冶炼工艺的主导思想

传统电炉老三期冶炼工艺操作集熔化、精炼和合金化于一炉，因而冶炼周期长。这既难以保证对钢材越来越严格的质量要求，又限制了电炉生产率的提高。现代电炉冶炼工艺基本指导思想是高效、节能、低消耗。即将熔化期的一部分任务分出来，采用废钢预热，再把还原期的任务移至炉外，并且采用熔氧期合并的熔氧合一快速冶炼工艺，如图 16-12 所示。电炉中保留了熔化、升温和必要的精炼，满足了快速冶炼工艺控制的要求。

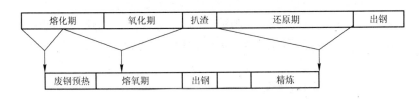

图 16-12 电炉的功能分化图

16.2.2.2 冶炼工艺操作

现代电弧炉已成为仅保留熔化、升温和必要精炼功能（脱磷、脱碳）的化钢设备。而其余的冶金工作都移至钢包中进行，钢包完全可以为初炼钢液提供各种最佳精炼条件，可对钢液进行成分、温度、夹杂物、气体含量等的严格控制，以满足用户对钢材质量越来越严格的要求。尽可能把脱磷,甚至部分脱碳提前到熔化期进行,而熔化后的氧化精炼和升温期只进行碳的控制和不适宜在加料期加入的较易氧化而加入量又较大的铁合金的熔化,对缩短冶炼周期、降低消耗、提高生产率特别有利。现代电弧炉采用留钢操作,熔化一开始就有现成的熔池,辅之以强化吹氧和底吹搅拌,为提前进行冶金反应提供良好的条件。从提高生产率和降低消耗方面考虑,要求电弧炉具有最短的熔化时间和最快的升温速度以及最少的辅助时间,以期达到最佳经济效益。

A　快速熔化与升温操作

快速熔化和升温是当今电弧炉最重要的功能,将预热好的第一篮废钢加入炉内后,这一过程即开始进行。为了在尽可能短的时间内把废钢熔化并使钢液温度达到出钢温度,现代电弧炉以最大可能的功率供电,氧—燃烧嘴助熔,吹氧助熔和搅拌,底吹搅拌,泡沫渣以及其他强化冶炼和升温等技术,为炉外精炼提供成分、温度都符合要求的初炼钢液。

B　脱磷操作

脱磷操作的三要素,即磷在渣—钢间分配的关键因素有:炉渣的氧化性($w(\text{FeO})$)、石灰含量($w(\text{CaO})$)和温度。随着渣中$w(\text{FeO})$、$w(\text{CaO})$的升高和温度的降低,磷的分配比明显提高。因此在电弧炉中脱磷主要就是通过控制这三个因素来进行的。所采取的主要工艺有:

(1) 强化吹氧和氧—燃助熔,提高初渣的氧化性。

(2) 提前造成氧化性强、氧化钙含量较高的泡沫渣,并充分利用熔化期温度较低的有利条件,提高炉渣脱磷的能力。

(3) 及时放掉磷含量高的初渣,并补充新渣,防止温度升高和出钢时下渣回磷。

(4) 采用喷吹操作强化脱磷,即用氧气将石灰与萤石粉直接吹入熔池,脱磷率一般可达80%,并能同时进行脱硫(脱硫率小于50%)。

(5) 采用无渣(或少渣)出钢技术,严格控制下渣量,把出钢后磷降至最低。一般下渣量可控制在2kg/t,对于$w(\text{P}_2\text{O}_5)=1\%$的炉渣,其回磷量$w(\text{P})$不大于0.001%。

出钢磷含量控制应根据产品规格、合金化等情况来综合考虑$w(\text{P})$,一般应小于0.02%。

C　脱碳操作

一般电弧炉配料要求有一定的碳含量,配碳可用高碳废钢和生铁,也可以用焦炭或煤等含碳材料。后者可以和废钢同时加入炉内,也可以以粉状形式喷入。配碳量和碳的加入形式、吹氧方式、供氧强度及炉子配备的功率(决定周期时间)关系很大,需根据实际情况确定。

炉料中有一定的碳含量与脱碳反应的作用:

(1) 熔化期吹氧助熔时,碳先于铁氧化,从而减少了铁的烧损。

(2) 渗碳作用可使废钢熔点降低,加速熔化。

(3) 碳氧反应造成熔池搅动,促进了钢渣反应,有利于早期脱磷。

(4) 在精炼升温期,活跃的C—O反应,扩大了钢—渣界面,有利于进一步脱磷,有利于钢液成分和温度的均匀化并有利于气体、夹杂物的上浮。

(5) 活跃的C—O反应有助于泡沫渣的形成,提高传热效率,加速升温过程。

D　温度控制

良好的温度控制是顺利完成冶金过程的保证，如脱磷，需要高氧化性和高碱度的炉渣，也需要有良好的温度相配合，这就是强调应在早期脱磷的原因。因为那时温度较低有利于脱磷；而在氧化精炼期，为造成活跃的碳—氧沸腾，要求有较高的温度（大于1550℃）；为使炉后处理和浇注正常进行，根据所采用的工艺不同要求电弧炉初炼钢水有一定的过热度，以补偿出钢过程、炉外处理以及钢液的输送等过程中的温度损失。

出钢温度应根据不同钢种，充分考虑以上各因素来确定。出钢温度过低，钢水流动性差，浇注后造成短尺或包中凝钢；出钢温度过高，使钢清洁度变坏，铸坯（或锭）缺陷增加，消耗量增大。总之，出钢温度应在能顺利完成浇注的前提下尽量控制低些。

E　钢液的合金化

现代电炉冶炼工艺的合金化一般是在出钢过程中在钢包内完成，那些不易氧化、熔点又较高的合金，如 Ni、W、Mo 等铁合金可在废钢熔化后加入炉内，但采用留钢操作时应充分考虑前炉留钢对下一炉钢液所造成的成分影响。出钢时要根据所加合金量的多少来适当调整出钢温度，再加上良好的钢包烘烤和钢包中热补偿，可以做到既提高了合金收得率，又不造成低温。出钢时钢包中合金化为预合金化，精确的合金成分调整最终是在精炼炉内完成的。

16.3　电炉炼钢新技术

16.3.1　氧—燃助熔

超高功率电炉炉壁采用水冷后，"热点"问题得到基本解决，但"冷点"问题突出了。大功率供电废钢熔化迅速，热点区废钢很快熔化，并暴露给电弧，而此时冷点区的废钢还没有熔化，炉内温度分布极为不均。为了减少电弧对热点区炉衬的高温辐射、防止钢水局部过烧，而被迫降低功率，"等待"冷点区废钢的熔化。超高功率电炉采用氧气—燃料烧嘴，插入炉内"冷点"区进行助熔，实现废钢的同步熔化，解决炉内温度分布不均。此项技术于 20 世纪 70 年代由日本首先开发采用，目前，日本、西欧、北美等大多数的电炉都采用氧—燃烧嘴强化冶炼。

氧—燃烧嘴通常布置在熔池上方 0.8~1.2m 的高度，3~5 支烧嘴对准冷点区（见图16-13），在废钢化平前使用。每座电炉所配氧—燃烧嘴的总功率，一般为变压器额定功率

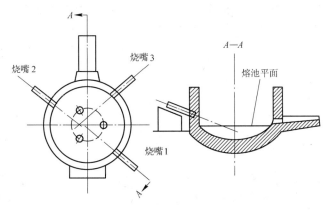

图 16-13　氧—燃烧嘴在电弧炉上的布置

的 15% ~30% ，每吨钢功率为 100 ~200kW/t。采用氧—燃烧嘴，一般可降低电耗 10% ~ 15% ，提高生产率大于 10% 。所用的燃料有煤、油或天然气等。

16.3.2　长弧泡沫渣技术

采用水冷炉壁、炉盖技术，能提高炉体寿命，可它对 400mm 宽的耐火材料渣线来说作用是有限的。另外采用"超高功率供电"能保证炉衬寿命、稳弧、增加搅拌与传热，但也存在诸多不足。

电炉泡沫渣技术出现后，炉渣发泡厚度可达 300 ~500mm 以上，是电弧长度的两倍以上，因而可以实现埋弧操作。电炉埋弧操作，一方面真正发挥了水冷炉壁的作用，提高炉体寿命；另一重要方面，埋弧操作使长弧供电成为可能，即大电压、低电流。它的优越性在于弥补了早期"超高功率供电"的不足，从而带来了以下优点：

（1）电损失功率降低，电耗减少。

（2）电极消耗减少。

（3）三相电弧功率平衡改善。

（4）功率因数提高。

电炉泡沫渣操作是在熔化末期电弧暴露至氧化末期进行，它是利用向渣中喷碳粉和吹入的氧气产生的一氧化碳气泡，通过渣层而使炉渣泡沫化。良好的泡沫渣要求长时间将电弧埋住，这就要求渣中要有气泡生成，还要求气泡有一定寿命。研究表明：增加炉渣的黏度，降低表面张力，使炉渣的碱度为 2.0 ~2.5，$w(FeO) = 15\% ~20\%$ 等均有利于炉渣的泡沫化。

美国、德国等开发的水冷碳—氧枪，专门用于电炉泡沫渣操作，效果特别好。

16.3.3　废钢预热节能技术

废钢预热按其结构类型分为：分体式与一体式，即预热与熔炼是分或是合；分批预热式与连续预热式。按使用的热源分为外加热源预热与利用废气预热，前者指用燃料烧嘴预热。

下面主要介绍利用电炉排出的高温废气进行废钢预热技术。

电炉采用超高功率化与强化用氧技术，使废气量大大增加，废气温度高达 1200℃ 以上，废气带走的热量占总热量支出的 15% ~20% 以上，相当于 80 ~120kW·h/t。废钢在熔炼前进行预热，尤其是利用电炉排出的高温废气进行预热是高效、节能最直接的办法。到目前为止世界范围废钢预热方法主要有双壳电炉法、竖窑电炉法以及炉料连续预热法等。

16.3.3.1　双壳电炉法

双壳炉是一种 20 世纪 70 年代出现的炉体形式，它具有一套供电系统、两个炉体，即"一电双炉"。一套电极升降装置交替对两个炉体进行供热熔化废钢，双壳炉工作原理与结构如图 16-14 所示。

双壳炉的工作原理及其主要特点：当熔化炉进行熔化时，所产生的高温废气由炉顶排烟孔经燃烧室后进入预热炉中进行废钢预热。每炉钢的第一篮（相当 60%）废钢可以得到预热。双壳炉的主要特点有：

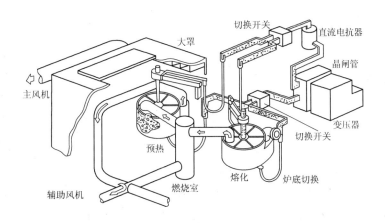

图 16-14 双壳炉工作原理示意图

（1）提高变压器的时间利用率，由 70% 提高到 80% 以上，或减少变压器的容量。

（2）缩短冶炼时间，提高生产率 15% ~ 20%。

（3）节电 40 ~ 50kW·h/t。

新式双壳炉自 1992 年日本首先开发第一座，到 1997 年已有 20 多座投产，其中大部分为直流双壳炉。为了增加预热废钢的比例，日本钢管公司（NKK）采取增加电炉熔化室高度，并采用氧—燃烧嘴预热助熔，以进一步降低能耗、提高生产率。

16.3.3.2 竖窑式电炉

德国的 Fuchs 公司 1988 年开发研制出的新一代电炉——竖窑式电炉（简称竖炉），现在已经显示出其卓越的性能和显著的经济效果。从 1992 年首座竖炉在英国的希尔内斯钢厂（Sheerness）投产，到 1998 年为止，Fuchs 公司投产和待投产的竖炉共 25 座。

竖炉的结构、工作原理（见图 16-15）及预热效果：竖炉炉体为椭圆形，在炉体相

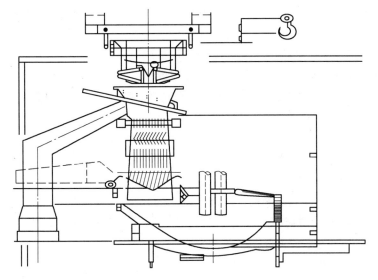

图 16-15 竖炉的结构示意图

当炉顶第四孔（直流炉为第二孔）的位置配置一竖窑烟道，并与熔化室连通。装料时，先将大约 60% 废钢直接加入炉中，余下的（约 40%）由竖窑加入，并堆在炉内废钢上面。送电熔化时，炉中产生的高温废气 1400～1600℃，直接对竖窑中废钢料进行预热。随着炉膛中的废钢熔化、塌料，竖窑中的废钢下落，进入炉膛中废钢温度高达 600～700℃。出钢时，炉盖与竖窑一起提升 800mm 左右，炉体倾动，由偏心底出钢口出钢。

为了实现 100% 废钢预热，Fuchs 竖炉又有新的发展——第二代竖炉（手指式竖炉），它是在竖窑的下部与熔化室之间增加一水冷活动托架（也称指形阀），将竖炉与熔化室隔开，废钢分批加入竖窑中，经预热后，打开托架加入炉中，实现 100% 废钢预热。手指式竖炉不但可以实现 100% 废钢预热，而且可以在不停电的情况下，由炉盖上部直接连续加入高达 55% 的直接还原铁（DRI）或多达 35% 的铁水，实现不停电加料，进一步减少热停工时间。

竖炉的主要优点是：

（1）节能效果明显，可回收废气带走热量的 60%～70% 以上，节电 60～80kW·h/t 以上。

（2）提高生产率 15% 以上。

（3）减少环境污染。

（4）与其他预热法相比，还具有占地面积小、投资省等优点。

竖炉同样有交流、直流、单壳、双壳之分。世界首座双壳竖炉 90t/90MV·A，1993 年 9 月在法国联合金属公司（SAM）建成，同期卢森堡阿尔贝公司（Arbed）也建成类似的竖炉，它们在投产后均显示出优越性，SAM 厂最好指标（1997 年 7 月 3 日创造的）为：电耗 340kW·h/t，电极消耗 1.3kg/t，冶炼周期 46min，生产率 126t/h。

16.3.3.3 康斯迪电炉

手指式竖炉实现炉料半连续预热，而康斯迪电炉（CONSTEEL Furnace），实现炉料连续预热，也称炉料连续预热电炉。该形式电炉于 20 世纪 80 年代由意大利得兴（TE-CHINT）公司开发，1987 年最先在美国的纽考公司达林顿钢厂（Nucor-Darlington）进行试生产，获得成功后在美国、日本、意大利等推广使用。

康斯迪电炉由炉料连续输送系统、废钢预热系统、电炉系统、燃烧室及余热回收系统等组成。康斯迪电炉是在连续加料的同时，利用炉子产生的高温废气对行进的炉料进行连续预热，可使废钢入炉前的温度高达 500～600℃，而预热后的废气经燃烧室进入余热回收系统。

康斯迪电炉实现了废钢连续预热、连续加料、连续熔化，因而具有如下优点：

（1）提高了生产率。

（2）降低电耗（80～100kW·h/t）、电极消耗。

（3）减少了渣中的氧化铁含量，提高了钢水的收得率等。

（4）由于废钢炉料在预热过程碳氢化合物全部烧掉，冶炼过程熔池始终保持沸腾，降低了钢中气体含量，提高了钢的质量。

（5）变压器利用率高，高达 90% 以上。

（6）容易与连铸相配合，实现多炉连浇。

（7）由于电弧加热钢水，钢水加热废钢，故电弧特别稳定，电网干扰大大减少。康斯迪电炉技术经济指标见表16-2。

表16-2　康斯迪电炉技术经济指标

节约电耗	节约电极	增加收得率	增加碳粉	增加吹氧量
100kW·h/t	0.75kg/t	1%	11kg/t	8.5m³/t

康斯迪电炉操作结果不仅取得了表16-2中较好的技术经济指标，而且还降低噪声、减少烟尘量以及减少电网的干扰，改善车间的环境。康斯迪电炉有交流、直流，不使用氧—燃烧嘴，废钢预热不用燃料，并且实现了100%连装废钢。

16.3.4　电炉底吹搅拌技术

16.3.4.1　问题的提出

电炉熔池的加热方式与感应炉不同，更比不上转炉。它属于传导传热，即由炉渣传给表层金属，再传给深层金属，它的搅拌作用极其微弱，仅限于电极附近的镜面层内，这就造成熔池内的温度差和浓度差。因此，电炉熔池形状要设计成浅碟形的，操作上，要求加强搅拌。国内钢厂操作规程要求，测温、取样前，要用2~4个耙子对钢液进行搅拌。但这样搅拌劳动强度大、人为干扰多，而且炉子越大（如大于30t），问题越突出。为了改善电炉熔池搅拌状况，国内外采用了电磁搅拌器。但效果差，设备投资大，即（80~100）万元/30t炉，而且故障多，目前已很少采用。

为解决上述问题，受底吹转炉的启发，在20世纪80年代，日本、美国等先后研究出电炉底吹气搅拌工艺，由于经济效果显著，发展很快。电炉底吹气体加强了熔池的搅拌，这对电炉炉型来说是一场革命，使电炉炉型由浅碟形变成桶形，近似成转炉炉型，这成为2000年后的趋势。

16.3.4.2　底吹搅拌系统及冶金效果

电炉底吹搅拌工艺，即在电炉炉底安装供气元件，向炉内熔池中吹Ar、N_2搅拌钢液。底吹系统的关键是供气元件。供气元件有单孔透气塞、多孔透气塞及埋入式透气塞多种，常用后两种。

电炉底吹气体加强熔池的搅拌，产生效果如下：

（1）加速废钢与合金的熔化，缩短冶炼时间约10min。

（2）降低电耗超过20kW·h/t。

（3）提高金属与合金的收得率。

（4）提高脱磷、硫等效果。

（5）节省人力。

复习思考题

16-1　炼钢电炉主要有哪几种类型？

16-2　电弧炉主要机械设备有哪些？

16-3　电弧炉主要电器设备有哪些？

16-4 电弧炉的炉体结构是怎样的?

16-5 什么是"老三期"?

16-6 现代电炉冶炼工艺的基本思想是什么?

16-7 电炉炼钢新技术包括哪些内容?

16-8 废钢预热主要有哪几种方法?

16-9 说明双壳炉的工作原理及主要优点。

16-10 怎样进行底吹搅拌,其冶金效果如何?

17 其他电冶金法

转炉和电弧炉是现代炼钢的主要方法。若要进一步提高钢的质量或熔炼在大气条件下不宜熔炼的含有大量活泼金属的钢种时，则应采用特种电炉熔炼法。本章介绍感应电炉炼钢、真空感应炉炼钢、电渣炉熔炼和等离子弧炉熔炼等电冶金方法。

17.1 感应电炉炼钢法

感应电炉的容量一般为几十千克至几百千克。它适用于实验室使用和小批量工业生产某些特殊钢种，如优质结构钢、工具钢、磁钢、电热合金和精密合金等。

炼钢生产多采用无芯感应电炉。其构造如图 17-1 所示。它由感应圈、电源、坩埚炉衬、绝缘支架等组成。

感应圈由水冷空心铜管做成，断面形状为矩形或圆形，用来产生交变磁场。

无芯感应电炉电源一般都是单相的。按输入电流的频率，又分为三种：高频（10000Hz 以上），用真空管式高频发生器；中频（500～10000Hz），采用中频发电机组或可控硅变频器；工频。

坩埚炉衬由于工作条件十分恶劣，寿命很短，在一定程度上限制了这种炼钢方法的发展。对炉衬耐火材料除要求耐火度高、抗渣性好之外，还要求炉壁薄，以提高电效率；高温导电率低；具有较小的体积膨胀系数。无芯电炉所用的耐火材料种类很多，可分为酸性、碱性和中性。如

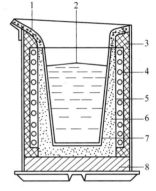

图 17-1 感应炉示意图

1—炉口耐火材料；2—钢液面；
3—绝缘支架；4—水冷铜感应圈；
5—绝热绝缘保护层；6—坩埚炉衬；
7—坩埚模子；8—耐火砖底板

冶炼过程中除磷、硫的任务不大时，多采用酸性耐火材料，如用硅石或石英砂制作炉衬。而碱性炉衬可采用镁砂制作或用镁砖直接砌筑。

无芯感应电炉与无铁芯的变压器相似，感应圈相当于变压器的原绕组，坩埚中的炉料相当于副绕组，它仅有一圈而且是闭合的。当感应圈通入交变电流时，在其中便产生交变磁场，使坩埚中的炉料产生感应电势和感应电流。由于金属炉料具有电阻，使电能转变成热能，加热和熔化金属。

感应电炉与电弧炉相比具有如下优点：

（1）没有碳质电极，冶炼过程中不会增碳，可以冶炼含碳极低的钢。

（2）没有电弧及电弧下的高温区，钢水吸气少，可炼出含气量极低的钢。

（3）交变磁场对钢液有电磁搅拌作用，有利于化学反应的传质过程，促进去气、去非金属夹杂物，钢水的成分和温度均匀。

（4）调节功率比较方便简单，能准确控制熔池温度。

（5）炉子尺寸较小，熔池单位体积的散热面积小，故热损失小，熔化速度快，生产

率高。

但无芯感应电炉也有不足之处：

（1）炉渣不能通过电磁感应加热，只能靠钢水加热，故炉渣温度较低，不利于渣—钢界面化学反应的进行。

（2）由于炉壁不能太厚，加之电磁搅拌钢水的不断冲刷及坩埚内外温差较大，使坩埚寿命缩短，一般仅为几十次。

所以，用感应炉熔炼一般钢种是不经济的。

无芯感应电炉的经济效果取决于每 1000kV·A 的功率在一年中的产钢量和钢锭成本。由于感应炉的熔化速度快，冶炼时间短，1.4t 的无芯感应电炉的产量接近于 4.7t 的电弧炉，而电能消耗只升高 10%。1.4t 无芯感应电炉的经济技术指标为：炉子热效率 65%；炉子的电效率 87%；炉子的总效率 57%；电动机—发电机组的效率 86%；设备的总效率49%。表 17-1 列出各种容量感应电炉的电能消耗和生产率。

表 17-1　各种容量感应炉的电能消耗和生产率

炉子容量/kg	发电机能力/kW	熔炼时间/min	电能消耗/kW·h·t^{-1}	生产率/kg·h^{-1}
45	60	40	850	70
130	100	60	800	130
270	150	75	750	225
450	300	60	700	450
900	600	60	900	675
1800	600	60	700	800
3600	1200	60	675	1575
5400	1750	150	675	2200

17.2　真空感应炉炼钢法

真空感应炉熔炼是在低压或惰性气氛下熔化、精炼和浇铸钢或合金化的一种冶炼方法。目前，这种工艺技术成熟，设备完善且大型化，形成了较大的生产能力。

真空感应电炉如图 17-2 所示。它也是一种无芯感应电炉，其构造特点是坩埚和钢锭模都在真空室内，在真空中熔炼和浇注。炉子容量为 0.5~2.5t，最大容量为 60t。一般工作真空度为 0.1Pa（0.001mmHg）左右。

真空感应炉熔炼有如下优点：

（1）金属的熔化、精炼和合金化都是在真空条件下进行的，避免了与大气作用而被污染。

（2）真空下，碳具有很强的脱氧能力，其产物 CO 又不污染金属，钢中非金属夹杂物少。

（3）可以精确地控制化学成分，特别是一些活性元素（如 Al、Ti、Zr、B 等）可以控制在很窄的成分范围内。

（4）在真空中，溶解在钢液中的 [N]、[H] 很容易被脱除，低熔点易挥发的金属杂质如 Pb、Sn、Sb 等能挥发去除。

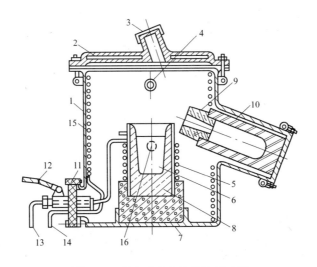

图 17-2　真空感应电炉炉体示意图

1—炉壳；2—炉盖；3—观察孔；4—抽气孔；5—感应器；6—钢水；7—坩埚底座；8—坩埚；9—保温帽；

10—钢锭模；11—绝缘板；12—电缆；13—感应器冷却水管；14，15—炉壳冷却水管；16—炉体转轴

　　真空感应炉也有一些缺点。如坩埚耐火材料被侵蚀后会造成对液体金属的污染；设备投资大，基建和操作费用较高。

　　真空感应炉主要用于生产宇航、导弹、火箭、原子能和电子工业等领域所需的高温合金、超高强度钢、不锈钢以及其他特殊用途的合金。此外，为进一步提高质量和效益，真空感应熔炼法正在作为一次熔炼提供纯净的自耗电极与电渣重熔或真空电弧重熔联合使用。

17.3　电渣重熔法

　　电渣重熔是利用熔渣的电阻热作为热源，将用一般冶炼方法（称为一次熔炼）生产的钢做成的自耗电极的端部在熔渣中熔化精炼（称为二次精炼），并在水冷结晶器中冷凝成钢锭，以提高其质量的冶炼方法。由于此法设备简单，操作方便，重熔质量好，因此，其作为二次精炼法在冶金领域中得到迅速发展、推广与应用。

　　电渣炉如图 17-3 所示。它由电源变压器、短网、自耗电极及其升降机构、水冷结晶器、底水箱组成。

　　电渣炉采用交流电源。3t 以下的电渣炉多采用单相变压器，而 3t 以上的炉子有采用三相的。工作电压为 50~100V，一般有 4~6 个调节挡。

　　自耗电极是和所生产的电渣锭同钢号的钢经一次熔炼后铸成或先铸后锻而成的电极。电极升降机构一般用丝杆传动或钢丝绳传动，要求电极下降速度可在 5~60mm/min 范围内调整。

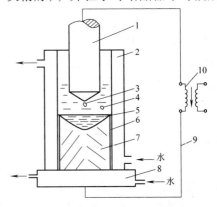

图 17-3　电渣重熔示意图

1—自耗电极；2—水冷结晶器；3—熔滴；
4—渣池；5—熔池；6—渣壳；7—重熔锭；
8—底水箱；9—短网；10—变压器

结晶器和底水箱既是电渣重熔的炉体，又是钢液结晶的锭模。结晶器为夹层式结构，外套为钢质，而内套则为导热良好的铜质。工作时，夹套中通水冷却，强制钢水凝固。底水箱必须使用导电好的紫铜板，表面要求平整光滑。

电渣重熔用的渣料要求具有较高的比电阻，熔点要低于重熔金属 $100 \sim 200℃$，有良好的脱氧和脱硫能力。目前广泛使用的是 CaF_2-Al_2O_3（70∶30）二元渣系。渣池深度一般为结晶器内径的 $1/3 \sim 1/2$。

电渣重熔的基本过程是在水冷结晶器内装有高温、高碱度的熔渣，自耗电极的一端插入渣池内；自耗电极、渣池、熔池、电渣锭、底水箱、短网导线和变压器之间形成电回路后，电流通过回路时，由于熔渣具有一定的电阻而发热，将自耗电极端部熔化；被熔化的电极金属以熔滴形式通过渣池滴入熔池，从而在水冷结晶器中自下而上地逐渐凝固成电渣锭。在重熔过程中，电渣锭将以适当的速度被从水冷结晶器中引出。这是一个有冶金熔渣参与反应的净化性重熔、重铸过程。

电渣重熔有如下优点：

（1）电渣炉无耐火材料炉衬，而且金属液滴通过渣池时相间反应能充分进行，使电渣钢含硫低、非金属夹杂物含量少。

（2）钢液在结晶器中沿轴向快速地进行定向结晶，钢锭结晶均匀而致密，化学成分均匀，金属密度可提高 $0.33\% \sim 1.77\%$。钢锭表面光滑，无需进行表面剥皮等精整工作。

（3）应用范围广，产品种类多。最适于生产大型（$160 \sim 350t$）优质锻造坯和大型（$10 \sim 30t$）扁坯和板坯，还可以铸代锻，减少工序，提高金属利用率。

（4）设备和工艺简单，投资和生产费用均低于真空电弧重熔法。

与真空电弧炉相比，电渣重熔法的缺点是去气效果较差，调整成分困难，耗电量大。

17.4　等离子弧炉熔炼法

等离子弧熔炼是利用等离子弧作为热源来熔化、精炼和重熔金属材料的一种特种冶炼方法。经等离子弧熔炼的难熔、活泼金属和钢及合金，其质量优异，可与真空冶炼的媲美。

等离子弧是由等离子体形成的电弧。由自由电子、正离子以及气体的原子和分子所组成的混合体称为等离子体。因为其中自由电子的负电荷总量与正离子的正电荷总量总是相等的，所以对外显示的总电荷等于零。但它能导电，并能受磁场的影响而改变自由电子的运动方向。

等离子体可用电弧法或高频感应法产生。用来产生等离子体的装置称为等离子枪，其结构如图 17-4 所示。等离子弧的建立过程是：先在铈钨电极（阴极）和喷嘴口（阳极）之间加上直流电压，并通入 Ar 气；然后用并联的高频引弧器引弧；接着再在铈钨电极和炉底电极之间加上直流电压，并降低喷枪，使等离子弧转移至铈钨电极和炉料（即炉底电极）之间，这时喷嘴口的电路切断，它与铈钨电极之间的电弧熄灭。

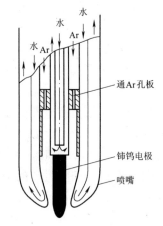

图 17-4　等离子喷枪结构示意图

用于炼钢生产的等离子弧炉从能源上可分为两种：一种是等离子电弧炉，它只利用等离子弧作能源，如图 17-5 所示；另一种是等离子感应炉（简称 PIF），在利用等离子弧的同时又利用感应加热，如图 17-6 所示。

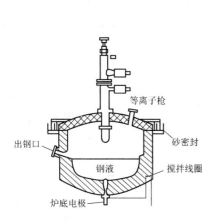

图 17-5 等离子电弧炉

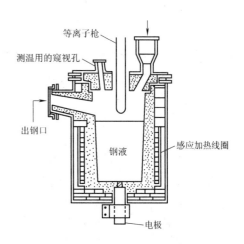

图 17-6 PIF 示意图

等离子电弧炉的炉体结构与普通电弧炉类似，所不同的是用等离子枪代替电极，在炉底装有阳极，炉膛为密封的，以保持惰性气氛成分的稳定。

等离子弧炉熔炼具有以下特点：

（1）等离子弧是高能量的热源，温度高，弧柱覆盖的液面温度或渣层温度可达1850℃左右，可以熔炼难熔金属和合金。热效率高，炼钢可节电 5%～10%。

（2）炉内有氩气保护，并可控制炉内气氛，可熔炼含有活性金属的合金钢。金属收得率高，废钢原料熔损少（约2%）。

（3）用水冷等离子喷枪可避免增碳，可生产超低碳钢，例如含碳质量分数为0.005%～0.009%的超低碳不锈钢。

（4）可以进行有渣或无渣冶炼。当采用有渣冶炼时，其气体含量、脱硫平均值可达到真空冶炼的水平。

复习思考题

17-1 何谓特种电炉熔炼法，有哪些方法？

17-2 简述无芯感应电炉、电渣重熔炉和等离子弧炉熔炼法的工作原理、优缺点和用途。

18　炉　外　精　炼

炉外精炼是指把传统炼钢中的部分炼钢任务或传统炼钢中较难完成的炼钢任务移到炉外进行，以获得更好的技术经济指标的钢水冶炼操作过程。炉外精炼把炼钢过程分为初炼和精炼两个步骤。初炼的主要任务是熔化、脱磷、脱碳和初合金化。精炼的主要任务是（下面的一种或几种的组合）在真空、惰性气氛或可控气氛的条件下，进行钢水脱氧、脱气、脱硫、去除夹杂和夹杂变性处理、调整合金成分（微合金化）、控制钢水温度等。

在现有的各种炉外精炼方法中，所采用的精炼手段基本上可分为渣洗（合成渣、还原），真空，搅拌（电磁、吹氩），加热（电加热、化学），喷吹（喂线）等五种工艺，当前名目繁多的炉外精炼方法也基本上是上述精炼手段的一种或多种的组合。

炉外精炼技术的发展可追溯到 1933 年用高碱度合成渣进行炉外脱硫工艺，在 20 世纪 50 年代开发出钢水真空处理技术 DH 和 RH，60 年代出现了 VAD、VOD、AOD 炉，70 年代出现了 LF 炉、钢包喷粉与喂线等，到 80 年代出现了 RH-OB、CASIR-UT 等新技术。

在 20 世纪 80 年代以前，炉外精炼设备主要用于处理特殊钢。目前，国内外许多钢铁生产厂炉外精炼比已达到了 100%，通过各种精炼手段，生产[C]＋[N]＋[O]＋[P]＋[S]≤0.005% 的洁净钢已成为现实。

目前，炉外精炼向组合化、多功能方向发展，并已形成一些较为常用的工艺组合与多功能模式：

（1）以钢包吹氩为核心，加上与喂线、喷粉、化学加热、合金成分微调等一种或多种技术相复合组成的钢水精炼站，多用于转炉与连铸生产。

（2）以真空处理装置为核心，与上述技术中之一或多种技术复合组成的钢水精炼站，也主要用于转炉与连铸生产。

（3）以 LF 炉为核心并与上述技术及真空处理等一种或多种技术相复合组成的钢水精炼站，主要用于电弧炉与连铸生产。

（4）以 AOD 为主体，包括转炉顶底复合吹炼、VOD 生产不锈钢和超低碳钢的精炼技术。

炉外精炼可大幅度提高钢的质量，缩短冶炼时间，简化工艺过程操作，降低生产成本。

18.1　以钢包吹氩为核心的炉外精炼工艺

18.1.1　钢包吹氩喂线精炼法

钢包吹氩喂线是一种简单广泛采用的钢水精炼法，一般初炼炉出钢后，通过钢包吹氩对钢水进行处理，从而达到均匀钢水成分和温度的目的。在对钢水吹氩的同时，加入废钢进行钢水降温。图 18-1 所示为各种简易的以钢包吹氩为核心的钢水处理工艺。

钢包吹氩喂线的基本功能有：均匀钢水成分和温度，微调钢水成分净化钢水、去除夹

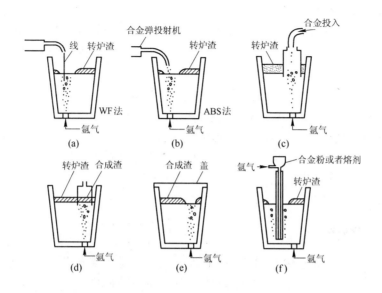

图 18-1　实用的各种简易钢包精炼法示意图

（a）喂丝法（成分调整）；（b）合金弹投射法（成分调整）；（c）CAS 法（成分调整，钢水洁净化）；
（d）SAB（Sealed Argon Bubbling）法（钢水洁净化）；（e）CAB（Capped Argon Bubbling）法
（钢水洁净化）；（f）TN 法（成分调整）

杂物。

钢包吹氩喂线的工艺特点有：

（1）采用钢包底吹氩（或顶吹氩）进行搅拌。

（2）通过喂线机将合金包芯线直接插入钢水中，可保证较高的合金回收率。

（3）处理过程温度损失较大。

钢包吹氩喂线的主要设备由吹氩供气控制系统、喂线机、除尘系统等组成。

18.1.2　CAS-OB 精炼法

CAS（Composition Adjustment by Sealed Argon Bubbling）即密封吹氩合金成分调整，是一种近年发展很快的钢包炉外精炼方法，1975 年首先由日本新日铁八幡厂推出。

进行 CAS 处理时，首先用氩气喷吹，在钢水表面形成一个无渣区域，然后将隔离罩插入钢水罩住该无渣区，使加入的合金与炉渣隔离直接进入钢水中，在隔离罩内增设氧枪吹氧，就是 CAS-OB 法，如图 18-2所示。

CAS-OB 的基本功能有：均匀钢水成分和温度；调整钢水成分和温度；提高合金收得率，净化钢水、去除夹杂物。

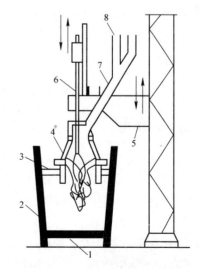

图 18-2　CAS-OB 设备示意图

1—多孔塞嘴（Ar）；2—钢包；3—渣；
4—隔离罩；5—隔离罩升降装置；6—氧枪；
7—合金料斜槽；8—集尘气烟罩

CAS-OB 的工艺特点是：

（1）采用钢包底吹氩进行搅拌，在封闭的隔离罩进入钢水前，用氩气从底部吹开钢液表面上的钢渣，下罩至钢水液面下一定深度，使得隔离罩内形成一个无钢渣且充满氩气的无氧区。

（2）在隔离罩内进行成分微调、化学升温等工艺操作，由于隔离罩内无渣、无氧气，合金回收率较高，可接近 100%，升温速度较快，可达到 5 ~ 13℃。

（3）隔离罩上部封闭为锥形，具有集尘排气功能。

隔离罩内吹氩排渣操作是 CAS-OB 生产中工艺控制的关键因素。

CAS-OB 由隔离罩及升降系统、合金称量及加入系统、除尘系统、钢包底吹氩搅拌系统、氧枪及供氧系统等主要设备组成。

18.1.3 钢包喷粉处理

钢包喷粉处理是在钢包内利用惰性气体作为载体，通过浸入式喷枪，向钢液喷吹合金粉或其他化合物对钢水进行精炼处理的方法，如图 18-3 所示。

钢水喷粉的基本功能有：脱硫、调整钢水成分；提高合金收得率；净化钢水、去除夹杂物。

钢水喷粉的工艺特点是：

（1）采用浸入式喷枪利用惰性气体作为载体，向钢液中喷合金粉进行成分微调，由于粉剂直接进入钢液，回收率非常高且稳定。

（2）处理过程温度损失较大。

（3）喷枪插入深度、喷吹压力、喷吹时间、供料速度及粉气比是钢水喷料处理的关键工艺参数。

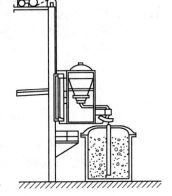

图 18-3   钢包喷粉法

钢水喷粉处理的主要设备由喷粉控制系统、喷粉枪升降系统和除尘系统等组成。

18.2   以真空装置为核心的炉外精炼工艺

18.2.1   DH 法

DH 法也称真空除气脱氧法，它是在钢液已冶炼完毕后，再进行脱气的一种方法。DH 法的脱氧是靠真空脱气室与外界大气的压差以及钢包和脱气室之间的相对运动（多为钢包上下运动），将钢液经过吸嘴分批送入脱气室内进行处理的，如此反复操作多次，使钢水能够充分处于真空状态下，每升降一次处理的钢液量通常为钢包容量的 1/10。

DH 的基本功能有：脱碳、脱氧、脱氢、减少氧化物夹杂；微调成分，使钢质量有很大提高；还能生产在大气中不能生产的超低碳钢。

DH 的脱氧率约为 50%，向脱气室吹入惰性气体时，能提高脱氧率约 10%。它通常能够调整的成分范围：碳 ±0.01%，硅 ±0.02%，锰 ±0.02%。

DH 法的工艺特点是：

（1）分批将钢水吸入真空容器内，在真空状态下对钢水进行脱气、微调合金成分。

（2）在真空状态下，合金回收率可达到95%以上。

（3）处理过程温降较大。

（4）DH法钢液处理量大，生产率高，合金收得率可达到90%～100%，并能准确地调整钢液成分，因而，近年来得到了迅速发展。

其不足之处是设备庞大，操作复杂，设备投资和日常维修费用较高。

DH法的主要工艺参数有钢液吸入量、升降次数、循环因数、停顿时间等。图18-4所示为DH真空脱气装置示意图。

DH装置主要是由真空脱气室、真空室烘烤装置、合金加入装置以及抽气用的真空系统组成。

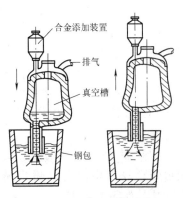

图18-4　DH真空脱气法装置

18.2.2　RH法

RH法又称循环真空脱气法，它的工作原理、主要设备及精炼项目都和DH法基本相同。

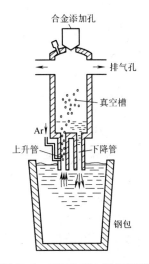

图18-5　RH法真空脱气原理

RH法的工作原理是：在真空室的下部设有两个开口管，如图18-5所示，即钢液上升和钢液下降管，处理钢液时，先将两管浸入钢包的钢液中，将真空室排气，钢在真空室内上升直到压差高度；这时向上升管中吹入氩气，则上升管内的钢液由于含有Ar气泡而密度减少从而继续上升；与此同时，真空室内液面升高，下降管内压力增大，为恢复平衡，钢液沿下降管下降；这样，钢液便在重力、真空和吹氩三个因素的作用下不断进入真空室内；钢液进入真空室时，流速很高，Ar气泡在真空室中突然膨胀，使钢液喷溅成极细小的液滴，因而大大地增加了钢液和真空的接触面积，使钢液充分脱气。如此周而复始循环多次，最终获得纯度高、温度和成分都很均匀的钢液。

RH的基本功能有：深度脱碳、脱氧、脱氢、减少氧化物夹杂；微调成分，使钢质量有很大提高；还能生产在大气中不能生产的超低碳钢。

RH法的工艺特点是：

（1）循环将钢水吸入真空容器内，在真空状态下对钢水进行脱气、微调合金成分。

（2）在真空状态下，合金回收率可达到95%以上。

（3）处理过程温降较大。

（4）RH法钢液处理量大，生产率高，合金收得率可达到90%～100%，并能准确地调整钢液成分，因而，近年来得到了迅速发展。

其不足之处是设备庞大，操作复杂，设备投资和日常维修费用较高。

RH法的主要工艺参数有钢液吸入量、升降次数、循环因数、停顿时间等。

RH法的主要设备有真空脱气室、真空室烘烤装置、钢包顶升机构、加料装置、预热装置、惰性气体和反应气体输送系统、真空泵系统、除尘系统和检测仪表等。

RH法的发展如下：

（1）在 RH 真空室顶部增设吹氧装置，在钢水处理过程中向钢水供氧气进行化学升温，即是 RH-OB 法。

（2）在 RH 真空室顶部增设喷粉装置，在钢水处理过程中向钢水喷吹粉剂，即是 RH-KTB 法，如图 18-6 所示。

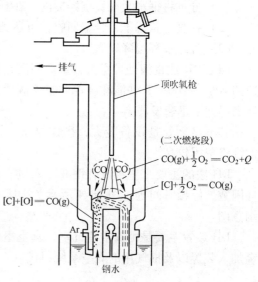

图中标注：
- 排气
- 顶吹氧枪
- （二次燃烧段）
- $CO(g)+\frac{1}{2}O_2=CO_2+Q$
- $[C]+\frac{1}{2}O_2=CO(g)$
- $[C]+[O]=CO(g)$
- Ar
- 钢水

图 18-6 RH-KTB 法示意图

18.2.3 ASEA-SKF 法

ASEA-SKF 法是将加热、搅拌、真空等综合在一起的一种炉外精炼法，它是钢液真空处理进一步发展的结果。第一座 ASEA-SKF 钢包精炼炉是在 1965 年由瑞典滚珠轴承公司（SKF）与瑞典通用电气公司（ASEA）合作，在瑞典 SKF 公司的海莱伏斯（Hallefors）钢厂建成的。

ASEA-SKF 法的基本功能有：调节温度、微调合金成分；脱气、去除夹杂物。

ASEA-SKF 法的工艺特点是：

（1）工艺流程是钢液从初炼炉出钢，倒入钢包炉内；将钢包炉吊入搅拌器内，除掉初炼炉渣，加造渣料换新渣；电弧加热，到新渣化好与钢液温度合适后，盖上真空盖进行真空脱气处理，钢包炉自从吊入搅拌器内就开始了对钢液的电磁感应搅拌作用；真空脱气后，通过斜槽漏斗加入合金钢液调整成分；最后将钢液再加热到合适温度，将钢包炉吊出，直接浇注。整个精炼时间一般为 1.5 ~ 3.0h。

（2）ASEA-SKF 法将炼钢过程分为两步：由初炼炉（如电炉、转炉）熔化钢铁料，调整含碳量与温度即可出钢；然后在钢包炉内，在电磁搅拌的条件下，进行电弧加热、真空脱气、除渣和造渣、脱硫、真空脱氧和脱碳、调整成分与温度，最后吊出钢包进行浇注。

（3）ASEA-SKF 法采用电磁搅拌，处理过程温度损失小。

（4）ASEA-SKF 法采用电极加热，处理过程中不会对钢水造成二次污染。

ASEA-SKF 法的主要设备有：

（1）钢包，由非磁性材料制成，有滑动水口，可直接用于浇注。

（2）电磁感应搅拌器，使钢水产生搅拌作用。

（3）真空炉顶和真空泵系统。

（4）电极炉顶及电气设备。

（5）电视—摄影及其他辅助设备，如钢包移动装置，原料加入装置和集尘装置等。

钢包精炼炉装置可以分为固定式钢包精炼炉和移动式钢包精炼炉两类。感应搅拌器固定，而真空炉顶和电弧炉顶摆动为固定式钢包精炼炉，反之则为移动式钢包精炼炉。如图 18-7 所示。

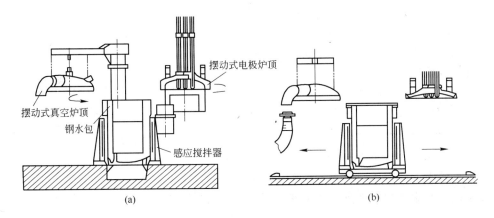

图 18-7　ASEA-SKF 精炼炉示意图
（a）钢包固定式；（b）钢包移动式

ASEA-SKF 法的优点包括：

（1）提高钢的质量。由于精炼过程中可以对钢液进行加热和电磁感应搅拌，钢液的脱气时间不受限制，为夹杂物上浮创造了有利条件。所以工艺操作灵活，脱硫、脱氧、脱碳、调整成分和温度都可以进行。

（2）提高原有设备的生产能力。如当初炼炉是电弧炉时，由于精炼过程转入钢包内进行，缩短了电炉冶炼时间，使电炉产量大大提高。

（3）扩大品种。精炼过程中可加入大量的铁合金，可生产由碳素钢到合金钢等范围很广的品种。

（4）降低成本。初炼炉的冶炼时间缩短，铁合金的收得率提高等。

ASEA-SKF 法的缺点是设备较复杂，低频电源装置造价昂贵，精炼时间较长。

ASEA-SKF 法的精炼效果如下：

（1）脱气。实践表明，该法的脱氧、脱氢效果基本上和 DH 法、RH 法相同。而在脱氮方面的效果比较差。

（2）脱硫和去夹杂物。由于造渣容易再加上强有力的搅拌，使该法的脱硫能力和去除夹杂物的能力都很强。因此钢液十分洁净，几乎没有硫化物夹杂和氧化物宏观夹杂，其他夹杂也很少。从而使钢的力学性能大大提高。

（3）钢液成分和温度控制准确，钢液成分稳定而均匀，诸多元素都能精确地控制在要求范围内，合金收得率几乎为 100%，钢液温度能精确控制，浇注时的温降极小，使钢锭表面几乎没有缺陷。

18.2.4　VOD 法

VOD 法是 Vacuum（真空）Oxygen（氧）Decarburization（脱碳）的缩写，该法是在真空减压条件下，顶吹氧气脱碳，并通过包底吹氩促进了钢水的循环运动。1965 年德国维腾（Witten）特殊钢厂制造出世界上第一台 VOD 炉，由于在真空条件下很容易将钢水中

的碳和氮去除到很低水平，因此，该精炼方法主要用
于超纯、超低碳不锈钢和合金钢的二次精炼。如图
18-8 所示。

18.2.4.1　VOD 法的精炼工艺

VOD 法首先在电弧炉或转炉中熔化钢铁料，并进
行吹氧降碳，使钢液中的碳的质量分数降到 0.4% ~
0.5%（过高，延长精炼时间；过低，会降低铬的回
收率），除硅外其他成分调整到规定值；待炉温合适
后出钢，出钢时应尽量避免钢渣流入钢包；然后将装
有钢水的钢包吊到真空室内，这时边吹 Ar 搅拌边抽
真空，随着熔池上面的压力降低，溶解于钢液内的碳

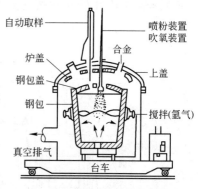

图 18-8　VOD 设备示意图

氧开始反应，产生激烈的沸腾，待钢液平静后，开始吹氧精炼，此时熔池表面上的渣量少
些为宜。

随着碳浓度的降低，真空度应逐渐上升。脱碳完成之后，仍继续进行吹氩搅拌，并进
行脱氧操作，经调整成分和温度，然后从真空室内吊走钢包，送去浇注。

这种方法没有加热装置，但由于处理过程中的氧化反应放热，会使钢液温度略有
上升。

18.2.4.2　VOD 法的主要特点

VOD 法的主要特点如下：

（1）VOD 法有很好的脱碳能力，在冶炼超低碳不锈钢时，很容易把碳的质量分数降
到 0.02% 以下，而 Cr 几乎不氧化，所以可以使用廉价的高碳铬铁来降低生产成本。

（2）由于真空处理和氩气搅拌，使 VOD 法有非常良好的去气、去夹杂物的能力，可
生产出非常纯净的钢。

（3）VOD 法的通用性强，它不仅适用于冶炼不锈钢，也可对各种特殊钢进行真空精
炼或真空脱气处理，这时 VOD 装置中就不需要像冶炼不锈钢那样强烈吹氧去碳，处理时
间大大缩短，使钢包寿命大幅度提高，同时也减少了钢包耐火材料对钢液的污染。使钢的
质量得到进一步改善。

（4）由于吹氧法使钢液喷溅严重。因此和其他精炼方法相比，VOD 法的钢包寿命
较低。

（5）由于没有外来热源，故 VOD 炉不能准确控制钢液温度。为解决这个问题，可增
添三相电弧加热炉盖。

18.2.4.3　VOD 法精炼各期的作用

VOD 法冶炼不锈钢，经初炼的钢水进入 VOD 炉后，大致经过真空吹氧脱碳，真空碳
脱氧，还原和调整温度、成分四个阶段的精炼，而得到合格的钢水。

　A　真空吹氧脱碳

进入 VOD 炉的粗钢水含碳量一般为 0.4% ~ 0.5%，温度为 1630 ~ 1670℃。钢水进入
VOD 炉后，即开始在氩气搅拌的同时抽真空，随着压力的下降，钢液碳氧平衡移动，发
生碳氧反应，产生较激烈的沸腾。一般当钢水沸腾减弱后（压力为 6.67 ~ 13.32kPa）开
始吹氧，在低压状态下进行脱碳，即前述的高碳区的脱碳。这一阶段的主要任务是在低压

下快速脱碳，同时尽量减少铬的氧化。

影响脱碳速度的主要因素是供氧强度、氩气搅拌强度和真空度。

B 真空碳脱氧

在真空条件下吹氧，使钢中含碳量降到临界含碳量后，脱碳反应受碳向反应区的扩散控制。继续吹氧则会造成局部的过氧化，使钢水中的铬大量氧化。在 VOD 精炼不锈钢过程中，当碳降到临界含量时，应立即停止吹氧，在真空和氩气搅拌作用下，依靠钢中残余的碳进行脱氧，同时使碳进一步降低。

影响真空碳脱氧的主要因素是真空度和搅拌强度。

C 还原

在真空条件下吹氧脱碳，"去碳保铬"只是一个相对的概念。实际上，在碳氧化的同时，铬也部分氧化，只是氧化量较低而已。钢液中碳含量低而铬含量高，碳的氧化多数属于间接氧化，即吹入的氧首先氧化钢中的铬，生成 Cr_3O_4 等氧化物，然后碳与它们作用被氧化。吹氧脱碳过程中铬的氧化使渣中氧化铬的含量相当高，习惯上称为富铬渣。为了提高铬的回收率，除了在吹氧脱碳时创造条件尽量减少铬的氧化外，还应对富铬渣进行还原。VOD 精炼不锈钢过程渣中铬含量的变化见表 18-1。

表 18-1 VOD 精炼不锈钢过程渣中铬含量 （%）

吹氧前 $w(Cr_3O_4)$	吹氧后 $w(Cr_3O_4)$	还原后 $w(Cr_3O_4)$	钢液条件		
			$w(C)_终$	$w(Cr)_配$	$\Delta w(Cr)$
约 5	10~20	0.5~1.5	0.015/0.03	18	1~2

还原剂的选择如下：炼钢过程传统的脱氧元素是锰、硅、铝，由于锰氧化还原反应的热力学性质与铬很相近，在富铬渣的还原中难以起到还原剂的作用；使用硅铁作还原剂成本比用铝小得多，而且减少了后步浇注过程中由于 Al_2O_3 堵水口等问题，故目前多采用硅铁作还原剂，也可使用硅铬合金。

D 调整温度、成分

经以上处理的钢水基本上接近钢种要求，一般在破坏真空的条件下加入合金和不锈钢返回料，并继续吹氩搅拌，调整钢水温度和成分，使之符合要求。

18.2.4.4 VOD 法的其他形式

A VAD 法

VAD 法是真空脱气加电弧加热的钢包精炼法。VAD 法如图 18-9 所示。

该法与 ASEA-SKF 法有所不同，它是在减压下进行电弧加热，而且钢液的搅拌由钢包底吹 Ar 气进行。与 VOD 法相比，只是增加了三相电弧加热炉盖和有关电气设备。

此法抽真空、吹氩、电弧加热、加入渣料、合金料等可以同时进行，适应性强，能冶炼范围很广的碳素钢和合金钢，而且精炼效果非常好。VAD 精炼法具备了 VOD 精炼的全部功能，并增加了钢水物理加热功能。

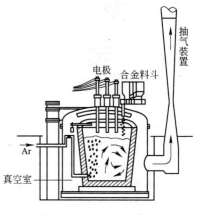

图 18-9 VAD 法示意图

B　SSVOD 法

SSVOD 法基本同 VOD 法，该法只是具有更强的钢包底吹氩功能。

18.3　以 LF 炉为核心的炉外精炼工艺

18.3.1　LF 法

18.3.1.1　LF 炉的基本概念

LF 炉（Ladle Furnace）是日本 20 世纪 70 年代初发明的精炼设备。它最初主要配合超高功率电炉来实现电炉工厂高生产率和高质量钢的生产，LF 炉是把电炉的还原期任务接过来，在钢包内完成，所以 LF 炉也称钢包炉。超高功率电炉与 LF 炉相配合，一个班（8h）可以生产 9 炉钢，实现了连铸机的连续连铸，成为短流程高效率冶金工厂。正因为 LF 炉能用较少的投资解决钢包内氧化渣变还原渣的问题，转炉厂配上 LF 炉后就能取得电炉钢的质量，由于它设备简单，投资费用低、操作灵活和精炼效果好，而成为冶金行业的后起之秀。LF 炉如图 18-10 所示。

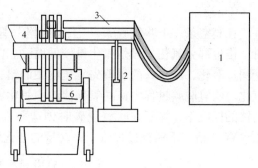

图 18-10　LF 炉示意图

1—变压器；2—旋转机构；3—电极升降机构；
4—加料斗；5—水冷炉盖；6—钢包；7—钢包车

操作时，电弧埋在钢液上的熔渣层中，用合成渣料造渣，同时一边进行吹氩搅拌，一边使钢水包维持强还原气氛。它是不带真空设备的 VAD 法，其效果与 VAD 法相近，优点是设备简单，费用低廉。

18.3.1.2　LF 炉设备布置形式

LF 炉设备布置形式分为上动式、下动式和联动式。

A　上动式

所谓上动式指的是炉盖和电极升降系统连接在一起能够从处理位摆出的形式，炉盖下只有一个钢包支撑架。需处理钢水时，炉盖和电极升降系统从处理位摆出，天车吊下钢包后，再摆回处理钢水。处理完毕，炉盖和电极升降系统从处理位摆出，天车吊走钢包，等待处理下一炉钢水。这是 LF 炉设备较简单的一种形式，但作业率偏低，适合单炉作业的电炉厂。

B　下动式

所谓下动式指的是炉盖和电极升降系统放在一台固定龙门架上，炉盖下有钢包车轨道，在处理位外有一台或二台钢包车交替使用如图 18-11 所示。需处理钢水时，钢包放到钢包车上，再将钢包车开到处理位。处理完毕，再将钢包车开到吊钢包位。两台钢包车交替使用可提高 LF 炉的作业率，在处理第一炉钢水时就可以将

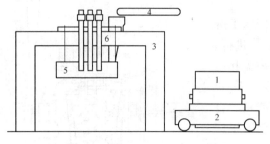

图 18-11　下动式 LF 炉布置示意图

1—钢包；2—钢包车；3—固定龙门架；
4—加料皮带；5—炉盖；6—电极

下一炉钢水放到另外一个钢包车上，节省了辅助时间。

C　联动式

所谓联动式是上动式和下动式的组合，指的是炉盖和电极升降系统能够从第一个处理位摆到第二个处理位，与下动式不同的是同时有两条钢包车轨道，在处理位外每条轨道上各有一台钢包车。需处理钢水时，钢包放到第一条轨道上的钢包车上，再将钢包车开到第一处理位进行处理。

同时，第二条轨道上的钢包车上也放上钢包，开到第二处理位等待处理。第一炉处理完毕后，炉盖和电极升降系统从第一个处理位摆到第二个处理位，连续处理，而第一条轨道上的钢包车可直接开到连铸接钢跨。天车吊走第一炉钢包后，钢包车开回来，吊来第三炉钢水，如此反复。用二台钢包车交替使用可缩短辅助时间，此方案作业率与下动式双钢包方案没什么本质区别，但设备更复杂。

18.3.1.3　LF 炉设备组成

LF 炉由钢包、炉盖、电极和电极加热控制系统、加料系统、除尘系统组成。

18.3.1.4　LF 炉精炼功能

LF 炉有如下四个独特的精炼功能：

（1）炉内气氛能够保证还原性，钢液在还原条件下精炼可进一步脱氧、脱硫及去除非金属夹杂物，有利于钢液质量的提高。

（2）良好的氩气搅拌有利于钢—渣之间的物质传递，有利于脱氧、脱硫反应的进行，对支队非金属夹杂物更为有利。

（3）埋弧加热，LF 炉一般采用三根石墨电极插入渣层埋弧加热，辐射热少，热利用率高，同时电极与钢水及渣中的氧化物作用生成 CO 气体，使炉内气氛具有还原性。

（4）白渣精炼，白渣在 LF 炉内具有很强的还原性，白渣精炼可以降低钢中氧、硫及非金属夹杂物。

18.3.1.5　LF 炉的作用

LF 炉的作用有：

（1）LF 炉与电炉相连，加快了电炉生产周期，并提高了电炉钢的质量。

（2）LF 炉与转炉相连，可以对转炉钢还原精炼，能提高钢的质量。

（3）LF 炉能严格控制钢水的成分和温度，可以生产高品质和高合金的品种钢。

（4）LF 炉采用电加热，能对钢液保温，可以有效地调整、控制生产节奏。

18.3.2　LFV 法

LFV 法是功能作用基本与 ASEA-SKF 法接近或相同的一种钢水精炼法，其主要不同处是 LFV 法采用钢包底吹氩进行钢水搅拌，而 ASEA-SKF 法采用电磁搅拌。LFV 法如图 18-12 所示。

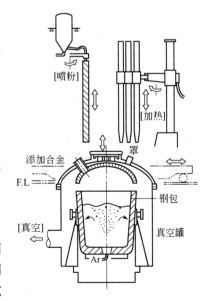

图 18-12　LFV 法示意图

18.4 以 AOD 为主体的炉外精炼工艺

AOD 法是氩氧脱碳法（Argon Oxygen Decarburization）的简称，1954 年由美国 UCC 公司（Union Carbide Corporation）开始研究，1968 年在乔斯林钢公司研制成功世界上第一台 AOD 炉，它的出现基本解决了原来不锈钢生产中成本高、质量低、操作控制难、生产节奏慢等问题，它一面世便得到了广泛的应用和发展。

18.4.1 AOD 炉的精炼原理

AOD 炉精炼的基本原理与 VOD 的真空下脱碳原理相似，后者是利用真空使脱碳反应产物 CO 分压降低，而前者是利用氩气稀释方法使 CO 分压降低，而不需要设置真空设备。

在 AOD 吹炼中，利用氩气的稀释作用来使碳氧反应生成的一氧化碳的分压低于临界值，从而保证碳氧反应能够顺利进行，在 AOD 吹入的 O_2 和 Ar 的混合气体中，氧气与氩气的比例影响着 AOD 的脱碳、铬氧化、温度的变化等工艺，是 AOD 生产操作中的关键工艺参数。

18.4.2 炉子结构

AOD 炉的外形与氧气吹转炉十分相似。主要由炉体、倾动设备、加料系统、氩气枪、气路系统和除尘设备等组成。

氩氧枪采用气体冷却，具有双层套管结构，内管通氩氧混合气体，外层吹氩气。

18.4.3 操作工艺

通常初炼炉为电炉或复合吹炼的转炉，在初炼炉中进行熔化、升温、还原、调整成分和温度。出钢成分为 $w[C] = 0.6\%$，出钢温度为 1650℃。然后将钢液倒入 AOD 炉吹氩氧脱碳和调整铬、镍等成分。

吹炼过程大致分为四期：

第一期，O_2：Ar = 3：1，停吹时 $w[C] = 0.2\%$；

第二期，O_2：Ar = 2：1，停吹时 $w[C] = 0.1\%$；

第三期，O_2：Ar = 1：2，停吹时含碳量为要求的限度；

第四期，吹 Ar 搅拌约 2~3min，同时进行脱氧、脱硫、最终调整成分和温度，然后出钢。

AOD 炉的精炼时间一般在 1.5h 左右，它随炉子的大小会有一定差异。

18.4.4 AOD 法的精炼特点

AOD 法精炼有以下特点：

（1）能顺利地冶炼低碳和超低碳不锈钢，铬在吹炼过程中很少烧损。这点和 VOD 法一样。

（2）脱硫十分有效。这是强烈的氩气搅拌和高碱度还原渣作用的结果。

（3）脱碳结束时钢中的氧含量比电弧炉低得多（但略高于 VOD 炉），可以大大节省脱氧剂，并减少了钢中的非金属夹杂物的含量。

18.4.5　AOD 炉的优缺点

在不锈钢生产 AOD 和 VOD 两种精炼工艺中，从 20 世纪 70 年代以来，AOD 的发展速度远远超出了 VOD，有人这样评价："AOD 法虽然失去了真空所赋予的化学自由，却得到了真空所没有的操作自由"。

AOD 炉的优点主要包括：

（1）不需要真空设备，基建投资少。

（2）原料适应性强，操作方便。

（3）脱碳保铬效果好，易于调整成分，生产率高。

AOD 炉的缺点主要有：

（1）氩气、还原剂消耗高。

（2）炉衬寿命低，一般只有 100 ~ 200 次。

（3）与 VOD 炉不同，AOD 炉不能直接浇注，需出钢一次，影响了钢的质量。不能生产超低碳钢。

（4）设备通用性差，现已成为冶炼不锈钢的专用设备。

复习思考题

18-1　为什么要进行炉外精炼，炉外精炼常用的手段有哪些？

18-2　比较 DH 法和 RH 法的异同。

18-3　常用的炉外精炼炉可分成几大类，各类炉子的主要特点是什么？

19　钢锭模铸锭

钢的浇注，就是把在炼钢炉中或炉外精炼所得到的合格钢水，经过钢包（又称盛钢桶）及中间钢包等浇注设备，注入到一定形状和尺寸的钢锭模或结晶器中，使之凝固成钢锭或钢坯。钢锭（坯）是炼钢生产的最终产品，其质量的好坏与冶炼和浇注有直接关系，是炼钢生产过程中质量控制的重要环节。

目前采用的浇注方法有钢锭模铸钢法（模铸法）和连续铸钢法（连铸法）两种，下面主要介绍传统的钢的浇注方法——模铸法。

19.1　模铸法及特点简介

模铸法是将盛钢桶内的钢水注入到具有一定形状和尺寸的钢锭模中，把液态的钢水变成固态的钢锭。钢锭经过初轧开坯轧制成钢坯，然后再进一步轧制成各种钢材。

模铸法可分为以下几种。

19.1.1　坑铸法和车铸法

根据浇注系统的摆放位置不同，可将模铸法分为坑铸法和车铸法。

坑铸法是将钢锭模摆放在铸坑内的底板上进行浇注，浇注作业全在铸锭跨内进行。此法生产效率低，劳动条件差，因此仅在一些中小型的炼钢车间采用。

车铸法是将钢锭模摆放在铸车的底板上进行浇注的，除在铸锭跨内进行浇注钢液外，其他作业如脱模、整模等均在另外的厂房内进行，从而克服了坑铸法的缺点。但占地面积大，基建投资多，多在大型的炼钢车间采用。

19.1.2　上注法和下注法

根据钢液由钢包注入钢锭模的方式不同，又将模铸法分为上注法和下注法两种。

19.1.2.1　上注法

钢液由钢锭模上口直接注入模内的浇注方法，称为上注法，如图19-1所示。上注法每次只能铸1支（或2~4支）钢锭，必需的设备是钢包、钢锭模、保温帽、中注管（中间漏斗）和底板（底座）。

与下注法相比，上注法有如下一些优点和缺点：

（1）优点：铸锭准备工作简单，耐火材料消耗少，钢水收得率高，钢锭成本低；由于耐火材料侵蚀产生的夹杂物少；浇注速度比下注法快，注温可比下注法低；有利于减少翻皮、缩孔和疏松等钢锭缺陷，钢锭内部质量好。

（2）缺点：每次只能浇注1支（或2~4支）钢锭；

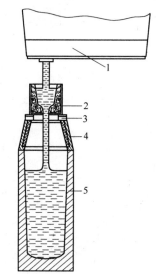

图 19-1　上注法

1—钢包；2—中间漏斗；3—底座；

4—保温帽；5—钢锭模

开浇时易引起飞溅，造成结疤、皮下气泡等缺陷；容易烧坏钢锭模和底板，钢锭模消耗较高；只适宜大钢锭的浇注。

19.1.2.2 下注法

钢液经中注管、汤道从模底进入模内的浇注方法，称为下注法，如图19-2所示。下注法一次能够铸成数根至数十根钢锭。

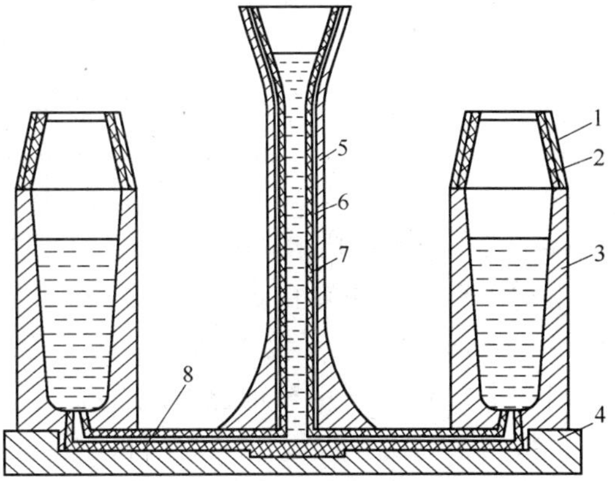

（1）优点：能同时浇注若干支钢锭，生产率较高；钢液在模内上升平稳，钢锭表面质量好；有利于钢中气体及夹杂物上浮排出。此法在炼钢生产中得到普遍采用。

（2）缺点：铸锭准备工作复杂，耐火材料消耗高，钢液损失多，导致钢锭成本增加；由于钢液对耐火材料的侵蚀，可能使钢中夹杂物增加，钢锭上部钢液温度低，不利于钢液的补缩，使钢液内部质量不如上注法好。

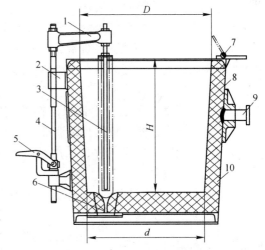

图 19-2 下注法

1—保温帽；2—绝热层；3—钢锭模；4—底盘；5—中注管铁壳；6—石英砂；7—中注管砖；8—流钢砖（汤道）

在实际生产中，具体采用哪一种浇注方法，应根据钢锭大小、钢钟特点和生产条件等合理选择。如对表面质量要求不高的不锈钢、硅钢、轧制薄板钢等，宜采用下注法；对内部质量要求较高的轴承钢、炮弹钢等，宜采用上注法；高碳钢宜采用快速上注法；低碳钢宜采用下注法；一般小钢锭适宜下注法，沸腾钢适宜下注法，半镇静钢适宜上注法。

19.2 模铸法的主要设备

模铸法的主要设备包括钢包、钢锭模、保温帽、中注管和底板等。

19.2.1 钢包

钢包是盛钢水以进行浇注的主要设备。钢包的容积，应足够容纳全部钢水和部分保温用渣液，此外，还应有10%左右的余量，以适应钢水量的波动，确保安全。钢包的结构如图19-3所示。

钢包的内部是上大下小的圆柱形，外壳由钢板焊成，略带锥度，内衬耐火材料；桶底留有一个镶嵌水口砖用的圆孔（水口），桶壁两侧对称装有耳轴，供吊运、支撑钢包用；桶侧还装有塞棒升降传动机构（一般滑动水口没有），控制水口的开启及其开度大小，从而控制钢流的浇注速度。

在出钢使用前，必须将其烘干并预热到一定温度。

图 19-3 带塞棒的钢包

1—叉形接头；2—导向装置；3—塞棒；4—滑杆；5—把柄；6—水口砖；7—保险挡铁；8—外壳；9—耳轴；10—内衬

钢包水口的控制系统有两种类型：塞棒水口和滑动水口。

由图 19-3 可见，塞棒水口控制系统包括塞棒操纵装置、塞棒和水口三部分。浇注钢液时，要求利用塞棒来启闭水口并控制钢流的大小，故要求塞棒头必须严密堵住水口眼。

滑动水口装置主要由上、下水口和上、下滑板组成。如图 19-4 所示为滑动水口的工作原理。上水口和上滑板均固定在钢包的底壳上，下水口

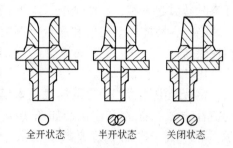

全开状态   半开状态   关闭状态

图 19-4   滑动水口工作原理

和下滑板则固定在滑动盒中。操作时，通过滑动机构错动两块滑板位置，以此控制水口的启闭程度，从而控制钢流的大小。目前广泛采用的滑动水口有两种类型：一类是滑动做直线运动；另一类是滑动做旋转运动，也称为放置水口。

近年来，随着在钢包内精炼和脱气处理等新技术的应用，要求提高出钢温度和延长钢液在钢包内的停留时间。在这种情况下，塞棒水口已不能适应要求，生产中普遍采用滑动水口。滑动水口的使用，可以简化盛钢桶的准备工作，改善劳动条件，节约耐火材料，加快钢包的周转，并减少由于塞棒断头等造成的事故，为实现浇注的机械化和自动化创造了条件。

19.2.2   钢锭模

钢锭模是浇注时承受钢液的模子，是使钢液凝固成钢锭的模型。

19.2.2.1   钢锭模的结构

钢锭模大多用铸铁铸造而成，其使用寿命波动较大，一般在 60~80 次。其断面尺寸及开口取决于钢种、用途和初轧机能力等，所铸钢锭的单重在几百千克到十几吨之间。

19.2.2.2   钢锭模的形状

从钢锭模的纵断面形状来看，有上大下小型和上小下大型两种，如图 19-5 所示。

（1）上大下小、有底、带保温帽的钢锭模，如图 19-5(a)所示，适宜于浇注镇静钢，因其上部断面较大并带有保温帽，能使上部钢液冷却凝固得慢些，有利补缩，可避免在锭身产生缩孔，提高钢锭质量。

（2）上小下大、无底、不带保温帽的钢锭模，如图 19-5(b)所示，适宜于浇注沸腾钢，因其上大下小，便于脱模，钢锭不会产生集中缩孔，有利于提高钢锭质量。一些炼钢车间厂为了简化铸锭生产工序，采用在上小下大的钢锭模内挂装绝热板，用于浇注镇静钢，取得了较好效果。

钢锭模的断面形状即决定了钢锭的断面形状，二者是一致的。一般情况下，常用方形、扁形断面的钢锭模。

19.2.3   保温帽

19.2.3.1   保温帽的作用

保温帽的作用是使钢锭头部长时间处于液态，以便充填钢锭本身因凝固收缩而产生的缩孔，从而得到致密的钢锭。保温帽安装在上大下小的钢锭模的上部。

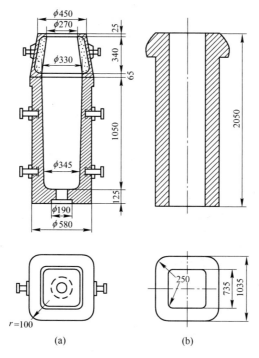

图 19-5　钢锭模纵断面形状

（a）上大下小型；（b）上小下大型

保温帽的容积大小与钢种、钢水温度、钢锭大小、保温帽形状、内衬及顶部保温剂的导热性以及发热剂的发热量等有关，一般占钢锭质量的 8% ~ 12%。

19.2.3.2　保温帽的结构

保温帽由铸铁外壳和耐火保温衬组成。目前大多采用轻质绝缘保温帽，其结构形式有固定式和浮游式两种。保温帽可以制成整体，也可以由数块绝热板装配成保温帽。绝热板一般由粉状耐火骨料（如石英砂、氧化铝粉）、纤维材料（如纸渣或矿棉）和黏结剂（如纸浆、树脂）经配制加工成型。

为了取得更好的补缩效果，有的还在浇注快结束时往保温帽内加入发热剂，减少钢锭顶部钢液的热损失，以更好地发挥保温帽的补缩作用，提高钢锭质量，从而提高钢材质量和成材率。

19.2.4　中注管

在采用下注法时，中注管的作用是将从钢包水口流下的钢液引入分流砖、流钢砖而流入各个钢锭模内。

中注管由铸铁外（铁）壳、漏斗砖和中注管砖组成，如图 19-2 所示为了保证钢液能注满锭模，中注管应比钢锭模和保温帽高出 400 ~ 600mm，以保证浇注时钢液有足够的静压力。

19.2.5　底板

底板又称底盘或锭盘。上注法底板的作用是承托钢锭模，其表面无沟槽；下注法的底板铸有下凹的沟槽，槽内砌分流砖和流钢砖。

底板由铸铁铸成，按底板沟槽的形状可分为树枝形底板和放射形底板，前者用于浇注支数较多而单重较小的钢锭；后者用于浇注支数较少而单重较大的钢锭。

19.3　模铸浇注工艺

模铸工艺流程主要包括生产准备、钢液浇注、钢锭冷却和退火三个环节。

19.3.1　浇注准备

浇注准备主要包括：

（1）浇钢前将钢包清理干净并烘烤好。

（2）根据钢种要求选择好合适的水口，安装时要使水口孔垂直，塞棒与水口接触紧密，控制机构灵活好用。使用滑动水口要保证滑板之间严密无缝隙且活动良好。

（3）底板与中注管的修砌要平整、严密，汤道砖内清洁无杂物。

（4）仔细检查钢锭模，有严重裂纹的不能使用。

（5）钢锭模在底板上摆放位置要正确且平稳。

（6）安装好保温帽或挂板。

上述一切准备好后，即可等待浇注。

19.3.2　钢液浇注

进行钢液浇注应首先使钢液镇静，并控制注温、注速。

钢液在钢包内镇静，从出钢完毕到开始浇注，钢液在钢包内静置的时间称为镇静时间。

浇注时钢水温度和浇注速度（注速）是浇注工艺的两个基本参数，必须严格加以控制。

合适的注温应能保证浇完最后一盘钢锭时，模内钢水仍具有等于或高于钢种的液相线温度，使钢水在模内能流动，一般波动在 $80 \sim 120℃$ 之间。

注速指单位时间内注入锭模的钢液量（质量注速，kg/min），或指单位时间内锭模内钢液面上升的速度（浇注线速度，mm/min）。通常采用后一种方法。

注速的确定必须综合考虑注温、浇注方法和钢种特点，其一般原则是：高温慢注，低温快注；上注快注，下注慢注；裂纹倾向性大的钢种慢注；含易氧化元素的钢种快注。

19.3.3　钢锭的冷却和退火

浇注完毕后，应将钢锭模和钢锭静置一定时间，以待钢液在钢锭模内凝固。凝固后的钢锭温度仍然很高。对于普通镇静钢钢锭，当其完全凝固后即可脱模。但对于某些碳素钢或合金钢钢锭，若凝固后的冷却太快，将因内外冷却速度相差悬殊，在钢锭内部产生很大的内应力而引起开裂。因此，钢锭完全凝固后，尚需根据钢种特点，采取缓冷或退火措施。其目的在于消除钢锭的内应力，使钢锭的组织及成分均匀化。钢锭的冷却方法一般可分为模冷、坑冷和热送等几种。

19.4 钢锭结构

19.4.1 镇静钢钢锭结构

镇静钢是完全脱氧钢,钢液在凝固过程中不析出 CO 气体,在模内平静地凝固。因此,钢锭组织致密,无分散气泡,成分比较均匀,轧成的钢板具有良好、均匀的力学性能。所以对力学性能要求较高和较稳定的合金钢和高、中碳钢及部分低合金钢,都冶炼成镇静钢。但镇静钢钢锭头部有缩孔,开坯时切头损失大,成材率低;脱氧剂消耗多,多采用保温帽的钢锭模,耐火材料消耗增加,钢锭成本高。

典型镇静钢钢锭结构的纵剖面如图 19-6 所示。

其主要结构组织由表到里分别为:钢锭表面的细小等轴晶带、柱状晶带、锭心粗大等轴晶带、沉积带及缩孔等。

19.4.2 沸腾钢钢锭结构

沸腾钢是脱氧不完全的钢,钢水中的含氧量高于与碳平衡的含量,在浇注时,随着温度的降低和结晶的进行,[C] 和 [O] 在凝固前沿发生液析和浓聚,并进行反应,产生大量 CO 气体,引起模内钢水沸腾,故称这种钢为沸腾钢。

沸腾钢钢锭结构也是由细小等轴晶、柱状晶及粗大等轴晶等组成。但有与镇静钢不同的特点。典型沸腾钢钢锭的纵剖面结构如图 19-7 所示。按气泡分布规律可将其分为坚壳带、蜂窝气泡带、中间坚固带、二次气泡带及锭心等几个结构带。

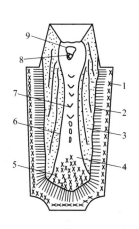

图 19-6 镇静钢钢锭结构

1—细小等轴晶带;2—柱状晶带;3—过渡晶带;
4—粗大等轴晶带;5—负偏析沉积锥体;6—倒 V 形
偏析;7—V 形偏析;8—缩孔下正偏析区;9—缩孔

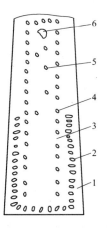

图 19-7 典型沸腾钢钢锭结构

1—坚壳带;2—蜂窝气泡带;3—中间坚固带;
4—二次气泡带;5—中心气泡带;
6—头部大气泡

19.4.3 半镇静钢钢锭结构

半镇静钢是介于镇静钢和沸腾钢之间的钢种。钢锭中气泡的容积与钢液凝固收缩的体积大致相等,不至于出现明显的缩孔和上涨,因此,又称为平衡钢。半镇静钢兼有镇静钢和沸腾钢的优点，使它的生产和使用得到迅速发展。半镇静钢的钢锭结构也介于镇静钢和沸腾钢之间。但有多种类型，大体上可分为三种，如图19-8所示。

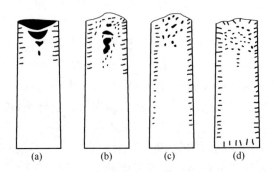

图19-8 半镇静钢钢锭结构类型

(a) 偏镇静型；(b)，(c) 中间型；(d) 偏沸腾型

19.4.3.1 偏镇静型

用锰铁、硅铁合金和铝在盛钢桶内进行脱氧，脱氧程度应使钢液在浇注过程中基本不发生［C］—［O］反应，不产生沸腾。如图19-8(a)所示。

19.4.3.2 偏沸腾型

用锰铁和硅锰合金在盛钢桶内进行脱氧，有意控制脱氧不足，没有缩孔，头部稍有上涨，钢锭表面层自下而上分布着蜂窝气泡带，如图19-8(d)所示，质量接近于镇静钢。

19.4.3.3 中间型

中间型即所谓正常结构的平衡钢，如图19-8(b)、(c) 所示。钢锭内的气泡基本上抵消了钢液的凝固收缩，故头部没有缩孔或缩孔很小。

19.5 钢锭常见缺陷

19.5.1 镇静钢钢锭常见缺陷

镇静钢钢锭的主要缺陷可分为两大类：一类是表面缺陷，一类是内部缺陷。属于表面缺陷的有裂纹、结疤、重皮、气泡、翻皮、截痕等；属于内部缺陷的有缩孔、疏松、偏析、夹杂、白点、内裂等。

镇静钢钢锭的主要缺陷、成因及防止措施，见表19-1。

表19-1 镇静钢钢锭的主要缺陷、成因及防止措施

缺陷名称	轧后特征	缺陷成因	防止或减少缺陷的措施
裂 纹	严重裂纹	锭模设计不合理；脱模过早	改进锭模设计；防止脱模过快；不用高温锭模
凹 坑	局部分层	钢锭模内壁不平，保护渣性能不佳	注意清理模壁，选用合适的保护渣
表面夹杂	夹杂分层	注温、注速低；清洁工作不好；耐火材料质量差，锭模内壁不良	合适的浇注制度；改进锭模管理，做好清洁；工作改进耐火材料质量
翻皮结疤	裂纹局部分层	模内钢液面氧化膜裸露、注流注入偏心等引起飞溅；浇注初期冷溅	合适的液面保护剂；正确的浇注操作；用防油筒

缺陷名称	轧后特征	缺陷成因	防止或减少缺陷的措施
皮下气泡	纵裂纹角部裂纹	脱氧不良；注速过慢；添加物或涂料潮湿；钢中气体含量过高	正确脱氧；对添加剂和涂料进行烘烤；控制合适注速；降低钢中气体含量
截痕	裂纹	浇注中断事故；低温低速浇注	防止各种浇注事故；采用合适的浇注工艺
缩孔	严重内裂	锭模设计不合理；注速过快，注温不合适，补注不良	改进锭模设计，高宽比适当；正确补注操作；采用合适的绝热板、防缩剂等
疏松	内裂纹	粗大树枝晶间搭桥，使某些空间得不到补缩；有气体或夹杂物存在	良好补注，采取加速结晶措施，减少钢中气体和夹杂
发纹	沿轧制方向出现细长的裂纹	钢中气体和非金属夹杂物含量过高	降低钢中气体和夹杂物含量
白点	内部微裂纹	钢中含氢量过高	使炉料干燥，改进冶炼工艺；采用真空处理、氩气搅拌等措施

19.5.2　沸腾钢钢锭主要缺陷

沸腾钢钢锭的主要缺陷有：由于坚壳带过薄造成的钢锭表面气泡暴露或气沟；钢锭头部上涨和下陷；以及分层、结疤、偏析等。

沸腾钢钢锭的主要缺陷及其成因、防止措施等见表19-2。

表19-2　沸腾钢钢锭的主要缺陷及其成因、防止措施

缺陷名称	轧后特征	缺陷成因	防止或减少缺陷的措施
气泡暴露或坚壳带气沟	表面裂纹或海绵面	注温过高或过低；模内沸腾不好	控制好注温；钢水含氧量合适
上涨	夹杂分层	模内沸腾微弱；温度偏低	控制好钢水氧化性；封顶时间合适
下陷	夹杂分层	钢水过氧化，模内沸腾剧烈；注速过快	控制好钢水氧化性；封顶时间合适
分层	钢板小于1mm的夹层局部开裂	钢锭头部硫化物含量较高；尾部含有大型氧化物夹杂	降低钢中硫及非金属夹杂物含量；合适的注温；注意注速及钢水氧化性
结疤	分层面	注流中心偏斜，注流发散；钢水剧烈沸腾飞溅	正确的浇注操作；防止钢水过分氧化；做好清洁工作

19.5.3　半镇静钢钢锭主要缺陷

半镇静钢钢锭的主要缺陷有以下几种：

（1）缩孔。生成的气泡体积小，不足以抵消钢液凝固收缩量而产生的缩孔。

（2）偏析。半镇静钢在浇注过程中沸腾微弱，注完后又很快停止沸腾，因此其偏析程度比沸腾钢小得多，但仍比镇静钢偏析大。

（3）轧后流渣。钢锭在初轧开坯后，头部钢坯切断口的中心流出低熔点熔融物叫流渣。这种钢坯如在初轧时未将流渣流尽，送大型轧钢厂轧制则容易出现分层缺陷。流渣主要是注速慢、浇注过程中锭模内出现结膜产生翻皮裹入钢内所致。

19.5.4 钢锭的检查与精整

19.5.4.1 钢锭的检查

钢送往加工工序（如开坯轧制前的加热等）应检查其表面质量，并需对有表面缺陷的钢锭进行适当的修整。

19.5.4.2 钢锭的精整

对于表面夹杂、结疤、裂纹和凹坑等缺陷不严重的钢锭，一般用风铲或火焰清理；对于硬度和韧性大的钢种，用砂轮打磨。用砂轮清理时，要防止产生局部过热现象，以免重新产生裂纹；含 Cr、Ni、Ti、Al 等元素较多、液态时黏度较大的钢种，可在车床上剥去钢锭表皮，以清除表面缺陷和查明皮下裂纹；对于布氏硬度（HB）值大于 265 的钢种，剥皮前应进行软化退火。

热送钢锭时，加工前无法对钢锭进行检查和精整，则应在加工之后对钢坯进行检查，包括低倍组织检验、力学性能试验等。

19.6 模铸工艺的发展

随着钢铁冶炼工艺技术的不断发展，特别是连铸技术的发展，模铸工艺已逐渐被连铸工艺所取代，如板材、线材等模铸工艺无论是成本质量都已无法与连铸相竞争，但对一些特殊的钢种如大型的锻造件、要求一定压缩比的钢材、小批量的特种钢等还必须采用模铸工艺生产。在连铸工艺快速发展的同时，模铸工艺也引入一些如真空无氧化浇注等先进技术，使模铸工艺在一定范围内表现出它的生机和活力。

复习思考题

19-1 什么是钢的浇注，主要方法有哪几种？

19-2 什么是上注法，什么是下注法？

19-3 上注法的优缺点各是什么？

19-4 模铸法的主要设备有哪几种？

19-5 钢锭模的纵断面开头和横断面开头各有哪些，钢厂通常采用哪些类型？

19-6 保温帽的作用是什么，其结构形式有哪几种？

19-7 何谓钢液浇注温度、浇注速度？

19-8 典型镇静钢钢锭纵剖面结构如何？

19-9 典型沸腾钢钢锭纵剖面结构如何？

19-10 镇静钢的主要缺陷有哪些？

19-11 沸腾钢的主要缺陷有哪些？

20 连 续 铸 钢

由钢液经过连续铸钢机（简称连铸机）连续不断地直接生产钢坯的方法就是连续铸钢法（continuous casting，简称 CC）。用这种方法生产出来的钢坯称为连铸坯。

连续铸钢的生产技术从 20 世纪 50 年代开始发展，60 年代得到推广应用，70 年代后期，设备和工艺的发展日臻完善。至今，包括我国在内的主要产钢国家的连铸比（连铸坯占粗钢总产量的比例）都超过了 90%。

20.1 连续铸钢的优点

连铸法的出现从根本上改变了间断浇注钢锭的模铸传统工艺，大大简化了由钢液得到钢材的生产流程。模铸与连铸工序的比较如图 20-1 所示。

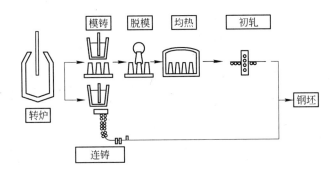

图 20-1 模铸与连铸工序的比较

连铸生产比模铸生产钢锭具有以下的优点：

（1）铸坯的切头率比铸锭减少，金属收得率提高 10% ~15%，钢的成材率提高 8% ~14%，钢的生产成本降低 15% ~20%。

（2）连铸和轧钢配合生产，可以节省 70% ~80% 的热能消耗，减少初轧设备，车间占地面积减少 30%，节约基建费用 40% 左右。

（3）便于实现机械化、自动化生产，改善劳动条件，提高劳动生产率 30%。

（4）连铸坯组织致密，夹杂少、质量好。

50 多年来，连铸生产技术所取得的巨大进展主要表现在下列几方面：

（1）连铸机的机型，由最初的立式发展到立弯式、弧形式、椭圆式、水平式（参见图 20-2）；铸机机身的高度由 20 ~30m 降低至 3 ~5m；铸机的流数（一台铸机同时浇注铸坯的根数称为这台铸机的流数）也由最初的一机单流发展成了一机多流或多机多流。

（2）连铸机浇注的钢种，已由普碳钢发展到了合金钢、不锈钢等几乎所有钢种；方坯生产断面 50mm × 50mm 发展到 450mm × 450mm；板坯的断面由 50mm × 180mm 发展到 305mm × 2640mm；圆坯直径由 ϕ50mm 发展到 ϕ450mm；铸坯的断面情况也由简单的方形、矩形、圆形，发展到中空圆形、工字形、多角形、H 形、T 形。

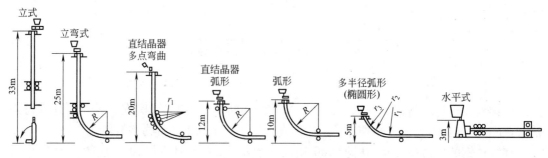

图 20-2　各种连铸机型简图

（3）在生产技术上，采用了长水口无氧化保护浇注、电磁搅拌、水气雾化冷却等新技术，使连铸坯的质量有了很大提高。

（4）在连铸机的生产组织和管理方面，钢液的浇注由以往的浇注工段（车间）发展到了浇注车间（厂），并向连铸、连轧的方向过渡。在生产组织上，我国提出了"以连铸为中心，炼钢为基础、设备为保证"的技术方针，有力地推动和促进了我国连铸生产的发展。

（5）薄板连铸机和近终形连铸发展。

20.2　连铸机的类型

连铸机的类型即机型有立式、立弯式、弧形、椭圆形和水平式，如图 20-2 所示。

20.2.1　立式连铸机

立式连铸机是连铸发展初期的主要机型，铸机的主要设备均布置在同一垂直线上，从浇注到切成定尺，均在垂直位置完成。立式连铸机的优点是钢液中的夹杂物容易上浮分离，坯壳冷却均匀。但铸机设备高，需要建立很深的机井或很高的厂房，设备笨重，建设费用高。

20.2.2　立弯式连铸机

立弯式连铸机，是连铸技术发展过程中的一种过渡机型，现已很少采用。其上部结构与立式相同，不同点是铸坯通过拉辊后，用顶弯机使铸坯弯曲，然后在水平方向矫直和出坯。其高度约为立式的 70%。

20.2.3　弧形连铸机

弧形连铸机是一种目前采用较多的机型。结晶器为弧形，二冷区夹辊安装在 1/4 圆弧内，铸坯出二冷区后在水平切线位置矫直、切割和出坯。其高度仅为立式的 30%。

20.2.4　椭圆形连铸机

椭圆形连铸机也称带多点矫直的弧形连铸机或超低头连铸机。其基本特点与弧形铸机相同，不同点是二冷区夹辊布置在不同曲率半径的弧线（即椭圆圆弧）上。铸机高度可进一步降低，但铸机的安装、调整、维护较困难。

20.2.5　水平连铸机

水平连铸机布置在水平位置上，其高度仅为立式铸机的1/10。它在生产小断面为圆形、方形的连铸坯方面获得了发展。

20.3　连铸机设备和工艺参数

20.3.1　连铸机设备

连铸机主要由钢包运载装置、中间包、中间包运载装置、结晶器、结晶器振动装置、二次冷却装置、拉坯矫直机、切割装置、引锭装置和铸坯运出装置等部分组成，如图20-3所示。

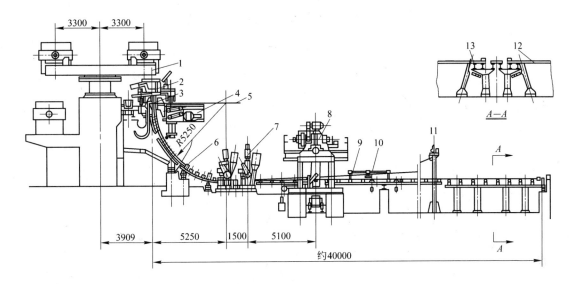

图 20-3　德马克型小方坯连铸机

1—钢包回转台；2—中间包及中间包车；3—结晶器；4—振动装置；5—浇注平台；6—二冷装置；7—拉矫机；
8—机械剪；9—定尺装置；10—引锭杆存放装置；11—引锭杆跟踪装置；12—冷床；13—推钢机

20.3.1.1　钢包运载装置

钢包运载装置主要有浇注车和钢包回转台两种方式，目前绝大部分新设计的连铸机都采用钢包回转台。它的主要作用是运载钢包，并支撑钢包进行浇注作业，采用钢包回转台还可快速更换钢包，实现多炉连铸。

钢包回转台按转臂旋转方式不同，可以分为两大类：一类是两个转臂可各自做单独旋转；另一类是两臂不能单独旋转。按臂的结构形式可分为直臂式和双臂式两种。因此，钢包回转台有直臂整体旋转整体升降式（如图20-4（a）所示）、直臂整体旋转单独升降式、双臂整体旋转单独升降式（如图20-4（b）所示）和双臂单独旋转单独升降式（如图20-4（c）所示）等形式。

20.3.1.2　中间包及运载装置

中间包是钢包和结晶器之间用来接受钢液的过渡装置，它用来稳定钢流，减小钢流对

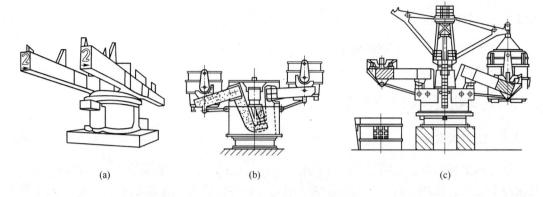

图 20-4　钢包回转台类型图
（a）直臂整体旋转整体升降式；（b）双臂整体旋转单独升降式；
（c）双臂单独旋转单独升降式（带钢水包加盖功能）

结晶器中坯壳的冲刷；并使钢液在中间包内有合理的流动和适当长的停留时间，以保证钢液温度均匀及非金属夹杂物分离上浮；对于多流连铸机由中间包对钢液进行分流；在多炉连浇时，中间包中贮存的钢液在更换钢包时起到衔接的作用。

　　中间包外壳为钢板，内衬耐火材料。中间包的容量一般是钢包的 10% ~ 15%，包内钢液高度维持在 400 ~ 550mm。如图 20-5 所示为双水口中间包。

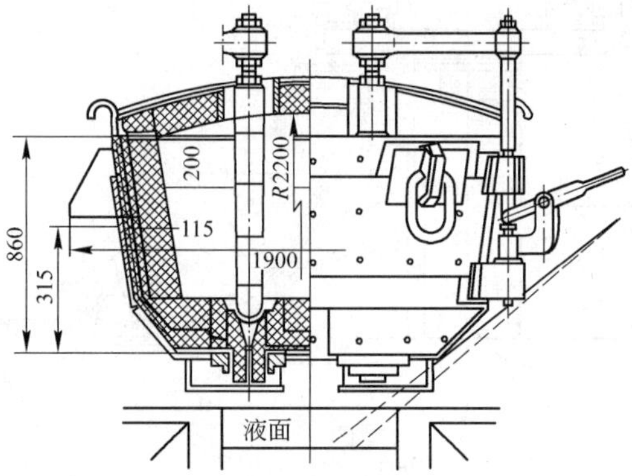

图 20-5　中间包构造

　　中间包运载装置有中间包车和中间包回转台，它是用来支撑、运输、更换中间包的设备，中间包车有门型、半门型、悬臂型、悬挂型等类型。如图 20-6 所示为门型中间包车。

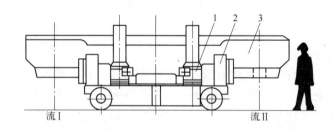

图 20-6　门型中间包车
1—升降机构；2—走行机构；3—中间包

20.3.1.3　结晶器及振动装置

　　结晶器是一个特殊的水冷钢模，钢液在结晶器内冷却、初步凝固成型，并形成一定的坯壳厚度，以保证铸坯被拉出结晶器时，坯壳不被拉漏、不产生变形和裂纹等缺陷。因此它是连铸机的关键设备。

结晶器为夹层结构，内壁用紫铜或黄铜板制作，夹层空隙通冷却水。结晶器壁上大下小，锥度根据钢种不同约为 0.4%～1.0%。结晶器的长度一般为 700～900mm。结晶器横断面的开口和尺寸就是连铸坯所要求的断面形状和尺寸。

结晶器振动装置用于支撑结晶器，并使结晶器能按一定的要求做上下往复运动，以防止初生坯壳与结晶器粘连而被拉裂。图 20-7 为应用较为广泛的短臂四连杆振动机构示意图。

20.3.1.4 二次冷却装置

铸坯从结晶器拉出后，坯壳厚度仅为 10～25mm，而中心仍为高温钢液。为了使铸坯断续凝固，从结晶器下口到拉矫机之间设置喷水冷却区，称为二次冷却区。图 20-8 为板坯连铸机二冷区支撑导向装置。

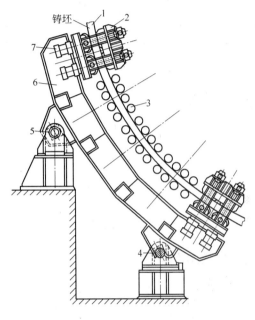

图 20-8　二冷区支撑导向装置

1—铸坯；2—扇形段；3—夹辊；4—活动支点；
5—固定支点；6—底座；7—液压缸

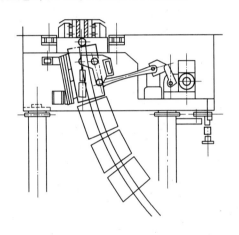

图 20-7　短臂四连杆振动机构（内弧侧）

二冷区布置有冷却水喷头和沿弧线安装的夹辊。喷头把冷却水雾化并均匀地喷射到铸坯上，使铸坯均匀冷却，达到所要求的冷却强度。夹辊是用来对铸坯支承和导向，并防止铸坯发生"鼓肚"现象。

二冷区的长度应能使铸坯在进入拉矫机之前全部凝固，而铸坯温度又不低于 800～900℃，保证矫直、切割能顺利进行。

20.3.1.5 拉坯矫直装置

拉坯矫直装置的作用是拉坯并把铸坯矫直，拉坯速度就是由它来控制的。在开浇前，拉矫机还要把引锭头送入结晶器底部，开浇后把铸坯引出。

拉矫辊的数量视铸坯断面大小而定，拉矫小断面铸坯的为 4～6 个辊，拉矫大型方坯和板坯的多达 12 个辊、32 个辊。

20.3.1.6 切割装置

切割装置把铸坯切割成所需要的定尺长度。切割方式有火焰切割和机械剪切两种，火焰切割较为广泛。机械剪切较火焰切割操作简单，金属损失少，生产成本低，但设备复杂，投资大，且只能剪切较小断面的铸坯。

20.3.1.7　引锭装置

引锭装置由引锭头和引锭杆两部分构成。引锭头在每次开浇时作为结晶器的活底，而引锭杆的尾断仍夹在拉矫机的拉辊中。随着钢液的凝固，铸坯与引锭头结为一体，被引锭杆一同拉出。当引锭头通过拉辊后，便与铸坯脱开送走。

引锭头上端应做成"燕尾"形或"钩头"形，以便顺利脱锭。引锭杆有柔性、刚性、半柔半刚性三种。如图20-9所示为钩头式引锭头简图，图20-10为柔性引锭杆。

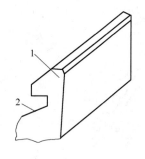

图20-9　钩头式引锭头简图
1—引锭头；2—钩头槽

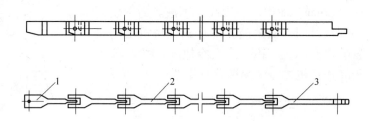

图20-10　柔性引锭杆
1—引锭头；2—引锭杆；3—引锭杆尾部

20.3.2　连铸机的主要工艺参数

20.3.2.1　连铸坯断面和铸机流数

铸坯断面包括形状和尺寸两项，它必须与轧机相配合。有板坯、方坯、矩形坯、圆坯、薄板坯等。

铸坯断面尺寸、拉坯速度和铸机流数三者配合，应能保证一包钢水能在允许的时间内浇完。铸机传动系统的机组数有单机组和多机组。板坯生产以一机一流或一机两流为宜；方坯生产一般为一机多流或多机多流。

20.3.2.2　连铸机的拉坯速度

拉坯速度以每分钟从结晶器中拉出的铸坯长度（m/min）来表示。拉坯速度越快，则铸机的生产能力也越大。但要确保铸坯不被拉漏，因此应合理选择拉坯速度。

20.3.2.3　铸坯的液芯长度和铸机的圆弧半径

铸坯的液芯长度是指从结晶器的钢液面开始，到铸坯全部凝固所经过的长度。铸坯厚度越大、拉坯速度越快、冷却强度越弱，则液芯长度就越长，要求铸机的长度也越长。铸机的圆弧半径是指二冷区的外弧半径（m），它是决定铸机总高度和二冷区长度的重要参数。

20.3.2.4　铸机的生产能力

铸机的生产能力是指它的小时产量、日产量及年生产能力。小时产量取决于流数、铸坯断面积和拉坯速度，日产量与有效作业率有很大的关系，而年产量与年有效作业天数有很大的关系。

我国的一些钢厂使用的小方坯连铸机的主要参数如下：

机型	全弧形
铸机半径	5.25m
流数	四机四流
铸坯断面	150mm×150mm、130mm×130mm、100mm×100mm
液芯长度（根据最大拉速计算出来的液芯长度）	9.42m
生产钢种	普通碳钢、低合金钢
设计年生产能力	15 万吨/台

20.4 连铸工艺

连铸的工艺过程是：把引入锭头送入结晶器后，将结晶器壁与引锭头之间的缝隙填塞紧密。然后，调好中间包水口的位置，并与结晶器对中，即可将钢包内钢水注入中间包；当中间包内的钢液高度达到400mm 左右时，打开中间包水口将钢液注入结晶器；钢水受到结晶器壁的强烈冷却冷凝形成坯壳；坯壳达到一定厚度之后启动拉矫机，夹持引锭杆将铸坯从结晶器中缓缓拉出；与此同时，开动结晶器振动装置；铸坯经过二冷区经喷水进一步冷却，使液芯全部凝固；铸坯经过拉矫机后，脱去引锭装置，矫直铸坯，再由切割机将铸坯切成定尺，然后由运输辊道运出。浇注过程连续进行，直至浇完一包或数包钢水。

连铸过程中需要控制的工艺参数是浇注温度、浇注速度、结晶器（一次）冷却和二次冷却制度。

20.4.1 浇注温度

连铸时，浇注温度通常是指中间包的钢液温度。要求温度高低合适，且相对稳定和温度均匀，这是顺利浇注和获得优质铸坯的前提。注温过高容易造成漏钢事故，铸坯柱状晶发展，且中心疏松和偏析加剧；注温过低水口容易冻结，注流变细，降低拉速，铸坯表面质量恶化。因此应根据钢种、铸坯断面和浇注条件来确定合适的钢水过热度。

20.4.2 浇注速度

连铸的浇注速度可用拉坯速度（简称拉速）来表示。钢液注入结晶器的速度与拉坯速度必须密切配合，提高注速就必须相应提高拉速。

拉速过快，容易产生坯壳裂纹，出现重皮，甚至产生拉漏事故；拉速过慢，既降低了设备的生产率，还可能使中间包水口发生冻结。因此，拉坯速度应根据铸坯断面、钢种和注温来确定。铸坯断面增大，传热断面也增大，拉速应相应减小；合金钢的凝固系数比碳素钢的小，应采用较低的拉坯速度，减少铸坯产生裂纹的可能性；拉速与注温要配合好，实践证明，"低温快注"是一条行之有效的经验。为了保证连铸能顺利进行，拉速应保证在结晶器的出口处铸坯有足够的坯壳厚度，能承受拉坯力和钢水的静压力，使坯壳不会被拉裂和不发生"鼓肚"变形。一般要求结晶器出口处的最小坯壳厚度为10~25mm。

国内铸机浇注普通钢种时常用的拉坯速度：对(100mm×100mm)~(150mm×150mm)的小方坯，拉速为3~4.0m/min；对(160mm×160mm)~(250mm×250mm)的大方坯，拉速为0.9~2.0m/min；板坯的拉坯速度为0.7~1.5m/min。

20.4.3 结晶器和二次冷却制度

为了保证钢液在短时间内形成具有一定厚度的坚固坯壳，要求结晶器有相应的冷却强度，因此应保证结晶器水缝中冷却水的流速应大于 8~10m/s，控制进出水温差在 5~6℃，水压一般为 600~800kPa。在浇注过程中，结晶器的冷却水流量通常保持不变。在开浇前3~5min 开始供水，停浇后铸坯拉出拉矫机即可停水。

二冷区的冷却强度（用 1kg 钢用水量来表示，kg/kg）随钢种、铸坯断面尺寸及拉速而改变。提高二冷强度，可加快铸坯凝固，但铸坯裂纹倾向增大。碳钢二冷强度通常控制在 0.8~1.2kg/kg 之间。低碳塑性好的钢种及方坯取上限；导热性和塑性差的钢种及圆坯采用下限。近年来，由于铸坯热送和直接轧制技术的出现，二冷倾向于弱冷，以提高铸坯热送温度。

一般把二冷区分为数段，分别控制不同的给水量。沿铸机的高度，从上到下，给水量应递减。在同一段内，内弧给水量要比外弧少 1/3~1/2。

20.5 水平连续铸钢简介

水平连续铸钢如图 20-11 所示。它是近 20 年迅速发展起来的新技术，适于浇注对裂纹敏感的钢种，如合金钢。目前只用来生产小断面的方坯和圆坯。水平连铸目前尚不成熟，正处于发展阶段。

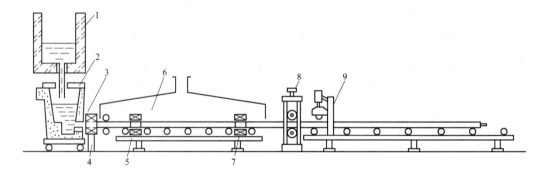

图 20-11 水平连续铸钢

1—钢包；2—中间包；3—结晶器；4—M 搅拌；5—S 搅拌；6—二冷区；7—F 搅拌；8—拉矫辊；9—测量辊

20.5.1 水平连铸相较于弧形连铸的优缺点

水平连铸的优点主要包括：
（1）铸坯无需矫直，特别适合浇注对裂纹敏感性强的钢种，如高速钢和高合金钢。
（2）结晶器与中间包直接相连，钢水无二次氧化，铸坯较为洁净。
（3）设备高度低，比较适合老厂技术改造。
（4）铸机内工艺设备简单。
水平连铸的缺点主要有：
（1）浇方坯的工艺技术尚未过关。
（2）分离环和结晶器造价高、寿命短、维修难。

（3）铸机单流能力小，总造价高。

（4）浇注初期因残渣直接进入结晶器导致第一段钢坯质量差，造成报废。尾坯因无钢补注，缩孔大而长，致使水平连铸的金属收得率低，不足 90%，特别是小电炉配水平连铸，其收得率更低，而弧形连铸机一般均在 96% 以上。

（5）专用结晶器价格高，比弧形连铸高 15%～20%。

20.5.2 水平连铸的几个关键技术

水平连铸的分离环、结晶器的润滑和拉坯控制三大技术难关已取得了一定的进展。

20.5.2.1 分离环

用于结晶器与中间包的连接，要求其密封性好、耐高温、耐剥离、尺寸精度高、寿命长、成本低。用 Si_3N_4-BN 和 SiC-BN 复合材料代替 BN，性能更好，价格更低。

20.5.2.2 结晶器的润滑

弧形铸机结晶器所用的润滑方法不适用于水平铸机结晶器，目前水平铸机结晶器润滑采用的方法有：多段式复合长结晶器，第二段和第三段为石墨套，石墨具有较好的润滑性能；内壁润滑技术，我国已制成镍基氟化石墨和镍基氮化硼镀层（可多次使用），效果很好。

20.5.2.3 拉坯控制

水平铸机结晶器固定不动的，为了防止铸坯与结晶器粘连悬挂，现在普遍采用的是间歇式拉坯方法，即拉—停—反推—停的拉坯方法。

20.6 连铸坯的结构与缺陷

20.6.1 连铸坯的凝固特征

连续浇注也是在过冷条件下的结晶过程，伴随着体积收缩和元素的偏析。与模铸相比，连铸时结晶器强制水冷、铸坯的运动、二冷区喷水冷却对铸坯结构产生很大的影响。连铸坯凝固时具有如下特征：

（1）冷却强度大，铸坯凝固速度快，凝固系数比模铸大约 17%。

（2）铸坯凝固时液相深度大，弧形连铸坯液相段达 1/4 圆弧，液相运动有利于夹杂物的排除。

（3）由于铸坯连续运动，外界条件不变，故除头尾外，铸坯长度方向的结构较均匀。

20.6.2 连铸坯的结构特点

连铸坯的凝固过程分为两个阶段。第一阶段，进入结晶器的钢液，在器壁附近凝固，形成硬壳，在结晶器出口处，坯壳应具有足以抵抗钢液静压力作用的厚度和强度；第二阶段，带液芯的铸坯进入二冷区并在该区完全凝固，铸坯组织的形成过程在二冷区结束。

一般情况下连铸坯从边缘到中心是由激冷层、柱状晶带和锭心带组成。连铸坯的激冷层比模铸钢锭要厚。由于内外温度差大，柱状晶比模铸钢发达。锭心带是由粗大的等轴晶组成。连铸坯整个结构比模铸钢锭致密，晶粒也要细些。

（1）激冷层。钢液在结晶器内开始的凝固速率为 50～120mm/min，激冷层为细小的等轴晶带，厚度为 5 ~ 10mm。

（2）柱状晶带。激冷层形成过程中的收缩使结晶器液面以下 100 ~ 150mm 的结晶器壁产生了气隙，降低了传热速度。同时钢液内部向外散热使激冷层温度升高，不再产生新的等轴晶。在定向传热得到发展的条件下，柱状晶带开始形成。由于水冷铜模及二冷喷水使连铸坯的内外温差比模铸的大，故柱状晶细长而致密，而且柱状晶带范围较模铸坯的宽。

（3）锭心带。连铸坯锭心带比模铸坯窄，也由粗大等轴晶组成，晶粒较后者稍细。

浇注温度、冷却条件对铸坯的结构都有影响。二冷区冷却强度加大，温度梯度大，促进柱状晶发展。铸坯断面大，温度梯度减小，柱状晶宽度减小。

对于弧形连铸机，由于内弧侧的冷却条件不同，外弧侧激冷层厚且柱状晶短，内弧侧则相反。

20.6.3 连铸坯的缺陷

连铸钢坯比模铸钢锭质量好，主要表现在：

（1）钢材各部分化学成分均匀。

（2）晶粒细而致密，比同种钢锭密度大，如低碳铸坯密度为 7.6，同种模铸锭密度为 7.4。

（3）非金属夹杂较低。

（4）表面质量较好。

但弧形连铸坯的内弧侧偏析比较严重，影响钢材性能均匀性。

连铸钢坯的缺陷包括表面缺陷、内部缺陷和形状缺陷三部分：

（1）表面缺陷。连铸坯的表面缺陷包括纵向热裂、横向热裂、表面冷纵裂、星状裂纹以及气泡、凹坑、划伤、振痕、夹渣、重皮、重接等。改进措施有改善设备（结晶器、水口、拉矫辊等）及操作条件（浇注温度、浇注速度、冷却速度等）等。

（2）内部缺陷。内部缺陷包括面部裂纹（皮下裂纹、压下裂纹、中心裂纹、角部裂纹、菱形裂纹、中间裂纹），中心疏松，中心偏析及大颗粒夹杂物等。改进措施有：改善二冷区冷却制度；降低钢液中含硫量；改变浇注温度和浇注速度；降低钢液中杂质含量等。

（3）形状缺陷。形状缺陷包括"鼓肚"和菱形变形，改进措施是更换磨损的结晶器，增大冷却强度等。

连铸坯的缺陷成因及防止措施见表 20-1。

表 20-1 连铸坯的缺陷成因及防止措施

缺陷类别	缺陷名称	缺陷成因	防止或减少缺陷的措施
表面缺陷	表面纵裂	由于冷却不均造成结晶器生成的凝固壳不均匀而产生热应力造成；结晶器变形；保护渣选择不当；伸入式水口形状不合理等	低温浇注或电磁搅拌以抑制柱状晶发展；选用合适的保护渣和伸入式水口；合理的结晶器锥度等
	表面横裂	由机械应力造成，如坯壳与结晶器壁产生粘连及悬挂等，导致坯壳产生纵向拉应力；矫直时产生的抗张应力等	选择合适的结晶器锥度；调整二冷水的分布，使铸坯到达矫直点时，表面温度合适

缺陷类别	缺陷名称	缺 陷 成 因	防止或减少缺陷的措施
表面缺陷	角部裂纹	结晶器角部开头不合适或角部磨损，角部缝隙加大，或圆角半径不合理	结晶器设计合理，保证精度；加强结晶器下喷水冷却强度
	表面夹渣	主要为锰硅酸盐系和氧化铝系夹渣，不清除将造成成品表面缺陷	合理选用保护渣；净化钢液（保护浇注，钢包吹 Ar 等）
	气泡（表面及皮下）	凝固过程中 [C]—[O] 反应生成的 CO 以及钢中氢等气体滞留在钢中	降低钢中 [O]、[H] 含量；结晶器内喂 Al 丝，保护浇注等
	重皮	坯壳破裂、少量钢水流出、裂口弥合造成	用保护渣作润滑剂改善坯壳生长的均匀性；结晶器内壁镀层
内部缺陷	内裂	在弯曲、矫直或辊子压下时造成的压应力作用在凝固界面上而造成的	采用多点矫直，压缩浇注，调节拉辊压下力或设置限位垫块等
	中心疏松和中心偏析	由于冷却不均，在液相穴长度某段上形成柱状晶搭"桥"，"桥"下钢液得不到补缩而造成中心疏松；伴随中心疏松产生中心偏析；小断面铸坯、方坯、圆坯易产生中心疏松	低温浇注、低速浇注、电磁搅拌、加形核剂等，以促进铸坯中心组织等轴晶化；增加喷水强度，采用小辊距辊列布置以提高铸坯抵抗"鼓肚"能力
	大型氧化物夹杂（>50μm）	脱氧产物空气对钢液的二次氧化产物；渣及耐火材料被装入钢液	合理的脱氧制度；钢包吹 Ar 搅拌；钢流保护浇注；液面保护浇注；中间包设挡渣墙及底部吹 Ar；提高耐火材料质量并合理选用
形状缺陷	鼓肚	在内部钢液静压力下，钢坯发生膨胀成凸面状；冷却强度不够；辊子支持力不足；辊间距大等；板坯易产生鼓肚	加大冷却强度，降低液相穴深度；调整铸坯辊列系统的对正精度；保持夹辊的刚性
	菱形变形（脱方）	为大小方坯特有的开头缺陷，由于结晶器锥度不当，结晶器内冷却不均、凝壳厚度不均，使在结晶器内和二冷区内引起坯壳不均匀收缩而致	根据钢种选择合适的结晶器锥度

20.7 连铸技术的发展趋势

连铸的特点之一是易于实现自动化。实行自动化的目的在于改善操作人员的工作环境，减轻劳动强度，减少人为因素对生产过程的干扰，保证连铸生产和铸坯质量的稳定，优化生产过程和生产计划，从而降低成本。目前，连铸自动化系统基本上包括信息级、生产管理级、过程控制级和设备控制级。信息级的主要功能是搜集、统计生产数据供管理人员研究和作出决策；生产管理级主要是对生产计划进行管理和实施，指挥过程计算机执行生产任务；过程控制级接收设备控制级提供的各类数据和设备状态，指导和优化设备控制过程；设备控制级指挥现场的各种设备（如塞棒、滑动水口、拉矫机、切割设备等），按照工艺要求完成相应的生产操作。其中，设备控制级和过程控制级自动化最为关键，直接关系到连铸生产是否顺畅和连铸坯的质量。目前，国内外连铸机上已成功应用的自动化检测和控制技术主要包括以下几种。

20.7.1　钢包下渣检测技术

当钢包到中间包的长水口或中间包到结晶器的浸入式水口中央带渣子时，表明钢包或中间包中的钢水即将浇完，需尽快关闭水口，否则钢渣会进入中间包或结晶器中。目前，常用的夹渣检测装置有光导纤维式和电磁感应式。检测装置可与塞棒或滑动水口的控制装置形成闭环控制，当检测到下渣信号自动关闭水口，防止渣子进入中间包或结晶器。

20.7.2　中间包连续测温

测定中间包内钢水温度的传统方法是操作人员将快速测温热电偶插入中间包钢液中，由二次仪表显示温度。热电偶为一次性使用，一般每炉测温 3~5 次。如果采用中间包加热技术，加热过程中需随时监测中间包内钢液温度，因此连续测温装置更是必不可少。目前，比较常用的中间包连续测温装置是使用带有保护套管的热电偶，保护套管的作用是避免热电偶与钢液接触。热电偶式连续测温的原理较为简单，关键的问题是如何提高保护套管的使用寿命和缩短响应时间。国外较为成熟的中间包连续测温装置的保护套管的使用寿命可达几百小时。国内有少量连铸机采用国产的中间包连续测温装置，使用性能基本满足中间包测温要求。

20.7.3　结晶器液面检测与自动控制

结晶器液面波动会使保护渣卷入钢液中，引起铸坯的质量问题，严重时导致漏钢或溢钢。结晶器液面检测主要有同位素式、电磁式、电涡流式、激光式、热电偶式、超声波式、工业电视法等。其中，同位素式液面检测技术最为成熟、可靠，在生产中采用较多。液面自动控制的方式大致可分为三种类型：一是通过控制塞棒升降高度来调节流入结晶器内钢液流量；二是通过控制拉坯速度使结晶器内钢水量保持恒定；三是前两种构成的复合型。

20.7.4　结晶器热流监测与漏钢预报技术

在连铸生产中，漏钢是一种灾难性的事故，不仅使连铸生产中断，增加维修工作量，而且常常损坏机械设备。黏结漏钢是连铸中出现最为频繁的一种漏钢事故。为了预报由黏结引起的漏钢，国内外根据黏结漏钢形成机理开发了漏钢预报装置。当出现黏结性漏钢时，黏结处铜板的温度升高。根据这一特点，在结晶器铜板上安装几排热电偶，将热电偶测得的温度值输入计算机中，计算机根据有关的工艺参数按一定的逻辑进行处理，对漏钢进行预报。根据漏钢的危险程度不同，可采取降低拉速或暂时停浇的措施，待漏钢危险消除后恢复正常拉速。采用热流监测与漏钢预报系统可大大降低漏钢频率。比利时的 Sidmar 钢厂板坯连铸机自 1991 年安装了结晶器热流监测与漏钢预报系统后，黏结漏钢由每年的 14 次降低为 1 次。此外，热流监测系统还能够根据结晶器内热流状况预报纵裂发生的可能性以及发生的位置。同时，因为保护渣的性能影响结晶器的热流，故热流监测系统所收集的热流数据可用来比较保护渣的性能，为选择合适的保护渣提供依据。

20.7.5　二冷水自动控制

同一台连铸机在开浇、浇铸不同钢种以及拉速变化时需要及时对二冷水量进行适当调整。早期连铸采用手动调节阀门来改变二冷水量，人为因素影响很大，在改变拉速时往往来不及调整，造成铸坯冷却不均匀。二冷水的自动控制方法主要可分为静态控制法和动态控制法两类。静态控制法一般是利用数学模型，根据所浇铸的断面、钢种、拉速、过热度等连铸工艺条件计算冷却水量，将计算的二冷水数据表存入计算机中，在生产工艺条件变化时计算机按存入的数据找出合适的二冷水控制量，调整二冷强度。静态控制法是目前广泛采用的二冷水控制方法，在稳定生产时基本能够满足要求。根据二冷区铸坯的实际情况及时改变二冷水的控制方法为动态控制。目前能够测得的铸坯温度仅为表面温度，如果能够准确测得铸坯的表面温度，则可根据表面温度对二冷水及时调整。但是，铸坯表面覆盖的一层氧化铁皮、水膜以及二冷区存在的大量水蒸气严重影响测量结果的准确性。因此，在实际生产中根据实测的铸坯表面温度进行动态控制的方法很少被采用。比较可行的方法是进行温度推算控制法。温度推算控制法的思路是将铸坯整个长度分成许多小段，根据铸坯凝固传热数学模型每隔一定时间（例如20s）计算出每一小段的温度，然后与预先设定的铸坯所要求的最佳温度相比较，根据比较结果给出最合适的冷却水量。在20世纪80年代中后期，欧洲、日本以及美国的一些先进的连铸机已逐步采用二冷动态控制系统。我国现有的大部分铸机采用静态控制法控制二冷水量，引进的现代化板坯连铸机、薄板坯连铸机等一般采用温度推算动态控制法进行二冷水的调节。

20.7.6　铸坯表面缺陷自动检测

连铸坯的表面缺陷直接影响轧制成品的表面质量，热装热送或直接轧制工艺要求铸坯进加热炉或均热炉必须无缺陷。因此，必须进行表面质量在线检测，将有缺陷的铸坯筛选出来进一步清理，缺陷严重的要判废。目前，比较成熟的检测方法有光学检测法和涡流检测法。光学检测法是用摄像机获取铸坯表面的图像，图像经过处理后，去掉振痕及凹凸不平等信号，只留下裂纹信号在显示器上显示，经缩小比例后在打印机上打印出图形，打印纸的速度与铸坯同步。操作人员观察打印结果对铸坯表面质量做出判断，决定切割尺寸并决定是否可直接热送。当裂纹大于预定值时，应调整切割长度，将该部分切除，尽可能增加收得率。涡流检测法利用铸坯有缺陷部位的电导率和磁导率产生变化的原理来检测铸坯的表面缺陷。

20.7.7　铸坯质量跟踪与判定

铸坯质量跟踪与判定系统是对所有可能影响铸坯质量的大量工艺参数进行收集与整理，得到不同钢种、不同质量要求的各种产品的工艺数据的合理控制范围，将这些参数编制成数学模型存入计算机中。生产时计算机对浇铸过程的有关参数进行跟踪，根据一定的规则（即从生产实践中总结归纳出来的工艺参数与质量的关系）给出铸坯的质量指标，与生产要求的合理范围进行对比，给出产品质量等级。在铸坯被切割时，可以在铸机上打出标记，操作人员可以根据这些信息对铸坯做进一步处理。

20.7.8　动态轻压下控制

轻压下是在线改变铸坯厚度、提高内部质量的有效手段，主要用于现代化的薄板坯连铸中。带轻压下功能的扇形段的压下过程由液压缸来完成，对液压缸的控制非常复杂，需要计算机根据钢种、拉速、浇铸温度、二冷强度等工艺参数计算出最佳的压下位置以及每个液压缸开始压下的时间、压下的速度。目前，国内薄板坯连铸机动态轻压下的设备及控制系统均全套引进。

总体上讲，我国的连铸自动化水平与欧、美、日等发达国家相比还相当落后。发达国家的连铸机正朝着全自动、智能化、无人浇铸的方向发展。连铸机的操作人员越来越少。例如，奥钢联林茨厂1997年投产的年产量为120万吨的单流板坯连铸机只有5名操作人员（同类铸机为9人）和两个操作站（一般为5个）。开浇、钢包和保护渣等操作、温度测量、机械手取样、缺陷分析、结晶器液面控制、中间包浸入式水口的更换、漏钢预报、火焰切割、打印标记机的操作等所有运行区域的操作都自动运行。国内除了少数引进和近年来新建的连铸机自动化水平较高以外，其他连铸机基本靠常规仪表和一般电气设备进行控制，计算机控制的项目较少，很多靠手动控制。从普及的程度来看，二冷自动配水已为国内大多数铸机所采用，其次为结晶器液面检测与自动控制。近年来，已有少数连铸机采用中间包连续测温技术，但其他如钢流夹渣检测、结晶器热流监测与漏钢预报、铸坯表面缺陷自动检测、铸坯质量跟踪与判定系统等则很少被采用。从总体趋势看，连铸机的产量越来越高，铸坯质量也越来越好，但连铸机的操作人员却越来越少，这是实现自动化控制的必然结果。因此，如何提高连铸机的自动化水平是摆在国内钢铁企业面前的一个不容忽视的问题。

复习思考题

20-1 连续铸钢与模铸比较有何优点？

20-2 简述弧形连铸机的构造和弧形连铸的工艺过程。

20-3 试述钢水罐回转台在连铸中的作用。

20-4 简述连铸钢坯的结构特点。

20-5 连铸技术的发展趋势如何？

21 炼钢主要新工艺新技术

21.1 炼钢工艺方面新工艺新技术

21.1.1 炼钢工艺方面

21.1.1.1 多段炼钢少渣吹炼

解决炼钢时炉内脱磷难的问题，将铁水预处理与转炉复合吹炼相结合，开发了多段炼钢少渣吹炼新工艺。所谓多段炼钢少渣吹炼，就是将炼钢过程分为三个独立的氧化阶段，分设于炼铁和浇注之间。第一阶段是铁水脱硅；第二阶段是铁水脱磷（同时脱硫）；第三阶段是在转炉少渣吹炼时进行脱碳和提高温度。如图 21-1 所示为多段炼钢工艺流程示意图。

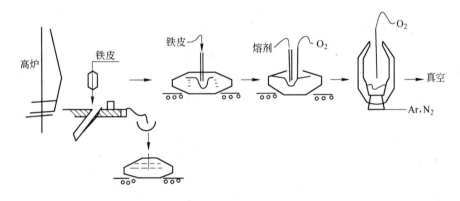

图 21-1 多段炼钢工艺流程示意图

由于渣量少（约相当于原工艺渣量的 1/10）、氧的利用率高、碳的氧化速度快、铁的氧化率低、合金元素收得率高，同时由于基本上不加渣料，所以，钢中 [H] 含量低，可经济地生产低氢钢，终点碳容易控制，命中率高。总之，采用分段精炼少渣吹炼，可降低生产成本和改善操作。可以预计，此法很有发展前途。

21.1.1.2 直接炼钢

直接炼钢是指在 1350 ~ 1500℃ 或更高温度条件下，利用煤粉及氧气对铁精矿粉进行高温熔融还原，直接获得铁水，然后连续精炼成钢的新工艺。目前仍处于试验和开发阶段。

直接炼钢的优点是：直接应用铁精矿粉，省去了不必要的原料处理环节，不需造块（烧结、球团）及炼焦，因而生产成本低，环境污染小；反应器内的气氛容易控制，生产操作方便，生产规模可大可小，铁水量和煤气发生量可根据要求经济地调节。

存在的主要问题是：反应速度难以精确控制；还原过程机理和还原动力学、高温区耐火材料侵蚀、反应器内煤气合理利用等问题尚待研究解决。

21.1.1.3 连续炼钢

目前国内外所有的炼钢方法，都未摆脱一炉一炉间断的生产方法。为改变炼钢生产的间断性，世界各国进行了大量试验，研究了多种能使炼钢过程连续进行的方法，取得了较好的效果。该方法主要有三类：槽式法、喷雾法和泡沫法。

（1）槽式法。槽式法是将铁水从长槽形熔池的一端流入，从另一端流出，供氧与渣料输入沿熔池长度方向均匀分配，因而沿熔池长度方向上出现成分浓度和温度的梯度，铁水在向前流动的过程中形成粗钢。

（2）喷雾法。喷雾法是将冶炼过程沿高度方向上展开的一种方法，铁水从上面落下，受氧气射流不断冲击，将铁水冲散成细小液滴（或雾化），粉状渣料在铁水进口附近加入，当铁水落入氧气射流而被击散时，瞬间形成气—铁液—渣相三相高度接触表面，为杂质去除创造了最佳动力学条件，精炼效率高。

（3）泡沫法。泡沫法是铁水由反应器底部流入反应器，氧气和渣料从反应器上部用喷枪吹入，在反应器内形成气—铁液—渣相三相组成的泡沫，因此接触面大，反应速度快。经反应的泡沫从反应器流入分离器后，因密度不同而使渣、钢分离，渣从渣口溢出，钢液入储钢器经脱氧、合金化而成钢。

连续炼钢的优点是：生产能力较大，工艺过程稳定；设备不间断使用，管理及操作简化；热损失较小，煤气回收充分，耐火材料消耗低；原材料和产品的运送、除尘等辅助工序的设备都可以相应简化，使厂房和附属设备结构简化，占地面积较少；建厂快，造价低，能耗低，生产成本低，劳动生产率高；有利于整个钢铁工业生产流程的连续化。

21.1.2 电炉炼钢方面

21.1.2.1 短流程工艺

短流程工艺是相对于传统的长流程（学术上称为传统流程）而言的。传统的长流程是指高炉—转炉—连铸（或模铸）流程，如图21-2所示。

电炉短流程以20世纪90年代初美国的电炉—薄板坯连铸流程为代表。自该流程投产以来，引起了世界钢铁界的重视。紧凑式电炉短流程是电炉短流程的典型代表，如图21-3所示。

与传统流程相比，电炉短流程具有以下特点：

（1）投资比高炉—转炉流程减少1/2以上。如美国、日本等国的薄板坯电炉短流程，实际费用约为传统流程的1/4。

（2）生产成本低，劳动生产率高。钢铁联合企业从铁—焦—烧开始到热轧板卷为止，吨钢能耗一般为23kJ/t，而以废钢为原料的电炉钢厂短流程工艺生产的产品能耗接近10kJ/t，能耗降低60%左右。

（3）在世界每年废钢产量超过3亿吨的情况下，电炉短流程的发展对于促进环保，消化废钢，净化冶金工厂的环境起到了良好的推动作用。因此，发达国家把发展紧凑式电炉短流程作为重点。

近些年，我国电炉流程的发展虽然受到重视，但发展电炉短流程应慎重一些，可以适当发展，不可盲目。因为在当前条件下，我国不具备电能和废钢方面的优势，即不具备成本优势。在江阴兴澄钢铁有限公司，已建成我国第一条四位一体的特殊钢短流程生产线，

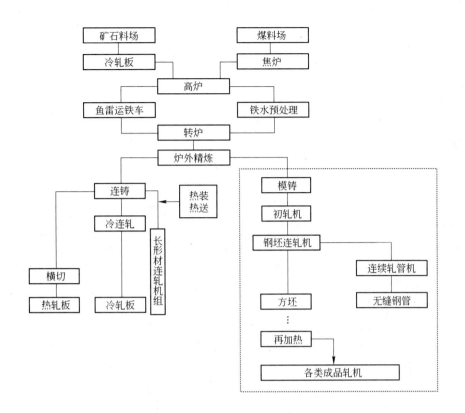

图 21-2　高炉—转炉—连铸流程

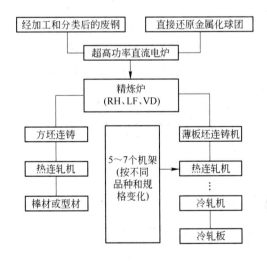

图 21-3　紧凑式电炉短流程

工艺流程为：100t 直流电弧炉冶炼—LF、VD 精炼—$R = 12$m 大方坯连铸—热送全连轧，全套设备从德国引进，能够开发生产合金结构钢、弹簧钢，齿轮钢，易切削钢，轴承钢，高压锅炉管坯钢等品种，将成为全国优质钢、特殊钢装备水平领先，能力超百万吨的企业。

21.1.2.2　电炉容量大型化

由于大容量的炉子热效应高，可使每吨钢的电耗减少，同时，也使吨钢的平均设备投资大大降低，钢的成本下降，劳动生产率提高。如一个容量为 320t 的炉子与一个1.5t 的小炉子相比，生产率相差 100 倍以上。在某些特殊情况下，要求大量优质钢水时，只有采用大容量电弧炉才能满足要求。所以世界上许多国家采用大容量电弧炉。目前 180t 以上的电弧炉有 30 座以上，其中最大的为 400t。我国宝钢的电弧炉容量最大，为 150t。

21.1.2.3　直流电弧炉

1982 年，世界上第一台用于实际生产的直流电弧炉在德国制造，其中石墨电极作为阴极接入电路，底电极是阳极，由两块水平金属组成，金属板上装有导气冷却片，许多触针附在金属板上，触针之间筑入镁砂填充。电流经炉底水平金属板导入触针，然后通入熔池，直流电弧炉的操作与交流电弧炉差别不大，只是为保证炉料与底电极之间保持良好接触，出钢时要保留一部分钢水。若要更换钢种，必须将炉内钢水出净。

对于直流电弧炉来说，偏心炉底出钢、水冷炉壁、水冷炉盖、氧燃烧嘴、废钢预热等新技术，均比较合适，且效果较好。

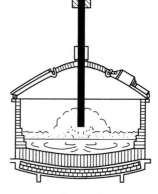

图 21-4　直流电弧炉示意图

直流电弧炉主要优点是：电极消耗较低，只有三相交流电弧炉的一半左右；生产成本较低。但因其仍处于不断完善过程中，也存在不少问题：底电极与炉料接触不良；钢棒式底电极易产生氧化和沸腾；钢销式（针状）底电极维修困难；石墨—镁砖易增碳；炉内温度不均匀；底电极散热不良等。其缺点是电价较高时，成本较高。如图 21-4 所示为直流电弧炉示意图。

我国超大型直流电弧炉炼钢生产线于 1996 年 9 月在上海浦东钢铁（集团）公司建成并投产。该生产线由两座 100t 超高功率电弧炉、两台 LF 在线钢包精炼炉、一台双工位真空冶炼炉和一台 300mm×2000mm 大板坯连铸机组成。并与该公司4200mm×3300mm 双机架宽厚钢板生产线相匹配，组成一条国内外一流水平的电弧炉生产宽厚板短流程生产线，年生产能力 80 万吨。

21.2　浇注工艺方面新工艺新技术

21.2.1　高效连铸

连铸技术是现代炼钢技术的核心内容，连铸技术的先进程度反映了一个国家的炼钢技术水平的高低。20 世纪 80 年代以来，钢铁工业发达国家为了进一步提高连铸机的生产效率，实现连铸机与炼钢炉和轧钢机的良好匹配，开发应用了高效连铸技术。其内容是连铸机实现高拉速、高作业率、高连浇炉数、低漏钢率及生产高温无表面缺陷铸坯。其中高拉速是该项技术的核心。

国外采用高效连铸技术已使连铸的拉漏率降至 0.02% 以下，板坯两面不清理率达到90% 以上，连铸板坯热送轧制的比例达 95% 以上，取得了巨大的经济效益。

21.2.2　近终形连铸

近年来，近终形连铸技术在带材特别是异型材生产方面发展较为突出，在其他形状的钢材生产中也不断发展。如传统的大型钢梁生产用的初始坯料是铸锭坯，以后逐渐演变为连铸大方坯、常规异型坯和近终形异型坯。这是一个逐渐使铸造坯料接近成品形状的技术过程。

连铸坯的断面形状接近于用其轧制出产品断面形状的连铸技术称为近终形连铸。这种连铸坯主要是异型坯。

近终形连铸与直接轧制配合的优越性比较明显，主要表现在：

（1）用异型连铸坯比用钢锭提高成品率20%。

（2）采用近终形连铸坯直接轧制工艺，可节省投资30%，降低能耗50%。

（3）从废钢到成品的生产时间可缩短80%，减少了占地面积，节省了流动资金。

加拿大最早于20世纪60年代开始应用异型坯连铸技术。80年代以后随着连铸技术的不断发展完善，在日本、美国和欧洲相继建设了现代化的异型坯连铸机。我国马鞍山钢铁公司引进包括异型坯连铸机在内的H型钢生产线。目前异型坯连铸机提供的坯料已能够生产各种强度等级的结构钢、细晶粒钢和耐大气腐蚀结构钢等品种，轧制出工字钢、宽缘工字钢、钢板桩及槽钢等型材产品。

在钢轨坯料的近终形化生产方面，前苏联曾进行过帽形坯连铸试验；SMS公司最近又提出了紧凑式钢轨生产工艺的概念，但近终形钢轨坯的生产尚未实现。

近终形连铸技术是一项高新技术，其技术含量较高。如在钢水喂入、结晶器、铸坯支撑和拉矫、二次冷却等技术方面的要求均较常规连铸严格得多、特殊得多。

21.2.3　薄板坯连铸连轧

薄板坯连铸连轧工艺是指钢液经连续地铸成板坯后，为了充分利用铸坯余热，而将钢坯及时送入轧机轧制成（板）材的新工艺。主要有以下三种组合方式：

（1）连铸—离线热装轧制。连铸—离线热装轧制指连铸与轧制不在同一作业中心线上，铸坯出连铸机先经切断后，热送（600~800℃）加热炉均热，再进行轧制。当热装温度为600℃时，可节能335MJ/t，即节能约17%；当热装温度为800℃时，可节能515MJ/t，即节能约26%。这种组合方式多用于多流连铸共轧机的场合。

（2）连铸—直接轧制。连铸—直接轧制指连铸坯出连铸机并经切断后，不经正式加热或略经均温及边角补热，即直接进行轧制，是与连铸生产周期基本相同但不同步的轧制。可节能1675MJ/t，即节能约85%。

（3）连铸—在线同步轧制。连铸—在线同步轧制指连铸与轧制在同一作业中心线上，铸出连铸坯后，不经切断即直接进行与注速（即拉速）同步的轧制。即一台连铸机与一套轧机相匹配，炼钢车间与轧钢车间合二为一。

复习思考题

21-1　炼钢工艺方面的新工艺、新技术主要有哪些？

第4篇 轧钢生产

22 轧钢概述

现代化的钢铁联合企业主要包括炼铁、炼钢、轧钢三大生产环节。轧钢生产作为钢铁生产的最终环节，其主要任务是把钢铁工业中的采矿、选矿、炼铁、炼钢等工序的物化劳动集中转化为钢铁工业的最终产品——钢材。

在轧制、锻造、拉拔、冲压、挤压等金属的压力加工方法中，由于轧制生产效率高、产量大、品种多，轧制成为钢材生产中最广泛使用的主要成型方法，绝大多数钢材都是通过轧制生产方式获得的。

22.1 钢材种类和产品标准

22.1.1 钢材种类和用途

据不完全统计，国民经济各部门所使用的钢材品种规格已达数万种之多，一般来说钢材品种越多，表明轧钢技术水平越高。钢材的分类方法很多，根据加工方式分为热轧钢、冷轧钢、冷拔钢、锻压钢、焊接钢和镀层钢等；根据钢的材质或性能分为优质钢、普通钢、合金钢、低合金钢等；根据钢材的用途分为造船板、锅炉板、油井管、油气输送管、电工用钢等；通常按钢材的断面形状特征分类，分为型钢、板带钢、钢管和特殊用途钢材等四大类。

22.1.1.1 型钢

型钢常用于机械制造、建筑和结构件等方面。在工业先进国家中型钢和线材的产量占总钢材的 30% ~ 35%，主要是靠热轧方式生产。按产品断面可分为简单断面型钢（如方钢、圆钢、扁钢、六角钢、三角钢、弓形钢、椭圆钢等）和复杂断面型钢（如工字钢、槽钢、丁字钢、钢轨等），如图 22-1 所示。

图 22-1 各种型钢的断面形状

型钢大多数采用名称加上能够反映钢材几何特点的尺寸来描述,如圆钢 ϕ50,表示直径为 50mm 的圆钢;扁钢 10mm × 150mm,表示厚为 10mm,宽为 150mm 的扁钢。钢轨是以每米质量加其名称来表示,如 75kg 重轨。

22.1.1.2 板带钢

板带轧制生产自 18 世纪初正式诞生至今,已有 210 余年的发展历史。板带钢是用途最广的钢材。它不但用于国防建设、工业生产以及日常生活中,还是制造冷弯型钢,焊接钢管和焊接型钢的原料。

板与带的区别主要在于成张的为板,成卷的为带。板带钢按生产方法可分为热轧板带和冷轧板带;按产品厚度一般可分为特厚板、厚板、中板、薄板和极薄板等。我国将厚度大于 60mm 的钢板称为特厚板,厚度为 20 ~ 60mm 的钢板称为厚板,厚度为 4.5 ~ 20mm 的钢板称为中板,厚度为 0.2 ~ 4mm 的钢板称为薄板,厚度小于 0.2mm 的钢板称为极薄带,也称箔材。各种钢板厚度和宽度的组合已超过 5000 种以上,宽度对厚度的比值达 10000 以上,而且,随着板带生产技术的发展,异型钢板、变断面钢板等新型产品正不断出现。

22.1.1.3 钢管

钢管一般约占总钢材的 8% ~ 15%,它的断面形状一般是圆的,但也有扁的、方的以及其他形状的,如图 22-2 所示。按生产方式可分为无缝钢管和焊接钢管两类。

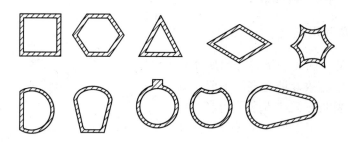

图 22-2 异型钢管

钢管的规格用外径和壁厚表示(即 $D \times S$),其外径从 0.1 ~ 4500mm,壁厚从 0.01 ~ 100mm。钢管的用途很多,可以用作各种油、气、水的输送管道、地质钻探、氧气瓶、金属结构及医用注射器等。

22.1.1.4 特殊用途钢材

特殊用途钢材包括:断面形状和尺寸沿长度方向做周期性变化的周期性断面钢材(见表 22-1);用轧制方式生产的齿轮、车轮、轮箍、钢球、螺丝和丝杆等产品。这类轧制产品能代替一部分机械加工的构件,因而能节约金属,减少切削加工量,是很有发展前途的钢材。用轧制方式生产的车轮、轮箍用于铁路机车车辆上,齿轮轧机如图 22-3 所示。

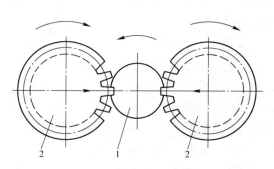

图 22-3 齿轮轧机简图
1—坯料;2—轧辊

表 22-1　部分周期性断面钢材

名　称	形　状	轧　法	用　途
螺纹钢	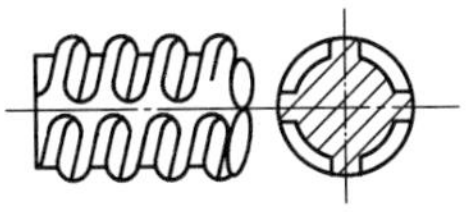	二辊纵轧	建筑、地基、混凝土结构
犁铧钢	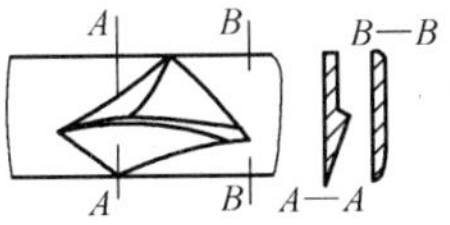	二辊纵轧	犁　铧
轴承座圈	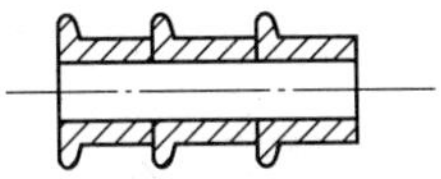	二辊斜轧	轴承外座圈
变断面轴	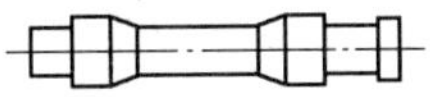	三辊楔横轧	各种轴类
犁刀形钢	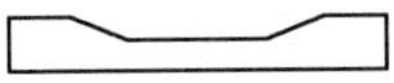	二辊纵轧	犁刀坯

22.1.2　钢材产品标准和技术要求

组织轧钢生产工艺过程首先是为了获得合乎质量要求或技术要求的产品，也就是说，保证产品质量是轧钢生产的一个主要奋斗目标。钢材的技术要求就是为了满足使用需要对钢材提出的必须具备的规格和技术性能，例如形状、尺寸、表面质量、力学性能、物理化学性能、金属内部组织和化学成分等方面的要求。

钢材技术要求体现为钢材的产品标准。包括国家标准（GB）、冶金行业标准（YB）、地方标准和企业标准。

国家标准主要由五个方面内容组成：

（1）品种规格标准。主要是规定钢的断面形状和尺寸精度方面的要求。它包括钢材几何形状，尺寸允许的偏差、截面面积和理论质量等。有特殊要求的在其相应的标准中单独规定。

（2）性能标准。钢材的性能标准又称钢材的技术条件。它规定各钢种的化学成分、力学性能、工艺性能、表面质量要求、组织结构以及其他特殊要求。

（3）试验标准。它规定取样部位、试样形状和尺寸、试验条件以及试验方法。

（4）交货标准。对不同钢种及品种的钢材，规定交货状态，如热轧状态交货、退火状态交货、经热处理及酸洗交货等。冷加工交货状态分特软、软、半软、低硬、硬几种类型，另外还规定钢材交货时的包装和标志（涂色和打印）方法以及质量证明书的内容等。

（5）特殊条件。某些合金钢和特殊的钢材还规定特殊的性能和组织结构等附加要求及特殊的成品试验要求等。

各种钢材根据用途的不同都有各自不同的产品标准或技术要求。由于各种钢材的不同技术要求，再加上不同的钢种特性，带来它们不同的生产工艺过程和生产工艺特点。

22.2　轧钢生产系统

22.2.1　轧钢生产系统的类型

轧钢生产是将钢锭或钢坯轧成钢材的过程。组织钢铁生产时，根据原料来源、产品种类以及生产规模的不同，将初轧机或连铸坯装置与各种成品轧机配套设置组成各种轧钢生产系统。例如：按生产规模划分为大型、中型和小型的生产系统；按产品种类分为板带钢、型钢、合金钢以及混合生产系统。每一种生产系统的车间组成，轧机配置及生产工艺过程又是千差万别的。各种轧钢生产系统典型示例见表22-2。

表22-2　各种轧钢生产系统示例

生产系统	板带钢	型钢	混合	合金钢	中型混合	小型混合
年产量/万吨	300~800	150~300	300~600	20~30	30~100	10~30
原料	铸锭、连铸坯	铸锭、连铸坯	铸锭、连铸坯	铸锭、连铸坯	铸锭、连铸坯	铸锭、连铸坯
初轧开坯机	水压机、板坯初轧机	方坯初轧机及、钢坯连轧机	方坯初轧机、板坯初轧机	初轧开坯机、锻锤	初轧开坯机	三辊开坯机
成品轧机组成	宽厚板轧机、宽带热连轧机、焊管机、可逆式冷轧机、冷连轧机、热轧产品	线材轧机、小型轧机、中型轧机、轨梁轧机	轨梁轧机、宽带热连轧机、无缝钢管轧机、焊管机、冷轧产品、热轧产品、冷连轧机	中型轧机、带钢轧机、小型轧机、线材轧机、无缝钢管轧机、冷连轧机、拉丝机	中型轧机、叠轧薄板或带钢轧机、小型轧机、中板轧机、无缝钢管轧机	76无缝钢管轧机、窄带钢轧机、小型及线材轧机

（1）板带钢生产系统。近代板带钢生产广泛采用先进的连续轧制方法，生产规模越来越大。例如，一套现代化的宽带钢热连轧机年产量达300万~600万吨；一套宽厚板轧机年产量约100万~200万吨。采用连铸坯作为轧制板带钢的原料是今后发展的必然趋势，日本一些厂连铸坯已达100%。特厚板的生产往往还采用将重型钢锭锻成的坯作为原料。

（2）型钢生产系统。型钢生产系统根据生产规模可分为大型、中型和小型三种生产系统。一般年产量100万吨以上的可称为大型生产系统，年产30万~100万吨的称为中型生产系统，年产30万吨以下的可称为小型生产系统。

（3）混合生产系统。在一个钢铁企业中可同时生产板带钢、型钢和钢管时，称为混合系统。无论在大型、中型或小型的企业中，混合系统都比较多，其优点是可以满足多品种的需要。

（4）合金钢生产系统。由于合金钢的用途，钢种特性及生产工艺都比较特殊，材料也比较稀贵，产量不大而产品种类繁多，故它常属于中型或小型的型钢生产系统或混合生产系统。由于有些合金钢塑性较低，故开坯设备除轧机以外，有时还采用锻锤。

22.2.2 轧钢机

轧钢机是指具有轧辊，能使轧件产生塑性变形的机械，是轧钢生产系统的重要组成部分。和其配套的还有用来完成其他辅助工序的剪切机、矫直机、卷取机、辊道等。

22.2.2.1 轧钢机的组成及标称

轧钢机通常由主电动机、主传动及工作机座三部分组成，如图 22-4 所示。主电动机的形式主要包括不需要调速的异步交流电动机、需要调速的直流电动机、用变频装置调速的交流电动机等。根据轧机的用途和生产率，主电动机的容量从几十千瓦到几千千瓦。现代化的初轧机，一台主电动机容量达 2500 ~ 7000kW，而某些精密箔带轧机，其主电动机容量只有 10kW 左右。

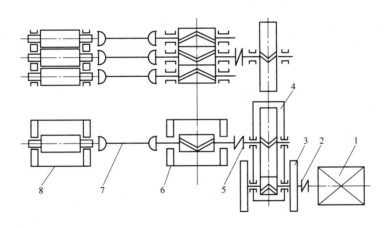

图 22-4　轧钢机的组成

1—主电动机；2—电动机联轴器；3—飞轮；4—减速机；5—主联轴器；6—人字齿轮座；
7—万向接轴；8—工作机座

主传动一般由减速机、人字齿轮座、主联轴器等传动装置组成。在主传动中是否采用飞轮，应当由轧机的作业方式和负荷图决定。

在某些大轧机上，如二辊可逆式初轧机、四辊可逆式钢板轧机，主传动中设有减速机和人字齿轮座，如图 22-5 所示。每一个工作辊都用一个单独电动机驱动，这不仅大大简化了设备，更重要的是解决了制造特大功率电动机带来的许多困难。

轧钢机工作机座是由机架、轧辊、轧辊轴承、压下平衡装置等组成，这些零部件的形式和结构主要取决于轧机的用途。

22.2.2.2 轧钢机的分类

轧钢机按用途的分类及其主要技术性能见表 22-3。

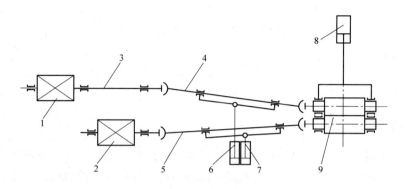

图 22-5 双电机的轧钢机

1，2—主电动机；3—传动轴；4，5—万向接轴；6，7—接轴平衡缸；

8—上辊平衡缸；9—工作辊

表 22-3 轧钢机按用途分类及其主要技术性能

轧 机 类 型		轧辊尺寸/mm		最大轧制速度 /m·s^{-1}	用 途
		直 径	辊身长度		
开坯机	初轧机 板坯轧机	750~1500 1100~1370	约3500 约2800	3~7 2~6	用1~45t钢锭轧制(120mm×120mm)~ (450mm×450mm)的方坯及(75~300)mm× (700~2050)mm的板坯
钢坯轧机		450~750	800~2200	1.5~5.5	将大钢坯轧成(55mm×55mm)~(150mm ×150mm)的方坯
型钢轧机	轨梁轧机	750~900	1200~2300	5~7	生产38~75kg/m的重轨以及高达240~ 600mm甚至更大的其他重型断面钢梁
	大型轧机	500~750	800~1900	2.5~7	生产80~150mm的方钢和圆钢，高120~ 300mm的工字钢和槽钢，18~24kg/m的钢 轨等
	中型轧机	350~500	600~1200	2.5~15	生产40~80mm的方钢和圆钢，高达 120mm的工字钢和槽钢，(50mm×50mm)~ (100mm×100mm)的角钢，11kg/m的钢 轨等
	小型轧机	250~350	500~800	4.5~20	生产8~40mm的方钢和圆钢，(20mm× 20mm)~(50mm×50mm)的角钢等
	线材轧机	250~300	500~800	10~75	生产φ5~9mm的线材
热轧板带 轧机	厚板轧机		2000~5600	2~4	生产(4~50)mm×(500~5300)mm的厚 钢板，最大厚度可达300~400mm
	宽带钢轧机		700~2500	8~30	生产(1.2~16)mm×(600~2300)mm的 带钢
	叠轧薄板轧机		700~1200	1~2	生产(0.3~4)mm×(600~1000)mm的薄 钢板

轧机类型		轧辊尺寸/mm		最大轧制速度 /m·s⁻¹	用途
		直径	辊身长度		
冷轧板带轧机	单张生产的钢板冷轧机		700~2800	0.3~0.5	
	成卷生产的宽带钢冷轧机		700~2500	6~40	生产(0.1~5)mm×(600~2300)mm的带钢及钢板
	成卷生产的窄带钢冷轧机		150~700	2~10	生产(0.02~4)mm×(20~600)mm的带钢
	箔带轧机		200~700		生产0.0015~0.012mm的箔带
热轧无缝钢管轧机	400自动轧管机	960~1100	1550	3.6~5.3	生产ϕ27~400mm的无缝钢管,扩孔后钢管最大直径达ϕ650mm或更大
	140自动轧管机	650~750	1680	2.8~5.2	生产ϕ70~140mm的无缝钢管
	168连续轧管机	520~620	300	5	生产ϕ80~165mm的无缝钢管
冷轧钢管轧机					主要轧制ϕ5~500mm的薄壁管,个别情况下也轧制ϕ400~500mm的大直径钢管
特殊用途轧机	车轮轧机				轧制铁路用车轮
	圆环—轮箍轧机				轧制轴承环及车轮轮箍
	钢球轧机				轧制各种用途的钢球
	周期断面轧机				轧制变断面轧件
	齿轮轧机				滚压齿轮
	丝杠轧机				滚压丝杠

22.2.2.3　轧钢机的标称

轧钢机标称与轧辊或轧件尺寸有关。

钢坯轧机和型钢轧机以轧辊名义直径标称,或用人字齿轮节圆直径标称。当轧钢车间中装有数列或数架轧机时,则以最后一架精轧机轧辊的名义直径作为轧钢机的标称。如1150初轧机、650型钢轧机。

板带轧机以轧辊辊身长度标称。如2300热轧钢板轧机。

钢管轧机以其能够轧制的钢管最大外径来标称。如ϕ108穿孔机。

应当指出,性能参数相同的轧钢机,采用不同布置形式时,轧钢车间产品、产量和轧制工艺就不同。因此,上述轧钢机的标称方法还不能全面反映各种轧钢车间的技术特征,还应考虑轧钢机的布置形式。

22.3　轧钢车间的主要技术经济指标

表示厂或车间劳动力、各种设备、原材料、燃料、动力、资金等利用程度的指标称为技术经济指标。这些指标既能反映企业的生产技术水平和管理水平,又能反映出企业的经济效益。它是鉴定企业的技术是否先进、工艺是否合理、管理是否科学的重要标准。其主要内容见表22-4。各类轧机部分技术经济指标见表22-5。

表 22-4 技术经济指标内容

序号	指标名称	数量	备注	序号	指标名称	数量	备注
1	车间年产量/万吨			11	燃料/GJ		
2	轧机形式			12	电力/kW·h		
3	车间设备总重/t			13	水/m³		
	其中：工艺操作设备/t			14	压缩空气/m³		
	运输设备/t			15	蒸汽/kg		
4	车间电气设备总容量/kW			16	氧气/m³		
	其中：主电机/kW			17	乙炔/m³		
5	厂房占地面积/m²			18	轧辊/kg		
6	轧机年工作小时/h			19	碳化钨辊环/kg		
7	轧机负荷率/%			20	耐火材料/kg		
8	货物周转量			21	润滑油及液压油/kg		
	运入/t			22	职工人数/人		
	运出/t				其中：生产工人/人		
9	车间投资总额/万元			23	全员劳动生产率/t·(人·a)⁻¹		
	每吨产品消耗指标			24	生产工人劳动生产率/t·(人·a)⁻¹		
10	钢坯/t						

表 22-5 各类轧机部分技术经济指标参考值

序 号	轧机名称	生产能力 /万吨·a⁻¹	机械设备 质量/t	电机总容量 /kW	车间总面积 /m²	定员/人
1	1300/800/700 初轧机	344.5	41235	83851	150881	1202
2	1150/700/500 初轧机	2.00	9607	311300	42481	714
3	850/700/500 初轧机	70	3440	12680	20660	616
4	950/800 轨梁机	130	16194	96480	90845	1487
5	800×3 轨梁大型轧机	120	22864	56107	75360	1944
6	650×3 开坯中型轧机	24	2560	7970	27040	785
7	500/300 中型轧机	10	900	3700	5900	500
8	400/300 小型轧机	5	533	2950	6156	360
9	300 连续小型轧机	87	4714	18080	23600	540
10	45°无扭线材轧机	30	1675	14800	15600	400
11	2800/1700 半连轧板机	200	25463	55000	78933	1700
12	2300/1700 炉卷轧机	36.15	13500	75000	66000	850
13	2050 热连轧板机	400	43000	88826	145000	
14	1700 热连轧板机	310.6	34000	167500	178600	2977
15	2030 冷连轧板带机	210	73000	171000	260000	1872
16	1700 冷连轧板带机	100	26900	112000	169700	3354

序 号	轧机名称	生产能力 /万吨·a^{-1}	机械设备 质量/t	电机总容量 /kW	车间总面积 /m^2	定员/人
17	二十辊冷轧带机	7	9500	47000	83400	1665
18	4200 特厚板轧机	40	19000	46600	100000	1050
19	3300/1200 热连轧带机	70	11260	45219	71495	1500
20	ϕ400 自动轧管机	30	21000	30000	12000	1800
21	ϕ140 自动轧管机	16	轧线设备 4200	8600	30030	521
22	ϕ140 连轧管机	50	28597	92000	197487	3420
23	ϕ318 周期式轧管机	12.2	6687	10244.1	34716	629
24	ϕ133 顶管机	2.57	1878.7	3091	25840	426
25	ϕ250 限动芯棒连轧管机	51.74	25582	44053	65775	604

22.3.1 轧钢车间的生产能力

轧钢车间的生产能力主要取决于轧钢机的生产能力，轧钢机的生产能力以轧机的生产率表示，即轧机在单位时间内的产量，以小时、班、日、月、季和年为时间单位进行计算，其中小时产量为常用生产率指标。成品轧机的生产率按照合格品的质量计算；初轧机和厚板轧机的生产率按照原料即钢锭的质量计算。

成品轧机的小时产量（单位为 t/h）为：

$$A_P = \frac{3600}{T} Q K_1 b$$

式中　3600——每小时秒数；

　　　T ——轧制周期，s；

　　　Q ——原料单重，t/根；

　　　K_1——轧机利用系数；

　　　b ——成品率，% 。

22.3.1.1 原料单重 Q

根据轧机生产率公式可知，坯料质量越大，轧机小时产量越高。但有时坯料质量增加，使坯料的断面积增加，轧制道次和轧制周期增加，导致轧机产量下降。只有增加坯料长度，才能提高生产率，但加热炉宽度，主辅设备的间距等都限制坯料的加长。因此增加原料单重时，应综合考虑，以选取最佳断面积。

22.3.1.2 轧机利用系数 K_1

轧机实际小时产量与理论小时产量的比值称为轧机利用系数。实际生产中主要因生产节奏的不正常，如咬入困难、操作延误等引起轧机利用率降低。通常 K_1 值为：

开坯轧机：$K_1 = 0.85 \sim 0.90$；

成品轧机：$K_1 = 0.80 \sim 0.85$。

22.3.1.3　成品率 b

成品质量与所用原料质量之比称为成品率。可用下式表示：

$$b = \frac{Q - W}{Q} \times 100\%$$

式中　　Q——原料质量，t；

　　　　W——各道工序造成的金属损失量，t。

成品率越高，轧机产量越大。而影响成品率的主要因素是轧制过程中产生的金属损耗，如烧损、切损、轧废等。

22.3.1.4　轧制周期 T

轧机每轧制一根产品所需的时间称为轧制周期，轧制周期越短，轧机小时产量越高。轧制周期随轧机的组成、技术性能和轧制操作方法的不同而异，可用以下两式表示。

无交叉轧制：在前一根轧件轧制终了后再开始轧制下一根轧件，即在同一轧机或轧制线上同时轧制一根轧件，其轧制周期就是每根轧件的轧制周期时间，即：

$$T = \sum t_z + \sum t_j + t_0$$

式中　　$\sum t_z$——各道轧制时间总和；

　　　　$\sum t_j$——各道间隙时间总和；

　　　　t_0——前后两轧件之间的间隔时间。

有交叉轧制：在前一根轧件轧制尚未终了就开始轧制下一根轧件，即在同一轧机或轧制线上同时轧制两根或两根以上的轧件。两根或两根以上轧件同时轧制的时间（包括间隙时间）称为交叉时间。有交叉轧制的平均轧制周期为：

$$T = \sum t_z + \sum t_j + t_{ch}$$

式中　　t_{ch}——交叉轧制的时间。

从以上两式比较可知，交叉轧制时轧制周期较短，所以采用交叉轧制可提高轧机生产率，另外可采用合理分配道次，减少间隙时间，强化轧制过程等措施来缩短轧制周期，以提高轧机的生产率。

22.3.2　轧钢车间的年产量 A

车间年产量是指在一年内轧钢车间各种产品的综合产量。

计算公式为：

$$A = A_P t_{jw} K_2$$

式中　　A_P——平均小时产量，t/h；

　　　　t_{jw}——轧机一年内实际工作时数，h；

　　　　K_2——时间利用系数。

对连续工作制：

$$t_{jw} = (365 - t_1 - t_2 - t_3) \times (24 - t_4)$$

式中　　t_1，t_2——一年中大、中、小修时间，d；

　　　　t_3——年换辊时间，d；

t_4——每天交接班时间，h。

K_2 是由于某些原因造成时间损失的系数。如设备问题、断辊、待料、停电等。一般不同轧机 K_2 有所不同。

初轧机：$K_2 = 0.9 \sim 0.92$；型钢轧机：$K_2 = 0.8 \sim 0.9$。

22.3.3　轧钢车间的材料消耗

轧钢车间技术经济指标中，一吨产品的材料消耗既是产品成本核算的主要内容，也衡量着一个车间的设计经济效果，同时反映了该车间的生产技术水平、管理水平及生产过程中的合理性与经济性。

以 2300mm 中板车间为例，其车间技术经济指标内容见表 22-6。

表 22-6　2300mm 中板轧机技术经济指标

序号	指标名称	指标	备注	序号	指标名称	指标	备注
一	车间生产规格			11	输入/万吨·a^{-1}	17.1325	
1	成品年产量/万吨	12		12	输出/万吨·a^{-1}	16.11	
2	原料/万吨	15.6		五	每吨产品消耗		
二	主要基础资料			13	金属/t	1.3	
3	轧机类型尺寸/mm	φ850/550/850×2300	老特式	14	燃料(煤气)/m³	0.3	
4	主电动机功率/W	2000		15	电力/kW·h	65	
	车间设备总质量/t			16	耐火材料/kg	0.55	
	工艺操作设备/t	1333		17	蒸汽/m³	7.6	
5	起重运输设备/t	1885		18	水/m³	40	
	机修设备/t	18		19	压缩空气/m³	10.5	
6	电器设备总容量/W	4285		20	氧气/m³	0.0125	
7	车间面积/m²	10919		21	乙炔/m³	0.0029	
8	车间总投资/万元	903		22	润滑油/kg	0.45	
三	轧机工作制度			23	轧辊/kg	1.68	
9	轧机年工作小时/h	6500		六	职工人数/人	500	
10	轧机负荷率/%	80.5			其中：工人/人	463	
四	货物周转量			24	劳动生产率/t·(人·a)$^{-1}$	260	

轧制生中，每吨产品的原料消耗有以下内容。

22.3.3.1　金属消耗

金属消耗是轧钢生产中的一项重要指标。它直接影响车间产品成本。降低金属消耗是降低产品成本的重要途径，通常以金属消耗系数 K 来表示：

$$K = Q/W_1$$

式中　Q——坯料质量，t；

W_1——合格产品质量，t。

金属消耗一般由下列损失造成：

（1）烧损。即氧化损失。在炉内氧化损失波动范围为 0.5% ~ 5%，轧制时在空气中氧化损失为 0.72% ~ 1.25%。

（2）切损。切损包括切头、切尾、切边、取样及由于局部质量不合格而切除的金属损失。如用钢锭作原料，由于缩孔和轧制时形成"燕尾"，切损量一般达 5% ~ 20%，型钢切损量为 5%，钢板、钢管切损量达 10% 以上。

（3）清理表面损失。清理表面损失包括原料表面缺陷处理、酸洗以及轧后成品表面缺陷处理所造成的金属损失，一般在 1% ~ 3% 范围内。

（4）轧废。轧废是由于操作不当，管理不善或者出现各种事故所造成的废品损失。碳钢轧废约 1%，合金钢为 1% ~ 3%。

22.3.3.2　燃料消耗

轧钢车间的燃料消耗主要用于坯料加热和成品热处理。常用燃料有煤、煤气和重油。燃料消耗指标以每吨产品消耗多少千焦热量来表示。而实际应用时往往用每吨产品消耗多少千克燃料来表示。使用煤气作燃料时，则用体积（m^3）表示。然后按其发热值再折合成标准煤（29308kJ/t）计算。

22.3.3.3　电能消耗

轧钢车间电能消耗，主要用于驱动轧机的主电动机和车间内其他辅助设备的电动机。每吨钢材的电能消耗与轧制道次、产品种类、钢种、轧制温度以及车间机械化程度有关。轧制时总延伸系数越大或者轧制道次越多，电能消耗越大。轧制钢板比轧制型钢、钢管的电能消耗大；轧制合金钢比轧制普碳钢的电能消耗大。

22.3.3.4　轧辊消耗

轧辊是轧机的主要工艺备件，其消耗量取决于轧辊每车削一次所能轧出的钢材数量和一对轧辊可能车削的次数。生产 1t 合格的轧制产品耗用的轧辊质量称为轧辊消耗量，以 kg/t 为计算单位。其计算公式为：

$$K_{辊} = G_{辊} / Q$$

式中　　$K_{辊}$——单位成品的轧辊消耗，kg/t；

　　　　$G_{辊}$——耗用的轧辊总量，kg；

　　　　Q——合格产品的数量，t。

22.3.3.5　水的消耗

水的消耗通常用每小时消耗多少立方米水量（m^3/h）来表示。轧钢车间用水量主要取决于用水设备的多少、每项设备的耗水量及车间规模大小等因素。

22.4　轧钢生产技术的发展

进入 21 世纪，随着国民经济发展和科学技术水平的提高，对钢材的要求已从增加产量向提高产品质量、增加产品品种、降低生产成本方向转化。钢材生产技术的进步已成为轧钢生产技术研究与发展的主要导向和推动力。

世界轧钢工业的技术进步主要体现在最终形成的轧材性能高品质化、品种规格多样化、控制管理计算机化等方面。展望未来，轧钢工艺和技术的发展主要体现在以下几方面：

（1）铸轧一体化。利用轧辊进行钢材生产，因其过程连续、高效、可控且便于计算机等高新技术的应用，在今后相当一段时间内，以辊轧为特征的连续轧钢技术仍将是钢铁工业钢材成型的主流技术。轧钢前后工序的衔接技术必将有长足的进步。连铸的发展，已经逐步淘汰初轧工序。而连铸技术生产的薄带钢直接进行冷轧，又使连铸与热轧工序合二为一。低能耗、低成本的铸轧一体化，将使轧制工艺流程更加紧凑。同时也是棒、线、型材生产发展的方向。

（2）轧制过程清洁化。在热轧过程中，钢的氧化不仅消耗钢材与能源，同时也带来环境的污染，并给深加工带来困难。因此，低氧化甚至无氧化燃烧和无酸清洁型除鳞这两项技术被称为绿色工艺的新技术，它们将使轧钢过程清洁化。

（3）轧制过程柔性化。板带热连轧生产中压力调宽技术和板形控制技术的应用，实现了板宽的自由规程轧制，棒、线材生产的粗、中轧平辊轧制技术的应用，实现了部分规格产品的自由轧制。这些新技术使轧制过程柔性化。

（4）高新技术的应用。21世纪轧钢技术取得重大进步的主要特征是信息技术的应用。板形自动控制，自由规程轧制，高精度、多参数在线综合测试等高新技术的应用使轧钢生产达到全新水平。轧机的控制已开始由计算机模型控制转向人工智能控制，并随着信息技术的发展，将实现生产过程的最优化，使库存率降低，资金周转加快，最终降低成本。

（5）钢材的延伸加工。在轧钢生产过程中，除应不断挖掘钢材的性能潜力外，还要不断扩大多种钢材的延伸加工产业，如开发自润滑钢板用于各种冲压件生产，减少冲压厂润滑油污染；开发建筑带肋钢筋焊网等，把钢材材料生产、服务延伸到各个钢材使用部门。

复习思考题

22-1　简述钢材的种类和用途。

22-2　简述轧钢生产系统的种类。

22-3　轧钢机由哪几部分组成，各类轧钢机如何标称？

22-4　轧钢车间的主要技术经济指标有哪些？

22-5　轧钢生产的主要消耗指标有哪些，影响金属消耗的因素有哪些？

22-6　简述钢材市场的趋势。

22-7　轧钢生产技术的发展主要体现在哪些方面？

23 轧 制 原 理

23.1 基本概念

23.1.1 轧钢

轧钢是利用金属的塑性使金属在两个旋转的轧辊之间受到压缩产生塑性变形，从而得到具有一定形状、尺寸和性能的钢材的加工过程。被轧制的金属称为轧件，使轧件实现塑性变形的机械设备称为轧钢机，轧制后的成品称为钢材。轧钢可分为纵轧、横轧和斜轧。

（1）纵轧。如图 23-1 所示，轧辊的转动方向相反，轧件的纵向轴线与轧辊的水平轴线在水平面上的投影相互垂直，轧制后的轧件不仅断面减小、形状改变，长度也有较大的增长。它是轧钢生产中应用最广泛的一种轧制方法，如各种型材和板材的轧制。

（2）横轧。如图 23-2 所示，轧辊转动方向相同，轧件的纵向轴线与轧辊轴线平行或成一定锥角，轧制时轧件随着轧辊做相应的转动。它主要用来轧制生产回转体轧件，如变断面轴坯、齿轮坯等。

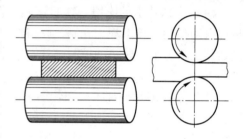

图 23-1　纵轧

（3）斜轧。如图 23-3 所示，轧辊转动方向相同，其轴线与轧件纵向轴线在水平面上的投影相互平行，但在垂直面上的投影各与轧件纵轴成一交角，因而轧制时轧件既旋转，又前进，做螺旋运动。它主要用来生产管材和回转体型材。

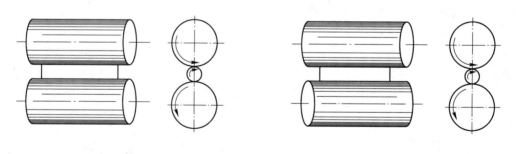

图 23-2　横轧　　　　　　　　　　　　图 23-3　斜轧

23.1.2 加工硬化和再结晶

金属在常温下进行加工产生变形时，其内部晶体发生变形和压碎，而引起金属的强度、硬度和脆性升高，塑性和韧性下降的现象，称为金属的加工硬化。

温度和加工变形程度对金属的晶体组织结构及性能都有不可忽视的影响。经加工变形后的金属，随着温度的增高，其晶体组织有出现重新改组为新晶粒的现象，称为金属的再结晶。再结晶无晶体类型的变化。金属进行再结晶的最低温度称为金属的再结晶温度。金属的再结晶可以消除在加工变形过程中产生的加工硬化，恢复其加工变形前的塑性和韧性。

金属再结晶温度的高低，主要受金属材质和变形程度的影响。大量资料表明，当变形程度较大时，各种工业纯金属的再结晶温度与其熔点之间存在以下关系：

$$T_z = (0.35 \sim 0.40)T_m \qquad (23-1)$$

式中　T_z——金属的再结晶温度，K；

　　　T_m——金属的熔点，K。

23.1.3　热轧与冷轧

将金属加热到再结晶温度以上进行轧制称为热轧。热轧的优点是可以消除加工硬化，能使金属的硬度、强度、脆性降低，塑性和韧性增加，而易于加工。这是因为金属在再结晶温度以上产生塑性变形的同时，产生了非常完善的再结晶。但在高温下钢件表面易生成氧化铁皮，使产品表面粗糙度增大，尺寸不够精确。碳钢热轧一般在 850 ~ 1200℃进行。

金属在再结晶温度以下进行的轧制称为冷轧。为了得到表面质量好、尺寸精度高、机械性能好的钢材，应先将钢锭（或钢坯）热轧到接近成品的形状和尺寸后，再进行冷轧（或冷拔），达到成品所要求的形状尺寸。

23.2　金属塑性变形理论

23.2.1　塑性变形的力学条件

材料受外力作用所产生的形状和尺寸的改变，称为变形。当外力取消后，能够恢复原来形状尺寸的那部分变形，称为弹性变形；若外力超过某一限度，当外力取消后，材料不能恢复原来形状尺寸的那部分变形，称为塑性变形。材料产生塑性变形而又不破裂的能力称为塑性。轧钢生产就是利用金属的塑性使轧件产生塑性变形而成型的。

材料由于外力的作用，其内部产生的抵抗变形的抗力，称为内力。材料单位面积上的内力称为应力。即：

$$\sigma = \frac{P}{F} \qquad (23-2)$$

式中　σ——平均应力，Pa；

　　　F——材料的截面积，m^2；

　　　P——作用于该截面积的内力，N。

金属受到外力作用后，首先产生弹性变形，当外力增加到某一极限时，开始由弹性变形过渡到塑性变形。随着外力的继续增大，塑性变形也继续增加。材料抵抗塑性变形的能力称为强度。材料产生塑性变形的最小应力称为屈服强度或屈服极限 σ_s。材料破裂前的最大应力称为强度极限 σ_b。各种金属材料的屈服强度 σ_s 和强度极限 σ_b，可在有关手册中查到。

显然，金属材料产生塑性变形的力学条件是该材料受外力作用而产生的应力 σ 必须大于或等于其屈服极限 σ_s，而小于其强度极限 σ_b。即

$$\sigma_s \leqslant \sigma \leqslant \sigma_b \tag{23-3}$$

在材料力学中得到的屈服极限是有条件的屈服极限。试验的条件是：变形温度为室温；变形程度很小，试件产生残余伸长为原始长度的 0.2%；变形速度很小，一般材料试验机所产生的变形速度仅为 $u = 6 \times 10^{-4} \mathrm{s}^{-1}$。轧制时的轧件的塑性变形条件与材料力学试验条件有很大区别。例如，轧制时温度在 900~1100℃，变形程度达 50%，变形速度可达 $100 \mathrm{s}^{-1}$，而且轧制时应力状态很复杂，变形区内金属在垂直方面受到压缩，在轧制方向产生延伸，在横向产生宽展，而延伸和宽展受到接触面上摩擦力的限制，使变形区内的金属呈三向压应力状态。

变形区内各点的应力状态也是不均匀的。在有前后张力轧制时，变形区中部呈三向压应力状态，靠近入口和出口处，由于张力的作用，金属呈一向拉应力和两向压应力状态，如图 23-4 所示。

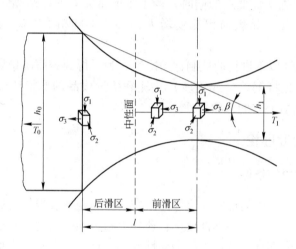

图 23-4 有前后张力时轧件变形区内各点应力状态

变形能定值理论认为，欲使处于应力状态的物体中的某一点进入塑性状态，必须使该点的弹性形状变化位能达到材料所允许的极限值，并且该极限值和应力状态的种类无关，而为一常数。

按变形能定值理论可推导出轧件产生塑性变形的条件——塑性方程式：

$$(\sigma_1 - \sigma_2)^2 + (\sigma_2 - \sigma_3)^2 + (\sigma_3 - \sigma_1)^2 = 2\sigma^2 \tag{23-4}$$

式中 σ_1，σ_2，σ_3——三个主应力，其大小顺序为 $\sigma_1 > \sigma_2 > \sigma_3$；

  σ——金属塑性变形阻力，它只决定于材料种类（化学成分）及变形条件（变形温度、变形程度、变形速度），而与应力状态无关。

塑性方程式表明，在三向应力状态下，当主应力差的平方和等于材料塑性变形阻力平方的二倍时，物体就开始开始产生塑性变形。

塑性方程式可简化为：

$$\sigma_1 - \sigma_3 = \beta\sigma \tag{23-5}$$

式中，β 为考虑中间主应力 σ_2 的影响系数，β 在 $1 \sim 1.15$ 范围内变化，板带轧制时，$\beta = 1.15$。

23.2.2　体积不变定律

体积不变定律是指金属材料受到外力产生塑性变形时，其变形前后的体积保持不变。

如以 V_0、V_1 分别代表轧制前后轧件的体积，则：

$$V_0 = V_1 \tag{23-6}$$

令 h_0、b_0、L_0 和 h_1、b_1、L_1 分别代表轧制前后轧件的高度、宽度与长度，则有：

$$V_0 = h_0 b_0 L_0 \quad V_1 = h_1 b_1 L_1$$

即有：

$$h_0 b_0 L_0 = h_1 b_1 L_1 \tag{23-7}$$

利用上面体积不变定律的数学表达式，可以计算成品的尺寸或选定坯料的大小。

23.2.3　最小阻力定律

最小阻力定律是金属材料在受到外力产生塑性变形，当其内部质点有向各个方向移动的可能性时，则各质点将沿阻力最小的方向移动。

例如，压缩一个如图 23-5 所示的正立方体金属块时，变形体内各质点会沿着与四个侧面相垂直的方向移动。在正方形截面上划出对角线，就可以很容易地判明在不同区域内质点的流动方向，因沿 ab 和 cd 两轴线流动质点的数目最多，正方形截面变形后逐渐趋于圆形。

又如轧制时的变形过程，是变形区在旋转的轧辊间沿着金属长度方向连续移动的结果，也就是说变形区不是固定不变的，从变形开始到变形终了金属质点不是永远处于变形区内的某一个区域之中。在瞬时内金属质点可能的流动方向的分界划分如图 23-6 所示。在区域 1 与区域 2 内的金属质点向宽度方向流动，称为宽展区，区域 3 与区域 4 则向长度方向流动，称为延伸区。由于延伸区大于宽展区，变形的结果最后总是在长度方向的变形大于宽度方向的变形，即延伸大于宽展。

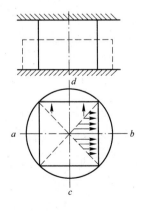

图 23-5　受压缩时正方形断面的形状变化

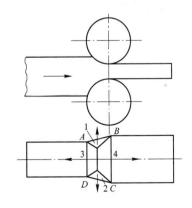

图 23-6　轧制变形简图

23.3 轧制过程基本参数

轧制是旋转的轧辊依靠摩擦力将轧件带入辊缝使金属受到压缩而产生塑性变形的过程，轧制的目的是使被轧制的材料具有一定的形状、尺寸和性能。在轧制过程中，轧件产生了厚度、宽度和长度三个方向的变形。

23.3.1 绝对变形量

绝对变形量用以分别表示变形前后轧件在高度、宽度及长度三个方向的线变形量，即：

（1）绝对压下量，简称压下量，$\Delta h = h_0 - h_1$。

（2）绝对宽展量，简称宽展量，$\Delta b = b_0 - b_1$。

（3）绝对延伸量，简称延伸量，$\Delta L = L_1 - L_0$。

上述绝对变形量以前两者使用最为广泛。其优点是计算简单、直观；缺点是不能准确反映轧件的相对变形程度。

23.3.2 相对变形量

相对变形量是指绝对变形量与相应的轧前尺寸的比值。即：

（1）相对压下量，$\varepsilon_1 = \dfrac{\Delta h}{h_0} \times 100\%$。

（2）相对宽展量，$\varepsilon_2 = \dfrac{\Delta b}{b_0} \times 100\%$。

（3）相对延伸量，$\varepsilon_3 = \dfrac{\Delta L}{L_0} \times 100\%$。

上述相对变形量中，以相对压下量使用较为广泛。

23.3.3 变形系数

变形系数是另一种表示相对变形的方法，是以轧制前与轧制后（或轧制后与轧制前）相应的线尺寸的比值表示，即：

（1）压下系数，$\eta = \dfrac{h_0}{h_1}$。

（2）宽展系数，$\omega = \dfrac{b_0}{b_1}$。

（3）延伸系数，$\lambda = \dfrac{L_1}{L_0}$。

上述变形系数反映了轧件变形前后尺寸变化的倍数关系，在实际生产中应用较广，特别是延伸系数应用更为广泛。依据体积不变定律，延伸系数又可以用下式表示：

$$\lambda = \frac{L_1}{L_0} = \frac{h_0 b_0}{h_1 b_1} = \frac{F_0}{F_1} \tag{23-8}$$

式中 F_0，F_1——分别表示轧制前后轧件的断面积，m^2。

轧件总的变形程度常用压缩比来表示，压缩比就是轧制前后轧件断面积之比。用较大的压缩比轧制，才能充分破碎钢件的铸造组织，使钢材组织致密，改善其性能。

23.3.4 变形区及主要参数

在轧制过程中，与轧辊接触并产生塑性变形的区域称为变形区。如图 23-7 所示的 *ABCD* 区域。变形区的主要参数有：

（1）咬入角 α，即轧辊与轧件的接触弧所对应的圆心角。

（2）变形区长度 l，即接触弧的水平投影。由图 23-7 可知：

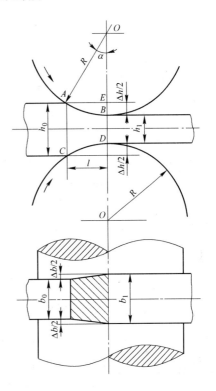

$$BE = \frac{\Delta h}{2} = OB - OE = R - R\cos\alpha = R(1 - \cos\alpha)$$

则： $$\Delta h = D(1 - \cos\alpha) \qquad (23\text{-}9)$$

显然，轧辊直径 D 一定时，咬入角 α 越大，则压下量 Δh 越大，从而咬入越困难。

在 $\triangle AEO$ 中，由勾股定理：

$$AE^2 = R^2 - OE^2 = R^2 - (R - BE)^2$$

因： $$AE = l \quad BE = \frac{\Delta h}{2}$$

则： $$l = \sqrt{R^2 - \left(R - \frac{\Delta h}{2}\right)^2} = \sqrt{R\Delta h - \frac{\Delta h^2}{4}}$$

式中，$\dfrac{\Delta h^2}{4}$ 较 $R\Delta h$ 要小得多，可以忽略。则变形区长度的计算公式为：

$$l = \sqrt{R\Delta h} \qquad (23\text{-}10)$$

（3）前滑与后滑。实验测定表明，在一般的轧制条件下，轧辊圆周速度和轧件速度是不相等的，轧件出口速度比轧辊圆周速度大，因此，轧件与轧

图 23-7 轧制过程示意图

辊在出口处产生相对滑动，称为前滑。而轧件入口速度比轧辊入口处圆周速度的水平分量低，轧件与轧辊间在入口处也产生相对滑动，但与出口处相对滑动方向相反，称为后滑。

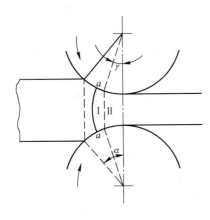

由于存在前滑和后滑，则在变形区中必然存在着一点，这点上的金属移动速度与轧辊圆周速度相等，该点称为中性点。过该点的断面称为中性面（见图 23-8），中性面上各点的速度相同。中性点到轧辊中心连线与两辊中心连线的夹角 γ，称为中性角或临界角。

中性面至轧件出口的变形区称为前滑区；中性面至轧件入口的变形区称为后滑区。

实际生产中，前滑值通常为 $3\% \sim 6\%$，单机架轧制可以不考虑，但在连轧生产中，由于轧件是同时在几架顺序排列的轧机中进行轧制，为了使连轧能正常进行，必须遵守轧件在各架轧机中金属秒流量相等的

图 23-8 前滑区和后滑区

原则，否则会出现拉钢或堆钢现象。表示金属秒流量相等的方程式为：

$$F_1v_1 = F_2v_2 = \cdots = F_nv_n = 常数 \tag{23-11}$$

在计算秒流量时，考虑到前滑值，连轧关系又可表示为：

$$F_1v_1(1 + S_1) = F_2v_2(1 + S_2) = \cdots = F_nv_n(1 + S_n) = 常数 \tag{23-12}$$

式中　F_1，F_2，$\cdots$，F_n——第1、2至第 n 架轧机出口处轧件的断面积；

　　　v_1，v_2，$\cdots$，v_n——第1、2至第 n 架轧机轧辊的圆周速度；

　　　S_1，S_2，$\cdots$，S_n——第1、2至第 n 架轧机轧制时的前滑值。

（4）变形速度。变形速度是指单位时间内的相对变形量，以 u 表示：

$$u = \frac{\Delta h}{h_0}\Big/ t \tag{23-13}$$

因：
$$t = \frac{l}{v}$$

则：
$$u = \frac{\Delta h}{h_0} \cdot \frac{v}{l} \tag{23-14}$$

式中　t——轧件通过变形区的时间，s；

　　　v——轧制速度，m/s。

轧制速度是轧件从轧辊中被轧出的速度，忽略前后滑，可近似认为，轧制速度就等于轧辊的圆周速度，即：

$$v = \frac{\pi Dn}{60} \tag{23-15}$$

式中　D——轧辊直径，mm；

　　　n——轧辊转速，r/min。

23.4　咬入条件和改善咬入的措施

23.4.1　咬入条件分析

建立正常轧制过程，首先要使轧辊咬入轧件。轧辊咬入轧件是有一定条件的，简称咬入条件。轧件通过辊道或其他方式送往轧辊与轧辊接触时，轧件给每个轧辊两个力，如图 23-9 所示，一个是法向力 N_0，通过轧辊中心；另一个是切向力 T_0，是摩擦力，阻碍轧辊旋转，故与轧辊旋转方向相反。而每个轧辊给轧件两个反作用力 N 和 T，与 N_0、T_0 大小相等，方向相反。轧辊作用在轧件上的力 T 的水平分力 $T_x = T\cos\alpha$ 是使轧件咬入轧辊的力，即前拉力；N 的水平分力 $N_x = N\sin\alpha$ 是阻止轧件进入轧辊的力，即后推力。

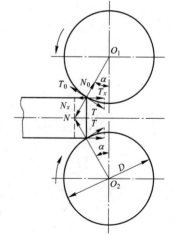

显然，要使轧辊咬入轧件的条件必须是：

$$2T_x \geqslant 2N_x$$

即
$$2T\cos\alpha \geqslant 2N\sin\alpha$$

设 f 和 β 是轧辊与轧件之间的摩擦系数和摩擦角（$f = \tan\beta$），根据摩擦定律：

图 23-9　轧辊咬入轧件时的受力图

$$T = fN$$

代入上式有：

$$2fN\cos\alpha \geqslant 2N\sin\alpha$$

则有：

$$f \geqslant \tan\alpha \quad 或 \quad \tan\beta \geqslant \tan\alpha$$

即：

$$\beta \geqslant \alpha \tag{23-16}$$

咬入条件为：轧辊与轧件之间的摩擦系数 μ 必须大于等于咬入角 α 的正切，或轧辊与轧件之间的摩擦角 β 必须大于等于咬入角 α。否则，轧辊就不能咬入轧件，轧制过程就不能建立。

轧件被咬入后，立即进入继续充填变形区的过程。

为便于分析比较，暂且规定轧件是在临界条件即 $\alpha_{max} = \beta$ 时被咬入的。进入变形区后的情况，如图 23-10 所示。

如果轧辊对轧件的平均径向单位压力沿接触弧是均匀分布的，那么便可以认为径向力的合力 N 作用点就在这段接触弧的中央。在咬入开始时 N 与 T 的合力 P 的作用方向是垂直的，那么随着轧件继续向变形区内充填，合力作用点的位置也相应随之内移，这将使 P 力的作用方向逐步向出口方向倾斜。即 T_x 逐步增加，N_x 相应减小，以致使水平方向上的摩擦力出现剩余，称为剩余摩擦力，其值为：

$$P_x = T_x - N_x$$

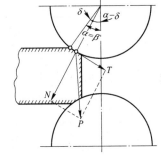

图 23-10　轧件在 $\alpha = \beta$ 的条件下逐步进入变形区

因此，可以得出结论：剩余摩擦力的产生，随轧件向变形区内的充填程度增加，而越来越有助于轧件顺利地通过变形区。当轧件充满变形区后，则进入稳定轧制阶段，剩余摩擦力达到最大值。

23.4.2　改善咬入的措施

改善咬入，建立正常的轧制过程可采取如下措施：

（1）适当增大轧辊与轧件间的摩擦系数。在某些情况下，如初轧、开坯的轧辊，由于产品表面质量要求不高，可以在轧辊表面刻痕或堆焊，以增大摩擦系数。在型钢轧机以及其他对轧件表面质量有要求的轧机，则不能采用此法。对于由直流电动机驱动的轧机如中厚板轧机，还可以采用低速咬入，高速轧制的方法改善轧辊对轧件的咬入。

（2）适当减小咬入角。由咬入角与压下量关系的公式可知，减小咬入角的方法是增大轧辊直径和减小压下量。但是，轧辊直径的增加是有一定限度的，而减小压下量必然使轧制道次增加，是不可取的。在实际生产中采用以较小的咬入角将轧件咬入轧辊后，利用剩余摩擦力再增大咬入角。如在轧制钢锭时采用小头入钢的方法和带钢压下、强迫咬入等方法。

23.4.3　最大压下量的计算方法

式（23-9）给出了压下量、轧辊直径及咬入角三者的关系。在直径一定的条件下，根据咬入条件通常采用如下两种方法来计算最大压下量。

23.4.3.1　根据最大咬入角计算最大压下量

由式（23-9）不难看出：当咬入角的数值最大时，相应的压下量也最大，即

$$\Delta h_{max} = D(1 - \cos\alpha_{max}) \tag{23-17}$$

在实际工作中，根据不同的轧制条件，所允许的最大咬入角值，如表 23-1 所示。为简化计算，现将 $\alpha = 3° \sim 35°$ 时，相应的 $1 - \cos\alpha$ 值列于表 23-2。

表 23-1　不同轧制条件下的最大咬入角

轧　制　条　件	α_{max}	轧　制　条　件	α_{max}
在磨光的轧辊上润滑冷轧	3°~4°	热轧型钢	22°~27°
在较粗糙的轧辊上冷轧	5°~8°	在表面刻痕或堆焊的轧辊上轧制	27°~34°
热轧钢板	15°~22°	在表面带有突纹的轧辊上轧制	35°以上

表 23-2　α 与 $1 - \cos\alpha$ 值

$\alpha/(°)$	$1 - \cos\alpha$	$\alpha/(°)$	$1 - \cos\alpha$	$\alpha/(°)$	$1 - \cos\alpha$	$\alpha/(°)$	$1 - \cos\alpha$
3	0.00137	8	0.00973	16	0.03874	26	0.10121
3.5	0.00187	8.5	0.01098	17	0.04370	27	0.10899
4	0.00244	9	0.01231	18	0.04894	28	0.11705
4.5	0.00308	9.5	0.01371	19	0.05448	29	0.12538
5	0.00381	10	0.01519	20	0.06030	30	0.13397
5.5	0.00460	11	0.01837	21	0.06642	31	0.14283
6	0.00548	12	0.02185	22	0.07282	32	0.15195
6.5	0.00643	13	0.02563	23	0.07950	33	0.16133
7	0.00745	14	0.02970	24	0.08645	34	0.17096
7.5	0.00856	15	0.03407	25	0.09367	35	0.18085

23.4.3.2　根据摩擦系数计算最大压下量

根据咬入条件，我们已经确定了如下关系：

$$f = \tan\beta \qquad \alpha_{max} = \beta$$

故：

$$\tan\alpha_{max} = \tan\beta = f$$

根据三角关系可知：

$$\cos\alpha_{max} = \frac{1}{\sqrt{1 + \tan^2\alpha_{max}}} = \frac{1}{\sqrt{1 + f^2}}$$

将上述关系代入式（23-17），得出根据摩擦系数计算最大压下量的公式，即

$$\Delta h_{max} = D\left(1 - \frac{1}{\sqrt{1 + f^2}}\right) \tag{23-18}$$

为简化计算，现将 $f = 0.21 \sim 0.65$ 时相应的 $1 - \dfrac{1}{\sqrt{1 + f^2}}$ 值列于表 23-3 中。

表 23-3　f 与 $1-\dfrac{1}{\sqrt{1+f^2}}$ 的值

f	$1-\dfrac{1}{\sqrt{1+f^2}}$	f	$1-\dfrac{1}{\sqrt{1+f^2}}$	f	$1-\dfrac{1}{\sqrt{1+f^2}}$
0.21	0.02135	0.36	0.05911	0.51	0.1092
0.22	0.02336	0.37	0.06214	0.52	0.1128
0.23	0.02544	0.38	0.06522	0.53	0.1164
0.24	0.02761	0.39	0.06835	0.54	0.1201
0.25	0.02986	0.40	0.07152	0.55	0.1238
0.26	0.03218	0.41	0.07475	0.56	0.1275
0.27	0.03457	0.42	0.07802	0.57	0.1312
0.28	0.03704	0.43	0.08133	0.58	0.1350
0.29	0.03957	0.44	0.08469	0.59	0.1387
0.30	0.04217	0.45	0.08808	0.60	0.1425
0.31	0.04484	0.46	0.09151	0.61	0.1463
0.32	0.04758	0.47	0.09498	0.62	0.1501
0.33	0.05037	0.48	0.09848	0.63	0.1539
0.34	0.05323	0.49	0.1020	0.64	0.1573
0.35	0.05614	0.50	0.1056	0.65	0.1616

复习思考题

23-1　何谓轧钢，钢材有哪几种轧制方法？

23-2　何谓加工硬化、再结晶和再结晶温度？

23-3　冷轧、热轧各有何特点？

23-4　何谓应力、屈服极限，轧制时轧件产生塑性变形的力学条件是什么？

23-5　轧制过程中轧件的变形程度有哪几种表示形式？

23-6　咬入角、压下量、轧辊直径之间有何关系，轧辊咬入轧件的条件是什么？

23-7　何谓剩余摩擦力，改善咬入的途径有哪些？

23-8　何谓连轧，建立连轧的基本原则是什么？

23-9　轧制速度与变形速度有何区别？

23-10　前滑和后滑是怎样产生的？

24　钢　坯　生　产

轧钢生产的一般过程，是由炼钢产品钢锭（连铸坯）进行轧制成钢坯或连铸坯直接轧成材，所以把轧钢生产分为钢坯生产和成品生产两个阶段。因此钢坯生产是联系炼钢车间和成品轧钢车间的纽带，是钢铁联合企业的咽喉。

近年来，虽然连铸法生产钢坯发展很快，但还远远满足不了轧钢生产中所需的钢坯规格多、尺寸变化大的要求。因此轧制钢坯生产仍很重要。

轧制坯按用途可分为以下几种：

（1）初轧坯。供轨梁、大型及中型等轧钢车间和某些锻造车间使用。断面尺寸为（120mm×120mm）～（450mm×450mm）的方坯和相应尺寸的矩形坯及异型坯。

（2）中小型钢坯。中、小型和线材等轧钢车间使用。断面尺寸为（40mm×40mm）～（200mm×200mm）的方坯和相应尺寸的矩形坯。

（3）板坯。中厚板轧机和连续式带钢轧机使用。断面尺寸为（15mm×600mm）～（450mm×2000mm）的板坯。此外还有叠轧薄板车间所用的薄板坯、带钢车间使用的带钢坯。断面为（6mm×30mm）～（100mm×300mm）的板坯。

（4）管坯。生产无缝钢管所用，断面是直径为60～300mm的圆坯。

24.1　初轧钢坯生产

24.1.1　初轧的任务

现代炼钢厂熔炼的合格钢水，大部分直接生产成连铸钢坯，其余的用钢锭模浇铸成钢锭。因此，初轧机的任务是把大断面的钢锭轧制成较小断面的钢坯。

近十几年，虽然连续铸钢坯发展很快，但连铸坯还不能完全取代轧制坯。如小批量钢坯生产和超过连铸机结晶器尺寸的钢坯，以及某些优质钢和合金钢种，仍需要用轧制坯。

24.1.2　初轧生产设备

初轧车间由均热跨、轧钢跨、主电室、废钢跨、钢坯跨组成。图24-1所示是"一"字形1150初轧车间平面布置图。

24.1.2.1　均热炉

均热炉有蓄热式和换热式等形式。换热式又分为中心烧嘴、四角烧嘴、上部单侧烧嘴等几种。均热炉一般由2～4个炉坑组成，每坑最多可装钢锭250t。钢锭平均入炉温度700～800℃，先进的可达850℃以上。入炉温度每提高50℃，均热炉生产能力可提高7%。均热炉一般用焦炉和高炉混合煤气作燃料。

均热炉装有自动仪表，以控制炉温、压力、煤气和空气流量等参数。炉盖由揭盖机开

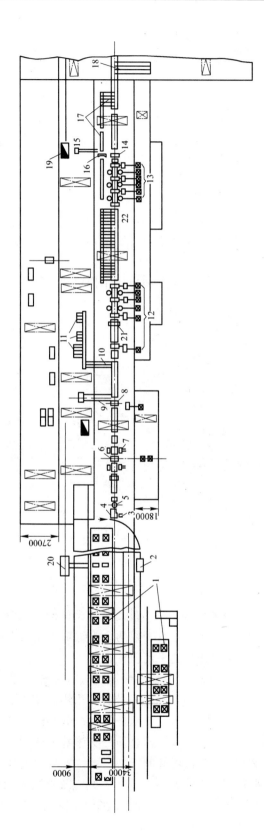

图 24-1 "一"字形 1150 初轧车间平面布置图

1—均热炉；2—钢锭车；3—推钢车；4—受料辊道；5—回转台；6—1150 初轧机；7—推床；8—1600t 剪断机；9，15—切头运输机；10—板坯及初轧方坯移送台架；11—堆板机；12—850/700 连轧机组；13—500 连轧机组；14—飞剪；16—800t 剪断机；17—收集辊道；18—冷床；19—铁皮坑；20—耐火材料仓库；21—翻板机；22—摆动式剪断机；

闭，钢的装、出炉由钳式吊车完成。图24-2所示是带摆动烧嘴的均热炉。这种形式的均热炉可使炉内温度比较均衡，加热速度较快。

目前，国内正在采用钢锭"液芯加热"法，装炉时钢锭凝固率在60%~80%，装入均热炉后，利用钢锭内部向外部散发热量，降低均热炉的燃料消耗，可缩短加热时间，提高均热炉产量。

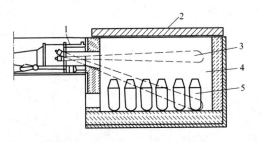

图24-2 带摆动煤气烧嘴的均热炉

1—带摆动烧嘴的燃烧器；2—炉盖；3—火焰；
4—均热炉膛；5—钢锭

24.1.2.2 初轧机和开坯机

初轧机和开坯机的大小都是以轧辊公称直径表示。按结构形式可分为以下四种。

A 二辊可逆式初轧机

二辊可逆式初轧机（见图24-3）初轧机工作机座由工作机架、压下装置、轧辊组件及上辊平衡装置等部件组成。

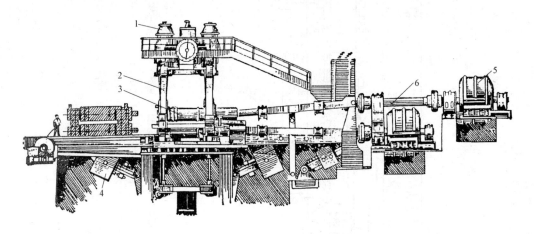

图24-3 双主电动机驱动的二辊可逆式初轧机

1—压下装置；2—机架；3—轧辊组件；4—上辊平衡装置；5—主电动机；6—传动机构

（1）工作机架。工作机架为铸钢闭口式机架。轧辊从机架两侧窗口装入。由于轧制前期钢锭长度较短，为了便于喂钢，机架前后设有一或两个机架辊。机架立柱的窗口内侧预留的竖直通槽用于装支持上轧辊及轴承托瓦的平衡顶杆。

（2）压下装置。轧制过程中，初轧机的上辊要快速、大行程和频繁地上下移动（初轧机上辊移动速度达100~200mm/s）。现在快速压下装置多采用电动压下机构。压下螺丝穿过机架直接作用在轧辊组件上。通过齿轮传动、蜗杆传动，电动机带动压下螺丝在螺母中旋转并实现上下移动。与此同时，由平衡重锤通过顶杆支撑着上轧辊及轴承盒，使之与压下螺丝同步无隙地一起升降，实现大开口度轧制。

（3）轧辊组件。轧辊组件由轧辊及轴承盒等组成。上轧辊放置在上轴承盒内。盒下有托瓦座托住轴承盒。平衡杆顶在托瓦座的凸耳上，依靠平衡重锤支撑着上轧辊及轴承盒。下轧辊放在下轴承盒内，并盖有轴承盖。

初轧机的轧辊经常在很大压力和扭矩下工作，承受惯性力和冲击力，所以要求轧辊有足够的强度。轧辊一般用高强度铸钢或锻钢制成，材质有 40Cr、50CrNi、60CrMnMo 等。轧辊辊身开有轧槽。

（4）平衡装置。一般采用重锤式平衡装置。平衡重锤通过杠杆和连杆机构使竖直的顶杆上端顶住托瓦座。在平衡重锤的作用下，使上轧辊及轴承盒在轧制过程中，与压下螺丝同步无间隙地一起升降。当需要更换轧辊时，必须先锁住平衡顶杆，以解除平衡力的作用。

二辊可逆式初轧机又分为方坯初轧机和方坯—板坯初轧机。

（1）方坯初轧机。上辊升高量较小，辊身刻有数个轧槽。上、下辊对应的两个轧槽组成孔型。连铸坯或扁锭在轧辊孔型中轧制并经多次翻钢轧成方坯、扁坯或圆坯。方坯初轧机后一般设有一或两组钢坯连轧机，可趁热把初轧坯轧成规格较小的钢坯。

（2）方坯—板坯初轧机。既轧方坯又轧板坯，生产灵活。辊身上刻有平轧孔和立轧孔。用立轧孔轧制板坯的侧面时，上辊升量大，又称大开口度初轧机。其后也常跟一或两组水平—立式交替布置的钢坯连轧机。

B　万能板坯初轧机

万能板坯初轧机是板坯专用的初轧机，由一对水平辊和一对立辊组成（见图 24-4）。跟大开口度的板坯初轧机相比，因轧制过程不需要翻钢，轧制时间可缩短约 30%，效率较高。并且立辊对轧件侧面有良好的锻造效果。辊身切制孔型的万能初轧机也能轧制大方坯。

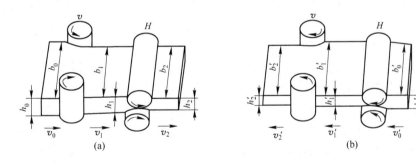

图 24-4　万能板坯初轧机轧制图
（a）立辊轧向水平辊；（b）水平辊轧向立辊

上述两类初轧机性能和产品范围见表 24-1。

表 24-1　初轧机性能和产品范围

类型	轧辊直径 ϕ/mm		电动机功率 P/kW		水平辊电动机转速 v/r·min^{-1}	锭重 W/t	坯料尺寸 /mm×mm	年产量 /万吨
	水平辊	立辊	水平辊	立辊				
方坯初轧机	750		2800×1		0~62~120	2~2.4	(120×120)~(220×220)	40
	850		4600×1		0~70~120	2.1~5.0	(150×180)~(235×235)	90
	1100		2600×2		0~40~80	5.1~5.7	(210×210)~(300×300)	260
	1250		6000×2		0~50~100	约13	>300×300	450

续表 24-1

类型	轧辊直径 ϕ/mm		电动机功率 P/kW		水平辊电动机转速 v/r·min^{-1}	锭重 W/t	坯料尺寸 /mm×mm	年产量 /万吨
	水平辊	立辊	水平辊	立辊				
方坯—板坯初轧机	1000		4416×1		0~50~100	4.7~7.5	(150×150)~(250×250) (120~280)×(800~1550)	100
	1150		4560×2			7.1~15	300×300 (120~200)×(600~1550)	400
	1220		6000×2		0~50~120	约45 方坯	400×(400~1880) 350×350	410
	1345		6780×2		0~40~80	10	300×220	300
万能板坯初轧机	1200	950	2300×4	1500×2	0~40~80	约27	(120~250)×(800~1600)	200~400
	1225	965	4500×2	2300×1	0~40~80	约30	265×1920	540
	1300	1040	6700×2	3750×1	0~40~80	约40	360×2250	510
	1370	1040	6720×2	3700×1	0~40~80	约40	500×2300	600

按机架数目，初轧机又有单机架和双机架之分。双机架初轧机由两架二辊可逆式初轧机纵向排列而成，这样能充分发挥各架轧机的能力，从而使它成为一种高效高产的初轧机组。

C　三辊开坯机

开坯生产中，国内一般把轧辊直径在 850mm 以上（含 850mm）的称为初轧机；辊径小于 850mm 的称为开坯机。开坯机一般由若干架三辊轧机排成一列或二列布置，辊径在 600~700mm。三辊开坯机的主要作用是把断面尺寸为 300mm 以下的钢锭轧成各种小断面的钢坯。ϕ650 三辊开坯机在我国中小型企业得到广泛应用，它承担着为 ϕ76 无缝管、ϕ650 型钢、ϕ500/300 小型钢和 ϕ400/300 线材及窄带钢轧机提供钢坯的任务。

三辊开坯机为不可逆式轧机。上、中、下三个轧辊形成两道轧制线，如图 24-5 所示。中辊是固定的。轧制过程中，用压下螺丝和压上螺丝分别调整上、下辊与中辊的间距，调整范围较小。其轧辊上刻有轧槽并组成孔型。由于轧件在每个孔型仅轧一道次，为了充分利用辊身长度，用较少轧机完成较多轧制道次，三辊开坯机多采用共轭孔型。共轭孔型的特点是上、下两个孔型共用中辊的轧槽。三个轧辊上配有若干对共轭孔型，如图 24-6 所示。轧件在下轧制线的平箱形孔型轧第一道次后，轧机后的升降台把轧件送入上轧制线的共轭孔型中轧第二道次，轧件再经机前的"S"翻钢滑板自动翻钢和移钢，如图 24-7 所示，进入下轧制线的立箱形孔型轧制，直至轧成规定断面的钢坯。

三辊开坯机主要生产（60mm×60mm）~（130mm×130mm）的方坯或矩形坯。ϕ50~100mm 的管坯以及（6.5~18）mm×（240~280）mm 的叠轧薄板坯，生产灵活，适合于中小型钢铁联合企业。图 24-8 所示是以 ϕ650 三辊开坯机为主体的生产系统。

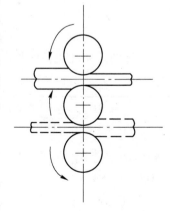

图 24-5　三辊开坯机示意图

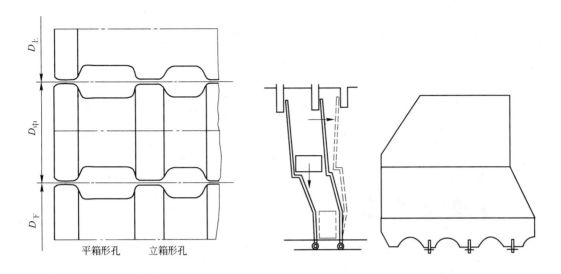

图 24-6　共轭孔型轧辊配置图　　　　　　图 24-7　自动翻板机主要部件图

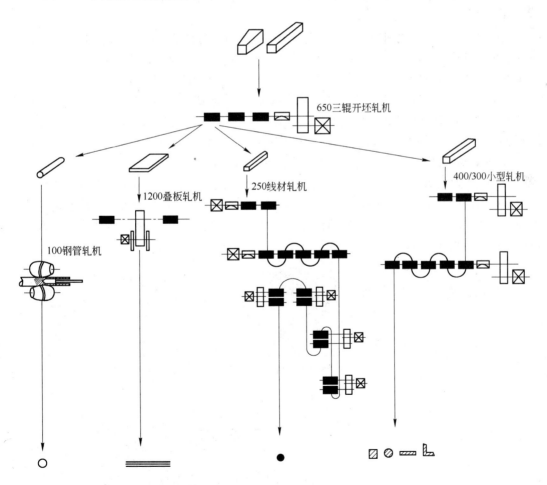

图 24-8　小型联合企业轧制生产体系图

D　钢坯连轧机

在初轧机后，一般布置有一组或两组多机架串列式钢坯连轧机。每组由 4～6 架二辊不可逆式轧机组成，辊径 $\phi850～500mm$，能趁热把初轧坯轧成断面更小的钢坯。这样不但可以挖掘初轧机的潜力、扩大产品品种，还可以节省能源，是生产中小型钢坯和薄板坯的高效轧制方法。

钢坯连轧机有两种。一种全由水平式轧机组成，如图 24-9 所示。另一种为水平式轧机和立式轧机交替组合而成，如图 24-10 所示。

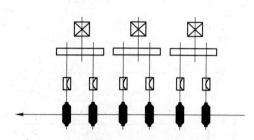

图 24-9　水平式连轧机组

图 24-10　水平式和立式轧机交替组成的连轧机组

钢坯连轧过程中，轧件依次进入各机架，并同时在几个机架内轧制。轧件在每个机架轧一道次。连轧时，必须保证轧件在各机架的金属秒体积流量相等。

24.1.2.3　火焰清理机、剪切机

在初轧机和剪切机之间的生产线上设有火焰清理机，可自动用氧—丙烷火焰对钢坯四面进行全面清理或局部清理，将钢坯表面缺陷按规定的深度除去。清理深度一般为 0.8～4.5mm，清理速度为 20～76m/min。火焰清理能减轻钢坯冷却后的清理负担，缺点是金属损失大。

初轧坯剪切一般用电动式平行刀片剪切机，最大剪切力达 4000t，开口度达 650mm。钢坯剪切机负责钢坯的切头、切尾和定尺剪切。如 1600t 剪切机，剪刃行程 500mm，刃长 1800mm。可剪切（300mm × 300mm）～（450mm × 450mm）的方坯和（100～300）mm ×（45～1550）mm 的板坯。目前大多采用先进的步进式剪切机。

图 24-11 为上切式平行刀片剪切机示意图。上切式剪切机结构简单，下刀固定不动，剪切钢坯的动作由上刀完成。剪切时，上刀曲柄滑块机构带动上刀下切，同时迫使摆动台下降。钢坯被剪断后，上刀升至初始位置，摆动台在平衡装置的作用下回升。上切式剪切机现也用于剪切 350mm × 2400mm 的大型板坯。

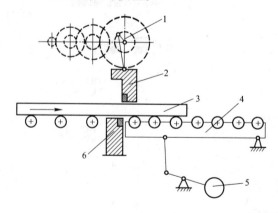

图 24-11　上切式平行刀片剪切机及升降台简图

1—曲柄机构；2—上刀；3—钢坯；4—摆动台；5—平衡装置；6—下刀

钢坯连轧机后一般设有偏心式飞剪（见图24-12），用来剪切方钢坯。通过双臂曲柄轴，刀架和摆杆可使刀片在剪切区做近似平移的运动。在图24-12（b）所示位置把钢坯剪断。曲柄偏心式飞剪能获得平整的剪切断面。

24.1.2.4　钢坯冷却和表面清理设备

方坯、管坯一般用步进齿条式冷床冷却，板坯利用水槽进行快速冷却或采用上下喷水的链式冷床冷却。有些钢种需进行缓冷。冷却后的钢坯，一般再通过抛丸或酸洗、研磨等方法清除钢坯表面的氧化铁皮或用剥皮机进行表面剥皮清理。

24.1.2.5　计算机控制的工序

目前，初轧机的自动化程度很高，已由原来的程序控制发展到计算机在线控制。特别是近几年发展到从均热炉开始到轧制、精整、冷却的在线控制和信息处理，以及整个车间的生产调度及管理系统均由计算机自动控制。

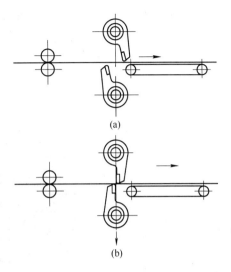

图 24-12　飞剪示意图
（a）剪切位置 1；（b）剪切位置 2

在信息处理方面，能根据生产命令信息和炼钢炉计算机的数据通讯信息，把从炼钢厂送来的钢锭装入均热炉，接着在加热、初轧、剪切、冷却、小方坯连轧、剪断的各个工序的操作中，对钢锭及钢坯进行跟踪，并进行操作指导，收集操作实况及报表输出。

（1）均热炉计算控制。均热炉计算控制包括：预测钢锭从装炉到出炉的加热时间；对自动燃烧控制装置（ACC）指示均热炉燃料的开关、炉内温度及气体流量控制值，使加热操作自动化，并对装、出炉作业进行操作指导。

（2）轧制线计算机控制。自动运转的控制包括对均热炉揭盖机、运锭车、钢锭称量机、热火焰清理机、剪切机等各种运送装置输出自动运转信息；初轧控制是根据存贮的多种轧制规程程序，按钢锭和钢坯的规格，指示 SPC 装置选择适当的轧制规程，并控制各道次的压下量和推床位置。连轧机后的小方坯剪断控制主要是计算控制剪切长度。

某初轧厂计算机系统如图24-13所示。

24.1.3　初轧生产工艺流程

初轧生产工艺流程线一般为：均热→运锭→称量回转→初轧→（热清理）→剪切→称量→打印→冷却→检查→冷清理→入库。

脱模后的钢锭运送至初轧厂，钳式吊车将钢锭装入均热炉进行加热。一般热锭加热时间为 2～3h，冷锭加热时间为 5～7h。当钢锭表面加热至 1300℃时，经过一段时间的保温、均热后，再由钳式吊车从炉内取出，放入运锭车，送称量机称量后，送初轧机的受料辊道。钢锭经受料辊道运至输入辊道，为了便于轧机的咬入，设置在输入辊道上的回转台把钢锭的大小头进行转向，钢锭再顺着运输辊道、延伸辊道到达工作辊道，在推床和初轧机机架辊的作用下，进入初轧机轧制。

由于钢锭是具有铸造组织的，所以合理的压下规程、孔型设计是保证初轧机优质、高

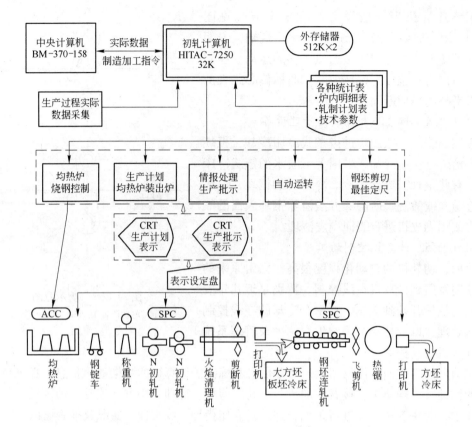

图 24-13　某初轧厂计算机系统

产的关键。所谓压下规程，是指由钢锭轧制成钢坯（或钢材）所需要的轧制道次，道次压下量、宽展量以及翻钢程序和道次在孔型中的分配总称。

方坯初轧机和方坯—板坯初轧机均采用箱形孔型。初轧机轧辊上一般配有 4～6 个孔型，孔型在轧辊上的布置一般分为以下两种形式：

（1）顺序式布置（见图 24-14）。第一孔型配置在轧辊的一端，其余孔型依次顺序排列。这样布置的孔型使轧件移孔和翻钢顺序一致，有利于压下和推床的操作，可节省时间。主要生产方坯的初轧机一般采用顺序式布置的孔型。但因轧件在第一孔型中轧制道次最多，轧制压力也最大，易使机架两端受力不均，且钢锭的氧化铁皮易掉进轴承座损坏轴瓦。

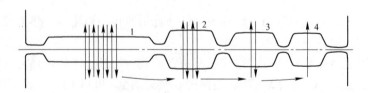

图 24-14　孔型按顺序式排列的轧辊

（2）对称布置（见图 24-15）。当初轧机主要生产板坯时，多采用对称式布置。宽而浅的孔型布置在轧辊的近中间位置，立孔布置在第一孔的两侧，轧制时，两端机架受力均匀，氧化铁皮不易进入轴瓦。但轧件在轧制过程中要往复移动，与顺序式相比，辅助时间

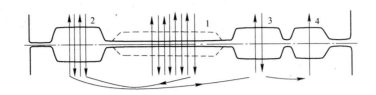

图 24-15　孔型按对称式排列的轧辊

较长，生产率较低。

钢锭进入初轧机的开轧温度一般为 1250～1280℃。为了改善咬入条件和产品质量，最初轧制时，应选择钢锭合理的一头先进入轧机。轧制道次因钢锭规格和所得钢坯断面尺寸不同而不同。通常轧制大方坯一般需要 9～13 道次，轧制板坯需要 9～15 道次，轧 15t 大钢锭需要 24～25 道次。初轧翻钢次数一般为 2～4 次。

初轧轧制过程通常分为三个阶段。

（1）初期压下阶段。在初期压下阶段，钢锭在平辊或相当于平辊的变形条件下（第一孔型）轧制。其目的是将均热后的钢锭表面层氧化铁皮剥落并破坏铸造组织、碾平钢锭的锥度。前几道次宜采用较小的压下量，这样也可防止氧化铁皮压入轧件表面层；后面道次可采用较大的压下量。

（2）中期轧制阶段。钢锭在第一孔型中轧制数道次后，被翻钢设备翻转 90°，进入第二孔型（立箱形孔型）轧制。中期轧制阶段采用较大的压下量，对轧件的内部组织进行破碎，并对经第一孔型自由宽展后的轧件进行断面矫正和成型。中期轧制阶段主要在二、三孔型内完成。

（3）精轧阶段。翻钢后的轧件进入最后的成品孔型，轧制成符合要求的断面形状和规格尺寸的钢坯。为了保证尺寸精度，精轧阶段宜采用较小的压下量。

轧制后的钢坯经机后的工作辊道、延伸辊道和输出辊道送至在线火焰清理机，清理各个表面或进行局部清理。再用剪切机切头、切尾和切去不合格的部位，并切成定尺，打印。

配有钢坯连轧机的初轧机，大断面的初轧坯可趁热在钢坯连轧机中轧成断面更小的钢坯，钢坯用飞剪剪切成定尺后，送冷床冷却。精整后，得到合格的小断面钢坯。

24.1.4　钢坯的质量和检查

钢坯的缺陷分表面缺陷和内部缺陷。表面缺陷中，由钢锭带来的纵向裂纹和横向裂纹等在初轧时沿轧制线方向或与轧制线垂直的方向上出现线状缺陷或 X 状、Y 状裂纹。轧制缺陷主要是折叠、划伤和嵌入等。钢坯内部缺陷主要是由于钢锭的缩孔、非金属夹杂、白点、成分偏析造成的。另外，轧制以后的钢坯，在冷却过程中还会产生裂纹、弯曲和瓢曲等缺陷。这些缺陷除了由钢坯内外温差引起外，也跟钢中夹杂物等因素有关。

热钢坯可用在线火焰清理机去除表面缺陷，这样不仅可以提高清理效果，还能减轻冷却后的清理负担。钢坯冷却后，再用火焰清理机、风铲和研磨等方法进行表面清理。

钢坯的内部缺陷如原钢锭头部的缩孔、疏松，轧制后，可用电磁超声波高温探伤仪进行探测。它利用钢坯表面被感应的涡流电流的振荡效应作为超声波源，可在 1050℃ 的高温下探测 200mm 厚的钢坯的内部缺陷。将此设备置于初轧机和剪切机之间，用它预测钢锭缩孔的深度，即可实现准确剪切。既可提高金属收得率，又保证了钢坯的质量。

钢坯的质量对钢材的质量有很大的影响。因此，加强对钢坯质量管理是提高钢材质量的重要保证。生产中如能将有关钢坯表面和内部的质量情况及时反馈给前道工序，就能及时采取改善措施，有效地提高钢坯质量。

24.2　中厚板生产

24.2.1　中厚板的用途

钢板是一种宽度与厚度之比很大的扁平断面钢材。按规格一般可分为中厚板（板厚为4mm以上），薄板带钢（板厚为0.2~4mm）、极薄带钢（板厚在0.2mm以下）。

中厚板，其中4~20mm的为中板，20~60mm的为厚板，60mm以上的为特厚板。目前生产的特厚板最厚可达500mm以上，板宽为5000mm。

钢板断面形状简单且具有使用上的万能性。它可以随意剪裁与组合，如焊接、铆接、咬接，可以弯曲和冲压加工，还具有包容和覆盖能力。所以被广泛应用于车、船、桥梁、石油管道、钻井平台、冶金炉壳、压力容器和机器制造等。中厚钢板的产量约占钢板产量的15%~20%。

24.2.2　中厚板生产的特点

生产上对板带钢的技术要求主要是尺寸精度高、板形好、表面质量好、性能好。针对其技术要求，中厚板的生产特点主要有以下几方面：

（1）因轧制压力大且有波动，很容易影响钢板的厚度尺寸和板形质量。生产中采取减小轧制压力、增大支持辊径、提高轧机刚度等方法来改善和控制厚度波动和板形质量。

（2）由于钢板宽厚比很大，对不均匀变形的敏感性随之增大，所以轧制中要特别注意对板形和辊型的控制。

（3）由于钢板的表面积大，表面质量要求高，生产中要特别注意氧化铁皮的清除和表面质量的保护。

（4）由于性能要求高，生产中应注意轧制工艺条件的控制并利用好轧后余热进行热处理。

24.2.3　中厚板生产主要设备

24.2.3.1　加热炉

板坯加热一般用滑轨式或步进式加热炉，如图24-16所示。这种由上下预热、加热、均热组成的多段连续式加热炉的燃料为煤气或重油。板坯从加热炉的一端进入，燃烧产生的高温废气与装入炉内的钢坯在相向运动过程中完成对钢坯的加热。加热好的钢坯从加热炉的另一端出料，由板坯抽出机抽出，通过输送辊道送至轧机。滑轨式加热炉易擦伤板坯表面并易翻炉，采用步进式

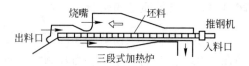

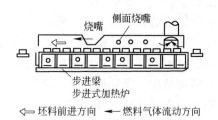

图24-16　连续式加热炉

加热炉以避免这些缺点。但步进式加热炉投资大、维修困难。

24.2.3.2 中厚板轧机

A 中厚板轧机的结构形式

中厚板轧机的结构形式如图 24-17 所示。

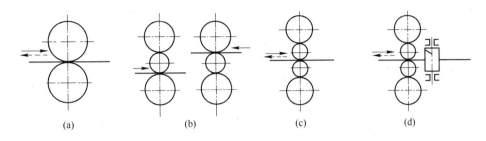

图 24-17 单机座厚板轧机的形式
(a) 二辊可逆式；(b) 三辊劳特式；(c) 四辊可逆式；(d) 四辊万能式

(1) 二辊可逆式轧机。二辊可逆式轧机属于旧式轧机。辊径一般在 800 ~ 1300mm，辊身长度为 3000 ~ 5500mm。轧辊转速为 30 ~ 60(100) r/min。主要优点是能变速、可逆运转，采用低速咬入、高速轧制以增大压下量来提高产量；可选择适当的轧制速度以充分发挥电动机的潜力；具有初轧机的功能，对原料的适应性强。但轧机辊系刚性较差，轧制精度不高，只做粗轧和开坯用。由于四辊轧机的发展，已不再单独兴建二辊式轧机。

(2) 三辊劳特式轧机。它也是旧式轧机。上下辊为主动辊，直径为 700 ~ 800mm。中辊为从动辊，可上下移动，直径为 500 ~ 550mm。辊身长度为 1800 ~ 2300mm。主要优点是：可以用交流感应电动机传动实现往复轧制，不需用大型直流电动机；可以使用飞轮，以减小电动机容量；中辊直径小，可减小轧制压力、降低能耗。但辊系刚性仍不够大，轧机前后升降台笨重、复杂，咬入能力较差，不适于轧制宽厚钢板，现已逐步被四辊可逆式轧机取代。

(3) 四辊可逆式轧机。四辊可逆式轧机是现代应用最为广泛的中厚板轧机，它集中了二辊和三辊式轧机的优点，且由于支撑辊和工作辊分设，既降低了轧制压力，又大大增强了轧机的刚性。这种轧机已成为生产中厚板的主力轧机，尤其是宽度较大、精度和板形要求较高的中厚板。

(4) 万能式轧机。万能式轧机是在一侧或两侧设有一对或两对立辊的四辊可逆式、二辊可逆式或三辊劳特式轧机。这种轧机的原意是要生产齐边钢板，不再剪切，以降低切损，提高成材率。但实践证明，立辊轧边使钢板容易产生横向弯曲，起不到轧边的作用，加之立辊和水平辊的动作难以同步，故新建的轧机已不采用立辊机架。

B 中厚板轧机的布置形式

早期的中厚板轧机均为单机架式布置，现已被淘汰。双机架轧机是现代中厚板轧机的主要布置形式。它把粗轧和精轧两个阶段的不同任务和要求分配到两架轧机完成。其主要优点是能提高钢板的表面质量、尺寸精度，产量也随之提高，并且延长了轧机的使用寿命。

多机架轧机是指连续式或半连续式轧机，其成卷生产的板带钢厚度已达 25mm。从厚度上看，约 2/3 的中厚板均可在连轧机组上生产，但钢板宽度不大。故轧制宽的中厚板还需用双机架布置形式。

24.2.3.3　矫直机

矫直机能使弯曲的轧件产生适量的弹塑性变形，以此消除弯曲而获得较为平直的轧件。轧制后的中厚板通常用辊式矫直机矫直，如图24-18（a）所示。辊式矫直机有若干个矫直辊，成上、下排交错布置。轧件通过各个不同压下量的矫直辊后，受到正、反两个方向的反复弯曲，得到充分的弹塑性变形，最后达到消除原始弯曲变形，得到平直的轧件。热矫机现已由二重式逐渐转变为带支撑辊的四重式。

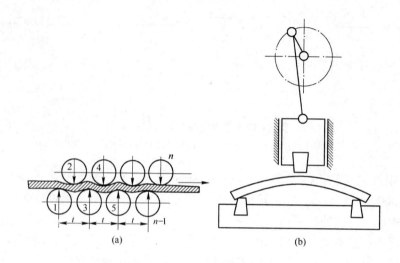

图24-18　矫直机的结构类型简图
（a）辊式矫直机；（b）立式压力矫直机

特厚板用压力机矫直比辊式矫直机矫直更好，如图24-18（b）所示。其基本工作原理是将轧件的弯曲部位放在两个固定支点上，上压头通过曲柄连杆机构向下运动时，轧件的弯曲部位就产生适量的弹塑性变形而得到矫直。

24.2.3.4　剪切机

中厚板的横切剪已由铡刀剪和摇摆剪改进为滚切剪，钢板的切边目前主要采用双边剪。

滚切式斜刀片剪切机如图24-19所示。具有弧形刀刃的上刀台由两个相位不同的曲轴带动，剪切时，弧形刀片左端首先下降，与下刀片左端相切，然后上刀片沿下刀片滚动，当滚动到与下刀片右端相切时，完成一次剪切。

圆盘剪的两个刀片做成圆盘状，每个圆盘刀片均以悬臂形式固定在单独的传动轴上。双边剪由两对刀片组成，其剪切板边的

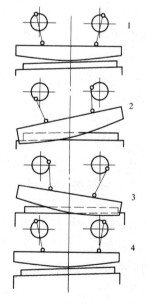

图24-19　滚切式斜刀片剪切机的剪切过程
1—剪切前；2—左端相切；3—右端相切；4—复位

动作如图 24-20 所示。

24.2.4 中厚板生产工艺过程

图 24-21 所示为 2300 中厚板车间平面布置图（通用设计）。该车间以钢锭或板坯为原料，设有两台连续式加热炉，加热炉有效尺寸为 25.5m × 3.6m，小时产量为 30 ~ 35t。轧机为 800/550 × 2300 劳特式轧机，最大轧制压力为 1500t，最大轧制力矩为 0.12MN·m。主电动机容量为 2000kW，轧制速度为 2.62m/s。轧机后

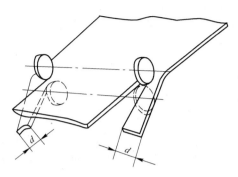

图 24-20 圆盘式剪切机的剪切板边示意图

设有十一辊矫直机、冷床、翻板机、划线机和三台铡刀式剪切机。该车间设计年产中板 20 万吨。

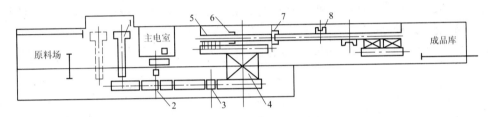

图 24-21 2300 中厚板车间平面布置图（通用设计）
1—加热炉；2—轧钢机；3—十一辊矫直机；4—冷床；5—翻板机；
6—划线小车；7—横切铡刀剪；8—纵切铡刀剪

24.2.4.1 原料的准备和加热

轧制中，厚板所用的原料主要是扁锭、初轧板坯或连铸坯。原料经表面检查、清理后，用吊车送加热炉进行加热。中厚板生产用的加热炉按构造分为连续式加热炉、室状炉和均热炉。室状炉适用于特重、特轻、特厚、特短的板坯或多品种少批量以及高合金钢种的锭（坯）；均热炉多用于热送钢锭轧制厚板；连续式加热炉适用于少品种、大批量生产。多品种、大批量生产的车间同时设有连续式加热炉和室状炉。连续式加热炉是生产中厚板的主要加热设备，新建的厚板连续式加热炉多为热滑轨式或步进式。

原料在加热炉内的加热速度取决于钢的性质和原料规格。普碳钢和低合金钢塑性和导热性能好，可采用快速加热。高碳钢、高合金钢由于塑性、导热性能低，在850℃以下时宜采用缓慢加热，加热至850℃以上，可进行快速加热。钢坯可适当提高加热速度。以冷锭为原料的加热时间为 7 ~ 9h，加热温度为 1150 ~ 1300℃，视钢种不同而异。加热良好的板坯、钢锭，有利于表面氧化铁皮的去除，避免缺陷的产生。

24.2.4.2 轧制

加热好的原料出炉后，通过输送辊道送轧机轧制。中厚板轧制过程一般分除鳞、粗轧和精轧三个阶段。

A 除鳞

除鳞是将钢锭或板坯表面的炉生氧化铁皮和次生氧化铁皮除净，以免被轧辊压入表面

产生缺陷。除鳞方法有多种，现代轧机多采用高压水除鳞箱及轧机前后的高压水喷头除鳞。普碳钢除鳞水压为 8~12MPa，合金钢除鳞水压为 17~20MPa。

B 粗轧

粗轧的主要任务是将扁锭或板坯展宽到所需宽度并进行大压缩、延伸。粗轧操作方法很多，主要有以下几种：

（1）全纵轧法。所谓全纵轧，是指钢板的延伸方向与原料纵轴方向重合的轧制。当板坯宽度大于或等于钢板宽度时，即可不用展宽而直接纵轧成材，这就称为全纵轧操作法。但是由于轧制中金属始终只向一个方向延伸，使钢偏析、夹杂等呈明显的条带状分布，钢板组织和性能产生严重的各向异性，造成钢板横向冲击韧性降低，故实际生产中用得不多。

（2）横轧—纵轧法。横轧是指钢板延伸方向与原料纵轴方向垂直的轧制。横轧—纵轧法是先进行横轧，将板坯宽展到所需宽度后，再将板坯转90°进行纵轧至成材。这是生产厚板最常用的方法。优点是板坯宽度和钢板宽度可以灵活配合，并可减少钢板的各向异性，提高其横向性能。这种方法主要适合于以连铸坯为原料的钢板生产。由于轧制时钢板易形成桶形，如图24-22(a)所示，致使切边损失增大，降低了成材率，同时横向性能仍嫌不足。

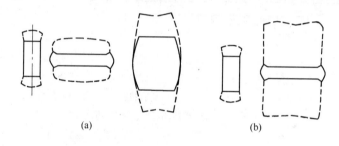

(a)   (b)

图 24-22　综合轧制及横轧变形情况比较
(a) 综合轧制；(b) 横轧

（3）角轧—纵轧法。角轧是指轧件的纵轴与轧辊轴线呈一定角度送入轧辊进行轧制的方法（见图24-23）。其送入角一般在 15°~45°。每一对角线轧制一或两道次后，再更换另一对角线进行轧制。这种方法能使轧件迅速展宽而又不致发生歪斜。角轧的优点是可以改善咬入条件，提高压下量并减少对设备的冲击力，有利于设备的维护。缺点是：需要拨钢，延长了轧制时间，产量降低；送入角及钢板形状难以精确控制，使切损增加。因此，只有在轧机的强度和咬入能力较弱或板坯较窄时，才用此操作方法。

（4）全横轧法。如图24-22(b)所示，全横轧法就是将板坯进行横轧，直至轧成所要求的规格尺寸的操作方法。当板坯长度大于或等于钢板宽度时，才能采用这种方法。当以连铸坯为原料时，这种方法也会使钢板的组织和性能产生明显的各向异性。但当用初轧板坯为原料时，全横轧法优于全纵轧法。可大大减轻钢板组织和性能的各向异性，显著提高横向塑性和冲

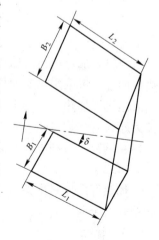

图 24-23　角轧

击韧性，即可提高钢板的综合性能。另外，横轧比综合轧制可以得到更整齐的边部，钢板不会成桶形，可减少切损。因此，对于以初轧坯为原料的钢板生产，横轧是一种较为先进的轧制方法，现已广泛用于中厚板生产。

以上是粗轧阶段的几种基本操作方法。实际上为了调整原料形状，开始总要先纵轧一或两道次，称为形状调整道次。目的是碾平钢锭的锥度。对板坯而言，是使端部呈扇形展宽，以减少后道轧制时因横轧而产生的桶形，并碾平板坯剪切时产生的端部压扁或表面清理造成的缺损，以端正板形，减少切损，从而提高成材率。

C　精轧

粗轧和精轧阶段并没有明显的界限。对于双机架轧机通常把第一架称为粗轧机，第二架称为精轧机。对于单机架轧机，前期的轧制道次为粗轧，后期的轧制道次为精轧。精轧阶段的主要任务是延伸和质量控制。包括板形控制、厚度控制、性能控制和表面质量控制。后者主要取决于原料的表面质量、除鳞效果和轧辊的表面状态。这就要求轧辊特别是精轧机的辊面有足够的硬度和粗糙度，并注意辊面状态的质量维护。

24.2.4.3　精整

中厚板的精整包括矫直、冷却、检查、划线、剪切、热处理以及酸洗等工序。

（1）矫直。为了保证钢板平直，轧制后的钢板必须趁热矫直。根据钢板的厚度和终轧温度的不同，热矫直温度可在 650 ~ 1000℃ 之间选择。热矫直机已由二重式发展为带支撑辊的四重式。特厚钢板用压力机矫直更为合适。冷矫直一般是离线进行的。它除用作热矫直后的补矫之外，主要用来矫直经过缓冷处理的合金钢板。

（2）冷却。经矫直后的钢板送冷床冷却。厚板一般采用步进式冷床冷却。这种冷床冷却条件好，且不易刮伤钢板表面。为了提高冷床的冷却效果，轧制后增加了喷水设备，并在冷床中设置了雾化冷却装置。新建的冷床有的也安装了喷水强迫冷却的设备，以强化冷却。

（3）检查、划线。钢板在冷床冷却至 200 ~ 150℃ 后，便可进行检查，除了表面检查外，现在还采用在线超声波探伤检查钢板的内部缺陷。划线工序已逐渐由人工划线向自动划线方向发展。

（4）剪切。厚度到 50mm 的钢板，现一般采用双边剪切边。横切剪已由原来的铡刀剪和摇摆剪改进为滚切剪。厚度在 50mm 以上的钢板可采用在线连续气割机或用刨床切断。今后，钢板的剪切还会向着高速化、自动化和连续化方向发展。

（5）热处理。如果对钢板的力学性能有特殊要求，则需要进行热处理。厚板的热处理方式主要是常化和淬火—回火，有时也用回火和退火。中厚板生产最常用的热处理设备是常化炉和淬火炉，已由直接加热的辊底式炉改进为保护气体辐射管辊底式炉或步进梁式炉。

复习思考题

24-1　初轧的主要任务是什么？

24-2　为什么说初轧生产在今后一段时间仍能发挥其重要作用？

24-3　按结构形式，初轧机可分为哪几种？

24-4 三辊开坯机有何特点，何谓共轭孔型？

24-5 连轧必须满足什么条件，何谓连轧常数？

24-6 概述初轧生产的基本工艺过程。

24-7 按厚度不同，中厚板分为哪几种，各有何用途？

24-8 中厚板生产有何特点？

24-9 中厚板生产主要用哪些设备？

24-10 中厚板生产常用哪几种加热炉，不同钢料的加热应注意哪些事项？

24-11 概述中厚板生产工艺过程。

24-12 中厚板轧制分哪几个阶段，各阶段的主要任务是什么？

25 热轧薄板

钢板（或板带钢）按轧制温度分为热轧钢板和冷轧钢板；按用途分为桥梁板、锅炉板、造船板、汽车板、电工板等；按表面特征分为镀锌板、镀锡板、彩涂板、涂塑板和复合板等。

钢板是应用最为广泛的钢材之一，用厚×宽来表示。我国生产的钢板规格多达4000多种，0.2~4.0mm的钢板称为薄板，热轧薄板（包括带钢）在工业发达国家中已占钢板总量的80%左右，占钢材总产量的50%以上，因而在现代轧钢生产中占有重要地位。

25.1 产品及技术要求

25.1.1 产品特点

钢板外形扁平、面积大，其B/H(钢板宽度B/钢板厚度H)比其他产品大，所以生产具有以下特点：

（1）适合于高速、连续、自动化、大批量生产，生产产品成本低、质量好。

（2）是辊型轧制，不是孔型轧制。易于轧机调整，便于改变规格。

（3）形状扁平，可以成卷生产，这样可以使轧制速度大大提高。目前热连轧带钢的轧制速度超过30m/s，冷轧速度可达800m/min。

钢板的外形条件，决定了钢板生产有利于高速、连续、自动化、大批量生产，从而降低成本，这些都是钢板生产获得发展的关键性条件。

钢板的外形扁而平，表面积大，使用范围广，适用性强。使用过程中有以下特点：

（1）表面大，有包容、覆盖的能力。所以在化工、建筑、金属制品、金属结构等方面都有广泛的用途。

（2）能冲压、弯曲，可制成各类轻型薄壁钢材，各类日用品。在造船、汽车、拖拉机制造等行业，都有十分重要的地位。

（3）可焊接成各类大型复杂断面的工字梁、槽钢等大型构件。节省成本，灵活性大，使用方便。

25.1.2 产品要求

对钢板产品的交货要求，基本上可分为四个方面：尺寸精度，板形，表面质量，性能要求。在产品交货中，所有的产品都要求具有一定的几何尺寸及外形。这些要求在国家标准及部颁标准中都有规定，这是生产中的法规。产品标准技术要求如下：

（1）尺寸精度高。主要是指厚度精度，一般要求为名义厚度的1%~5%，更高级的要求为名义厚度的1%~2%。深冲制罐业当板厚为0.35mm时，偏差要求为±5μm。

（2）板形好。板形是钢板平直度的简称，一般是指浪形、瓢曲或旁弯的有无及其严重程度。常见的板形缺陷有镰刀弯、浪形和瓢曲等。对所有板带产品，都不允许有明显的浪形和瓢曲。

（3）表面质量好。无论是厚板还是薄板，表面都不得有气泡、结疤、拉裂、刮伤、折叠、裂缝、夹杂和压入氧化铁皮。因为这些缺陷不仅损害板制品的外观，而且影响性能，是产生破裂、锈蚀的根源。

（4）性能要求高。板带钢的性能要求主要包括力学性能、工艺性能和某些钢板的特殊物理化学性能。一般钢板只要求具备较好的工艺性能，如冷弯和焊接性能等。重要用途的钢板，则要求有良好的综合性能，即除有良好的工艺性能、一定的强度和韧性外，还要保证化学成分，一定的晶粒组织和组织均匀性等。

25.2 热轧带钢生产方法及特点

热连轧带钢具有高速、优质、成本低、产量高等特点。热连轧生产的带钢可以成卷交货，也可以在精整工序中横切成钢板，或利用纵切方法切成窄带钢卷交货。热连轧带钢厚度为0.8~25mm。

25.2.1 板带钢轧机

板带钢轧机主要以其工作辊辊身长度来命名，辅之以产品规格类别。如1700热连轧机指工作辊辊身长度为1700mm，用于生产热连轧带钢卷的连续式轧机。板带钢轧机按轧辊的个数分为二辊可逆轧机、四辊轧机、多辊轧机（轧辊的个数大于6）、万能轧机和行星轧机等；按轧制方式可分为热连轧带钢轧机、叠轧薄板轧机、炉卷轧机等。

25.2.2 板带钢生产方法

目前热轧薄板带钢生产方法有四种。

25.2.2.1 半连续轧机及连续轧机生产

轧机生产线一般由粗轧机组和精轧机组组成。粗轧机组的任务是把板块轧成符合精轧要求的荒料，精轧机组轧出薄带和薄板产品。连续式轧机的粗轧机组一般由4~6架轧机组成，每架轧一道次，全部为不可逆式轧机，大都采用交流电动机，其轧机小时产量较半连续轧机小时产量高30%左右，年产量可高达300万~600万吨。半连续粗轧机组由原先的两架可逆式轧机改为带强大立辊的四辊可逆式轧机。半连续轧机及连续轧机的精轧机组一般由5~7架四辊轧机组成。

25.2.2.2 叠轧薄板生产

在单辊传动的二辊不可逆轧机上，将板坯先轧成一定的厚度，然后几片重叠成多层继续轧制到要求的厚度。这种生产方法已经落后，今后不会再新建此类轧钢车间。

25.2.2.3 炉卷轧机生产

炉卷轧机如图25-1所示，是轧机前后设有带炉内卷取机的可逆式热带钢轧机，卷筒上的板卷放在炉内，一边加热保温，一边轧制。炉卷轧机只承担精轧任务。所用的轧机的组合形式为二机架式、三机架式及复合式。二机架式即粗轧机，一般为1台四辊可逆或四辊万能式，精轧机组为1台四辊式炉卷轧机。三机架式包括二辊式粗轧机和万能式粗轧机各1架、炉卷轧机1架。若只设炉卷轧机则由其他车间供坯卷进行生产。复合式机组一般不常用。

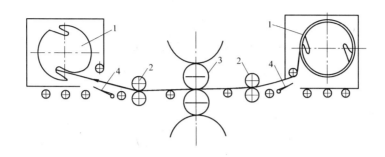

图 25-1　炉卷轧机轧制过程

1—卷取机；2—拉辊；3—工作轧辊；4—升降导板

炉卷轧机机组通常生产轧制温度范围窄而难变形的钢带，如高硅钢、高碳钢和不锈钢等，适合于多品种生产。产品厚度一般为 1.5～6.0mm，板边质量较好，可以不切边交货，年产量可达 10 万～80 万吨。

热连续带钢轧机兴起后，炉卷轧机受到冲击，但近十年来，该种轧机也采用 HC 高刚度轧机，液压 AGC 控制，快速换辊装置等新技术，重新被世界上一些国家重视。

炉卷轧机所需坯料厚度为 200～250mm，坯料经过加热后用高压水除鳞，然后进入二辊式或万能式四辊可逆轧机进行轧制。轧制成 15～20mm 的带坯，由辊道快速输送到飞剪进行切头切尾后，即可送入炉卷轧机进行轧制。当第一道带坯头部出炉卷轧机后，该侧的升降导板抬起，将头部引入卷取机卷取，卷取机和轧机间可采用不大的张力。当第一道轧制完结，轧机反转开始轧制第二道，另一侧的升降导板将带钢导入另一侧的炉内卷取机中进行卷取。如此反复轧制 3～7 道后，在输出辊道上经层流冷却后，使带钢温度降到所需的温度，便进入常规卷取机卷取。

25.2.2.4　行星轧机生产

行星轧机主要由上下两个较大直径的支承辊和围绕支承辊的 12～24 根小直径工作辊所组成。工作辊的轴承分别镶嵌在位于支承辊两侧的轴承圈内。支持辊与座圈的转动方向一致，但前者的转速大于后者，这样座圈内的全部工作辊就随着座圈围绕支承辊做行星式公转，同时每个工作辊靠其与支承辊间的摩擦还要进行自转，如图 25-2 所示。为使金属在变形区中受到轧制，必须保证上下工作辊同步，即每对工作辊同时与金属接触或离开。每对工作辊每次只能推碾着很薄的一层金属变形，但通过变形区的金属却要受到十对乃至数十对工作辊的连续推碾，因而积累的总变形量可达到很大的数值，可使轧件经过一道轧制后的总压下量达到 90% 以上。这样可将厚度为 125mm 的板坯经过一道轧制后，成为厚为 10mm 以下的带材。

行星轧机轧制时，由于工作辊转动方向与轧制方向相反，因此轧件不能靠摩擦力咬入，开始必须将轧件头部压尖，靠送料辊强迫压入轧机，轧制过程才能实现。此外，经行星轧机轧出的轧件，虽在厚度上得到了很大变形，但轧出的轧件表面并不光滑，故需经精轧机进行平整。在行星轧机上轧制带钢时，机组由送料机（二辊式或重二辊式）、行星轧机、精轧机（二辊或四辊式）组成，如图 25-3 所示。

由于这种轧机的设备结构复杂、调整麻烦、工作量大、设备磨损快，轧出的带钢表面

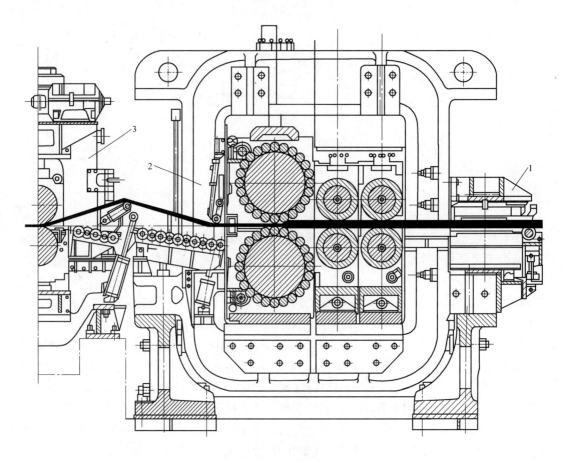

图 25-2　行星轧机

1—轧边机；2—行星轧机（包括送料辊）；3—平整机

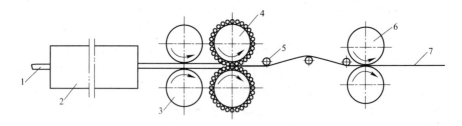

图 25-3　行星式轧机机组

1—坯料；2—加热炉；3—送料辊；4—行星轧机；5—张力控制辊；6—平整辊；7—成品

质量差，设备生产率低（精轧机出口速度不超过 2m/s），因此，仅用于轧制产量少、加工温度范围窄、难变形的特殊合金带钢，如钛合金、高碳钢、不锈钢和硅钢等。

25.2.3　板带钢生产的发展趋势

板带钢生产的发展趋势如下：

（1）与连铸配合，形成连铸连轧生产线。连铸连轧是将冶炼、连铸、保温加热和轧制工序连在一起形成一条具有综合生产能力的生产线。通常，连铸机铸出 30～90mm 厚的薄板坯，薄板坯在行进过程中经保温加热（均热），不经粗轧机而直接进入精轧机组，轧成规定厚度的板卷。其特点是：可省去粗轧机组的设备和厂房，基建投资少，工艺周期短，操作费用低，生产成本低，板材结晶偏析少等。

（2）带钢和薄带钢直接连铸生产。带钢和薄带钢直接连铸生产正在研究过程中。带钢（1～10mm）连铸是以省去热轧，直接向冷轧供料为目标，薄带钢（小于 1mm）连铸是以直接连铸出以往其他方法不能生产的特殊带钢为目标。

（3）产品向复合板方向发展。复合板主要是镀锡钢板，镀锌—铝钢板，以及涂层复合钢板，如涂塑钢和彩色钢板等。

（4）向高度自动化发展。利用现代科学技术成果，实现管理和生产过程的计算机化和优化，以及生产过程的自动化调节和自动控制。

（5）钢板性能在线检测和控制。目前已基本实现钢板质量的在线检测，并向性能在线控制发展。

25.3 热连轧带钢生产工艺过程

热连轧生产具有高速、优质、低成本、高产量等优点，因此其发展很快。到 1940 年，世界上已建立了 30 多套这类机组。20 世纪 60 年代后，由于可控硅电气传动及计算机自动控制等技术的发展，液压传动、升速轧制、层流冷却等新设备新工艺的利用，热连轧轧机的发展更为迅速，热连轧技术也日益完善。

25.3.1 机组和车间布置

热连轧带钢车间的布置一般可分为四个区域：加热区、粗轧区、精轧区和冷却及卷取区。另外，车间内还有精整工段，其中设有横切、纵切和热平整等专业机组，根据需要对带卷进行加工处理。如图 25-4 所示为某车间生产流程及主要工序。各种带钢连轧机组除

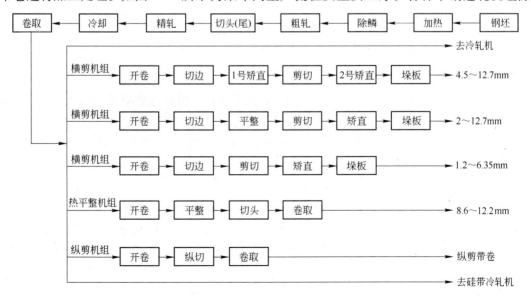

图 25-4 带钢生产车间工艺流程

了在粗轧区有所区别外，其他大同小异，现将不同类型的粗轧机组的特点简要说明如下。各类粗轧机组轧制道次分配如图25-5所示。

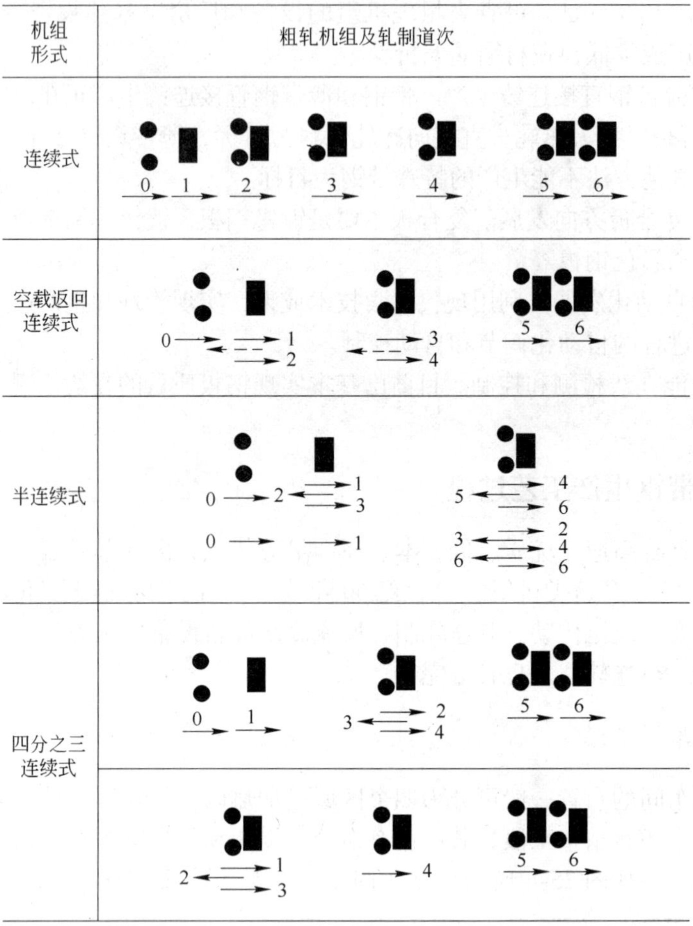

图25-5   各类粗轧机组轧制道次分配示意图

25.3.1.1   连续式热带轧机

连续式（又称全连轧）热带钢轧机的粗轧区通常是一组6机架顺列式轧机，前3架为二辊轧机，后3架为四辊轧机。轧机均为不可逆式轧机，每架只通过一道。这种布置投资大、厂房要求高（长度长），轧制道次受到限制。根据车间设备及主电动机功率不同，轧机年产量为300万~600万吨。车间平面布置如图25-6所示。

25.3.1.2   空载返回连续式热带钢机组

空载返回连续式热带钢轧机组的粗轧机组中的第一和第二机座每轧制一道后，快速提升上工作辊或下降下工作辊，并用工作辊道将轧件空送回机前，然后再进行下一道轧制。年产量与全连续轧机机组基本相同，但车间长度可缩短一些，设备也有所减少。

25.3.1.3   半连续式热带钢连轧机组

半连续式热带钢连轧机组的粗轧区通常由两架可逆式四辊轧机（其中一台带大立辊）

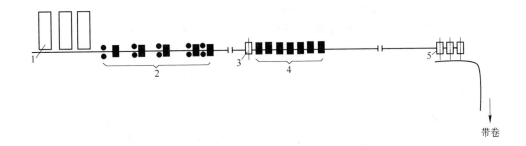

图 25-6　连续式热轧带钢车间

1—加热炉；2—粗轧机组（立辊、二辊式各 1 架，四辊万能式 4 架）；

3—飞剪；4—精轧机组（四辊式 7 架）；5—卷取机

组成，双机架按顺列式形式布置，这两架轧机上均可进行往返数道轧制。轧机年产量根据设备能力和产品规格不同在 100 万～250 万吨之间。这种布置投资少、厂房短，品种规格灵活，但产量低、设备利用率低。车间平面布置如图 25-7 所示。

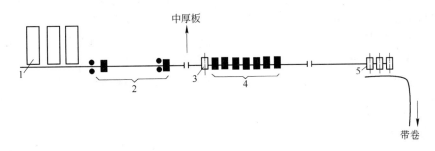

图 25-7　半连续式热轧带钢车间

1—加热炉；2—粗轧机组（立辊、二辊可逆式与四辊万能式各 1 架）；

3—飞剪；4—精轧机组（四辊式 6 架）；5—卷取机

25.3.1.4　复合半连续式热带钢轧机

复合半连续式热带钢轧机与上述半连续轧机相同，但车间内另行设有中厚板生产线。用能力大的粗轧机轧出的中厚板由中间辊道设置横向链式运输机送往专门的精整作业线上，经冷却、矫直等精整过程，最后成为成品中厚板。车间生产便于改变品种，有较大的灵活性。但车间设备能力不能充分发挥，年产量为 80 万～160 万吨。

25.3.1.5　四分之三连续式热带钢轧机

四分之三连续式热带钢轧机是 20 世纪 50 年代出现的，粗轧区通常由 4 架轧机组成。第一架为二辊轧机，后 3 架为四辊轧机。第二架为可逆轧机，通常轧 3～5 道。这种布置投资中等，厂房短，产量不低于全连续机组，是一种较为理想的组合方式。

25.3.2　坯料

热连轧带钢生产用的坯料有初轧坯和连铸坯两种。由于连铸具有单重大、成材率高、节能、生产周期短等优点，所以连续坯的比例迅速增大，目前世界上有很多热连轧带钢厂的连铸比均在 90% 以上，个别已达到 100% 。

板坯的规格：一般厚度为 150 ~ 350mm，宽度为 500 ~ 2000mm，长度为 3000 ~ 13000mm，板坯的最大单重达 45t。热轧带钢大多为结构用材料，有焊接、冷加工等性能要求，所以主要是低碳钢或低合金钢。

板坯有热坯和冷坯两种。热板坯是指要在热状态下装入板坯加热炉的坯，入炉温度一般为 400 ~ 800℃，通常为 500 ~ 600℃。冷坯为板坯温度达不到热装要求的板坯。板坯要进行表面缺陷的检查和清理，清理方法大多采用火焰清理，某些对温度敏感的钢种，还应在热状态下进行清理，以免受热不均而引起板坯裂纹。

25.3.3 板坯加热

板坯加热一般在 3 ~ 5 座连续式或步进式加热炉中进行，以上下加热的步进式加热炉为主要炉型。

连续式加热炉具有投资少，燃料、动力消耗少，机械设备简单等优点。但是也存在着板坯表面划伤、氧化铁皮多、炉内排空困难及炉子长度受坯料最小厚度限制等缺点。步进式炉由于炉内板坯无滑动，板坯间有间隙，步进机构动作灵活，因而基本上克服了连续式加热炉的缺点，生产能力可达 420t/h。现代化的步进式炉采用了计算机自动控制，使板坯加热质量、燃料消耗、加热能力均趋于优化。加热炉内的燃烧嘴形式有端部烧嘴、侧烧嘴、顶部烧嘴三种。步进式加热炉采用侧部烧嘴，上部各段烧嘴根据炉长和炉顶形状而选用一种或几种烧嘴。为了使炉内温度均匀，节约能源，多采用多点式加热方式。

25.3.4 粗轧

粗轧机组的作用是按照精轧机的需要，把板坯轧制成规格和温度符合工艺要求、板形和表面良好的带坯，同时完成板坯的调宽和控宽。

出炉板坯氧化铁皮的清除由除鳞装置完成。除鳞装置有平辊除鳞机、立辊除鳞机和除鳞箱三种形式。立辊除鳞机是立式机架，对板坯在宽度方向上进行侧压下，同时松动和剥离氧化铁皮，再用高压水清除。除鳞箱是高压水除鳞装置，直接喷射的高压水造成板坯本体与表面氧化铁皮的温度差来松动和剥离氧化铁皮，高压水的压力一般为 12 ~ 20MPa。

粗轧机组的第二架通常为二辊轧机，因为板坯开始轧制时厚度较大，同时厚度也有波动，二辊轧机轧辊直径大，咬入能力强，调整容易。在工艺上能对厚度的调整进行一定的缓冲。以后其他轧机大多为四辊轧机，以保证在足够压下量的同时，保证板形和精度。这种四辊轧机有小的附属立辊，起到齐边控宽的作用。

粗轧机组轧制后的带坯厚度为 20 ~ 40mm。

各类粗轧机组轧制道次分配情况如图 25-8 所示。

25.3.5 精轧

精轧机组是将带坯轧成成品，决定热带钢外形尺寸及其精度、板形、表面质量、金相组织和力学性能，是最重要的一道工序。精轧区主要设备有端头飞剪，高压水除鳞箱和精

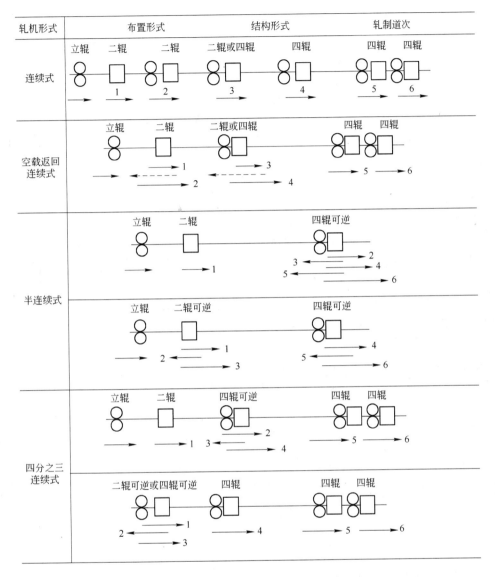

图 25-8 轧制带钢时的各类粗轧机组列布置示意图

轧机组，精轧机组通常由 5 ~ 7 架四辊式轧机组成，采用连轧布置形式，精轧过程完全由计算机控制。

精轧工序的主要内容为：带坯—中间延迟辊道热金属检测—飞剪切头—高压水除鳞—精轧。带坯在中间延迟辊道上要进行测温、测速、位置跟踪等，以便为计算机控制系统提供必要的信息资料，对精轧机组的预设定进行修正和控制。

带坯进入精轧机前，须先经飞剪切去带坯的头部，目的是防止低温的头部损伤辊面，最后还要切除带坯尾部，以免不规则的尾部卡在剪切机中。以上工作由一架飞剪机来完成，通常用转筒式和曲柄式两种类型的飞剪，飞剪的剪刃也有两种不同形式，即弧形剪刃和平行剪刃。弧形剪刃用于将带坯头部剪切成微带舌形，可以减轻咬入时的冲击载荷，也可以防止头部卡在精轧机组的导卫装置内，同时也有利于卷取机的咬入；平行剪刃用来切除带坯的尾部。

除鳞箱一般采用 15MPa 的高压水去除次生氧化铁皮。

在精轧机组中，带坯按计算机设定的各架轧机辊缝、轧辊的转速等参数进行轧制，同时操作人员按工艺要求根据轧制情况调整冷却水量，以控制终轧温度，调整活套量，以控制张力，从而确保外形尺寸、精度和板形。

为保证带钢表面质量，精轧机组每隔 4~8h 需换辊一次，因此必须要求提高换辊速度，目前采用的快速换辊装置在较短时间内可完成换辊。

精轧后还要进行测厚、测宽、测温，进行数据收集和处理。

在现代热连轧机上，精轧机组有八个方面的要求和特点：

（1）电气方面，采用可控硅调速系统，实现了升速轧制。

（2）采用良好的大功率、低惯量的直流电动机单独驱动。

（3）广泛采用液压压下装置，液压压下精度高，响应速度快，大有液压压下取代电动压下的趋势。

（4）设有正负弯辊系统，动态调整辊形，以获得良好的板形，弯辊是使用液压缸在辊的辊颈上加一个力，使轧辊产生一个弯曲变形，当轧辊面产生凸辊形时，称之为正弯辊；当产生凹面辊形时，则称之为负弯辊。

（5）采用快速换辊装置，提高轧机作业率。为确保带钢表面质量，工作辊每轧 1500~2000t 就要换辊一次，一般 3~4h 换辊一次，换辊次数多对轧机作业率的影响很大，用快速换辊装置在 5~6min 即可完成换辊。换辊时，由轧辊车间来的新辊用小车装在转盘的一侧，旧辊由机内抽出，当转盘旋转 180°以后，新旧辊互换位置，然后把新辊拉入机座内，旧辊送回磨辊车间。

（6）采用厚度自动控制系统，即 AGC，尤其是液压 AGC。带钢自动控制是根据本块正在轧制的头部厚度为基准，使其后部的带钢厚度向基准看齐，保证带钢的厚度沿长度均匀。

（7）低惯量，恒张力调节的快速活套机构，活套机构设置在两机架间，它的作用是调节机座间的带钢长度，使其不产生堆钢或拉钢，以保证轧制过程中带钢维持恒定的小张力轧制。

（8）主传动自动速度调节系统。

25.3.6 热轧带钢冷却

精轧后的带钢温度一般为 830~950℃。为控制带钢相变时的冷却速度和温度，保证卷取温度，保证带钢得到满意的金相组织和力学性能，采用高效率的层流系统。该系统由多组上、下喷水管单元组成，可根据钢种和带钢厚度通过计算机准确调整喷水段的数量，并可上部单独喷水或上下同时喷水。其目的是冷却带钢，通过喷水冷却的控制达到上述要求。目前采用自动控制为主，手动干预为辅的方式。操作人员在轧制过程中，适当调整手动干预段的喷水量，使带钢头部温度达到目标，以后由计算机控制。喷水控制周期通常规定每 0.5s 输出一次。

应定期检查层流冷却集管，对不喷水的集管应关闭其控制开关，保证计算机能够真实、实时、在线地控制冷却系统，达到准确进行轧后控制冷却的目的，控制冷却的终了温度为 600℃ 左右，这是卷取的适合温度。

25.3.7 卷取

　　卷取机主要是由卷筒和助卷辊等组成。卷筒由 4 个扇形块组成，由液压缸操作胀缩。卷取时，卷筒处于胀起状态，卸卷时则处于收缩状态。卷取机前有夹送辊，作用是咬入和夹送带钢，使钢带头部向下弯曲而进入助卷辊和卷筒之间的缝隙，夹送辊及助卷辊上均设有直流电动机驱动蜗轮蜗杆千斤顶的调节装置，调整缝隙和平行度，调整精度很高。卷取机结构如图 25-9 所示。

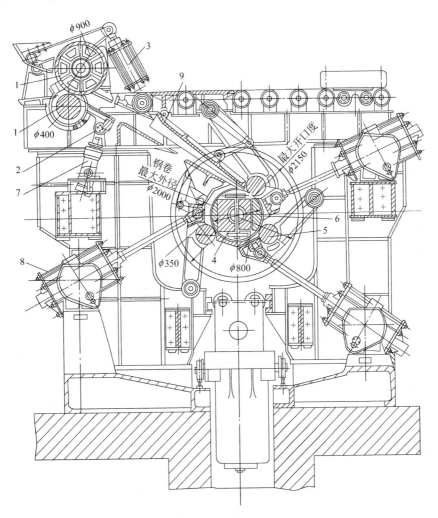

图 25-9　1700 热带钢连轧机三辊卷取机结构

1—张力辊；2—事故剪；3—张力辊升降汽缸；4—卷筒；5—成型辊；
6—成型导板；7—事故剪液压缸；8—成型辊汽缸；9—送料导板

　　卸卷车是将卷取好的钢卷由卷筒上卸下，并移送到翻卷机上，翻卷机把钢卷翻转 90°卧放到运卷车上运走。

卷取开始时，卷取机构的速度比精轧出口处速度要快一些，即超前于轧机速度，超前率为 10% ~ 20% ，以便于带钢在辊道上运行时被拉直。卷取机咬入带钢以后，辊道速度应与带钢速度即与轧制和卷取速度同步加速，以防止产生滑动摩擦而伤及带钢表面，加速段开始用较高加速度以提高轧机生产量，然后用适当的加速度来使带钢温度均匀。当带钢尾部离开轧机后，辊道速度比卷取速度低即滞后于带钢速度，其滞后率为 20% ~ 40% ，与带钢厚度呈反比。这样可以使带钢尾部"拉直"。卷取咬入速度一般为 8 ~ 12m/s，咬入后与轧机同步加速。

卷取机、夹送机、精轧输出辊道和精轧机一起按设定的加速度升速，进行轧制和卷取。带钢出精轧机后，精轧输出辊道的速度减慢，以保持卷取张力。整个卷取过程由计算机控制。

卷取机上还设有冷却水装置，必要时用水冷却钢卷外径。卷取机中间操作不当可导致板形不良，如出现头部塔形、单层出卷边、尾塔、锯齿等。

25.3.8　平整

在热连轧带钢生产中，平整机组是一条宽带钢精整线，其主要作用是切除钢卷头部不良缺陷，矫直不平度，改善表面质量和力学性能，分割单重较大板卷。

平整机组的工艺流程是：

上料→翻卷→切头→开卷→平整或分切→卷取→称重和标志→捆扎→入库

立放在钢卷库中的钢卷由吊车吊到平整机入口侧的钢卷运输链上。入口侧的钢卷机将立式钢卷翻倒平卧，钢卷车托运到定位辊上，直头机展开带钢头部，液压斜刃剪切去带钢头部缺陷。钢卷车定位辊上托运钢卷，托运途中自动完成钢卷高度方向的对中作业。到达开卷机卷筒时，在压辊和侧导板台的引导下，钢卷头部展开，通过作业线上的矫直机和平整机，在出口侧偏导辊的作用下，带钢头部咬入卷取机进行卷取。出口侧钢卷车将平整过的从卷取机上卸下，送出出口侧运输链运走。最后称重，作业人员贴好标签并喷上标志，将钢卷捆扎包装后入成品库。

目前世界上一流的热轧带钢生产线的工艺流程如图 25-10 所示。

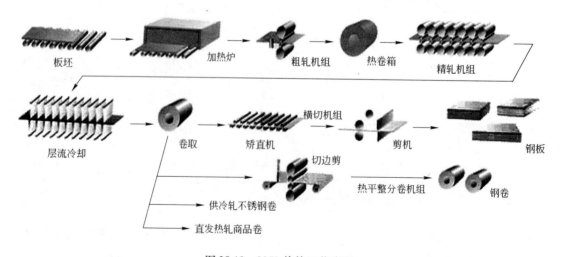

板坯　　加热炉　　粗轧机组　　热卷箱　　精轧机组

层流冷却　　卷取　　矫直机　　横切机组　　剪机　　钢板

切边剪　　热平整分卷机组　　钢卷

供冷轧不锈钢卷

直发热轧商品卷

图 25-10　2250 热轧工艺流程

复习思考题

25-1 热轧带钢所用原料有几种？

25-2 热轧带钢的轧制过程分几个阶段？

25-3 在热轧带钢的生产线上，为什么要安装飞剪？

25-4 热轧带钢轧后的冷却方式有几种，它们各有什么优点？

25-5 热轧带钢在什么温度下进行卷取，温度过高或过低对产品性能有什么不利影响？

25-6 叠轧薄板的特点是什么，为什么热轧 2mm 以下的薄板时，必须采用叠轧法？

25-7 叠轧薄板工艺有何特点，设备有何特点？

26   冷轧钢板生产

冷轧钢板以其精确的尺寸、光洁的表面、良好的性能，在板带钢生产领域内崛起，它丰富多彩的产品已越来越被重工业、轻工业、无线电电子工业等部门所应用，冷轧产品有着广阔的发展前景。

26.1   冷轧概述

26.1.1   产品特征

金属在再结晶温度下的轧制变形过程称为冷轧，一般指带钢不加热而在室温下的直接轧制过程。

冷轧产品的尺寸精度高、表面光洁、内部性能好，其主要原因是排除了热轧中"温度"这一工艺因素的影响。热轧利用钢在高温时的良好塑性这一有利因素，对钢在高温下进行加工变形，有利于节约能耗，容易获得各种形状的产品，这是温度因素积极的一面。但是，在高温加工变形过程中的温度是变化的，会产生温度不均匀现象，以致影响加工精度。所以热轧板的精度远比冷轧板差，冷轧板的表面质量远比热轧板好。在特制的冷轧机上，可以轧出厚度为 0.001mm 的极薄的钢板来，可见冷加工精度之高，这对热轧来说是不可想象的。另外，冷轧使金属内部晶粒被破碎及均匀化，配合一定的热处理制度，冷轧板可以得到好的内部结构性能，这一点是热轧情况下得不到的。

26.1.2   产品品种

冷轧板带钢产品种类很多，一般冷轧板的厚度为 0.15 ~ 0.3mm，宽度为 400 ~ 2000mm，冷轧极薄带的厚度为 0.05 ~ 0.001mm。需求量最大的、具有代表性的冷轧产品有深冲板、涂层板、电工用硅钢板等。

汽车板厚度在 0.6 ~ 1.5mm 范围内，宽度大，表面质量及深冲性能要求高，是冷轧较为典型的产品。商业用板中，主要产品是工业用的镀锡薄板。它的厚度在 0.17 ~ 0.5mm 之间，主要是在 0.17 ~ 0.32mm 范围内，宽度最大为 1000mm，钢种是低碳钢，国内牌号为 08 沸腾钢，符号为 08F。储存罐头食品的包装，用镀锡薄板约 75%，在我国罐头食品日益发展的今天，镀锡薄板将会有很大的发展。电气主要用的是冷轧硅钢片，厚度为 0.25 ~ 0.5mm，主要用于做变压器及电动机。

近年来，各种涂层板、复合板大力发展，使冷轧钢板的用途得到更广泛的发展。

26.1.3   冷轧机

冷轧的轧制力比热轧大得多，为了降低轧制压力，降低轧制力矩，使用了小直径的工作辊。由于辊径小，在相同的压下量条件下，轧制力就小。但是小直径的工作辊强度和抗弯能力差。为了增加轧机的刚性，使用了多点支承辊和大直径的支持辊，以降低轧辊的挠度，保证产品的精确尺寸。为此，冷轧带钢多采用四辊轧机及多辊轧机，且为平辊、水平轧制方式，如图 26-1 所示。

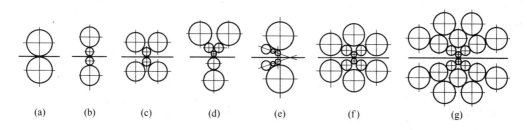

图 26-1 板带冷轧机的形式

(a) 二辊式；(b) 四辊式；(c) 六辊式；(d) 七辊式（Y 形）；(e)（偏）八辊式；
(f) 十二辊式；(g) 二十辊式

在 20 世纪 50 年代，认为多辊轧机结构复杂，要求精密，加工制造困难大，因此使用并不普遍，只是对于要求极薄的带钢，才用多辊轧机，并且轧辊辊身长度小。在现代带钢轧机中，二十辊轧机已得到普遍使用，例如轧制电工用钢板，厚度为 0.15~0.5mm，宽度一般在 1000mm 以下。多辊轧制具有压下量大、传动功率小、产品精度高的特点。我国武钢硅钢片厂用的是二十辊轧机，太钢生产硅钢片用偏八辊式轧机。

目前多辊轧机除了在连轧机组上并未推广外，其他轧制中已被广泛应用。

与热轧相比，冷轧有以下主要的特点：

（1）金属的加工硬化与轧制变形量。在冷轧过程中，晶粒被破碎，它不能在加工过程中产生回复再结晶，所以金属产生加工硬化。这种条件下，再进行加工，轧制力就更大了。因此，在决定轧制变形量时必须考虑到加工硬化现象。在一般的冷轧过程中，具有 60%~80% 的变形量后，就必须对钢进行软化处理，用再结晶退火方法，使钢回复其原来的硬度，然后再进行轧制。退火使工序增加、流程复杂，并使成本大大提高，多次退火也不会对一般钢种的最终性能产生多大影响，因此，一般希望能在一个"轧程"内轧出所要求的成品厚度，这种要求根据冷轧产品的厚度及冷轧机的能力选定原料的厚度，从而可以在一个"轧程"内获得所需产品。所谓轧程是指冷轧过程中钢材开始轧制到加工硬化不能再轧的一个完整周期。

（2）工艺冷却与工艺润滑。工艺冷却与工艺润滑，是冷轧工艺中另一大特点，在冷轧过程中，由于金属变形及金属与轧辊的摩擦产生的变形热及摩擦热，使轧辊及轧件都要产生较大的升温。辊面温度过高会引起工作辊淬火层硬度下降，并有可能促使淬火层内组织分解，使辊面出现附加的组织应力。同时，辊温过高也会使冷轧工艺润滑剂失效，使润滑剂的油膜破裂，使轧制不能正常进行。

在冷轧中，轧件温度过高会使带钢产生浪形，造成板型不良。一般来说，带钢的正常温度希望控制在 90~130℃。冷却剂的作用就是控制轧制温度，使轧制顺利进行。润滑剂的主要作用是减少金属的变形抗力，同时也有降低轧件的变形热及冷却轧辊的作用。

水是比较理想的冷却剂。常用的冷却润滑剂有蓖麻油、菜籽油、瓜子油等，但这些油的来源比较困难。目前，使用的油水混合剂——乳化液，可以起到冷却与润滑双重作用，是一种经济实用的冷却润滑剂。

（3）张力轧制。在轧制过程中，带钢的前后端，分别有前张力及后张力，这是冷轧过程中又一大特点。张力的方向按轧制方向为基准，轧件的出口方向的张力称为前张力，轧件的入口方向的张力称为后张力。张力对冷轧的轧制过程起着非常重要的作用，主要表现在：

1）在轧制中自动调节带钢的延伸，使之均匀化。

2）降低轧制压力。

3）防止轧件跑偏。

在张力作用下，若轧件出现不均匀延伸，则沿轧件宽度方向上的张力分布将会发生相应的变化，延伸大的一侧，张力自动减小；延伸小的一侧，张力自动增大。结果得到自动调节张力，而使横向延伸均匀化。延伸横向均匀，是保证带钢出口平直，不产生跑偏的必要条件。横向延伸不均匀，在轧制薄带钢中反应十分敏感，微小的不均匀延伸会立即得到累计，进而产生松枝缺陷，接着板面撕裂、断带，导致轧制过程中断。

26.2　冷轧生产工艺过程

冷轧带钢生产的工序比较复杂，根据产品的不同，工序也各不相同。

26.2.1　普通薄板生产

普通薄板即深冲板的生产工艺流程为：

热轧带钢原料→酸洗→冷轧→退火→平整→剪切→检查分类→包装→入库。

26.2.1.1　酸洗

普通薄板生产用原料厚度为 1.8~6mm 的热轧带钢卷，质量在十几吨到几十吨之间。原料的化学成分应符合国家有关标准的规定，表面无氧化铁皮、无边裂、压印等缺陷，带卷无塔形、松卷。

热轧带钢表面通常有氧化铁皮，一般厚度为 $10\mu m$，冷轧前常用连续酸洗机组除氧化铁皮，所以说酸洗就是利用酸与氧化铁皮能发生化学反应的原理，将氧化铁皮全部去除的过程。酸洗液一般用硫酸或盐酸溶液。与硫酸酸洗相比，盐酸酸洗具有能完全溶解氧化铁皮而不腐蚀钢板基体，酸洗效率高和废酸可以再生使用等优点，盐酸酸洗反应方程式如下：

$$Fe_2O_3 + 4HCl \longrightarrow 2FeCl_2 + 2H_2O + 1/2O_2 \uparrow$$

$$Fe_3O_4 + 6HCl \longrightarrow 3FeCl_2 + 3H_2O + 1/2O_2 \uparrow$$

$$FeO + 2HCl \longrightarrow FeCl_2 + H_2O$$

$$Fe + 2HCl \longrightarrow FeCl_2 + H_2（甚弱）$$

带钢酸洗前要先用机械破鳞方法使致密的氧化铁皮产生裂纹，即用多辊矫直机进行弯曲破鳞。酸洗方式是将带钢连续数次通过酸洗槽，进行连续酸洗。

硫酸酸洗机组有进料段、酸洗段和出料段三部分。进料段包括上料、拆卷、破碎氧化铁皮、矫直、切头和对接等工序。酸洗段包括酸洗、冷热水洗和烘干。出料段包括剪边、涂油和卷取等。酸洗段的最高速度达 250m/min 以上。

盐酸酸洗机组有塔式和卧式两种。塔式机组高一般为 20~45m，速度达 300m/min，但因断带和跑偏不易处理，已不常用。卧式机组（见图 26-2）的进料段和出料段与酸洗机组类似，其酸洗槽有深槽、浅槽和超前槽三种。深槽酸洗段设有带钢提升装置，当有事故停车或断带时可将带钢升起，必要时还要将酸洗槽中的酸洗液排放到专设的酸罐中，防止过酸洗。这种机组酸洗段的最高速度可达300m/min，年产量达150万吨。如图26-2所示。

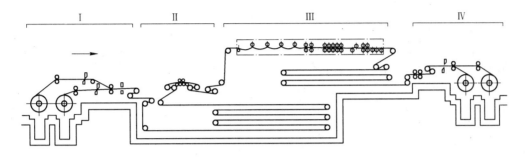

图 26-2　卧式盐酸酸洗机组

Ⅰ—开卷与焊接；Ⅱ—拉矫；Ⅲ—酸洗和钝化；Ⅳ—剪边和卷取

26.2.1.2　冷轧

酸洗后的带钢在冷轧机上轧成成品，冷轧工序包括：开卷—轧制—卷取。

现代冷轧机按机架排列方式可分为单机可逆式与多机连续式两种。前者适用于多品种、少批量或合金钢产品比例大的情况。虽然其生产能力低，但投资小、建厂快、生产灵活性大，适用于中小型企业。连续式冷轧机生产效率高，在工业发达国家，它承担着薄板带材的主要生产任务。相对来说，当产品品种较为单一或者变动不大时，连轧机最能发挥其优越性。五机架连续式轧机组应用普遍，其生产规格较广，厚度为0.75~3mm，辊身长度为1700~2135mm，机组末架轧制速度为25~27m/s，个别轧机设计速度达40m/s左右。五机架连续冷轧机组如图26-3所示。

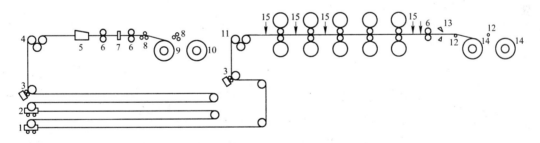

图 26-3　五机架全连续冷轧机组设备组成示意图

1，2—活套小车；3—焊缝检测器；4—活套入口勒导装置；5—焊缝机；6—夹送辊；7—剪断机；8—三辊矫平机；9，10—开卷机；11—机组入口勒导装置；12—导向辊；13—分切剪断机；14—卷取机；15—X射线测厚仪

带钢冷轧时轧制单位压力大，加工硬化严重，压下量受到一定限制。

带钢冷轧时为减少轧辊与钢带的摩擦，提高带钢表面光洁度和冷却轧辊，必须进行工艺润滑和工艺冷却。在连轧机上要由计算机通过控制各架速度获得必要的张力，以减小轧制压力，改善轧制条件，获得平直板形。

26.2.1.3　退火

带钢轧后要进行清洗，目的在于清除带钢表面上的油污（又称脱脂），以保证带钢退火后的成品表面质量。清洁方法一般有电解清洗、机上洗净与燃烧脱脂等。前者采用碱液（氢氧化钠、硅酸钠、磷酸钠等）为清洗剂，外加界面活性剂以降低碱液表面张力，改善清洁效果。通过使碱液发生电解，放出氢气和氧气，起到机械冲击作用，可大大加速脱脂过程的进行。对于一些使用以矿物油为主的乳化液作冷润剂的冷轧产品，则可在末道喷除油清洗剂，这种处理方法称为"轧制线的机上洗净法"。

退火是当一个轧程的压下量尚不能满足产品的厚度要求，还需继续轧制时，所进行的再结晶过程。其目的是消除硬化，使内部组织均匀。退火的方法有罩式和连续式两种，连续式退火又分卧式和塔式。塔式退火适合高速生产，带钢通过机组的速度可达450m/min，最高可达600m/min，在炉内的时间仅为1~3min。白铁皮塔式连续退火机组如图26-4所示。

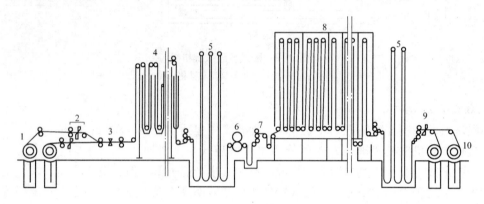

图 26-4 白铁皮塔式连续退火机组设备组成示意图

1—开卷机；2—双切头机；3—焊头机；4—带钢清洗机组；5—活套塔；6—圆盘带；
7—张力调节器；8—塔式退火炉；9—切头机；10—卷取机

26.2.1.4 平整

成品带钢退火后进行平整，平整机组分为单机座与双机座两种，如图26-5所示。平

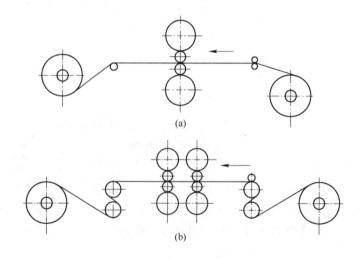

(a)

(b)

图 26-5 平整机组

（a）单机座；（b）双机座

整压下率为 0.15% ~4%，目的是具有良好的板形和较高的表面质量，使带钢具有适当的硬度。平整工序多在单机座四辊机上进行平整，也有在双机座四辊平整机上进行的。平整机也采用张力，通常控制在 100 ~200MPa。一般采用干平整，对有特殊要求的钢卷也采用湿平整。

26.2.1.5　剪切

平整后的带钢进行剪切。剪切分横剪和纵剪。冷轧薄板的横剪机组如图 26-6 所示，横剪机组是将成卷带钢经飞剪剪切成为单张定尺钢板。摆式飞剪的最高剪切速度可达 200m/min，滚筒式飞剪的最高剪切速度达 360m/min，定尺长度一般为 1 ~4m，最长不超过 6m。纵剪机组如图 26-7 所示，是将宽带钢剪切成窄带钢，机组的最高速度一般为 180 ~ 300m/min。

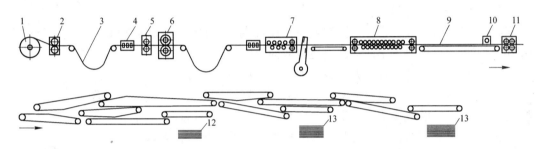

图 26-6　冷轧薄板横剪机组

1—开卷机；2，5—夹送辊；3—活套；4—侧导辊；6—圆盘剪；7—带送料矫直机的飞剪；8—成品矫直机；
9—检查台；10—滚印机；11—涂油机；12—次品垛板台；13—成品垛板台

图 26-7　冷轧薄板纵剪机组

1—开卷机；2—夹送辊；3—切头剪；4，7—活套；5—侧导辊；6—圆盘剪；
8—压紧板；9—涂油机；10—张力辊；11—卷取机

26.2.1.6　检验

目前在一般的精整机组上都设有一个观察台，由质检人员根据国家有关标准要求，用肉眼将不符合要求的钢板或板卷分拣出来。现代化的精整剪切机组则采用扫描装置、工业电视等仪器进行检查。

质量检验的项目包括对产品取样，并按有关标准进行各种拉伸、硬度、弯曲等试验。合格成品板卷送去包装入库。

26.2.2　涂层钢板生产

26.2.2.1　镀锌层钢板生产

镀锌钢板改善了表面性能，提高了耐腐蚀性能，延长了使用寿命，得到了广泛的应用。

镀锌钢板的原板生产工艺与普通板生产相同。

镀锌方式有热镀锌和电镀锌。热镀锌一般采用热浸镀法，有单张镀锌和连续镀锌，它的镀层较厚（$160 \sim 700 g/mm^2$）。热镀锌前，带钢需要脱脂和退火。单张镀锌前的脱脂一般采用化学方法，连续镀锌前脱脂除采用化学法外，更多的是采用快速加热脱脂退火的方法。

退火炉的最高加热温度达980℃，退火后的带钢在$450 \sim 470$℃时进入锌锅，以保持锌液温度不变，过去用镀锌辊控制镀锌层的厚度，现在用气刀法。

镀锌机组的前部设备与一般带钢连续作业相似，采用了活套。为了缩短活套长度又保证工作的连续性，采用双开卷方式以减小开卷时间间隔，尾部设备除一般的卷取、横切和垛板设备外，常设有平整机和拉伸矫直机，平整机压下率为$1\% \sim 3\%$，拉伸矫直机延伸率为$0.8\% \sim 2.0\%$。

电镀锌是将带钢放在含锌盐的溶液中，在直流电流的作用下，获得具有一定性能的金属镀层的过程，电镀锌可单面镀锌，也可双面镀锌。

电镀锌钢板的工艺过程是：原板—清洗—电镀—后处理—卷取—包装。

清洗借助碱洗、电解脱脂清除表面的锈斑、氧化物等杂质。电镀锌过程一般是在电解槽中进行。处理后的主要工序有磷化、密封、钝化、气刀清理、烘干和冷却，目的是改善镀锌板的涂漆性和防腐性，以延长钢板的寿命。成品钢板进行卷取包装。

26.2.2.2　涂层钢板生产

涂层钢板是一种复合材料，它的基板可以是电镀锌板、热镀锌板、普通冷轧板等，采用彩涂机组在其表面上涂上一层或多层有机涂料，涂层材料有醇酸树脂、环氧树脂等。涂层钢板既有钢板的力学强度，又有有机材料良好的装饰性，表面光滑平整，广泛应用于家电、包装行业。

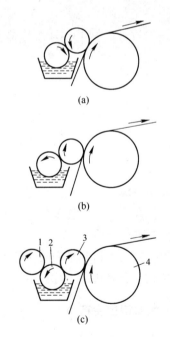

图26-8　顺涂和逆涂示意图
（a）二辊顺涂；（b）二辊逆涂；（c）三辊逆涂
1—计量辊；2—带料辊；3—涂敷辊；4—支撑辊

涂层钢板的彩涂工艺大致分预处理和涂层两大部分。在预处理段，清理钢板表面上油污，对钢板表面进行磷化、酸液冲洗和干燥。

涂层的方法分辊涂和喷涂，大多采用效率高的辊涂方法。

辊涂时，涂层方式有顺涂和逆涂两种，如图26-8所示。涂层头由涂敷辊、带料辊、计量辊和涂料盘组成。涂敷量取决于涂料的黏度、辊的速度、转速比、辊间挤压力等。

在二辊涂敷过程中，带料辊进入涂料盘吸附涂料后，通过逆向慢速转动计量辊的作用，使带料辊上的涂料平整后，再转移到涂敷辊上，然后由涂敷辊将涂料涂到逆向运行的带钢上。

三辊涂敷方式特别适合于黏度大、涂膜的涂料，涂层的板平整性好，如图26-8(c)所示。

涂层后，涂层的钢板通常用干燥炉进行干

燥，随后冷却。冷却时采用空气冷却，然后用水冷却，水冷后进行脱水干燥。

涂层钢板在使用时需经过深度加工，因此，制成器具的涂层钢板要在涂层面粘贴保护膜，用于建筑的涂层钢板要在涂层面涂一层蜡。

26.3　产品的包装和标志

钢板和钢带的包装要整齐，捆扎结实，标志要牢固、不退色。冷轧硅钢和镀层板带应符合下列要求。

26.3.1　厚度不超过 4mm 冷轧薄钢板的包装和标志

包装应符合下列要求：

(1) 涂防锈油（硅钢板除外）。

(2) 内用中性防潮纸包裹，外用薄钢板封闭包装。

(3) 捆扎道数不少于纵 2 横 3。

(4) 包底要有托架。

(5) 外形整齐、平直。

捆带推荐采用尺寸不小于 0.9mm×32mm 的冷轧钢带。

包重不超过 2.5t。

标志要求如下：

(1) 包内最上面一张钢板上喷上或粘贴标志或放卡片。

(2) 包外横侧喷上或粘贴标志。

26.3.2　宽度不超过 300mm 钢带的包装和标志

包装应符合下列要求：

(1) 成卷或成捆。

(2) 涂防锈漆或用气相防锈纸。

(3) 用中性防潮纸、塑料薄膜或包装布依次包裹。

(4) 捆扎不少于 3 道。

捆带要求如下：

(1) 带卷外径小于 600mm，用表面发蓝处理过的冷轧钢带，尺寸不小于 0.3mm×16mm 进行捆带。

(2) 带卷外径大于 600mm，用表面发蓝处理过的冷轧钢带，尺寸不小于 0.9mm×32mm 进行捆带。

捆重不大于 1t。

包内标志不少于两个。

26.3.3　宽度大于 300mm 的成卷钢带的包装和标志

包装应符合下列要求：

(1) 涂防锈漆或气相防锈纸包裹。

(2) 用中性防潮纸、塑料薄膜或包装布依次包裹。

（3）径向捆扎不少于 3 道。

（4）圆周捆扎不少于 1 道（带宽大于 600mm 者，不少于两道）。

（5）捆扎处径向加护角（圈）。

卷重要求如下：

（1）带宽在 300～600mm 之间的不超过 2t。

（2）带宽大于 600mm 的不超过 5t。

标志要求为：

（1）卷内侧喷上或粘贴标志。

（2）包外标志不少于两个。

复习思考题

26-1　何谓冷轧，有何特点？

26-2　原料酸洗的方式有哪几种，各有什么优缺点？

26-3　冷轧时为什么必须采用润滑剂，润滑剂分哪几种？

26-4　冷轧时张力有何作用？

26-5　冷轧板带的热处理方式有几种？

26-6　冷轧板为什么要进行平整？

27 型钢、线材

27.1 概述

27.1.1 型钢的种类和特点

型钢是三大材（管、板、型）中种类最多的钢材。表 27-1 和表 27-2 分别为部分简单和复杂断面的型钢种类、断面形状、规格范围及用途。型钢产品按断面尺寸还可以分成大型、中型和小型型钢。

表 27-1 部分简单断面型钢

名 称		断面形状	表示方法	规格/mm	交货状态	用 途
圆 钢		⊕	直 径	10 ~ 40	条（卷）	钢筋、螺栓、零件
				>40	条	冲、锻零件
				50 ~ 350	条	无缝管坯、轴
线 材		○	直 径	4.6 ~ 12.7	卷	钢筋、二次加工丝
方 钢		□	边 长	4 ~ 250	条（卷）	零件
扁 钢		▭	厚 × 宽	(3 ~ 60) × (10 ~ 240)	条（卷）	焊管坯、箍铁
弹簧扁钢			厚 × 宽	(7 ~ 13) × (63 ~ 120)	条	车辆板簧
三角钢		△	边 长	9 ~ 30	条	零件、锉刀
弓形钢		◠	宽 × 厚	(15 ~ 20) × (5 ~ 12)	条	零件、锉刀
椭圆钢		○	宽 × 高	(10 ~ 26) × (4 ~ 10)	条（卷）	零件、锉刀
六角钢		⬡	内接圆直径	7 ~ 80	条	螺帽、风铲、工具
角钢	等边	∧	边长的 1/10	角钢 20 × 20 ~ 250 × 250	条	金属结构、桥梁等
	不等边	∕	长边长/短边长的 1/10	角钢 25/16 ~ 250/165	条	金属结构、桥梁等

表 27-2　部分复杂断面型钢

名　称	断面形状	表示方法	规　格	用　途
H 型钢		以腰高的 1/10 表示	80～1200	
槽钢		以腰高的 1/10 表示	50～400	
钢轨		以每米单位质量表示，如 50kg/m	5～24kg/m	轻轨，矿山用
			38～75kg/m	重轨，铁路用
			80～120kg/m	起重机轨，吊车用
T 字钢		以腿宽表示，如腿宽 200mm 为 T_{200}	20～400	结构件、铁路车辆
Z 字钢		以高度表示，如高 310mm 为 Z_{310}	60～310	结构件、铁路车辆
窗框钢			品种规格 20 余种	钢窗
钢　桩			槽型、Z 型、U 型	矿山、码头、海港、井下工程
球扁钢		宽×厚	(50×4)～(270×14)	造船
履带钢				拖拉机、电铲等链板
鱼尾板		以对应的钢轨号表示		钢轨接头
轮辋钢		以对应的汽车号表示		汽车轮辋
其他小异型钢				纺织、轻工、化工、船舶等

27.1.2　生产过程概述

型钢种类繁多，每个型钢生产线都是用坯料（初轧坯或连铸坯）在两个或两个以上带槽轧辊间，经过若干道次的轧制变形，来获得所需要的断面形状、尺寸和性能的产品。

为了获得所需要的型钢断面，必须进行相应的孔型设计和计算。孔型设计是型钢生产的工具设计，完整的孔型设计包括三个方面的内容：

（1）断面孔型设计。根据原料和成品的断面形状、尺寸和产品的性能要求，选择孔型系统，确定轧制道次和各道次的变形量以及各道次的孔型形状和尺寸。

（2）轧辊孔型设计。根据断面孔型设计确定孔型在每个机架上的分配及其在轧辊上的配置，要求轧件能正常轧制且操作方便，并且其轧制节奏时间短，轧机的生产能力高，成品的质量好。

（3）导卫设计。根据各厂生产的产品品种配置的设备不同型钢生产过程也不同。一般是按图27-1所示的流程进行生产。从图中可以看出，型钢的生产有多种流程线。

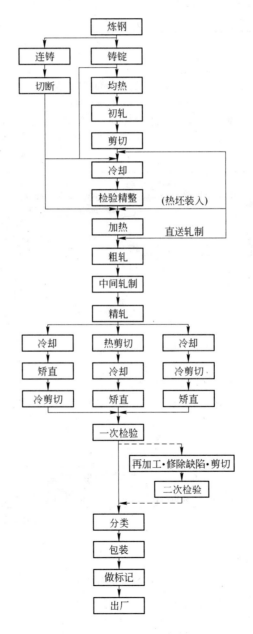

图 27-1　型钢厂的生产过程

　　如图27-2～图27-4所示为型钢生产典型设备不同的布置形式。随着科学技术的发展，轧制工艺中的设备也越来越连续化、自动化、大型化。特别是监测手段的提高，计算机控制和管理的深入，有效地保证了产品的精确成型，缩短了各工序间的操作时间。力争做到高效、低成本、高质量。

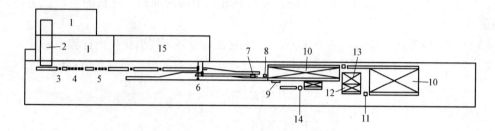

图 27-2　型钢厂的设备布置图例（1）

1—坯料堆放场；2—加热炉；3—粗轧机；4—第一组连轧机；5—第二组连轧机；6—精轧机组；

7—移动式热锯；8—固定式热锯；9—定尺机；10—冷床；11—辊式矫直机；12—检验台；

13—包装场地；14—带锯机；15—电气室

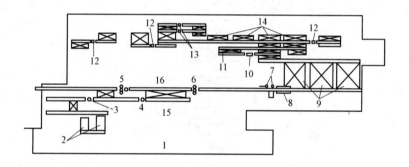

图 27-3　型钢厂的设备布置图例（2）

1—坯料堆放场；2—加热炉；3—粗轧机；4—中间型钢轧机；5—中间万能轧机；6—精轧机；

7—热锯；8—定尺机；9—冷床；10—辊式矫直机；11—检验台；12—压力矫直机；

13—冷锯；14—分类台架；15—轧辊车间；16—电气室

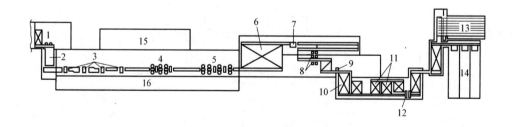

图 27-4　型钢厂的设备布置图例（3）

1—坯料堆放场；2—加热炉；3—粗轧机组；4—中间轧制机组；5—精轧机组；6—冷床；

7—辊式矫直机；8—冷锯；9—缺陷检查室；10—检查台；11—分类台架；12—包装机；

13—自动化仓库；14—普通仓库；15—轧辊车间；16—电气室

27.2 加热

27.2.1 坯料的加热

加热是型钢生产中一个重要的工序，钢锭或钢坯经过加热，提高了钢的塑性，减少了变形抗力，容易延伸和变形，降低能耗，并且能够减少孔型和辊身表面磨损，不容易损坏设备零件。

原料加热时，要遵循一定的加热制度。加热制度一般包括加热时间、加热速度、加热温度等要素。原料的加热制度是根据所加热钢的品种、质量和产量的要求来确定的。

27.2.2 加热炉

型钢生产线所用加热炉炉型与本书第 24.2 节中厚板生产所用的加热炉基本相同。也分为连续式加热炉和步进式加热炉。如图 27-5 所示为三段式连续推钢式加热炉。

步进式加热炉是比较先进的坯料加热炉。与推钢式加热炉一样，步进式加热炉也分为一段到五段式加热。最常见的为三段加热炉。所不同的是步进式加热炉的滑轨分固定和移动滑轨。移动滑轨沿固定滑轨面之上做向前运动，行进一个步距。同时将托起的钢坯前移一个步距，然后移动滑轨垂直落至固定滑轨面下方，所托的钢坯被放在固定滑轨之上。移动滑轨再沿固定滑轨的底下后退一个步距，然后重新跃出固定滑轨表面，托起后面的钢坯。通过移动滑轨这种反复的矩形轨迹运动，将钢坯装炉并出炉。钢坯到达炉头端，由出料机取出。如图 27-6 所示为三段步进式加热炉示意图。

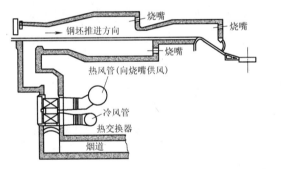

图 27-5 三段式连续推钢式加热炉示意图

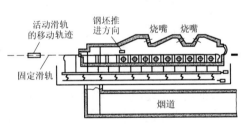

图 27-6 三段步进式加热炉

与推钢式加热炉比较，步进式加热炉自动化程度高，对钢坯规格有变化时的适应性很强，加热质量好，清炉方便。不足之处是一次性投资大，维护检修复杂。

一般连续式加热炉为了降低能耗，均设置了热交换器。它是利用即将排出的尾气热量对燃烧所用的空气进行预热。预热后的空气温度约 300℃。根据实测数据表明，废气最高温度为 1050℃左右，热交换率为 25% ~ 30%。经过预热后的空气参与燃烧可节约燃料 10% ~ 15%。型钢生产所用加热炉使用的交换器一般均为金属热交换器。

27.2.3 加热炉操作

对钢坯的加热要求是：能达到合适的开轧温度；加热均匀；生成的氧化铁皮尽量少，去除容易。

加热温度过高，对热效率、材料利用率、产品质量的损失都很大；加热温度过低，则会发生加工变形困难，增加能耗和轧辊的消耗，严重的会造成轧钢设备的损坏。对型钢来说，按产品品种的不同，加热温度有显著不同。一般加热到 1100~1280℃ 的范围内。通常，预先设定炉气温度，用自动控制燃料和空气供给量来保持这个温度。

加热炉自动控制的内容主要有：通过测定炉气温度来调节燃料供给量；根据空气和燃料的混合比计算来调节空气量；通过炉内压力检测和调节烟道闸门来控制炉内压力。目前，计算机处理在上述参数的监控中大量采用，使炉温能够迅速准确地得到控制。

为了使氧化铁皮保持良好的去鳞性能，应控制炉气成分与相应的温度（通常以排出废气中含氧的体积分数或 CO_2 的体积分数作为指标）。操作时应注意以下方面：

（1）与负荷系数相适应的最佳炉子操作条件（升温曲线，空气燃料比，炉压）。

（2）炉体检修后性能的变化（延长炉子长度、增加耐火材料厚度、减小炉墙散热）。

（3）减小冷却水带走的热损失（水冷滑轨的包扎，管理好水量、水温）。

（4）其他（缩短炉门开启时间等）。

此外在不产生轧制缺陷的条件下，应尽量采用热装炉。在满足轧制温度的条件下，尽量采用温度下限加热。使炉子在额定产量下工作。这些都是提高加热炉寿命、降低能耗的有效措施。

从环境保护的观点出发，加热操作也是很重要的。必须根据烟尘的着地浓度、排出浓度和排出总量等，极力控制加热炉排出废气中的 SO_x、NO_x、尘灰量等物质的含量。这就有必要从燃料选择、空气过剩系数、空气预热温度、燃烧温度等炉子操作条件以及烧嘴结构选择、烟囱高度、炉型等设备条件来分析探索。还不能达到环保要求时，就要考虑增设脱硫、集尘等装置。

27.3　型钢轧制

27.3.1　轧机形式及其配置

型钢轧制所使用的轧机多为二辊式、三辊式和万能式轧机。与钢板轧制相同，毛坯在一对转向相反的轧辊间产生变形。所不同的是两个轧辊辊面在相同位置上必须切有与产品形状相吻合的孔型。由于型钢生产是从毛坯到钢材断面的渐变过程，因此需要一组多个孔型以缓和金属变形量在局部过于集中。为了保证坯料在适当的温度区域内完成变形和加工顺利，要求在满足产品质量的前提下尽量减少孔型数目，并将变形的主要任务分成若干段，即粗轧段、中轧段、精轧段等。现代轧钢生产线均由多架轧机分担了上述一组孔型。为了缩短生产线的长度，在轧制最初几道次时，轧后长度较短。可以在一架轧机上多轧几道次。该架轧机可选择正反两个方向均能旋转的可逆式轧机，也可以选择有上下孔型布置的三辊轧机。

轧机的布置形式基本上有下述五种。

（1）横列式。横列式由两台或两台以上的二辊或三辊轧机组成，按轧辊轴向排成一列或几列，每列用一台电动机驱动。其生产率和产品精度都略逊于其他形式，如图 27-7 所示。

（2）布棋式。布棋式由两列以上的横列式轧机

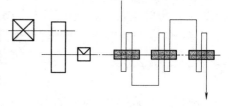

图 27-7　横列式布置机组

交错配置。每架轧机轧制一道。中小型型钢轧制多采用这种布置。如图 27-8 所示。

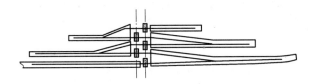

图 27-8　布棋式布置机组

（3）顺列式。轧机在轧制方向上一字顺列排布。轧机之间距离较长，轧件在两架轧机上不能同时轧制。轧制宽腿工字钢的万能轧机多采用这种布置方式。如图 27-9 所示。

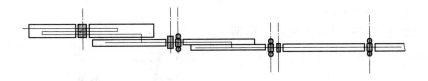

图 27-9　顺列式布置机组

（4）连续式。连续式由数架轧机在轧制方向上串成一列，各架轧机之间的距离较短，钢坯可在多架轧机上同时轧制，形成连轧。其生产率、产品质量等方面都比其他方式优越。如图 27-10 所示。

图 27-10　连续式布置的机组

（5）半连续式。半连续式的整个生产线分两部分，其中一部分为连续式，另一部分是由其他方式布置的组合。

27.3.2　孔型轧制法

由上下轧辊辊面上车出的轧槽合并后组成的空腔称为孔型。为了能够调整孔型断面的大小，在两辊之间预留出辊缝。钢坯依次通过断面收缩率逐渐增大的一系列孔型后，便获得规定断面形状的产品。对孔型轧制来说，孔型设计是极为重要的。图 27-11 所示为辊缝在不同位置的孔型。

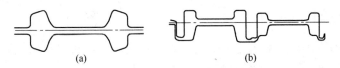

（a）　　　　　　　　　　　　　　（b）

图 27-11　孔型图
（a）开口孔型；（b）闭口孔型

一组孔型设计的好坏，不仅关系到产品的精确成型，还涉及轧辊消耗、能量消耗、生产率、调整方便与否等很多问题。所以要从轧辊的选材、孔型布置、压下系数分配、轧制温度、充满条件等因素考虑，来完成孔型设计。

27.3.3　万能轧制法

采用一般孔型轧制形状复杂的型钢，通过合理的孔型设计也能轧制成材。但存在着很多克服不了的缺点。如坯料在轧槽内流动速度不一致，孔型磨损程度不同。为了使轧件顺利脱槽，必须设置孔型侧壁斜度等问题。随着建筑业的高层化和桥梁建设的超长化，经济断面钢应运而生。一般孔型轧制满足不了这种钢的生产。所谓经济断面钢，就是以最小的断面面积、最合理的力学形状，获得最佳的力学性能。

在同一截面上设置多个轧辊的万能轧制法如图 27-12 所示，能够轧出理想的经济断面钢，并且有设计方便、生产率高等优点。

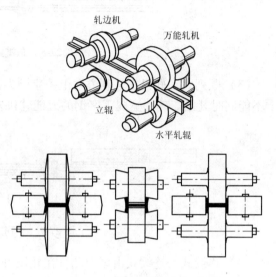

图 27-12　宽腿工字钢的万能轧制法

27.3.4　轧辊的更换

在更换产品品种而频繁换辊的型钢轧制过程中，缩短换辊时间，快速更换导卫装置就意味着提高有效作业时间。为此在型钢轧机快速换辊的课题上仍需深入探讨。目前除一些旧式轧机上采用人工吊装外，新式轧机采用集块连接，轧辊与轴承座自动化拆装，连接配管、配线的一次性装卡等均收到了较好的效果。

27.3.5　其他辅助设备

为减少因加热产生的氧化铁皮，提高产品的表面质量，在粗轧机之前可设置纹面机械破鳞和高压水除鳞装置。

导卫装置是使钢坯正确喂入和导出轧辊孔型的装置，是保证轧制正常进行的重要装置，有固定式和移动式。导卫装置安装定位的方式有：横梁固定，与轧辊轴承座同步动作方式；备有独自升降装置并与水平轧辊同步的方式。

27.4　切断和冷却

切断方法对型钢来讲一般采用剪断机和锯断机两种。切断的要求是保证钢材切口断面不被破坏。除少数方、圆、角钢简单断面有时采用与横截面相吻合的成型剪之外，大多数型钢采用锯切的方式。锯切又可分为热锯切和冷锯切。热锯切具有轧后处理迅速、设备紧凑、锯切力低等优点，被广泛采用。为了和轧机能力相配合，一条生产线均设置多台锯切设备。在锯切时，应根据切断时的钢材温度，计算出收缩量，以便冷却后其长度误差在允许的范围内。锯切的任务是定尺锯切，所以很多生产线设有定尺机与锯机配套。锯切除切头、切尾之外，还应注意切除有缺陷部分、取样等。锯切应结合供货长度做到最佳取材，这也是提高成材率的重要手段。

钢材的冷却要严格执行冷却制度，正确摆放型钢在冷却中的位置。最重要的是防止产生因冷却不当造成产品的质量问题。如防止钢轨在冷却过快时造成因氢来不及析出而产生氢脆。

冷床是轧件在轧制后的第一个停留场地，同时也是一种输送、收集装置。在冷床上轧件被均匀地铺展开来、最大限度地提高轧件温降速度。在不影响质量的前提下，可采用强制冷却，如风冷、水冷等措施。钢件下冷床温度较低，可进行目测检查，并做出修磨标记。

27.5　精整设备和操作

27.5.1　矫直

为了符合型钢产品标准，纠正因轧制或冷却过程中产生的弯曲、歪扭等形状不良现象，必须对轧后型钢进行矫直。矫直机分辊式矫直机和压力矫直机两种。

27.5.1.1　辊式矫直机

辊式矫直机是型钢连续处理的高效设备。图 27-13 所示为辊式矫直机矫直辊布置形式图。从图中可以看出，矫直辊分上下两排交错布置，从左向右，每 3 个矫直辊迫使型钢向一定方向弯曲一定曲率，随后依次减小曲率。出口处的曲率正好供材料弹性恢复后成为标准直线度的型钢。中小型型钢矫直机多采用悬臂式；大型型钢采用门式以增加矫直辊刚度。

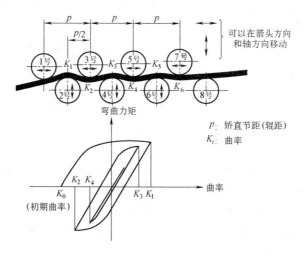

图 27-13　辊式矫直机与曲率—力矩示意图

一般辊距是可变的。上辊为驱动辊，下辊用于压下量的调整。为了矫直轧件水平方向的瓢曲，可调整其轴向位置。在矫直机主体之前大多装有既可调整咬入角，又可作为导卫装置的夹送辊。

27.5.1.2　压力矫直机

压力矫直机一般用作型钢补充矫直或大断面型钢大跨度小曲率变形的矫直，其矫直原理如图 27-14 所示。

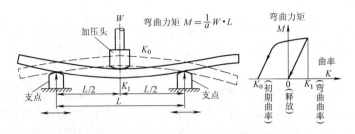

图 27-14　压力矫直机与曲率—弯曲力矩示意图

压力矫直机由对轧件施加压力的加压头和两个支点组成。根据加压头和支点的相对位置，分为立式、卧式、复合式三种形式。

27.5.2　检验

根据型钢的有关标准，通过检查和试验对型钢进行质量鉴定。以便保证用户对型钢形状、尺寸及组织性能的要求。检验分在线检验和下线检验、抽样检验等。检验的另一个任务是对生产线进行监控，为操作和调整提供可靠的数据。通过最终检验评定的产品，应由检验机构做出相应的标志和质量评定说明书。

27.5.3　分类、打捆、涂标记

钢材根据质量的好坏、尺寸长短分成若干级别，以供不同用户使用。目前成品的包装形式已有较规范的要求。一般小断面钢材需按质量或根数统一打捆，目的是为储存、销售、运输提供方便。涂标记是为了使钢材在销售和使用过程中便于识别，在钢材销售手册中有详尽的说明。

27.6　线材生产

27.6.1　线材的种类与特点

线材是热轧钢材中断面最小的一种，其成品规格为 $\phi 5 \sim 38mm$。成品大多数以打卷成盘供应。断面形状多为圆形，少量有四方、六角等简单断面。每盘重从过去的几十千克提高到 $1 \sim 2t$。除建筑工程用材之外，很少以轧后状态直接使用，几乎都要经过冷拉后再使用。因此，特别要求这些线材具有延伸、冷镦等冷加工性能。线材的用途广泛，如制钉、钢丝绳、螺钉、弹簧、滚珠、制网、琴弦制造等，都以线材为原料。所以对线材质量要求很高。从外形尺寸、表面质量、化学成分、内部组织、综合力学性能等方面都有不同的要求。钢种涉及面宽、温降快、所轧道次多是线材轧制的特点。

27.6.2　线材轧机布置

线材的工艺过程与型钢基本相同。但由于线材断面小、品种单一、成品状态特殊，所以线材生产线又有轧制速度高、机架数目多、专业化程度高的特点。线材轧机分为粗轧机组、中轧机组和精轧机组。

线材的一般工艺过程如图 27-15 所示。

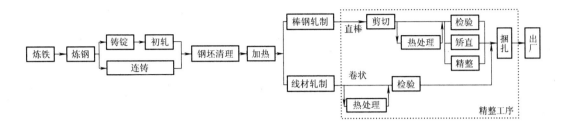

图 27-15　线材生产工艺过程

典型的布置方式有以下三种：

（1）围盘式连轧设备，如图 27-16 所示。

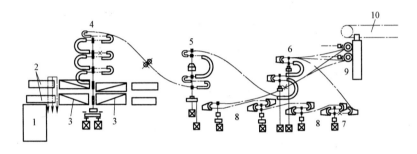

图 27-16　围盘式布置

1—加热炉；2—旋转台；3—升降台；4—粗轧机组；5—中间第一轧制机组；6—中间第二轧制机组；

7—圆盘剪；8—精轧机组；9—卷线机；10—叉式输送机

（2）多线顺列式连轧设备，如图 27-17 所示。多轧制较小直径的线材。

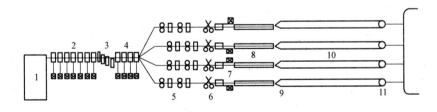

图 27-17　多线线材顺列布置

1—加热炉；2—粗轧机组；3—圆盘切头机；4—第一中间轧制机组；5—第二中间轧制机组（V-H）；

6—切头机；7—精轧集块轧机（10 台）；8—水冷场地；9—排线锥；10—空冷区（强制）；

11—线材环收集器控制冷却设备

（3）单线顺列连轧设备，如图 27-18 所示。多轧制较大直径的线材。

27.6.3　线材轧制

为了保证精轧机组高速轧制线材，一般在轧制时运行中的线材不发生翻转和扭转。广泛采用 Y 型和 45°无扭轧机，使线材获得各方向上的压下修整。这种轧机采用集块式组合

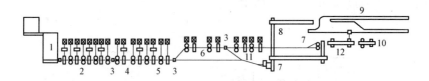

图 27-18 单线线材顺列布置

1—加热炉；2—粗轧机组；3—飞剪；4—中间轧制机组；5—第一精轧机组；

6—第二精轧机组；7—卷线机；8—链式运输机；9—叉式输送机；

10—堆垛机；11—第三精轧机组；12—自动捆扎机

安装，将两机架间距离缩小到 400 ~ 700mm 进行张力轧制。为了顺利引入各个机组，在中轧和精轧机组前设置了切头飞剪，并兼作事故剪。

27.6.4 线材精整

由于线材形状和供货状态的特殊性，线材精整的设备与型钢精整有很大差别。

（1）卷取。线材的收集由钟罩式或卧式卷线机（又称吐丝机）打成卷，集成盘。

（2）冷却。根据线材性能要求，冷却分为成卷冷却和散卷冷却。成卷冷却一般用钩式运输机在吊转与运行中自然冷却或强制风冷冷却。散卷冷却是将线材卷成螺旋状，躺在带式运输机上冷却。为加强冷却效果，根据材料性能要求，可采用强制风冷、喷雾或喷水冷却等，从而满足产品质量要求。

在运输机末端设有收集器收集成卷。

复习思考题

27-1 简述型钢生产的一般工艺过程。

27-2 型钢轧机有哪些布置形式，分析其优缺点。

27-3 型钢加热炉有哪几种形式，分析其优缺点。

27-4 什么是孔型？

27-5 线材生产的特点主要有哪些？

28 钢 管 生 产

28.1 概述

钢管广泛应用于日常生活、交通、地质、石油、化工、农业、原子能、国防以及机器制造工业等各部门,所以钢管被称为工业的"血管",通常约占轧材总量的 8% ~16%。

钢管可分为无缝钢管和焊接钢管两大类。

(1)无缝钢管。根据生产方法,可分为热轧管、冷轧管、冷拔管、挤压管、顶管等。按断面形状,可分为圆形管和异型管两种,异型管有方形、椭圆形、三角形、六角形、瓜子形、星形、带翅管等多种复杂形状。钢管的最大外径达 1400mm(扩径管),最小直径为 0.1mm(冷拔管)。根据用途不同,有厚壁管和薄壁管,最小壁厚 0.0001mm。无缝钢管主要用作石油地质钻探管、石油化工用裂化管、锅炉管以及汽车、拖拉机、航空高精度结构管。

(2)焊接钢管。根据焊接方法不同,有电焊管(电弧焊管、高频或低频电阻焊管和感应焊管等),气焊管,炉焊管等。按照焊缝可分为直接焊管和螺旋焊管。炉焊管用于管线;电焊钢管用于石油钻采和机械制造业;大直径直缝焊管用于高压油气输送;螺旋缝焊管用作管桩、桥墩等。焊管外径为 10 ~3660mm,壁厚为 0.1 ~25.4mm。焊接钢管比无缝钢管生产率高,成本低。因此,焊管在钢管总产量中比重不断增加。

28.2 自动轧管机组生产无缝钢管

自动轧管机组生产热轧无缝钢管,是常用的方法之一,它具有产品范围广和生产率高等优点。品种尺寸范围为:外径 12.7 ~660.4mm,壁厚 2 ~60mm,长度 4 ~16m。

按照所生产钢管的品种范围,可将自动轧管机组分为三大类。

(1)小型机组。小型机组代号 140 机组,可生产直径为 39 ~159mm,最小壁厚为2.5 ~3.0mm 的钢管。

我国自行设计和制造的小型 76 自动轧管机组,设备简单、投资少、建设快,在钢管生产中发挥过一定的作用。在 76 自动轧管机组基础上发展起来的 100 机组,可生产直径为 51 ~121mm,壁厚为 3.5 ~17mm 的无缝钢管。

(2)中型机组。中型机组代号 250 机组,可生产直径为 140 ~250mm,最小壁厚为3.5 ~4mm 的钢管。

(3)大型机组。大型机组代号 400 机组,可生产直径为 250 ~529mm,最小壁厚为4.5 ~5mm 的钢管。如增设扩径机最大管径可达 660mm。

28.3 钢管生产工艺流程

自动轧管机组的主要设备包括管坯准备设备、加热设备、穿孔设备、轧管设备、均整和定径设备、减径设备、矫直精整冷加工设备等。100 自动轧管机上生产钢管的工艺流程如下：

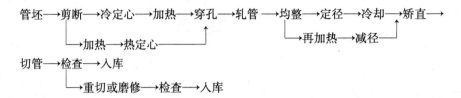

28.3.1   管坯准备

管坯的直径为70~120mm（热轧坯），长为4~6m。表面检查和清理后，在1000t剪断机上根据工艺要求切成定尺长度（800~2000mm）。

28.3.2   定心

管坯定心是指在管坯前端面中心钻或冲一个小孔穴，如图28-1所示。$d \approx (0.15 \sim 0.25)D$，$D$为管坯直径，孔深根据定心目的而定，$l \approx 7 \sim 25mm$。

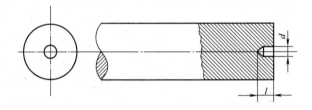

图28-1   定心孔

定心目的是：避免毛管壁厚不均；使咬入过程稳定；增加管坯在顶头前与穿孔机轧辊的接触面积，增加管坯的咬入力；减少顶头鼻部的磨损；延长顶头的寿命。

定心有冷定心和热定心两种。冷定心在车床或钻床上进行；热定心是管坯加热后在热定心机上进行。

28.3.3   管坯加热

由于斜轧穿孔过程中坯料承受复杂的应力状态和剧烈的变形，因此管坯加热时必须严格保证加热温度和加热均匀。目前使用连续式斜底加热炉、环形转底式和步进式加热炉，步进式加热炉是今后发展的方向。

碳素钢坯的加热温度为1200~1260℃。

28.3.4   管坯穿孔

穿孔机的作用是将实心管坯穿成空心毛管，如图28-2所示为100穿孔机设备布置图。

辊式穿孔机使用范围广，其轧辊为双锥形，如图28-3所示。轧辊轴线放置在两个互相平行的垂直面上，轧辊轴线在水平面上的投影是互相平行的，轧辊轴线与轧制线在垂直面上投影相交成5°~12°角，两个轧辊的旋转方向相同，所以穿孔时管坯做螺旋运动，在顶头与轧

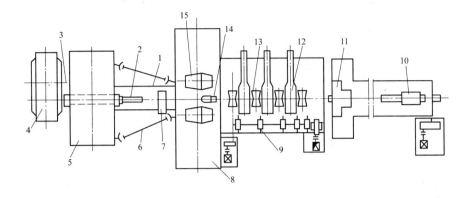

图 28-2　100 穿孔机设备布置简图

1—受料槽；2—气动推入机；3—齿轮联轴节；4—主电动机；5—减速齿轮座；6—万向联接轴；

7—扣瓦装置；8—穿孔机工作机座；9—翻料辊；10—顶杆小车；11—止挡架；

12—定心装置；13—升降辊；14—顶头；15—轧辊

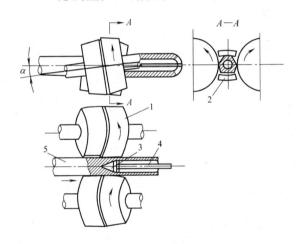

图 28-3　穿孔示意图

1—轧辊；2—顶杆；3—顶头；4—管坯；5—毛管

辊的碾轧下被穿成毛管。上、下导板的作用是与顶头、轧辊共同组成孔型，如图 28-4 所示。

28.3.5　毛管的轧制

　　轧管的作用是使毛管减壁延伸，使其壁厚接近或等于成品的尺寸。

　　自动轧管机由主机、前台和后台 3 个部分组成。主机与二辊不可逆式纵轧机相似，其特点是在工作辊之后增设一对高速反向旋转的回送辊，如图 28-5 所示。工作辊的作用是轧管，回送辊的作用是将毛管由后台返送到前台，前台的作用是将毛管对正工作辊的孔型；后台的作用是安装和支承顶杆。为了减少回送时间，回送辊的线速度大于工作辊的线速度，此外，为了使回送顺利，回送辊孔型中心线略高于工作辊孔型中心线。

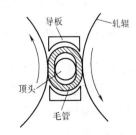

图 28-4　二辊斜轧穿孔的孔型构成

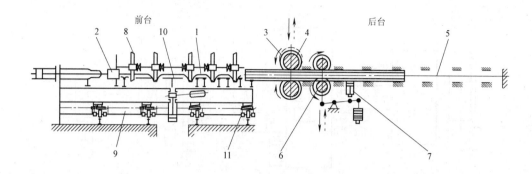

图 28-5　自动轧管机示意图

1—受料槽；2—风动推料机；3—工作轧辊；4—顶头；5—顶杆；6—回送辊；7—回送辊升降气缸；
8—抛料器；9—受料台传动机构；10—使钢管回转90°的装置；11—受料槽升降装置

轧管时工作辊的上辊和回送辊的下辊下降到最低位置，只有工作辊与毛管接触，进行轧制，回送时工作辊的上辊与回送辊的下辊同时上升，只有回送辊接触毛管，工作辊与毛管不接触。工作辊升降由斜铁装置来完成，如图 28-6 所示，当斜铁右移时，轧辊在平衡锤的作用下上升；斜铁向左推进，上轧辊被压下到工作位置。回送辊下辊升降靠重锤杠杆机构来完成，重锤升起，下回送辊下降；重锤下降，下回送辊上升到工作位置。

前台装有受料槽、推料机和横向移动机构，后台装有导管和支架，导管用来引导毛管的运动方向和支持顶杆免受纵向弯曲，支架用来固定顶杆和调整顶头位置。

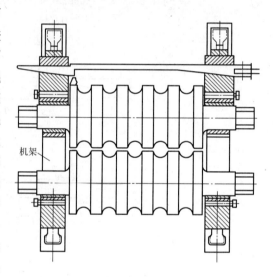

图 28-6　自动轧管机结构

一般在轧管机上轧制两道，轧管机的工作过程如下：毛管由穿孔机送到前台受料槽，操作工在工作辊前放好顶头并往毛管撒盐以减小摩擦力；推料机将毛管推入轧管机轧管；第一道轧完后工人取下顶头；毛管回送；然后将毛管翻转90°，撒盐，放好顶头，推入，轧制第二道，取下顶头和回送，第二道轧制完毕毛管送均整机。

28.3.6　钢管均整、定径和减径

28.3.6.1　钢管的均整

毛管经轧管机轧制后壁厚减少，长度增加，但存在着壁厚不均和毛管不圆等缺点。均整机的作用就是碾轧钢管的内外表面，消除壁厚不均和管子的椭圆度。均整机的结构和工作过程与穿孔相似，但变形量很小，轧制速度较慢，故一般设置两台均整机，以均衡各机组的生产能力。

28.3.6.2 钢管的定径

均整后的钢管送往定径机轧制，以获得直径准确、外形圆整的钢管。

140 自动轧管机组设有 5 架二辊式定径机，400 机组 7 架，各架轧辊单独传动，轧辊轴线与水平线成 45°，如图 28-7 所示。相邻两对轧辊轴线互相垂直，使钢管依次在两个垂直方向受压，定径是多机架的空心连续轧制过程，每架定径机轧辊上有一个断面顺轧制方向依次减少的椭圆孔型，其椭圆度顺轧制方向逐渐减小，一般椭圆度由 1.1 减小到 1.0。各架孔型中心线应在同一水平线上。钢管在每架定径机中获得 1% ~ 3% 的径向压缩量。末架不给压缩量而只起平整作用。定径温度必须大于 650 ~ 700℃，过低温度会造成冷

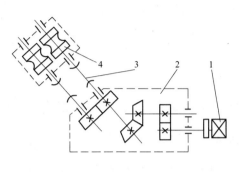

图 28-7　二辊式定径机
1—主电动机；2—联合减速机；3—连接轴；4—轧辊

硬脆性，影响钢管力学性能，对 1Cr18Ni9Ti 钢管的定径温度必须高于 900℃。

28.3.6.3 钢管的减径

直径大于 60mm 的钢管，由于顶杆强度和刚度的限制，很难由轧管机直接轧得，而必须经过减径工序，所以减径除具有与定径相同的作用外，主要是用于获得小直径钢管。用减径的方法也可生产异型钢管。因此现在许多中小型自动轧管机组和焊管机组中都装有减径设备，以扩大产品品种范围，提高机组生产能力，特别是张力减径机的出现，更显示出减径机的优越性。

减径过程具有较大的直径压缩变形。均整后的钢管约为 700 ~ 800℃，为了减少减径时的变形抗力，除降低能量消耗，并改善质量，需将钢管送入斜底室状加热炉或快速加热炉内加热到 990 ~ 1100℃，再送至减径机上进行减径。

减径机的数目为 9 ~ 24 架，机架结构与定径机相同，单独传动，140 自动轧管机组为 20 架。这种减径机可生产外径为 57 ~ 120mm，壁厚为 4.5 ~ 26mm 的钢管，减径机组布置在与定径机平行的作业线上，每个机架直径压缩量为 1% ~ 5%，考虑来料尺寸的波动，第一、第二架直径压缩量为允许压缩率的一半，最后机架不给压缩而只起平整作用。

张力减径是一种新的减径工艺，它具有以下优点：扩大了产品的范围，可生产直径为 10 ~ 190mm，壁厚为 2 ~ 6mm，长度为 40 ~ 140mm 的钢管；减小了金属的变形抗力，提高了压缩率，提高了产量；变化张力大小可得到不同壁厚的薄壁钢管。

28.3.7　钢管的冷却和精整

28.3.7.1　钢管的冷却

经过定径减径的钢管，温度在 700℃ 以上，必须首先送到冷床上进行冷却，在 100 机组上广泛采用链式冷床，一般采用自然冷却。但对轴承钢管，为了防止网状碳化物的析出，可在冷床上增设风扇和喷雾，以提高冷却速度。

为了判定钢管的轧制质量，需在冷床上定期取样，进行钢管表面质量及尺寸检查。以便及时改进轧制操作或调整轧机。

28.3.7.2　钢管的精整

钢管的精整一般包括矫直、切头、修磨、检查分级，液压实验和检查工序等。特殊用途的钢管尚需分别进行管端加厚、端头定径、车丝、热处理和涂防腐剂等工序。

钢管的弯曲度不允许超过 0.5 ~ 1.0mm/m，所以需进行矫直。大口径钢管常用立矫；小口径钢管用甩直机进行矫正；一般口径的钢管用五辊或七辊斜辊式矫直机进行矫正。

28.4　无缝钢管生产的其他方法

28.4.1　周期式轧管机组

周期式轧管机组能生产直径为 50 ~ 1000mm、壁厚为 2.25 ~ 170mm，最大长度达 45m 的钢管。

其生产主要工序为：钢锭（方形）→加热→水压冲孔→中间加热→延伸机（二辊斜轧机)→周期轧管→再加热→定径或张力减径→精整检查→入库。

周期式轧管机是一种单机架二辊式轧管机，轧辊孔型直径是沿圆周变化的，如图 28-8 所示，轧辊的旋转方向与送料轧制方向相反。毛管穿进芯棒后，在变径的工作锥的轧槽上进行变形，然后在等直径的定径带的轧槽上进一步压光，使毛管脱离这一区域，达到或接近成品管的要求，若干个这样的周期中完成一根毛管轧制。

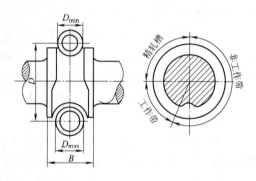

图 28-8　周期式轧管机轧辊图

此法与自动轧管机组和连续轧管机组相比，存在着产量低、作业率低和生产工具消耗大等缺点，但是它的主要优点是：用钢锭直接生产钢管，降低成本；可生产特厚、特长和异型钢管；轧制钢种范围广。

28.4.2　三辊式轧管机组

三辊式轧管机组可生产直径为 1 ~ 240mm，壁厚为 2 ~ 45mm，最大长度为 8 ~ 10m 的钢管。

其工艺过程是：将加热好的管坯在辊式穿孔机上穿成毛管，并将此毛管套上一根长芯棒送入三辊轧管机上轧制，然后抽出芯棒送炉再加热，经定径，最后冷却、矫直、精整、入库。

三辊式轧管机在垂直毛管中心线的平面内有 3 个互相间隔 120° 的轧辊（见图 28-9），3 个轧辊做同向旋转。在通过轧辊轴线和毛管中心线平面内，每个轧辊中心线与毛管中心形成 70°，称为碾轧角。在与上述平面垂直的平面内，轧辊中心线与毛管中心线成 3° ~ 9°，称为送进角，它使毛管做螺旋运动。

三辊式轧管机的主要优点是：能轧出精度高的钢管；更换品种时，轧机调整时间少，生产率高；还能生产高合金钢管以及直径、壁厚变化范围很大的钢管。

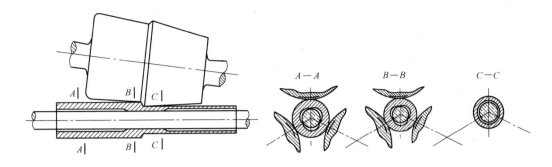

图 28-9 三辊式轧管机工作原理图

其缺点是：设备构造复杂；需储备大量各种规格的芯棒。

因此，三辊轧管机组最适合生产尺寸精度高、产品批量小，但尺寸规格较多，需要经常调整轧机的各种厚壁管。

28.4.3 连续式轧管机组

连续式轧管机组生产率高，具有广阔的发展前景，它可生产直径为 16～340mm，壁厚为 1.75～25mm，最大长度为 20～33m 的钢管。

主要工艺过程是：经加热的管坯在辊式穿孔机上穿成毛管，然后把毛管套在一根长芯棒上送入连续式轧管机组上进行轧制。轧后送往芯棒抽出机将芯棒抽出，毛管经再加热后进行定（减）径、冷却和精整。

连续式轧管机组如图 28-10 所示。一般由 7～9 架二辊式机架组成，相邻机架互成 90°，机架中心线与水平线成 45°。

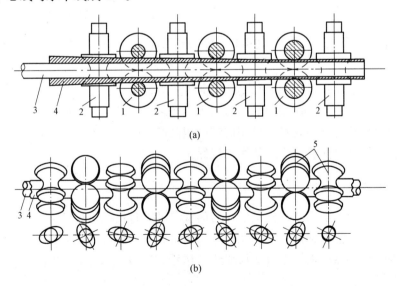

(a)

(b)

图 28-10 连续式轧管机工作原理图

(a) 七机架水平、垂直交替布置的连续式轧管机；(b) 九机架成 45°布置的连续式轧管机

1，2—辊轴；3—芯棒；4—毛管；5—辊套

连续式轧管机组主要优点是：生产能力高；钢管表面质量好，尺寸精确；自动化程度高，可实现计算机控制；和张力减径机配合可扩大品种范围。

其缺点是：投资大；设备复杂；操作调整要求高。

28.4.4　热挤压机组

钢管热挤压是最近几十年才开始推广的。

其主要工艺过程是：原料→坯料准备→加热→穿孔→再加热→涂玻璃润滑剂→挤压→锯切→减（定）径→精整→入库。

挤压钢管以热轧管坯、铸锭或锻造钢坯作为原料。挤压前先在钢坯中心部分穿一个孔，一般常用立式水压机进行穿孔，穿孔过程如图28-11（a）所示。然后在卧式水压机上进行挤压，如图28-11（b）所示。钢管从模子和芯棒之间所形成的环状间隙中挤出。

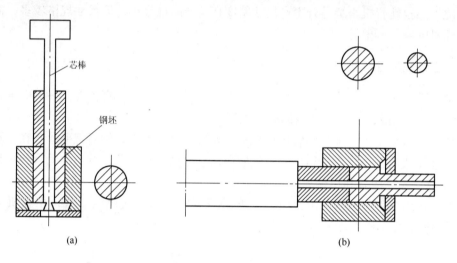

芯棒

钢坯

（a）

（b）

图28-11　挤压钢管示意图

（a）穿孔；（b）挤压

挤压钢管的优点是：挤压时坯料受到三向压应力，可生产低塑性难变形的合金钢和高合金钢管；挤压机更换工具比较容易；适用于小批量、多品种的钢管生产；可以生产复杂断面和双金属钢管；与其他轧管机械相比较，相同产量时投资费用少。

其缺点是：辅助时间长，生产效率比较低。

28.4.5　扩管机组

自动轧管机组和周期式轧管机组生产的钢管经过扩管机组可得到大直径无缝钢管。

拉拔式扩管机工艺过程是：管坯先在链式加热炉中进行管端加热，经扩口水压机组将管口扩大成喇叭口，然后钢管进行全长加热（1050～1180℃），送扩管机扩管，如图28-12所示。

这种生产方法可生产直径为330～1400mm、壁厚为10～20mm、长度为5.5～12mm的钢管。扩径后的钢管用氧枪切除喇叭口，经冷却后进行矫直（对特殊要求的钢管可管端定径），最后精整、检查、入库。

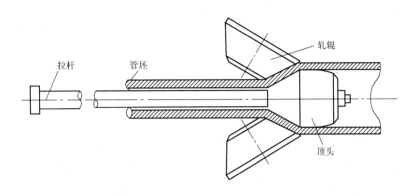

图 28-12　扩管示意图

28.5　冷轧和冷拔钢管生产

28.5.1　概述

冷轧和冷拔钢管，具有尺寸精确、表面光洁、性能良好等优点。它对于生产优质、薄壁的无缝钢管，满足航空工业及尖端技术的需要，有着相当重要的作用。

用冷拔方法生产的钢管，直径为 0.1～762.0mm 壁厚可达 0.0001～20mm；用冷轧方法生产的钢管，直径为 4～450mm（旋压管可达 4500mm），壁厚可达 0.04～60mm，用冷拔法还可生产方形、矩形、六角形以及油条形等异型钢管。

钢管的冷加工是一个多工序多道次的循环过程，生产周期较长，图 28-13 所示是碳素钢管和合金钢管的冷轧、冷拔生产工艺流程。

28.5.2　钢管的冷轧

近年来，在生产小口径薄壁钢管时，越来越普遍地采用冷轧的方法，这是因为与冷拔相比冷轧具有以下优点：

（1）变形量大，由于冷轧过程比起冷拔具有更为有利的应力状态和变形。因此其一次变形量要比冷拔大得多，冷拔的延伸系数只有 1.5～1.8，而冷轧可达到 4～8，因而大大地缩短了加工的周期，减少了各种原料的消耗。

（2）可生产各种难变形合金钢管。这类钢管如用冷拔生产易产生开裂和断头。

（3）用冷轧可生产特薄壁钢管（壁厚为 0.04～0.10mm），也可生产锥形钢管，并且表面光洁度比冷拔好。

（4）在冷轧机上可实现自动化，大大地改善了劳动条件。

最常用的钢管冷轧机是周期式二辊轧机（LG）和多辊轧机（LD）。如 LG32、LG55、LG150、LD30、LD70 等。LG32 表示成品最大外径为 32mm 的二辊周期式冷轧管机。

周期式冷轧管机工作时，其工作机架借助曲柄连杆机构做往复移动。在工作轧辊的轴端装有齿轮（称为主动齿轮），它和装在固定机座上的齿条啮合，当机架移动时，轧辊随机架一起移动，同时借助于主动齿轮做正反转动。

如图 28-14 所示，轧管时，管料套在一根拧在芯棒 4 上面的固定不动的锥形芯棒 3 上，

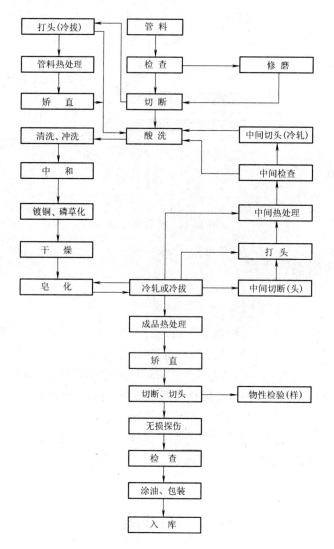

图 28-13 碳素钢管和合金钢管冷轧、冷拔生产工艺流程

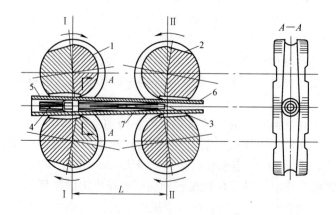

图 28-14 二辊冷轧管机轧管示意图

1—轧槽块；2—轧辊；3—锥形芯棒；4—芯棒；5—管料；6—轧成管；7—中间管坯

用装在轧辊2切槽中的两个轧槽块1进行轧制，在轧槽块的圆周上开有截面不断变化的孔型，孔型开始处的直径相当于管料5的外径，而其末尾直径相当于轧成管6的外径。

当工作机架处于原始位置Ⅰ—Ⅰ时，靠送进机构将管料向轧制方向送进一段距离（称送进量）。当工作机架向前移动时，轧辊也同时移动和转动（顺时针方向），孔型半径逐渐减少，使送进的管料获得减径和减壁。在轧制过程中，管料后端被卡住，不能发生轴向移动。

当工作机架达到前面的极端位置Ⅱ—Ⅱ时，用专门的回转机构将管料和芯棒一起回转60°~90°。当工作机架返回时，轧辊反转（逆时针方向），使已轧过部位的钢管在孔型内得到精整并轧成一段钢管。由于金属横向流动，使钢管和芯棒之间产生一定的间隙，这就为下次送进创造条件。当工作机架回到原始位置时，再送进一段管料，如此反复进行，直至全部管料轧完为止。

28.5.3 钢管的冷拔

冷拔钢管，一般用热轧后的钢管或毛管坯料。在常温下，通过一定形状和尺寸的模子（外模和内模）发生变形，使其达到所要求的形状和尺寸的钢管。冷拔更换模具十分方便，设备也简单，缺点是不能生产大口径和薄壁的钢管。冷拔更换模具的每道次变形量较小，因此产量低、成本高。

28.5.3.1 拔管设备

拔管机的类型较多，一般以最大拔制力的吨位数来命名，我国用LB表示。如LB30表示拉力为30t的拔管机。常用的拔管机有0.5、1、3、5、8、10、15、20、30、45、60、75、100t等。

按传动方式可分为链式、卷筒式和液压传动拔管机，链式传动可分为单链式和双链式拔管机两种。链式拔管机电动机都采用可调速的直流电动机，以便采用低速咬入减少钢管拔断，当咬入后采用高速拔制，以提高生产率。目前仍以链式拔管机为主，并且正向高速、多线、长链、机械化方向发展。链式拔管机的拔制速度已达150m/min，小车返回速度达200m/min以上，可同时拔制1~5根，管子长度一般在12m以上，最长可达20m。

28.5.3.2 拔制方法

A 长芯棒拔制

用长芯棒拔制时（见图28-15），棒和钢管一起拔过模孔，减少了芯棒和钢管内壁的摩

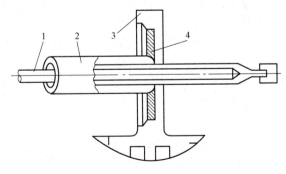

图 28-15 长芯棒拔制

1—芯棒；2—钢管；3—模座；4—拔管模

擦，增大每个道次的变形量。

用长芯棒拔制时，其变形由减径段 1，减壁减径段 2 和定径段 3 三部分组成（见图 28-16）。由于这种方法有较大的减壁能力，所以适用于拔制薄壁管的开始两道。但长芯棒的制作工艺复杂，只有在非用不可的情况下才采用，如生产小口径薄壁管（毛细管）。

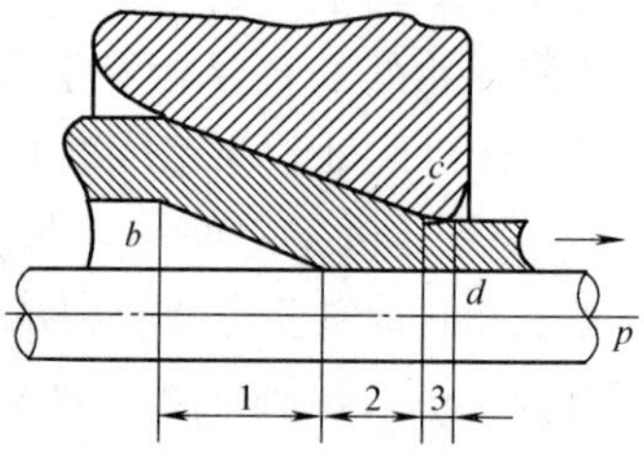

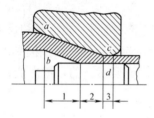

图 28-16　长芯棒拔制时钢管变形情况
1—减径段；2—减壁减径段；3—定径段

B　短芯棒拔制

短心棒拔制是常用的方法，拔制时芯棒是固定不动的。

短芯棒有圆柱形和圆锥形两种形式。其变形区可分为减径、减壁减径和定径三段（见图 28-17、图 28-18）。

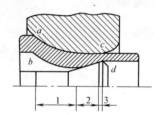

图 28-17　锥形模柱形芯棒拔制的情况
1—减径段；2—减壁减径段；3—定径段

图 28-18　弧形模锥形芯棒拔制的变形情况
1—减径段；2—减壁减径段；3—定径段

采用圆柱形的内模时，外模进口段为锥形，变形集中于外表面，所以钢管外表面较内表面光洁。在减壁减径段钢管与内模间的摩擦力较长芯棒大，因此每一道次的变形量不可太大。采用圆锥内模时，外模进口段是圆弧形，变形集中于内表面，故拔制后，钢管内壁较光滑。该拔制方法的拔制力较锥形模柱形芯棒大 1/6 ~ 1/5。

C　空拔（无芯棒拔制）

空拔仅用来减缩钢管外径，空拔后的钢管直径往往小于外模定径段的内径，壁厚比拔制前壁厚稍有增加或减小。

空拔壁厚的增加或减小主要取决于钢种、钢管状态（退火或未退火）、一次减径量、管壁厚与直径的比值（S/D）、外模工作段的长度、外模拔制角和工作表面硬度等。S/D 值小时，管壁增厚，一般为 $S/D < 0.2$ 时，管壁增厚；当 $S/D > 0.2$ 时，管壁减薄。空拔时，钢管的内应力较大，每道次变形量不超过 30% ~ 35%，延伸系数最大为 1.7 ~ 1.8。

D　游动芯头拔制

芯头后端不固定，可自由活动，芯头在拔制过程中，依靠本身的形状，并借助于芯头与钢管接触表面之间的摩擦力保持在变形区中，如图 28-19 所示。

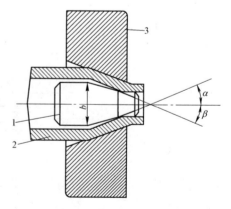

图 28-19　游动芯头拔制示意图
1—芯头；2—模子；3—钢管

游动芯头拔制的优点是：拔制力较小，可增加每道次的变形量和减少工具的磨耗；可拔制小口径钢管；可采用高速拔制长钢管和卷筒拔制。

28.6 焊接钢管生产

28.6.1 焊接钢管的生产方法

焊接钢管生产具有设备简单、投资少、建设快、操作容易、生产率高和生产产品范围广等优点，增加焊管在钢管生产中比例，用焊管代替大部分无缝钢管是目前钢管生产发展的方向。

焊管生产主要过程是：将管料（钢板或带钢）用各种成型方式弯曲成所需的断面形状；然后再用不同的焊接方法将缝隙焊合。成型和焊接是焊接钢管生产的两个最基本工序，焊管的生产方法就是根据这两个工序的特点进行分类的，目前常用的焊管生产方法见表 28-1。

表 28-1 常用的焊管生产方法

生产方法		管 料	基 本 工 作		产 品 范 围		
			成 型	焊 坯	外径/mm	壁厚/mm	外径/壁厚
炉焊	链式炉焊机组	短带钢	管坯加热后在链式炉焊机上用碗模成型并焊接		$\phi 10 \sim 89$	$2 \sim 10$	$5 \sim 28$
	连续炉焊机组	带钢卷	管坯加热后在连续成型焊机上成型并焊接		$\phi 10 \sim 114$	$1.9 \sim 8.6$	$5 \sim 28$
电焊	直缝电焊机组	带钢卷	连续辊式成型机成型或排辊成型	高频电阻焊、高频感应焊、氩弧焊	$\phi 5 \sim 660$[①] $(\phi 400 \sim 1219)$	$0.5 \sim 15$[①] $(6.4 \sim 22.2)$	约100
	UOF 直缝电焊机组	钢板	UOF 力机成型（直缝）	电弧焊、闪光焊或高频电阻焊	$\phi 406 \sim 1625$	$6 \sim 40$	约80
	螺旋电焊机组	带钢卷	螺旋成型器成型	电弧焊、高频电阻焊	$\phi 89 \sim 3660$	$0.1 \sim 25.5$	约100

① 括号内为排辊成型的产品。

在焊接钢管生产中，应以发展高生产率的连续炉焊和电焊方法为主。

28.6.2 炉焊钢管生产

炉焊法生产钢管的过程是：将管料（带钢或带钢卷）在加热炉中加热到焊接温度（1350℃），然后通过成型焊接机（连续炉焊）或焊管模（非连续炉焊），受压成型并焊接成钢管。

在炉焊法中，连续式炉焊机组发展较快，它具有产量高、成本低，易于实现机械化和自动化等优点。但由于其焊接强度较电焊管低，故多用于生产一般管道和结构用的碳素钢管。

在连续炉焊机组上生产焊管的全部工艺过程是由管料准备（开卷、矫直、切头、对焊、刮焊等）、加热、成型焊接、定（减）径、热锯断和精整等工序组成。图28-20所示为连续炉焊管生产工艺流程图。

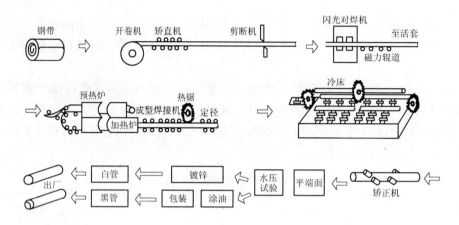

图28-20 连续炉焊管生产工艺流程图

加热后的带钢边部温度比中部温度高40~50℃，出炉的带钢经炉子出料端两侧喷嘴对带钢边部喷吹空气（或氧气），以提高其边部温度和去除氧化铁皮，如图28-21所示。随后在6~14架组成的连续成型焊接机上进行成型和焊接。成型焊接机为二辊式，相邻机架轧辊线互成角90°交替布置，第一架为立辊，第二架为水平辊。在第一对立辊机架中，带钢弯曲成近似马蹄形管坯，圆心角为270°，开口应向下以防止熔渣等杂物掉入管内。在第一、二机架间设有喷边的

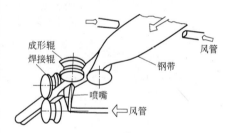

图28-21 成型焊接示意图

喷嘴，从焊缝开口处插入已成型的管料内，使空气（或氧气）直接喷吹管坯边部，并借助铁氧化时放出的热量提高管坯边缘温度，以便在第二机架上进行锻接。喷吹除能清除管坯边缘氧化铁皮及其杂质之外，还能起到带钢的导向和定位作用，防止缝口扭曲，保证焊缝质量等。

28.6.3 电焊管生产

电焊管生产具有产品尺寸范围广，可以生产各种成分的钢管，如难穿孔的高合金钢；钢管尺寸精确；质量好和便于实现机械化和自动化等优点，所以近年发展很快。

电焊管生产按照加热方式的不同，可分为电阻焊、电弧焊和电感焊三种，不论哪一种电焊方法，它们的工艺过程基本相同，主要工序有：管坯（钢板或带钢）准备（包括矫直、切边、表面清理切头与端头焊接）；管坯成型；管缝焊接；钢管精整（包括定径、减径、切头、矫直、涡流探伤、热处理、液压试验及其他加工工序）。

28.6.3.1 管坯成型

电焊管管料的成型方法有直缝和螺旋缝两种。其中直缝成型可分为连续成型、排辊成型和压力机成型等。

连续成型机具有很高的生产率和良好的成型质量，因此用得很广。它是由水平辊和立辊交替排列的多机架所组成。

28.6.3.2 管缝焊接

电阻焊接是最常用的焊接方法，如图28-22为电阻焊示意图。用铜合金制成的两个电极轮，分别与管筒两个边部接触，由变压器次级线圈提供的电流从一个电极轮经管筒边部V形口流向另一个电极轮。由于电阻的作用，管筒边部被加热至焊接温度，随即由压力辊加压使边部焊合。

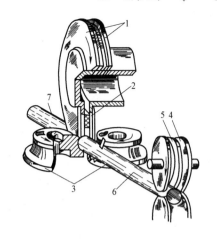

图 28-22 接触电阻焊管示意图
1—电极轮；2—绝缘体；3—挤压辊；4—成型辊；
5—导向辊；6—成型的坯料；7—焊接成的管子

复习思考题

28-1 简述在自动轧管机组上生产无缝钢管的工艺过程。

28-2 管坯为什么要定心？

28-3 管坯如何穿成毛管？

28-4 毛管如何轧制？

28-5 钢管均整、定径、减径的目的如何？

28-6 周期式轧管机是如何轧制钢管的？

28-7 三辊式轧管机是如何轧制钢管的？

28-8 连续式轧管机是如何轧制钢管的？

28-9 热挤压机组是如何生产钢管的？

28-10 热扩管机组是如何生产钢管的？

28-11 钢管如何冷轧？

28-12 试比较钢管冷拔的几种方法。

28-13 简述电焊管的生产工艺流程。

28-14 简述连续炉焊管的生产工艺流程。

29　其他品种钢材的生产

29.1　整轧车轮与轮箍生产

整体车轮用于铁路机车、客货车辆和矿山车辆。它由轮毂、轮辐、轮辋三部分组成（见图 29-1）。

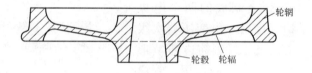

图 29-1　整轧车轮

轮箍用于组合车轮。组合车轮由铸铁或铸钢的轮心、套在轮心外的轮箍和扣环组成（见图 29-2）。由于轮箍磨损后可以更换，所以组合式车轮节省钢材，成本较低。

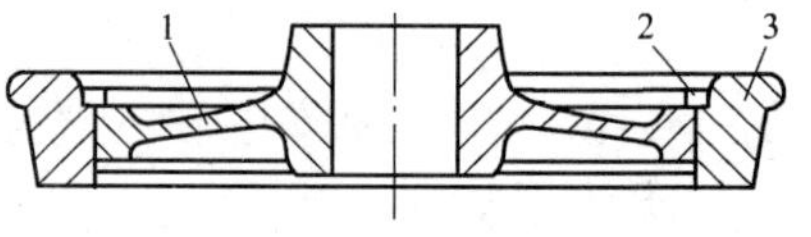

高速行驶的车辆，其车轮、轮箍受到很大的压力、摩擦力和冲击载荷的作用，工作环境十分恶劣。

图 29-2　组合车轮

1—轮心；2—扣环；3—轮箍

为了保证车辆安全运行，对车轮、轮箍总的要求是具有高的机械强度和耐磨性能以及抗冲击载荷的能力。因此，车轮、轮箍生产对钢的化学成分、轧制、热处理和力学性能都有很高的要求。

目前我国生产的车轮系列主要品种有 $\phi724 \sim 1092mm$ 的车轮；$\phi550 \sim 700mm$ 的起重机吊车轮、内燃机齿轮。轮箍系列主要品种有 $\phi600 \sim 2000mm$ 的轮箍；$\phi600 \sim 2010mm$ 的环形件。

29.1.1　车轮、轮箍用钢和钢锭的准备及加热

整轧车轮一般用 60 钢（$w(C) = 0.55\% \sim 0.65\%$）和 45MnSiV 钢（$w(C) = 0.44\% \sim 0.52\%$）；轧制轮箍一般用 60 钢或 65 钢（$w(C) = 0.60\% \sim 0.70\%$）。

钢水经转炉或电炉熔炼后，再用 SKF 真空炉精炼而得。合格钢水用模铸法铸成圆钢锭，脱模后送车轮轮箍厂。钢锭先用多刀半自动切割机床进行车槽，然后用 315t 水压机折断成一块一块的坯料。为了保证成品的质量，对坯料要进行严格的检查，剔除带有缩孔、皮下气泡、蜂窝气泡、裂纹、结疤和有严重夹杂等缺陷的坯料。坯料经过检验后，用装出料机送 $\phi28m$ 连续式环形加热炉加热。坯料在炉内加热、保温时间约 3.5h，出炉温度约 1280℃。环形加热炉能保证含碳量较高的坯料受热均匀，以防止轧制时在连续变形中的缺陷的产生。

29.1.2　整轧车轮生产过程

整轧车轮的生产工艺流程如图 29-3 所示。

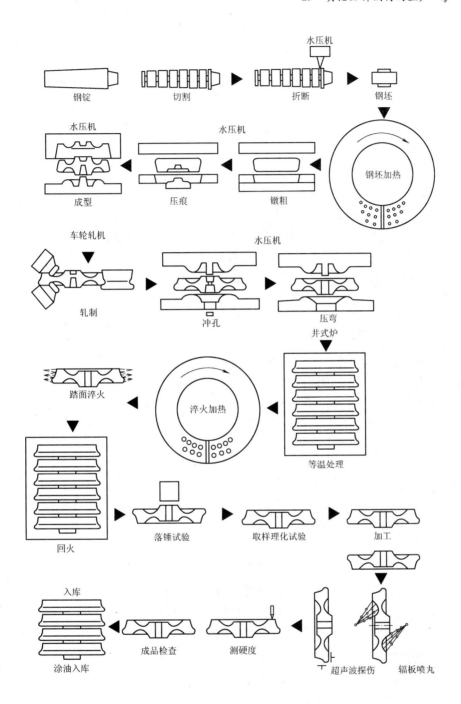

图 29-3　整轧车轮生产工艺流程图

（1）镦粗、压痕、成型。加热好的钢坯被送到3000t水压机先进行镦粗和压痕；压痕坯再用8000t水压机冲压成毛坯车轮。毛坯车轮又称成型坯。

（2）轧制。成型坯在七辊卧式车轮轧机上轧制车轮的踏面、轮缘、辐板，平整辋面并使车轮扩径（见图29-4）。

在七辊轧机的三个立辊中，1是主轧辊，2，3是压紧辊，用以加工车轮的踏面。斜辊4

和 5 加工轮缘的内表面和端面。6、7 是导向辊。车轮在轧制过程中，由于直径不断增大，故除立辊 1 位置固定外，其余的辊子都可以移动。图 29-4(a) 和图 29-4(b) 表示从开始轧制到轧制终了时，车轮的直径和轧辊位置的变化。

轧制时，车轮坯由主轧辊带动连续回转，轧机不断对轮坯进行加工，直到加工成所要求的形状和尺寸。

（3）冲孔、压弯、打印。轧制后的车轮在 3000t 水压机上冲孔并弯曲辐板，以增加刚性和外形稳定性，减少应力。之后，用打印机在轮辋侧面热压轧制年月、工厂标记和熔炼炉罐等标志。

（4）车轮的热处理、落锤试验、精整和检验。压弯、打印好的车轮送冷床冷却至 600℃ 左右，然后落垛，送井式炉进行等温处理，目的是除氢和消除应力。等温温度为 640℃，等温时间为 4h。等温之后，对车轮踏面进行淬火、回火处理，以提高其硬度和强度，使之具有较高的耐磨性能。车轮再经落锤冲击试验合格后，切取试样进行理化检验，然后进行机械加工。机械加工包括用车床加工轮毂端面、内辋面、轴孔；用双孔钻床

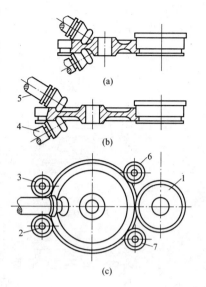

图 29-4　车轮轧机
1—主轧辊；2，3—压紧辊；
4，5—斜辊；6，7—导向辊

在辐板上钻两个 $\phi50mm$ 的孔；再进行仿形加工。加工后的车轮还要经过喷丸、超声波探伤、磁粉探伤、去磁等工序，最后检验入库。

29.1.3　轮箍生产过程

轮箍和环形件生产采用如下工艺流程：

圆钢坯 ⟶ 加热 ⟶ 镦粗 ⟶ 压痕 ⟶ 冲孔 ⟶ 粗轧 ⟶ 精轧 ⟶ 打印 ⟶ 落垛 ⟶

等温 ⟶ 淬火 ⟶ 回火 ⟶ 喷丸 ⟶ 探伤 ⟶ 矫直 ⟶ 检验 ⟶ 成品

落锤试验

轮箍生产中的镦粗、压痕、冲孔与车轮生产相似（见图29-5）。冲孔后的坯料进入八辊卧式粗轧机粗轧，主要进行轴向（高度）和径向（壁厚）的变形轧制，使断面初步成型。

八辊轧机的立辊 1 和 2 加工轮箍的踏面；斜辊 3 和 4 加工轮箍的端面。另有四个导向辊 5。其中辊 2、3、4 是传动辊，其余为惰辊（见图 29-6）。辊 1 的轴承被支撑在液压缸的柱塞上，轧制时，利用它与辊 2 之间的距离变小而使轮箍厚度被轧薄。斜辊 3 和 4 安装在特殊的机架上，机架能带动辊 3、辊 4 沿水平方向移动，以适应轧制过程中轮箍直径的增大。

粗轧后的轮箍再经七辊卧式精轧机轧制成成品，并用打印机热打印。成型后的轮箍经等温、淬火、回火等热处理工

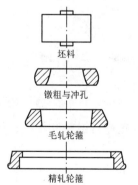

坯料

镦粗与冲孔

毛轧轮箍

精轧轮箍

图 29-5　轮箍的生产工艺过程

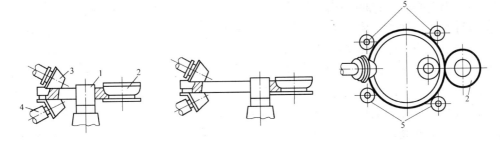

图 29-6 轮箍轧机

1，2—立辊；3，4—斜辊；5—导向辊

序后，做落锤试验，取样检验或做喷丸处理，超声波探伤检验，再在矫直机上对轮箍的椭圆、挠曲进行冷矫直，检验合格即为成品轮箍或环形件。

29.2 拉拔

拉拔是将金属坯料拉过拉拔模的模孔以缩小其截面的过程，拉拔的典型代表是前面讲过的冷拔钢管和下面要讲述的冷拉钢丝。

热轧线材的最小直径一般为5mm。若线径再小，轧制过程中因冷却很快，而且表面生成氧化铁皮包裹得很紧，影响尺寸精度和表面质量，并且由于轧机的弹性变形，所以不宜进行热轧。

钢丝是以热轧线材为原料，用拉丝模经多次冷拉而制成的。钢丝生产的一般工艺流程如下：

热轧线材→烧线→除锈→拉丝→钢丝→镀层→镀层钢丝

烧线的目的是使金属变韧，以利冷拉。方法是：在加热炉内，线材或钢丝穿过带孔的耐火砖被加热。加热后的线材或钢丝再穿过铅液（327℃）进行淬火。

除锈是把烧线时线材表面形成的氧化铁皮清除干净，这样既可以减小冷拉时线材与拉丝模之间的摩擦力，又可使拉拔后的钢丝表面光洁。目前主要用钢丝刷、压缩空气喷铁砂或酸洗的方法除锈。

钢丝生产一般用连续式拉丝机。拉丝机内装有多个拉丝模，其模孔按顺序减小。拉丝前，先把线材的端部锻成一个尖头，然后依次穿过若干个拉丝模的模孔，用钳子钳住后由拉丝机从模孔中强行拉出，使线材被拉拔成细而长的钢丝（见图29-7）。

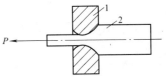

图 29-7 拉拔工艺示意图

1—拉丝模；2—线材

冷拉一定次数后，要返回去烧线，目的是消除加工硬化，以利继续拉拔。

镀层是在钢丝表面镀上金属保护层，如镀锌、铅、锡等，以提高钢丝的抗腐蚀能力，延长使用寿命。

29.3 挤压

挤压主要用于生产断面形状复杂、尺寸精确、表面质量较高的有色金属管材和型材，也用于生产钢铁制品。有时生产薄壁和超厚壁断面复杂的管材、型材及脆性材料时，挤压是唯一可行的加工方法。其主要缺点是：生产率比其他轧制方法低；废料（主要是压余）损失大，其质量约占锭或坯料质量的 10% ~ 30%；由于挤压变形抗力大，摩擦力随之增大，导致工具的损耗增大，工具损耗费用占挤压制品成本的 35% 以上；制成品的组织和性能沿长度和断面上不均匀。

挤压就是把放在容器内的金属原料从模孔内挤出变形的过程。挤压方法分多种。按金属的温度分为热挤压和冷挤压；按坯料不同分为锭挤压、坯挤压、粉末挤压和液态金属挤压；按金属流向分为正向挤压、反向挤压和横向挤压等。生产上常按金属流向来分类。

29.3.1　正向挤压

在挤压时，金属的流动方向与挤压杆的运动方向相同，如图 29-8（a）和图 29-9（a），其主要特征是金属与挤压筒内壁间有相对滑动，故存在很大的外摩擦。正挤压是最常用的挤压法。

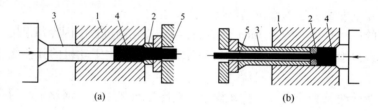

(a)　　　　　　　(b)

图 29-8　挤压的基本方法
（a）正挤压法；（b）反挤压法
1—挤压筒；2—模子；3—挤压杆；4—锭坯；5—制品

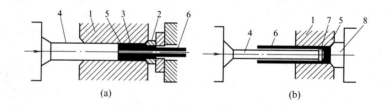

(a)　　　　　　　(b)

图 29-9　管材挤压方法
（a）正挤管材；（b）反挤管材
1—挤压筒；2—模子；3—穿孔针；4—挤压杆；5—锭坯；6—管材；7—垫片；8—堵头

29.3.2　反向挤压

如图 29-8（b）和图 29-9（b）所示，在挤压时金属流动方向与挤压杆的运动方向相反，主要特征是除靠近模孔附近处外，金属与挤压筒内壁间无相对滑动，故无摩擦。与正向挤压相比，具有挤压力小、废料少的优点。但受挤压杆强度的限制，产品外接圆尺寸小，使其应用受到影响。

29.3.3 横向挤压

模具与金属坯料轴线呈90°放置。作用在坯料上的力与其轴线方向一致，被挤压的制品以与挤压力成90°方向由模孔流出。在这种挤压条件下，制品的纵向性能差异较小，材料强度得以提高，但至今还未广泛应用。

29.4 锻造

金属锻造的基本方法为自由锻造和模型锻造。

29.4.1 自由锻造

自由锻造是金属坯料在上下砧之间受到冲击力或压力产生塑性变形以制造锻件的方法。金属坯料变形时，在水平面的各个方向一般是自由流动而不受限制，故称自由锻造。锻件的形状和尺寸主要依靠锻工的操作技能来保证。

在钢铁联合企业中，尤其是特殊钢厂中，在建立轧钢车间的同时，还建有锻钢车间，因为很多低塑性的优质合金钢锭大都需要经过锻造开坯后再进行轧制。锻钢车间可称为特殊钢厂的"初轧车间"。

按使用的工具分，自由锻造有手工锻造和机器锻造两种。手工锻造使用大锤和钻子，在农具修配站和建筑工地常用，适用于锻打简单形状的小锻件；机器锻造是用蒸汽锤、空气锤或水压机，适于锻造形状复杂和生产量大的锻件。

特殊钢厂的锻钢车间大多是用蒸汽锤自由锻造。锻钢一般是把钢锭（或钢坯）加热到1200℃左右，锻打成所要求的形状和尺寸的锻件。自由锻造工艺示意图如图29-10所示。

29.4.2 模型锻造

模型锻造简称模锻，是把加热好的金属坯料放在上下锻模的模腔内，受到冲击力或压力而变形以获得锻件的方法。模锻适于大批生产外形复杂的锻件。模锻工艺示意图如图29-11所示。

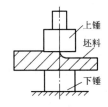

图 29-10　自由锻造工艺示意图

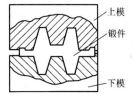

图 29-11　模锻工艺示意图

29.5 冲压

冲压是利用金属板料或带料，在冲床上利用冲头和凹模的作用来冲制所需要的产品或零件。厚度小于4mm的薄钢板通常在常温下进行冲压，称为冷冲压，如图29-12所示。厚板则需要加热后再进行冲压。

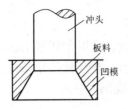

图 29-12　冷冲压工艺示意图

复习思考题

29-1　对车轮、轮箍在性能上有何要求，车轮和轮箍生产一般用哪些钢种？

29-2　概述车轮生产的基本工艺过程。车轮轧机有何特点？

29-3　概述冷拉钢丝生产的基本工艺过程。

29-4　挤压法主要用于生产哪些产品？

29-5　常用的挤压方法有哪几种？

29-6　简述锻造在钢铁工业中的应用。

第5篇 有色金属冶炼生产

30 有色金属基础知识

30.1 有色金属的分类

现代工业上习惯把金属分为黑色金属和有色金属两大类，铁、铬、锰三种金属属于黑色金属，其余的所有金属都属于有色金属。有色金属又分为重金属、轻金属、贵金属和稀有金属四大类。

（1）有色重金属。包括铜、铅、锌、锡、镍、钴等，它们的密度为 $7 \sim 11g/cm^3$。

（2）有色轻金属。包括铝、镁、钙、钾、钠和钡等，它们的密度都小于 $5g/cm^3$。

（3）贵金属。包括金、银、铂以及铂族元素，这些金属在空气中不能氧化，由于它们的价值比一般金属贵而得名。

（4）稀有金属。稀有金属这一名称的由来，并不是由于这些金属元素在地壳中的含量稀少，而是历史上遗留下来的一种习惯性的概念。一般分为五类：

1）稀有轻金属。锂、铍、铷等属此类，这类金属的特点是密度很小，如锂的密度为 $0.53g/cm^3$。

2）稀有高熔点金属。钨、钼、钛、锆、铪、钽、铌、铼、钒等，其共同特点是熔点很高，如钛的熔点为 1660℃，钨的熔点为 3400℃。

3）稀散金属。铟、锗、镓、铊、硒、碲等，其共同特点是：在地壳中几乎是平均分布的，没有单独的矿物，更没有单独的矿床，它们经常是以微量杂质形态存在于其他矿物的晶格中。这些金属的获得都是从冶金工业和化学工业部门的各种废料或中间产品中提取。

4）稀有放射性金属。钋、镭、锕及锕系元素（钍、镤、铀和各种超铀元素）。这类金属的共同特点是具有天然放射性。

5）稀土金属。包括钪、钇及镧系元素等17种元素，稀土金属的物理性质和化学性质非常相近，相互间差别很小，所以在矿石原料中，稀土金属总是相互伴生的，也正因为稀土金属性质相近，所以提取各种单独的纯稀土金属或单个的纯稀土化合物都是相当困难的。

30.2 有色金属冶炼工艺的特点

有色金属冶炼工艺主要包括三种方式：

（1）火法冶金。在高温下进行熔炼、精炼反应及熔化作业。

（2）湿法冶金。采用液态溶剂，通常为水溶液，以分离出欲提金属。

（3）电冶金。应用电能，主要是电解提取和精炼金属。

提取有色金属采用哪种方法，按怎样的顺序进行，主要根据其物理化学性质、矿物特点、产品要求来决定。

复习思考题

30-1　简述有色金属的分类。

30-2　有色金属冶炼工艺的特点有哪些?

31 金属铝生产

31.1 概述

31.1.1 铝的性质及用途

铝是一种银白色的金属，常温下密度为 $2.7g/cm^3$，是一种轻有色金属。铝（Al 质量分数为 99.8%）的主要物理性质见表 31-1。

表 31-1 铝的主要物理性质

密度(20℃)/g·cm^{-3}	2.7	沸点/℃	2467
密度(660℃)/g·cm^{-3}	2.3	导电系数(20℃)/Ω^{-1}·cm^{-1}	$(36 \sim 37) \times 10^{-4}$
熔点/℃	660	电化当量/g·(A·h)$^{-1}$	0.3356

铝是两性化合物，既能与碱反应，又能与酸反应。

铝及铝合金已成为世界上最为广泛应用的金属材料之一。在建筑业上，由于铝在空气中的稳定性和阳极处理后的极佳外观而受到用户的欢迎；在航空及国防军工部门也大量使用铝合金材料；铝的导电性良好，密度只有铜和铁的三分之一，在电力输送上则常用高强度钢线补强的铝缆；铝的化学活性大，在冶金工业中被用作还原剂，脱氧剂和发热剂。

铝合金既有质轻的优点，又兼有优良的力学性能，被广泛用于汽车制造、集装箱运输、日常用品、家用电器、机械设备等诸多行业，是最主要的合金品种之一。

31.1.2 铝矿石

铝是地壳中分布最广的元素之一，在地壳中的含量为 8.8%，仅次于氧。但在金属元素中，铝元素在地壳中的含量为第一。

铝是化学性很活泼的元素，在自然界中只以化合物状态存在。自然界中含铝矿物达 250 种，其中主要矿物有铝土矿、霞石、明矾石、高岭土、黏土等。目前，铝土矿是当今氧化铝生产工业最主要的矿物资源，世界上 95% 以上的氧化铝出自铝土矿。

我国是铝土矿的资源大国。铝土矿主要分布于山西、河南、贵州、广西及山东等省区。我国铝土矿资源的特点是高硅低铁的一水硬铝石型矿，品位呈不均一性，铝硅比低（4~7）。针对这种矿石特点，我国自主开发了混联法生产氧化铝的工艺流程。

31.1.3 铝的质量标准

铝锭进入工业应用之后有两大类：铸造铝合金和变形铝合金。铸造铝及铝合金是以铸造方法生产铝的铸件；变形铝及铝合金是以压力加工方法生产铝的加工产品，有板、带、箔、管、棒、型、线和锻件。铝的质量标准见表 31-2。

表 31-2　铝质量标准

牌　号	化学成分（质量分数）/%								
	Al	杂质（不大于）							
	（不小于）	Fe	Si	Cu	Ga	Mg	Zn	其他	总和
Al 99.90	99.90	0.07	0.05	0.005	0.02	0.01	0.025	0.01	0.10
Al 99.85	99.85	0.12	0.08	0.01	0.03	0.02	0.03	0.015	0.15
Al 99.70A	99.70	0.20	0.10	0.01	0.03	0.02	0.03	0.03	0.30
Al 99.70	99.70	0.20	0.12	0.01	0.03	0.03	0.03	0.03	0.30
Al 99.60	99.60	0.25	0.16	0.01	0.03	0.03	0.03	0.03	0.40
Al 99.50	99.50	0.30	0.22	0.02	0.03	0.05	0.05	0.03	0.50
Al 99.00	99.00	0.50	0.42	0.02	0.05	0.05	0.05	0.05	1.00

31.1.4　铝的生产方法

现代铝工业是通过熔盐电解氧化铝生产金属铝的，是目前唯一的工业生产金属铝的方法。它包括氧化铝生产和氧化铝进行电解生产金属铝两个主要过程。金属铝生产流程如图 31-1 所示。

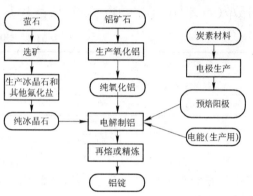

图 31-1　金属铝生产流程图

31.1.5　电解炼铝对氧化铝的质量要求

氧化铝总产量的 90% 以上是作为电解铝生产原料的。氧化铝生产的技术条件要根据电解铝生产对氧化铝物理及化学纯度上的要求来进行控制。

31.1.5.1　电解炼铝对氧化铝化学纯度的要求

电解炼铝对氧化铝化学纯度的要求为：

（1）氧化铝中所含氧化铁、氧化钛、氧化硅等杂质要尽可能少。

（2）氧化铝中所含氧化钠和水分要尽可能少。在电解过程中，氧化钠会与冰晶石发生反应，生成氟化钠，造成电解质分子比（电解质中氟化钠与氟化铝的物质的量之比）变化，增加氟化铝的消耗。水分同样会与冰晶石发生反应，生成氟化钠、氟化氢，造成电解质分子比变化，增加氟化铝的消耗，同时产生有害气体氟化氢，增加环境污染。

表 31-3 列出了我国氧化铝的质量标准。

表 31-3　我国氧化铝的质量标准（YS/T 274—1998）

牌　号	化学成分（质量分数）/%				
	Al_2O_3	杂质（不大于）			
	（不小于）	SiO_2	Fe_2O_3	Na_2O	灼　减
AO-1	98.6	0.02	0.02	0.50	1.0
AO-2	98.4	0.04	0.03	0.60	1.0
AO-3	98.3	0.06	0.04	0.65	1.0
AO-4	98.2	0.08	0.05	0.70	1.0

注：1. Al_2O_3 含量为 100% 减去表中所列杂质总和的余量。

　　2. 表中化学成分按在 300℃ ±5℃ 温度下烘干 2h 的干基计算。

　　3. 表中杂质成分按 GB/T 8170 处理。

31.1.5.2 电解炼铝对氧化铝物理性质的要求

电解炼铝对氧化铝物理性质的要求为:

(1) 氧化铝在冰晶石电解质中溶解速度要快。

(2) 输送加料过程中,氧化铝飞扬损失要小,以降低氧化铝单耗指标。

(3) 氧化铝能在阳极表面覆盖良好,减少阳极氧化。

(4) 氧化铝应具有良好的保温性能,减少电解槽热量损失。

(5) 氧化铝应具有较好的化学活性和吸附能力来吸附电解槽烟气中的氟化氢气体。

31.2 氧化铝的生产

31.2.1 氧化铝的生产方法

熔盐电解法生产金属铝的原料——氧化铝是一种两性化合物,可以用碱或酸从铝土矿中把氧化铝与其他杂质分离出来而得到纯净的氧化铝。

碱法生产氧化铝工艺又分为拜耳法、烧结法及联合法三种工艺流程。

31.2.2 拜耳法生产氧化铝工艺

31.2.2.1 拜耳法的原理及流程

A 拜耳法的原理

拜耳法的原理就是使同一反应在不同的条件下朝不同的方向交替进行:

$$Al_2O_3 \cdot xH_2O + 2NaOH + (3 - x)H_2O + aq \rightleftharpoons 2NaAl(OH)_4 + aq$$

式中,当溶出一水铝石和三水铝石时,x 分别等于 1 和 3;当分解铝酸钠溶液时,x 等于 3。

首先,在高温高压条件下以 NaOH 溶液溶出铝土矿,使其中的氧化铝水合物按上式反应向右进行得到铝酸钠溶液,铁、硅等杂质进入赤泥。向经过彻底分离赤泥后的铝酸钠溶液添加晶种,在不断搅拌和逐渐降温的条件下进行分解,使上述反应向左进行析出氢氧化铝,并得到含大量氢氧化钠的母液。母液经过蒸发浓缩后再返回,用于溶出新的一批铝土矿。氢氧化铝经过焙烧脱水后得到产品氧化铝。

从拜耳法生产氧化铝的原理可以知道:$Na_2O_{苛}$ 在整个生产过程中理论上是不消耗的,是循环使用的物质。

B 拜耳法的流程

拜耳法生产氧化铝的流程如图 31-2 所示。

31.2.2.2 铝土矿的溶出

原矿浆是由铝矿石,循环母液和石灰组成的混合物。溶出是利用循环母液的苛性碱把矿石中的氧化铝溶解出来成为铝酸钠溶液。

A 溶出过程中的反应

a 氧化铝水合物溶出反应

常压条件下,三水铝石型铝土矿就会与苛性碱发生反应生成铝酸钠溶液:

$$Al(OH)_3 + NaOH + aq \rightleftharpoons NaAl(OH)_4 + aq$$

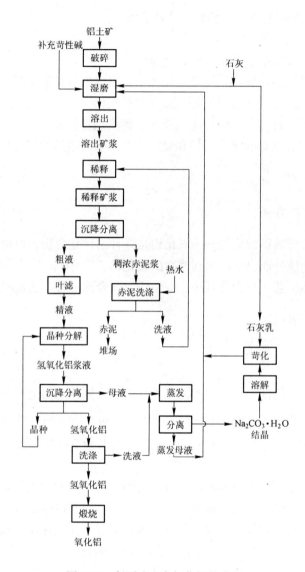

图 31-2　拜耳法生产氧化铝的流程

　　而一水软铝石型铝土矿或一水硬铝石型铝土矿在高温高压条件下才会与苛性碱发生反应生成铝酸钠溶液：

$$AlOOH + NaOH + H_2O + aq == NaAl(OH)_4 + aq$$

通过上述反应，铝土矿中的氧化铝成分就以铝酸钠形式溶解到溶液中。

　　b　氧化硅

　　铝土矿中的氧化硅一般以石英（SiO_2）、蛋白石（$SiO_2 \cdot nH_2O$）、高岭石（$Al_2O_3 \cdot 2SiO_2 \cdot 2H_2O$）和叶蜡石（$Al_2O_3 \cdot 4SiO_2 \cdot H_2O$）等形态存在。它们分别与苛性碱发生如下反应而生成可溶性硅酸钠：

$$SiO_2 + 2NaOH == Na_2SiO_3 + H_2O$$

$$SiO_2 \cdot nH_2O + 2NaOH == Na_2SiO_3 + (n+1)H_2O$$

$$Al_2O_3 \cdot 2SiO_2 \cdot 2H_2O + 6NaOH + aq = 2NaAlO_2 + 2Na_2SiO_3 + 5H_2O + aq$$

生成的可溶性硅酸钠又会与溶液中的铝酸钠反应生成不溶性的含水铝硅酸钠进入赤泥：

$$2NaAlO_2 + 1.7Na_2SiO_3 + aq = Na_2O \cdot Al_2O_3 \cdot 1.7SiO_2 \cdot nH_2O + 3.4NaOH + aq$$

从上述反应可见，铝土矿中的氧化硅在溶出时最终以不溶性的含水铝硅酸钠形式入渣。

c 氧化钛

在溶出时会发生：

$$3TiO_2 + 2NaOH + H_2O = Na_2O \cdot 3TiO_2 \cdot 2H_2O$$

结晶致密的钛酸钠会形成一层保护膜把矿粒包裹起来，阻碍一水硬铝石的溶出，使氧化铝溶出率降低。

d 氧化铁

铝土矿中的氧化铁主要是以赤铁矿（α-Fe_2O_3）形态存在。

在铝土矿溶出的条件下，氧化铁作为碱性氧化物不与苛性碱作用，Fe_2O_3 及其水合物全部残留于固相而进入泥渣中，使泥渣呈红色，所以溶出的泥渣也称为赤泥。

e 硫

硫在铝土矿中主要以黄铁矿（FeS_2）及其异构体白铁矿和胶黄铁矿的矿物形态存在。

在溶出过程中，硫化物能与苛性碱反应生成硫化钠（Na_2S）和硫代硫酸钠（$Na_2S_2O_3$），胶溶状态的硫化亚铁（FeS）也会进入溶液。其中硫化钠在流程中与空气接触最终被氧化成硫酸钠。

矿石中的硫化物是一种有害的杂质. 一般要求矿石中硫的含量不高于 0.7%。

f 碳酸盐

碳酸盐是由铝土矿和质量差的石灰带入生产流程的。通常以 $CaCO_3$、$MgCO_3$ 和 $FeCO_3$ 等形式存在。

碳酸盐在高温高压溶出时，与苛性碱溶液能进行如下的反苛化反应生成碳酸钠：

$$CaCO_3 + 2NaOH = Ca(OH)_2 + Na_2CO_3$$

g 有机物

铝土矿中的有机物通常以腐殖质和沥青的形态存在。

沥青不与碱作用而进入赤泥中，腐殖质能与碱作用生成草酸钠和蚁酸钠进入溶液中。当铝酸钠溶液中有机物含量过高时。溶液的黏度增大，这不利于赤泥分离和晶种分解。

h 微量元素

铝土矿中常含有多种微量元素，其中主要有镓、钒等元素。

通过上述反应，就使铝土矿中的氧化铝与矿中的各种杂质得到了分离。

B 铝土矿溶出生产工艺

在工业上使用的高压溶出流程为连续溶出工艺流程。按溶出设备的不同分为压煮器溶出流程和管道化溶出流程。压煮器溶出工艺按加热方式的不同又分为蒸汽直接加热溶出和蒸汽间接加热溶出两种流程。目前，我国氧化铝厂采用的高压溶出流程有蒸汽直接加热溶出流程和单管预热—间接加热压煮器溶出流程两种。

蒸汽直接加热溶出流程是料浆在用蒸汽直接加热并搅拌的高压溶出器组内进行溶出，料浆是由设备系统前后的压差推动着，依次在各个压煮器中从上而下地流动着。压煮器底部的料浆则通过出料管反流向上排入下一个压煮器。

蒸汽直接加热压煮器组流程如图31-3所示。

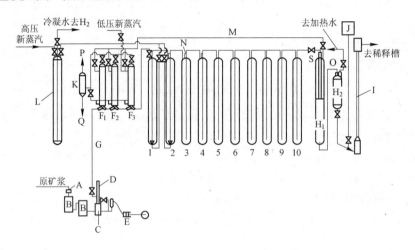

图31-3　蒸汽直接加热压煮器组流程

A—原矿浆分料箱；B—原矿浆槽；C—泵进口空气室；D—泵出口空气室；E—油压泥浆泵；F—双程预热器；
G—原矿浆管道；H—自蒸发器；I—溶出矿浆缓冲器；J—赤泥洗液高位槽；K—冷凝水自蒸发器；L—高压
蒸汽缓冲器；M—乏汽管道；N—不凝性气体排出管；O—减压阀；P，Q—去加热赤泥滤液；
1，2—加热溶出器；3~10—反应溶出器

磨制好的原矿浆，在进入溶出器之前，需将矿浆中的硅脱掉一部分，这样可减轻加热器表面的结疤，延长加热器的清理周期，所以原矿浆在矿浆槽内搅拌并停留3~4h进行预脱硅，预脱硅效果能达60%，由泥浆泵送入预热器预热到140~160℃进入溶出器进行溶出。机组前面1号、2号溶出器直接加入蒸汽将矿浆加热到溶出温度245℃；然后顺次进入3~10号溶出器进行保温完成溶出反应。溶出后的矿浆按顺序排入自蒸发器进行三级自蒸发使溶出矿浆冷却，自蒸发产生的二次蒸汽（乏汽）送去预热矿浆，第一、第二级自蒸发器的乏汽去第二、第一级预热器预热原矿浆，第三级自蒸发器的乏汽去加热赤泥洗涤用水。级数越多，回收的热量就越多。为了回收矿浆降至常压所放出的热量，将溶出矿浆在缓冲器内与赤泥洗液混合，洗液的温度提高。

此流程的特点是：

（1）由于压煮溶出器内没有机械搅拌运动部件，所以操作简便、结构简单，易于制作和维护。

（2）因为是蒸汽直接加热，新蒸汽加热矿浆后自身冷凝成水而进入料浆，使料浆在溶出一开始就受到很大的稀释，碱浓度被蒸汽冷凝水稀释18%~20%，碱浓度降低了40~60g/L。这不仅对溶出不利，而且加重了蒸发的负担，增加了汽耗。

（3）该流程自蒸发级数少，热回收差，矿浆的预热温度低。原矿浆的预热温度与溶出温度相差较大，其结果是增加了汽耗和稀释程度。

31.2.2.3 稀释与分离

A 稀释的目的

稀释是用一次赤泥洗液将溶出的料浆在稀释槽中稀释。稀释的目的如下：

（1）降低铝酸钠溶液的浓度，以利于晶种分解。溶出矿浆的铝酸钠溶液氧化铝浓度一般在 250～280g/L 之间，溶液很稳定，不利于晶种分解。用赤泥洗液将溶出矿浆稀释到氧化铝浓度为 135～145g/L，降低了铝酸钠溶液的稳定性，在晶种分解时，能加快分解速度，提高分解槽的产能，同时还能得到较高的分解率。

（2）使铝酸钠溶液进一步脱硅。溶出矿浆的铝酸钠溶液硅量指数只有 100～150，为了保证种分氧化铝产品的质量，必须要求精液的硅量指数在 300 以上。在稀释槽中，随着铝酸钠溶液氧化铝浓度的降低，脱硅反应会进一步进行。如加入石灰，搅拌 3～4h 则能将铝酸钠溶液硅量指数提高到 600 以上。

（3）有利于赤泥分离。铝酸钠溶液浓度越高，黏度就越大，赤泥分离也就越困难。而溶出矿浆的铝酸钠溶液浓度就很高。稀释使溶液浓度降低，黏度下降，使赤泥的沉降速度加快，从而提高了沉降槽的产能，有利于赤泥分离。

（4）便于沉降槽的操作。在生产中溶出矿浆的成分是波动的。它进入稀释槽内混合后使矿浆的成分波动较小，浓度符合要求，密度稳定，便于沉降槽的操作。

用赤泥洗液作稀释液的原因是：赤泥洗液所含 Al_2O_3 数量约为铝土矿所含 Al_2O_3 数量的 1/4 左右，并含有相当数量的碱，是必须回收的。但赤泥洗液的浓度太低（含 Al_2O_3 40g/L 左右），如果单独分解，则晶种分解槽的生产率会很低，所以要用赤泥洗液来稀释溶出料浆，既能达到稀释目的，也回收了洗液中的 Al_2O_3 和 Na_2O。

B 稀释矿浆的液固分离

稀释矿浆是由铝酸钠溶液和赤泥微粒所组成的悬浮液。铝酸钠溶液主要含有铝酸钠、氢氧化钠、苏打以及少量的硅酸钠、硫酸钠、草酸钠等。而赤泥的主要成分是铝硅酸盐、钛酸盐、铁的化合物等，其中赤泥密度为 2.65～2.75g/cm^3。

稀释矿浆的液固分离就是将悬浮液中的赤泥与铝酸钠溶液分离，得到铝酸钠粗液。采用沉降槽作分离设备（见图 31-4）。在赤泥颗粒靠重力沉降时，由于赤泥的粒度细小，为

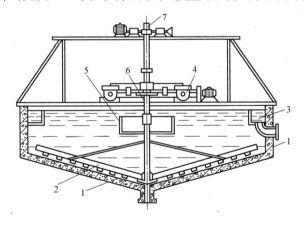

图 31-4 单层沉降槽结构示意图

1—槽体；2—耙臂；3—溢流沟；4—传动装置；5—缓冲圆筒；6—中心轴；7—提升装置

加速沉降速度，要往浆液中添加絮凝剂，使细小颗粒的赤泥聚集成大颗粒，以提高沉降效率。常用的絮凝剂有天然的（如麦麸），也有人工合成的高分子絮凝剂（如聚丙烯酰胺）。

31.2.2.4 晶种分解

晶种分解就是将铝酸钠溶液降温并加入氢氧化铝作为晶种进行搅拌，使其析出氢氧化铝的过程，简称种分，即为反应 $Al_2O_3 \cdot xH_2O + 2NaOH + (3-x)H_2O + aq \rightleftharpoons 2NaAl(OH)_4 + aq$ 的逆反应。它是拜耳法生产氧化铝的关键工序之一。对产品的产量、质量以及全厂的技术经济指标有着重大的影响。种分得到氢氧化铝，同时得到苛性比值较高的种分母液，作为溶出铝土矿的循环母液，从而构成拜耳法生产氧化铝的闭路循环。

铝酸钠粗液叶滤后所得的精液经冷却后，加入晶种进行搅拌分解，经分离所得的氢氧化铝除返回一部分作晶种外，其余部分经洗涤制得合格的 $Al(OH)_3$。分离所得的种分母液经蒸发浓缩后送去配料。洗液送去赤泥洗涤。

A 影响晶种分解的因素

a 分解精液苛性比值的影响

在工业生产浓度范围内，任何铝酸钠溶液的苛性比值较其在一定温度下平衡的苛性比值小，则其过饱和的程度越大，自发分解的倾向也就越大。因此，铝酸钠溶液的苛性比值越小，在其他条件相同时，铝酸钠溶液的分解率和槽产能也就越高。降低分解精液的苛性比值是强化晶种分解的主要途径。

降低分解精液的苛性比值虽能大大地提高分解速度，但分解温度如果不变，分解产物氢氧化铝晶体的粒度则较细。所以，为了获得粒度合格的氢氧化铝，采用低苛性比值的分解精液进行分解时，可以将分解温度偏高掌握，这样既可提高分解率，又可得到合格氢氧化铝产品。

生产上控制的是低苛性比值（1.48~1.7）的分解精液。

b 分解精液氧化铝浓度的影响

理论及实践都已证明分解精液的苛性比值越低，分解精液的过饱和度增加，分解速度加快，分解时间缩短，槽单位产能增加。所以，分解精液可以采用更大的氧化铝浓度而不影响分解速度和在一定时间内的分解率。

目前，生产上分解精液氧化铝浓度一般取 100~150g/L。

c 分解温度的影响

在工业生产中，降温制度要根据生产的需要全面考虑。生产粉状氧化铝时，采取急剧降低分解初温，即将 90~100℃ 的分解精液迅速地降至 60~65℃，然后保持一定的速率降至分解终温40℃左右的降温制度。这个降温制度，因为前期急剧降温，破坏了铝酸钠溶液的稳定性，分解速度快。这样就使晶种分解的前期生成大量晶核，在分解后期温度下降缓慢，晶核就有足够的时间来长大，因此，产品氢氧化铝的粒度得以保证，最终的分解率也得以提高。而对于生产砂状氧化铝时就要控制较高的分解初温（70~85℃）和分解终温60℃，这样能生产出颗粒较粗而且强度较大的氢氧化铝，但分解速度减慢，分解率较低。

d 晶种的影响

在分解过程中，加入氢氧化铝晶种，使分解直接在晶种表面进行，避免了氢氧化铝晶体漫长的自发成核过程，加速了分解精液的分解速度，并且也能得到粗粒的氢氧化铝产品。

晶种的添加量通常用晶种系数（也称种子比）来表示。晶种系数是指加入作晶种的氢氧化铝中的氧化铝数量与用以分解的精液中的氧化铝数量的比值。

目前，晶种系数一般为 1.0~3.0。

国内外绝大多数氧化铝厂都是采用循环氢氧化铝作晶种。通过分级，将细粒氢氧化铝作为晶种，粗粒氢氧化铝作为产品。

e 分解时间的影响

分解时间短，分解率低，氧化铝返回的多，循环母液的苛性比值低，不利于溶出，这将会使一系列的技术经济指标恶化，是不允许的。反之，为了得到高分解率而无限地延长分解时间，又会造成设备产能的降低，这也是不允许的。

在工业生产中，一般分解时间为 30~72h。

f 搅拌的影响

分解槽的搅拌一般有两种形式，即机械搅拌和空气搅拌。搅拌的目的是使氢氧化铝晶种能在铝酸钠溶液中保持悬浮状态，以保证晶种与溶液有良好的接触；另一方面还使溶液的扩散速度加快，保持溶液浓度均匀，破坏溶液的稳定性，加速铝酸钠溶液的分解，并能使氢氧化铝晶体均匀长大。

B 晶种分解的生产工艺

晶种分解流程分为间断分解和连续分解两种流程。所用设备为分解槽，分为空气搅拌分解槽和机械搅拌分解槽两种。空气搅拌分解槽如图 31-5 所示。

间断分解的过程包括进料、分解、出料周期性的作业，为单槽作业方式。目前已被淘汰。

连续分解是由上一工序来的分解精液，首先进板式热交换器内用分解母液冷却降温或进鼓风冷却塔进行冷却降温，目前，真空降温已得到广泛使用；然后用泵送入连续分解的进料槽，与此同时，向进料槽加入晶种，溶液的分解在一组串联的分解槽内进行；分解浆液通过位差自流，利用具有一定坡度的流槽从一个分解槽流到另一个分解槽，直到最后一个出料分解槽。

31.2.2.5 氢氧化铝的分离

经晶种搅拌分解或碳酸化分解后所得到的氢氧化铝浆液，要进行分离。分离得到的氢氧化铝大部分不经洗涤返回流程作晶种，其余部分经洗涤制成氢氧化铝成品。母液则返回流程中重新使用。

为了达到氢氧化铝和母液分离以及分级得到晶种和成品

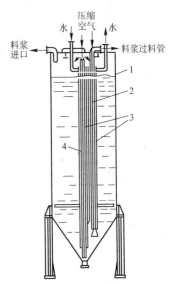

图 31-5 空气搅拌分解槽
1—槽壳；2—过料空气升液器；
3—冷却水套；4—空气搅拌升液器

的目的，在一般情况下都先将氢氧化铝料浆进行浓缩，然后再进行过滤分离。浓缩分离可采用的设备有水力旋流器、浓缩器、沉降槽或真空过滤机等。

氢氧化铝过滤机分为种子过滤机、分离过滤机及洗涤过滤机三种。种子过滤机过滤所得的氢氧化铝滤饼，用精液冲至混合槽，然后再用泵送到分解槽内作晶种。分离过滤机所得到的氢氧化铝滤饼由于含碱高，因此，需要洗涤，洗涤方法有一次洗涤和二次洗涤两种，一般均采用二次反向洗涤。二次反向洗涤的过程是：将加热至 90℃ 以上的软水用来冲洗过滤机漏斗，使氢氧化铝滤饼在混合槽内进行搅拌洗涤，然后再用泵送至成品过滤机进行过滤，其滤饼就是氢氧化铝成品，用皮带送焙烧窑。其滤液即是一次洗液，送到分离过滤机冲漏斗，使氢氧化铝滤饼在混合槽内进行搅拌洗涤，然后再用泵送至洗涤过滤机进行过滤。其滤液即是二次洗液，送到赤泥洗涤系统作洗涤用水。

31.2.2.6　氢氧化铝的焙烧

焙烧就是将氢氧化铝在高温下脱去附着水和结晶水，并使其发生晶型转变，制得符合电解所要求的氧化铝的工艺过程，是氧化铝生产的最后一道工序。

A　焙烧原理

工业生产中经过过滤的湿氢氧化铝是三水铝石（$Al_2O_3 \cdot 3H_2O$），并带有 10% ~ 15% 的附着水。在焙烧过程中把三水铝石变成 $\gamma\text{-}Al_2O_3$ 和 $\alpha\text{-}Al_2O_3$ 要经过一系列的复杂变化，随着温度的提高，湿氢氧化铝会发生脱水和晶型转变，其变化过程如下：

（1）附着水的脱除。湿氢氧化铝的附着水，在 100 ~ 130℃ 时就会被蒸发掉。

（2）结晶水的脱除。氢氧化铝烘干后其结晶水的脱除是分阶段进行的。

当加热到 250 ~ 450℃ 时，氢氧化铝脱掉两个结晶水，成为一水软铝石：

$$Al_2O_3 \cdot 3H_2O \longrightarrow Al_2O_3 \cdot H_2O + 2H_2O(气)$$

继续提高到 500℃ 时，再脱掉一个结晶水，生成 $\gamma\text{-}Al_2O_3$：

$$Al_2O_3 \cdot H_2O \longrightarrow \gamma\text{-}Al_2O_3 + H_2O(气)$$

（3）氧化铝的晶型转变。脱水后生成的 $\gamma\text{-}Al_2O_3$ 结晶不完善，具有很强的吸水性，不能满足电解铝生产要求。需要对其进行进一步的晶型转变，转变为 $\alpha\text{-}Al_2O_3$。随着温度提高到 900℃ 以上时，$\gamma\text{-}Al_2O_3$ 开始变成 $\alpha\text{-}Al_2O_3$。若在 1200℃ 下焙烧 4h，就可以全部变成 $\alpha\text{-}Al_2O_3$。此时生成的 $\alpha\text{-}Al_2O_3$ 晶格紧密、密度大、硬度高，但化学活性小，在冰晶石熔体中溶解度小。

B　氢氧化铝的焙烧生产工艺

目前，氧化铝焙烧工艺有两种：回转窑焙烧工艺和流态化焙烧工艺。燃料为重油。

由于流态化焙烧工艺具有热耗低、产能高、维修费用少、占地面积小、产品质量好等优点，新建企业都采用了流态化焙烧工艺，回转窑焙烧工艺已被淘汰。

流态化焙烧工艺有沸腾闪速煅烧和循环沸腾煅烧两种，被氧化铝厂广泛应用。图 31-6

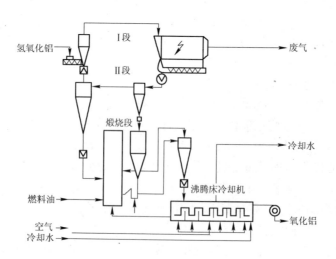

图 31-6　循环沸腾煅烧工艺设备流程图

为循环沸腾煅烧工艺设备流程图。

该设备系统是由两级文丘里沸腾预热器、带有再循环旋流器的沸腾煅烧炉和五级沸腾冷却器三个部分组成。

循环沸腾煅烧工艺的流程是：湿的氢氧化铝（水分约12%）经两级文丘里沸腾预热器烘干附着水和脱掉部分结晶水后，经旋风器分离后加入到沸腾炉中，于1100~1200℃下进行循环沸腾煅烧，脱掉剩余的结晶水并进行晶型转变。物料在循环中的平均停留时间为30~60min。

31.2.2.7 分解母液的蒸发

在生产过程中，由于赤泥的洗涤、氢氧化铝的洗涤以及直接加热蒸汽等使多余的水进入到生产流程中。如果不蒸发掉多余的水，在拜耳法生产过程中，就会导致循环母液浓度降低，因为氧化铝的溶出率是随着循环母液苛性碱浓度的提高而上升的；而在烧结法生产过程中，生料浆的水分过大，将影响熟料窑的操作，使熟料窑产能下降。因此，必须排除在生产过程中加入的多余水分来保持生产系统的液量平衡，使生产顺利进行。所以必须靠蒸发来排除大量的水分。

A 分解母液中各种杂质在蒸发过程中的行为

碳酸钠在铝酸钠溶液中的饱和溶解度随着苛性碱浓度的升高而降低；碳酸钠在铝酸钠溶液中的饱和溶解度随着温度升高而增大。

硫酸钠在铝酸钠溶液中的饱和溶解度随着苛性碱浓度的升高而降低；硫酸钠在铝酸钠溶液中的饱和溶解度随着温度升高而增大。硫酸钠析出时会与碳酸钠一起结晶析出，形成一种水溶性的复盐芒硝碱（$2Na_2SO_4 \cdot Na_2CO_3$）结晶析出。芒硝碱还可以与碳酸钠形成固溶体，在它的平衡溶液中硫酸钠的浓度更低。从而在蒸发器加热表面上形成结垢，降低热能传递，导致蒸发效率的降低。

氧化硅虽然在溶液中的含量是过饱和的，但在蒸发之前以铝硅酸钠结晶析出的速度很慢；氧化硅在铝酸钠溶液中的溶解度随着溶液浓度的升高而增大，更不易析出；氧化硅在铝酸钠溶液中溶解度随着溶液温度的升高而降低。因此，氧化硅在蒸发过程中，如果是高温低浓度的作业条件，则有利于铝硅酸钠结晶析出。

B 蒸发生产工艺

蒸发设备目前有标准式蒸发器、外加热式自然循环蒸发器、强制循环蒸发器、膜式蒸发器和绝热自蒸发器等五种。蒸发流程有顺流、逆流和错流三种，如图31-7所示。

在氧化铝生产中，母液蒸发的设备和作业流程的选择，是根据溶液中杂质含量

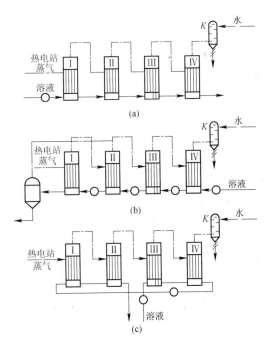

图31-7 蒸发流程
(a) 顺流；(b) 逆流；(c) 错流

和对循环母液浓度的要求以及有利于减轻结垢和提高产能而进行选择的。

我国氧化铝厂的种分母液的蒸发多采用外加热式自然循环蒸发器（见图31-8）。三到五效作业，倒流程操作法；而烧结法的循环碳分母液浓度一般在180~200g/L，在此浓度下，碳酸钠和硫酸钠在蒸发过程中不会大量析出，一般采用标准式蒸发器，三效作业，倒流程操作法。

倒流程操作的目的是清出蒸发器管内结疤，提高蒸发效率。

31.2.2.8 一水碳酸钠的苛化与回收

用拜耳法生产氧化铝时，循环母液中的苛性碱每循环一次大约有3%左右被反苛化为碳酸碱，这些碳酸碱在蒸发过程中以一水碳酸钠形式结晶析出，从而造成苛性碱损失。为了减少苛性碱消耗，单独的拜耳法生产氧化铝厂需要将析出的碳酸钠进行苛化处理，以回收苛性碱。

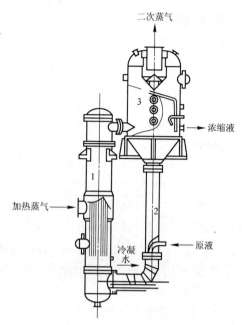

图 31-8 外加热式蒸发器
1—加热室；2—循环管；3—蒸发室

拜耳法的一水碳酸钠的苛化是采用石灰苛化法，即将一水碳酸钠溶解，然后加入石灰乳进行苛化，其苛化反应为：

$$Na_2CO_3 + Ca(OH)_2 === 2NaOH + CaCO_3$$

我国氧化铝厂目前采用的流程为混联法，拜耳法系统的种分母液蒸发析出的一水碳酸钠进入烧结法系统使用，因此，无需单独苛化。

31.2.3 烧结法生产氧化铝工艺

31.2.3.1 烧结法原理及流程

A 烧结法原理

拜耳法生产氧化铝时，氧化硅是以铝硅酸钠的形式与氧化铝分离的，如果铝硅比越低，则有用成分氧化铝和氧化钠就会损失越多，经济指标会大大恶化。所以，拜耳法生产氧化铝只适合处理铝硅比大于7的铝土矿。而碱石灰烧结法则能处理铝硅比低的铝土矿。

碱石灰烧结法的原理是：由碱石灰铝土矿组成的炉料经过烧结，使炉料中的氧化铝转变为易溶的铝酸钠，氧化铁转变为易水解的铁酸钠，氧化硅转变为不溶的原硅酸钙。

$$Al_2O_3 + Na_2CO_3 === Na_2O \cdot Al_2O_3 + CO_2$$

$$SiO_2 + 2CaO === 2CaO \cdot SiO_2$$

$$Fe_2O_3 + Na_2CO_3 === Na_2O \cdot Fe_2O_3 + CO_2$$

由这三种化合物组成的熟料在用稀碱溶液溶出时，铝酸钠溶于溶液：

$$Na_2O \cdot Al_2O_3 + 4H_2O + aq === 2NaAl(OH)_4 + aq$$

铁酸钠水解为氢氧化钠和氧化铁水合物：

$$Na_2O \cdot Fe_2O_3 + 2H_2O + aq === 2NaOH + Fe_2O_3 \cdot H_2O \downarrow + aq$$

原硅酸钙不同溶液反应，全部转入赤泥，从而达到制备铝酸钠溶液和使有害杂质氧化硅氧化铁与有用成分氧化铝分离的目的。得到的铝酸钠溶液经净化处理后，通入二氧化碳气体进行碳酸化分解，得到晶体氢氧化铝。而碳分母液的主要成分是碳酸钠，可以循环返回再用来配料。

碱石灰烧结法可以处理铝硅比低的铝土矿，但铝硅比如果低于3，则会使物料流量增加，烧结和溶出过程困难，经济和技术指标大大恶化，所以目前碱石灰烧结法处理的铝土矿铝硅比要大于3。

B　烧结法的流程

烧结法生产氧化铝的流程如图31-9所示。

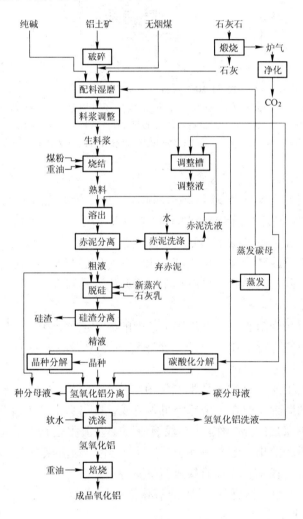

图31-9　烧结法生产氧化铝流程

31.2.3.2　熟料烧结工艺

A　回转窑系统

回转窑是熟料烧结的主要设备，采用湿式烧结法。将铝矿石配入石灰、纯碱、硅渣并加入蒸发后的碳分母液通过湿磨制成的生料浆打入窑内进行烧结。

熟料烧结的生产工艺流程可分为饲料、燃烧和收尘等三个系统，生产工艺设备流程如图 31-10 所示。

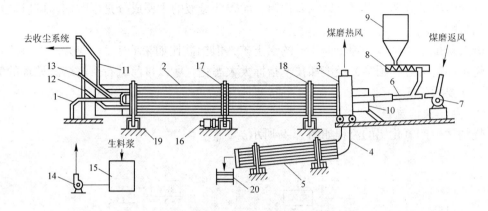

图 31-10　熟料烧结生产工艺流程

1—喷枪；2—窑体；3—窑头罩；4—下料口；5—冷却机；6—喷煤管；7—鼓风机；8—煤粉螺旋；
9—煤粉仓；10—看火孔；11—窑尾罩；12—刮料机；13—返灰管；14—高压泵；15—料浆槽；
16—电动机；17—大齿轮；18—滚圈；19—托轮；20—裙式运输机

B　窑内的烧结过程

制备好的料浆用泥浆泵（压力 1.2 ~ 1.4MPa）经喷枪在窑尾雾化喷入窑内（射程约 10 ~ 12m），经迅速烘干后随窑体的转动不断向窑头移动，在移动的过程中与窑头来的高温热气流进行换热提温，经过脱水、分解、烧成、冷却等几个过程烧成熟料，然后由窑头下料口流入冷却机进行强制冷却，使 1000℃ 以上的高温熟料冷却到 300℃ 左右出冷却机，由裙式输送到颚式破碎机破碎后，再由斜斗式提升机入熟料仓。

31.2.3.3　熟料溶出工艺

熟料溶出是碱石灰烧结法生产氧化铝工艺中的一个重要部分，用由赤泥洗液、碳分母液组成的稀碱液对熟料进行溶出，目的是使熟料中的 Al_2O_3 和 Na_2O 尽可能完全地转入溶液，而与由杂质组成的赤泥分离。

熟料溶出流程在工业上有"一段磨料"和"二段磨料"两种工艺流程。"一段磨料"工艺流程是指熟料的磨细作业在一个球磨机内完成，排出料中的不合格料浆重返湿磨（球磨机）进行粉碎，料浆成闭路操作。"二段磨料"工艺流程是在一段磨内用调整液快速溶出熟料，然后将一段磨溶出的粗粒赤泥送进二段磨用稀碱溶液（氢氧化铝洗液和赤泥洗液）进行二段溶出。一段细粒赤泥直接进行沉降分离。

目前"一段磨料"工艺流程在我国的氧化铝厂没有使用，我国的氧化铝厂采用的是"二段磨料"工艺流程，如图 31-11 所示。

"二段磨料"工艺流程的特点是只有一部分赤泥（固体含量约为 60 ~ 80g/L，液固比约 14 ~ 15）进入沉降槽进行快速分离，然后底流经过过滤机分离赤泥，赤泥的其余部分经过二段磨料继续溶出。一段溶出液赤泥含量少，赤泥沉降速度快，赤泥与溶液的接触时间大为缩短，分离温度由原来 80 ~ 85℃ 降到 70 ~ 75℃。溢流也不跑浑，所有这些都大大降低了二次反应损失。这样即使在接触时间相同的情况下，氧化铝与氧化钠的损失也比

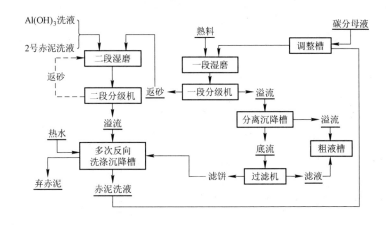

图 31-11 "二段磨料"工艺流程

"一段磨料"要小，氧化铝的净溶出率能由"一段磨料"的 73% 提高到 86%，如果再采取"低苛性比值"的溶出条件，则会进一步降低二次反应损失，使氧化铝净溶出率提高到 90% 左右。

在溶出过程中所用的调整液主要是由碳分母液、赤泥洗液和氢氧化铝洗液组成，有时为提高溶出液的苛性比值，也配入一部分种分母液。

31.2.3.4 粗液脱硅

在碱石灰烧结法生产氧化铝流程中的熟料溶出过程中，由于 $2CaO \cdot SiO_2$ 与铝酸钠溶液相互作用而被分解，使 SiO_2 以硅酸钠（Na_2SiO_3）形式进入溶液，使得到的铝酸钠溶液中含有较多的 SiO_2。这种铝酸钠溶液无论用碳酸化分解或晶种搅拌分解，都会有较多的含水铝硅酸钠（$Na_2O \cdot Al_2O_3 \cdot 1.7SiO_2 \cdot nH_2O$）随同氢氧化铝一起析出，使得成品氧化铝不符合质量要求。所以，熟料溶出的铝酸钠溶液在分解之前必须进行脱硅处理，使溶液中以过饱和状态存在的 SiO_2 尽可能地清除。这一点对碳酸化分解尤其关键，脱硅程度越彻底，溶液的硅量指数就越高，碳分分解率和产品质量就会越高。

A 脱硅机理

a 不加石灰的脱硅机理

通过控制一定的条件使溶液中的 SiO_2 以含水铝硅酸钠形式自发析出。反应式如下：

$$1.7Na_2SiO_3 + 2NaAl(OH)_4 + (n - 2.3)H_2O + aq =\!=\!=$$
$$Na_2O \cdot Al_2O_3 \cdot 1.7SiO_2 \cdot nH_2O + 3.4NaOH + aq$$

b 添加石灰的脱硅机理

不添加石灰进行脱硅，得到的溶液硅量指数不会超过 500。为了进一步提高溶液硅量指数，添加石灰使溶液中的 SiO_2 以溶解度更低的水化石榴石形式析出，这样溶液的硅量指数能达到 1000 以上。

添加石灰的脱硅反应如下：

$$3Ca(OH)_2 + 2NaAl(OH)_4 + aq =\!=\!= 3CaO \cdot Al_2O_3 \cdot 6H_2O \downarrow + 2NaOH + aq$$
$$3CaO \cdot Al_2O_3 \cdot 6H_2O + xNa_2SiO_3 + aq =\!=\!=$$
$$3CaO \cdot Al_2O_3 \cdot xSiO_2 \cdot (6 - 2x)H_2O + 2xNaOH + xH_2O + aq$$

式中，x 称作饱和度，随温度升高而升高，在生产条件下约为 0.1 ~ 0.2。

从水化石榴石的分子式可看出：CaO 与 SiO_2 的量之比为 15 ~ 30，Al_2O_3 与 SiO_2 的量之比为 5 ~ 10，如果溶液中的 SiO_2 完全是以水化石榴石形式脱除，与含水铝硅酸钠相比，则会消耗大量的石灰，同时也会造成更多的 Al_2O_3 损失。所以生产一般是在溶液中的 SiO_2 大部分以含水铝硅酸钠析出以后，再添加石灰进行深度脱硅（二次脱硅）。

B 脱硅生产工艺

我国生产氧化铝的烧结法流程中粗液脱硅有采用"一段脱硅"法的，也有采用"二段脱硅"法的。具体情况不同，选择的脱硅流程也会不同。

a 一段脱硅工艺

一段脱硅工艺流程（见图31-12）的特点是用脱硅机在高温高压下连续或间断压煮脱硅，为加速脱硅和避免脱硅后铝酸钠溶液不稳定发生分解，要在脱硅溶液进脱硅机前（或后）加入种分母液。

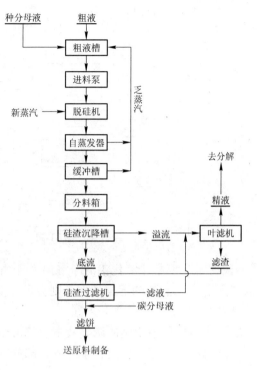

图 31-12 一段脱硅工艺流程

b 二段脱硅工艺

二段脱硅工艺是为了进一步提高溶液的硅量指数，在一段脱硅后再加入石灰进行脱硅的流程。添加石灰脱硅是在常压下进行，所以二段脱硅工艺就是在一段脱硅工艺流程中增加了在缓冲槽添加石灰的步骤。其他步骤都一样。

31.2.3.5 碳酸化分解

碳酸化分解是脱硅后的一个重要工序。脱硅后得到的精液除部分被送去晶种分解外，其余的精液则全部进行碳酸化分解。该工序是决定烧结法产品氧化铝质量的重要过程之一。

A 碳酸化分解的原理

分解过程开始时，通入溶液中的 CO_2 与部分游离苛性碱发生中和反应：

$$2NaOH + CO_2 + aq = Na_2CO_3 + H_2O + aq$$

反应的结果使溶液苛性比值下降，使铝酸钠溶液的过饱和度增大，稳定性降低，于是产生铝酸钠溶液自发分解的析出反应：

$$2NaAlO_2 + 4H_2O + aq = 2Al(OH)_3 \downarrow + 2NaOH + aq$$

由于连续不断的通入 CO_2 气体，游离苛性碱不断被中和，从而使溶液的苛性比值始终很低，铝酸钠溶液一直呈不稳定的状态，析出反应会持续进行。所以在碳酸化分解时，即使不加晶种，也具有较大的分解速度。

B 碳酸化分解的生产工艺

碳酸化分解所用气体一般来源有石灰炉炉气和窑气两种。石灰炉炉气 CO_2 浓度较高，为 35% ~ 40%；熟料窑窑气 CO_2 浓度较低，为 8% ~ 12%。我国烧结法是采用石灰配料，故采用石灰炉炉气作为气源。碳分是在添加晶种的情况下，在带有链式搅拌机的碳分槽中通入石灰炉炉气进行间断分解。碳分槽示意图如图 31-13 所示。

分解所得到的氢氧化铝与分解母液分离后，经过洗涤送去焙烧制成产品氧化铝，分解母液则经过蒸发浓缩后去配料。

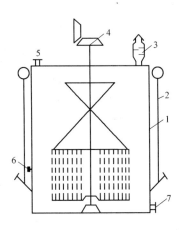

图 31-13 碳分槽示意图
1—槽体；2—进气管；3—气液分离器；
4—搅拌器；5—进料管；
6—取样管；7—出料管

31.2.4 联合法

目前工业上氧化铝生产的方法主要是碱法，即拜耳法和烧结法，这两种方法各有其特点和适应范围。用拜耳法生产氧化铝需要 $A/S \geqslant 7$ 的优质铝土矿和用比较贵的烧碱（NaOH）。用烧结法生产氧化铝，可以处理 $A/S \geqslant 3 \sim 3.5$ 的高硅铝土矿和利用较便宜的碳酸钠，但该法流程复杂，工艺能耗高，产品质量比拜耳法差，单位产品投资和成本较高。为适合各种铝土矿和减少生产成本，将拜耳法和烧结法联合，能取得较单一方法更好的经济效果。联合法可分为三种流程：串联法、并联法和混联法。

31.2.4.1 串联法

串联法生产氧化铝适用于处理中等品位的铝土矿。此法是先以较简单的拜耳法处理矿石，提取其中大部分氧化铝，然后再用烧结法处理拜耳法赤泥，进一步提取其中的氧化铝和碱，将烧结后的熟料经过溶出、分离、脱硅等过程得到的铝酸钠溶液并入拜耳法系统，进行晶种分解，拜耳法系统的母液蒸发析出的一水碳酸钠送烧结法系统配制生料浆。串联法生产氧化铝流程如图 31-14 所示。

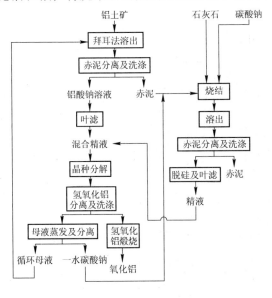

图 31-14 串联法生产氧化铝流程

31.2.4.2 并联法

并联法包括拜耳法和烧结法两个平行的生产系统，以拜耳法处理高品位铝土矿，以烧结法处理低品位铝土矿。烧结后的烧结熟料进行溶出、液固分离以及铝酸钠溶液脱硅，脱硅后的铝酸钠溶液最后并入拜耳法系统，将拜耳法和烧结法两系统的铝酸钠溶液进行晶种分解，然后分离和洗涤氢氧化铝，Al(OH)₃ 经焙烧得到氧化铝。并联法生产氧化铝流程如图 31-15 所示。

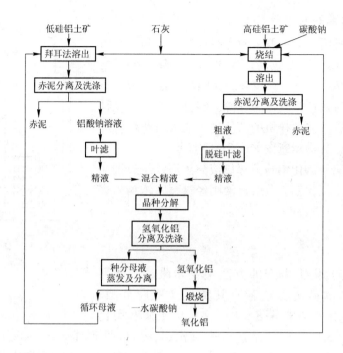

图 31-15　并联法生产氧化铝流程

31.2.4.3　混联法

串联法中拜耳法赤泥铝硅比低，所配成的炉料较难烧结，解决这个问题的方法之一是在拜耳法赤泥中添加一部分低品位的矿石进行烧结。添加矿石的目的是提高熟料铝硅比，使炉料熔点提高，烧成温度范围变宽，从而改善烧结过程。这种将拜耳法和同时处理拜耳法赤泥与低品位铝矿烧结法结合在一起的联合法称为混联法。混联法生产氧化铝流程如图31-16 所示。

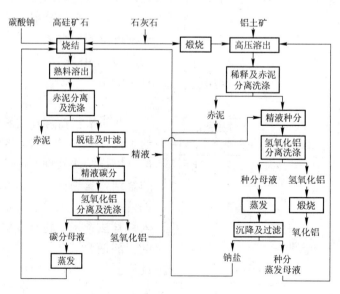

图 31-16　混联法生产氧化铝流程

溶出的拜耳法赤泥经洗涤后送烧结法系统同时添加一定量的低品位矿石，磨制成生料浆，进行烧结、溶出、分离和脱硅得到精液。除一部分精液去碳酸化分解外，其余的和拜耳法精液一起作晶种分解。所增加的碳酸化分解作为调节过剩苛性碱液的平衡措施，有利于生产过程的协调。

31.3　铝电解生产

现代金属铝的生产工艺主要是冰晶石—氧化铝融盐电解法工艺。电解过程是在电解槽中进行。直流电通入电解槽，槽内阴阳两极发生电化学反应。阴极是生成金属铝液，阳极是生成 CO 和 CO_2 气体。铝液定期用真空抬包吸出，经过净化澄清后，浇铸成商品铝锭。阳极气体经净化后，废气排空，回收的氟化物返回电解槽。电解槽温度控制为960℃左右。

31.3.1　铝电解质的性质

31.3.1.1　初晶温度

电解温度一般控制在初晶温度以上 10 ~ 20℃左右。所以在生产上，为使电能消耗降低，电流效率提高，电解质挥发损失降低，冰晶石—氧化铝熔体的初晶温度越低越好。

冰晶石—氧化铝熔体的初晶温度随氧化铝含量的增加而降低。

冰晶石—氧化铝熔体的初晶温度随电解质分子比的降低而降低。但是，由于氧化铝在电解过程中的溶解度会随着电解质分子比的降低而降低，所以，电解质分子比控制不能太低，一般在 2.6 ~ 2.8 之间。

31.3.1.2　密度

工业上由于铝液的密度（$2.3g/cm^3$）一定，上层电解质的密度越小，与下层铝液的分层就越好，铝的损失就越小。

预焙槽的下料方式能够很好达到这个目的，使电解质密度维持在 $2.1g/cm^3$ 的水平上，与铝液分层清晰。

31.3.1.3　导电度

在电解质熔体中，随着氟化铝、氧化铝浓度的增加，电解质的电导率减少。工业电解质的电导率一般在 2.13 ~ 2.22S/cm 范围内，生产中需要电解质具有大的电导率。电解质导电性越好，其电压降就越小，越有利于降低生产能耗。

31.3.1.4　黏度

熔体内质点间相对运行的阻力越大，熔体的黏度越大。工业铝电解质的黏度一般保持在 $3 \times 10^{-3} Pa \cdot s$ 左右，过大或过小，对生产均不利。

31.3.2　铝电解的两极反应

电解质熔体中的离子主要有钠离子、铝氧氟络合离子、含氟铝离子及少部分的简单离子（铝离子、氧离子、氟离子），其中钠离子是导电离子。

31.3.2.1　铝电解的两极反应

A　阴极反应

电解质熔体在直流电场的作用下，阳离子移到阴极附近，阴离子移到阳极附近。根据离子的电位次序，虽然钠离子是导电离子，但在正常生产条件下，钠离子并没有在阴极放电，而是铝离子在阴极放电析出成为金属铝。

阴极反应过程为：

$$2Al^{3+}（络合）+ 6e === 2Al$$

B 阳极反应

当氧离子移动到阳极时，会在有阳极碳参加的情况下放电析出并生成阳极气体（CO_2）：

$$2O^{2-}（络合）+ C - 4e === CO_2$$

C 阴阳极总反应

将上述两极反应合成，有：

$$4Al^{3+}（络合）+ 6O^{2-}（络合）+ 3C === 4Al + 3CO_2$$

31.3.2.2 铝电解的两极副反应

在铝电解过程中，除前面讲的两极主反应外，同时在两极上还发生着一些复杂的副反应。这些副反应的发生对生产是不利的，生产中应尽量加以遏制。

A 阴极副反应

在阴极上除了铝的电化学析出反应以外，还有阴极副反应，主要有：钠的析出；铝向电解质中的溶解；碳化铝的生成；电解质被阴极炭素内衬选择吸收。

这些副反应在电解铝生产过程中都很重要，前两个副反应对电流效率有直接的影响，而后两个副反应直接关系着电解槽的寿命。具体表现为：

a 钠的析出

在电解过程中，从"火眼"里排出的气体带有黄色的火焰，这表明有钠析出。温度越高，钠析出的越多，则火焰就越黄。

这是由于电解条件的变化，使钠离子放电和化学置换反应发生。这些影响条件有温度、阴极电流密度、电解质成分、电解质中的氧化铝浓度。

温度的提高会使钠离子的放电电位降低，析出的可能性增加。

阴极电流密度增加使阴极电位增加，即使钠离子的析出电位不变，也会使钠离子与铝离子同时放电析出。

电解质分子比的增加意味着钠离子在电解质中的浓度增加，使钠离子放电的可能性增加。

电解质中的氧化铝浓度减小，同样会使钠离子放电的可能性增加。

b 铝的溶解

铝与电解质在电解槽中按密度不同而良好分层。在接触界面上由于铝与电解质相互作用，铝溶解在电解质中。并由于电解质的强烈循环，溶解的铝被电解质由阴极带到阳极，这样在阳极附近被阳极气体中的 CO_2 或空气中的氧所氧化，电解质中溶解金属的减少又促使铝继续向电解质中溶解，所以尽管铝在电解质中溶解度不大，在 1000℃ 时只有 0.15%，但实际上确实造成铝的大量损失，降低了电流效率。

c 碳化铝的生成

在大修电解槽拆下的阴极炭块中，常常看到在小缝隙中充满着亮黄色的碳化铝晶体，在较大的缝隙中充满着碳化铝和铝的混合物，这些碳化铝都是在电解条件下生成的。

在工业电解条件下，熔融冰晶石能够把阴极铝液表面上的氧化薄膜溶解，在槽底过热时铝和碳作用生成碳化铝，其反应式如下：

$$4Al + 3C \longrightarrow Al_4C_3$$

溶解在电解质中的铝与接触到的碳渣相互作用也能生成碳化铝。

B 阳极副反应

在电解铝生产中，阳极副反应主要是阳极效应，另外是溶解铝在阳极附近的氧化反应。

a 阳极效应

阳极效应是熔融盐电解时独有的一种特征，这种特征在许多熔融盐电解时都能看到，只是采用冰晶石—氧化铝熔体电解时，阳极效应出现的更明显而已。

在工业电解槽上发生阳极效应时，电压由 4.2 ~ 4.5V 急剧地上升到 30 ~ 40V，有时甚至上升到 100V，在这种情况下与电解槽并联的小灯明亮，发出了效应信号，俗称"灯亮"。

阳极效应的外部特征是：在阳极周围有明亮的火花，同时发出清脆的噼啪声。阳极周围的电解质像是被排挤，要离开阳极表面，阳极上的气体已停止析出，因而电解质不再沸腾。

对于阳极效应发生的机理目前有两种解释：一种是电解质的湿润性改变机理；一种是阳极过程改变机理。分别介绍如下：

（1）电解质的湿润性改变机理。氧化铝是一种能使电解质对阳极湿润性改善的物质。当氧化铝在电解质中的含量足够时，电解质对阳极的湿润性很好，能轻易地将反应产生的阳极气体气泡从阳极底掌上排挤掉，使反应不断进行。但是当氧化铝在电解质中的含量降低到一定程度时，电解质对阳极的湿润性变差，不能将反应产生的阳极气体气泡从阳极底掌上排挤掉，相反，阳极气体却能排挤电解质，最终阳极气体布满整个阳极底掌形成了一层气体薄膜，阻碍了电流通过，反应停止，效应发生。当加入氧化铝后，效应停止。

（2）阳极过程改变机理。随着电解的进行，电解质中氧化铝的含量减少，阳极上的放电过程则由含氧离子的放电转变为含氧离子与含氟离子的共同放电：

$$4F^- + C - 4e \Longrightarrow CF_4$$

析出氟化碳（CF_4）气体，它们在电解质与阳极间构成一导电不良的气层，阻碍了电流通过，从而使反应停止，效应发生。当加入氧化铝后，效应停止。

总之，阳极效应的发生与电解质中氧化铝含量的减少有着密切的关系。正常操作时，当电解质中氧化铝含量降低到 0.5% ~ 1.0% 时就会发生阳极效应。电解生产中充分利用了这一特点并作为技术操作的关键部分。

b 溶解铝的氧化

溶解铝的氧化反应被称为二次反应，其反应式如下：

$$2Al + 3CO_2 \Longrightarrow Al_2O_3 + 3CO$$

31.3.2.3 电解质成分的变化

电解槽内的电解质，随着使用时间的延长其成分会发生变化，使得冰晶石分子比不能保持在规定的范围内。

使电解质成分发生变化的原因除易挥发的 AlF$_3$（其蒸气压在电解温度下约为933Pa）发生挥发损失之外，最主要的原因是随氧化铝和冰晶石带入电解槽中的杂质 SiO$_2$、Na$_2$O、H$_2$O 等与冰晶石作用。

由于氢氧化铝洗涤不好而在 Al$_2$O$_3$ 中残留的 Na$_2$O，按如下反应式使冰晶石分解：

$$2Na_3AlF_6 + 3Na_2O \Longrightarrow Al_2O_3 + 12NaF$$

作为 Al$_2$O$_3$ 与冰晶石的杂质而进入电解槽的 SiO$_2$，按如下反应式使冰晶石分解：

$$4Na_3AlF_6 + 3SiO_2 \Longrightarrow 2Al_2O_3 + 12NaF + 3SiF_4\uparrow$$

反应生成了挥发性的四氟化硅，造成 NaF 的过剩。

随 Al$_2$O$_3$ 带入的水分也会使冰晶石发生分解，反应如下：

$$2Na_3AlF_6 + 3H_2O \Longrightarrow Al_2O_3 + 6NaF + 6HF\uparrow$$

上述所有反应都使冰晶石分子比增大，使冰晶石中出现 NaF 过剩，电解质由酸性变为碱性。

31.3.3　电解槽的结构

现代电解铝生产均采用冰晶石—氧化铝融盐电解法工艺。所用电解槽分为自焙阳极的电解槽（见图31-17）和预焙阳极的电解槽（见图31-18）。自焙阳极的电解槽由于环境污染和自动化程度低，目前已逐渐被淘汰；而预焙阳极的电解槽由于环境污染小和自动化程度高，并且容量大，已成为当今电解铝工业的主流槽型。

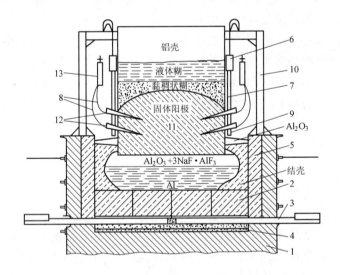

图 31-17　旁插棒式自焙阳极电解槽示意图

1—基础；2—炭块槽底；3—阴极棒；4—炭素槽底；5—炭块；6—阳极框架；7—翅板；
8—铜带；9—吊环；10—支撑的金属结构；11—阳极；12—阳极棒；13—阳极母线

铝工业电解槽的构造通常分为五个部分：基础部分、阴极装置部分、阳极装置部分、上部金属结构部分、导电母线装置和绝缘措施部分。

铝电解槽一般设置在地沟内的混凝土基础上，电解槽通常采用长方形钢体槽壳。其

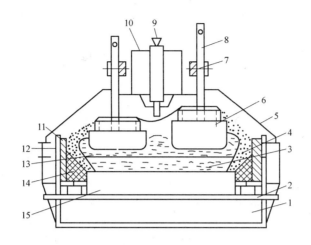

图 31-18　中间下料预焙阳极电解槽示意图

1—槽底砖内衬；2—阴极钢棒；3—铝液；4—边部伸腿；5—集气罩；6—阳极炭块；7—阳极母线；8—阳极导杆；
9—打壳下料装置；10—支撑钢架；11—边部炭块；12—槽壳；13—电解液；14—边部扎糊；15—阴极炭块

外侧用工字钢或型钢加固，槽壳底面上依次铺设石棉板、保温砖和炭素垫，在扎固的炭素垫上按长短交错装上焊有阴极钢棒的阴极炭块组，其缝隙用底糊填充扎固。在电解槽四个侧面的最外层由外向内依次铺有石棉板、耐火砖并留有伸缩缝，其中填充耐火颗粒或氧化铝。然后砌两层侧部炭块。最后将底部炭块的缝隙用炭糊扎固，使之成为一个整体。

　　自焙槽与预焙槽的区别在于所用阳极的不同。自焙槽的阳极是由炭素糊制成的，其外面有铝板制成的铝箱和钢质框套，在电解高温下自发焙烧成烧结体。而预焙槽的阳极是经过预先压形和焙烧制成的阳极，在槽上不存在烧结的过程。因此，自焙槽与预焙槽的阳极结构有着很大区别。自焙槽的阳极结构和上部金属结构由保持炭素体定形和承担阳极体升降的阳极框套、支柱、平台、氧化铝储箱、阳极升降机构、槽帘、排烟管组成。预焙槽的阳极结构和上部金属结构由承重桁架、阳极提升装置、打壳下料装置、阳极母线和阳极组、集气和排烟装置组成。

31.3.4　铝电解槽的技术参数的控制

31.3.4.1　槽工作电压

　　在正常生产期，操作者要控制稳定的槽工作电压，因为槽工作电压对电解温度有明显的影响，过高或过低的保持电压都会给电解槽带来变化。

　　槽工作电压过高的结果，一是浪费电能；二是电解质热量收入增多，会使电解走向热行程，炉膛被熔化，铝质量受影响；三是铝损失速度加快，影响电流效率。

　　槽工作电压过低的结果，一是最初因热收入减少可能出现低温时的好处，但由于电解质冷缩，产生大量的沉淀，很快使炉底电阻增加而发热，由冷行程转为热行程，其结果是损失可能比高电压时要大得多；二是可能造成压槽、阳极周边突出、滚铝和不灭效应等技术事故。

　　在电解生产中，槽电压的控制主要是通过调整极距的大小来进行的。

31.3.4.2 铝水平和出铝量

在采用炭阴极的电解槽上，炉膛底部需积存一定数量的铝液（也称在产铝）。其作用有四项：保护炭阴极，防止铝直接在炭阴极表面析出；铝液为良好的导热体，能够将槽中心的热量传导到四周，使电解槽各处温度均匀；起到平整炉底，减少水平电流的作用；适当的铝液数量能够控制阴极炉膛的变化。

每台槽的出铝量应等于出铝周期内所产的铝量。目的是保持槽内要有足够的铝水平，以使槽的热平衡不致被破坏。

31.3.4.3 极距

极距是指阳极底掌到阴极铝液镜面之间的距离。它既是电解过程中的电化学反应区域，又是维持电解温度的热源中心，对电流效率和电解温度有着直接影响。通过阳极升降机构，控制极距的大小是生产操作的重要内容。一般极距保持在 4~5cm 之间，自焙槽偏低，预焙槽偏高。

31.3.4.4 电解温度

铝电解槽的电解温度是指电解质的温度，这是一个温度范围，一般取 950~970℃，大约高出电解质的初晶温度 15~20℃。它是生产中极为重要的技术参数。过低或过高，都将导致生产的异常。

31.3.4.5 阳极效应系数

阳极效应系数是指每日分摊到每台槽上的阳极效应次数。

31.3.5 预焙阳极电解槽的操作

预焙阳极电解槽的工艺操作包括加工、阳极操作、出铝、阳极效应的熄灭、槽电压调整、电解质成分的调整和电解技术参数的测量等几项内容。其中槽电压调整在计算机程序控制下自动进行，不需人工操作。预焙槽的操作如下：

（1）预焙阳极电解槽的加料都是由计算机控制完成的半连续下料，是通过安装在电解槽纵向中央部位的自动打击锤头自动完成。正常加料时，根据事先设定好的加料时间和加料量程序，槽控机控制加料设备定时定量的往槽内加入氧化铝，操作人员不参与。

（2）阳极操作包括阳极更换、提升阳极水平母线和阳极效应的熄灭等三项内容。

1）阳极更换。预焙阳极电解槽是多阳极电解槽，所用的阳极块是在炭素厂按规定尺寸成型、焙形、组装后送到电解槽使用的，阳极的块组不能连续使用，须定期更换。每块阳极使用一定天数后，换出残极，重新装上新极，此过程即为阳极更换。阳极更换操作要按照阳极更换周期确定更换阳极，并且保证新极的安装精度。

2）提升阳极水平母线。当阳极母线降低到某一定位置时，即母线接近上部结构的密封顶板，或吊起母线的螺旋起重机丝杆快要到头时，就需要将水平阳极母线重新提升上去，这一操作被称为提升阳极水平母线。根据母线行程的周期予以安排提升。

3）阳极效应的熄灭。预焙阳极电解槽熄灭阳极效应的原理与自焙阳极电解槽相同，均是在加入氧化铝后，用木棒插入阳极底掌下面来熄灭阳极效应。

（3）出铝。预焙阳极电解槽的出铝操作与自焙阳极电解槽大致相同，均采用真空出铝法。但是预焙阳极电解槽采用多功能天车，车上有电子秤，比自焙阳极电解槽的人工估算更能保证出铝量的精度。

31.3.6 出铝与铝液净化

31.3.6.1 出铝

目前，电解槽出铝普遍采用真空罐法。其原理是将有盖密封盛铝罐抽至一定真空度，利用内外压力差将铝液吸入盛铝罐内。如图31-19所示为出铝用的真空罐示意图。

随着铝由槽中取出，铝液水平下降，而极间距增大，阳极槽电压升高。为避免电能过多的消耗，在出铝时应逐渐使阳极下降，并尽可能保持正常极距和正常槽电压。

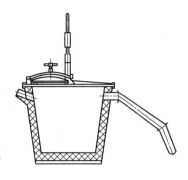

图31-19 出铝真空罐示意图

31.3.6.2 铝液净化

从电解槽抽出来的铝液中，通常都含有 Fe、Si 以及非金属固态夹杂物、溶解的气体等多种杂质，因此需要经过净化处理，清除掉一部分杂质，然后铸成商品铝锭。

铝液净化有两种方法：熔剂净化法和气体净化法。

A 熔剂净化法

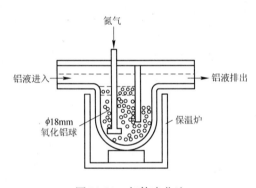

图31-20 气体净化法

熔剂净化法主要是为清除铝中的非金属夹杂物。所用的熔剂是由钾、钠、铝的氟盐和氯盐组成。熔剂直接撒在铝液表面上，或者先加在抬包内，然后倒入铝液，同样起到覆盖剂的作用。熔剂用量，每吨铝大约是 3~5kg。

B 气体净化法

现在气体净化法广泛应用惰性气体氮气。在该法中用氧化铝球（刚玉）作过滤介质。如图31-20所示，铝液连续送入净化设备内，通过氧化铝球过滤层，并受到被直接通入铝液内的氮气冲洗，铝液中的非金属夹杂物及溶解的氢等均被清除，然后连续排出。

复习思考题

31-1 铝土矿的类型有哪些，衡量铝土矿质量的标准是什么？

31-2 金属铝的生产过程是如何进行的？

31-3 工业上生产氧化铝的方法是哪几种，原理各是什么？

31-4 拜耳法生产氧化铝工艺的原理是什么？

31-5 铝土矿高压溶出时，所含的氧化硅是如何进入渣中的？

31-6 溶出浆液稀释的目的是什么？

31-7 氢氧化铝在焙烧时的化学过程是如何进行的？

31-8 蒸发流程有哪几种？

31-9 烧结法生产氧化铝的原理是什么？

31-10 熟料烧结时，窑内分成哪几个带，各带的物理化学变化是如何进行的？

31-11 铝电解生产的两极反应是什么？

31-12 铝电解生产的阴极副反应有哪些？

32　金属镁生产

32.1　概述

32.1.1　镁的性质

镁的相对原子质量为 24.305，密度在 20℃时为 1.74g/cm³，在 651℃时为 1.57g/cm³，在 700℃（液态）时为 1.54g/cm³。熔点为 651℃，沸点为 1107℃。镁的蒸气压很高，727℃时为 1037.1Pa，极易挥发。

镁是一种很活泼的金属，在常温下就能与卤素发生反应，能被硫、氮、氧所氧化，会在镁金属表面形成致密固体薄膜。

镁与强酸的反应很激烈，但与碱的反应则比较弱。

镁的化合物氧化镁易溶于酸。氯化镁在熔融状态下能够导电并强烈吸水。

纯镁是柔软可锻的金属，通过添加某些金属元素形成的镁合金能够改善镁的性质。

32.1.2　镁的用途

由于镁的密度小，合金性能强，可与其他金属构成力学性能优异、化学稳定性高、抗腐蚀力强的高强度轻合金，所以在现代工业中应用较广。镁的应用主要在如下几方面：

（1）作为生产难熔金属的还原剂。

（2）作为生产球墨铸铁的球化剂。生铁中加镁可使铁中鳞片状石墨体球化，生铁的机械强度增加 1~3 倍，液体流动性增加 0.5~1 倍。

（3）作为生产优质钢的脱硫剂。用颗粒镁脱去高炉生铁中的硫，不仅工艺简单，而且效果好。镁也可用于铅和锡的脱铋（生成 Bi_2Mg_3）。用镁脱硫可改善钢的可铸性、延性、焊接性和冲击韧性。

（4）用于制取铝合金。用镁作铝合金的添加剂是镁的最大用法。用镁制取的 Mg-Mn、Mg-Si、Mg-Zr 合金具有减振性能。Al-Mg 合金不仅耐蚀性能好、强度高，而且易于焊接。适用于汽车、航空与航天工业。

（5）作为高储能材料。镁在常压下大约 250℃和 H_2 作用生成 MgH_2，它在低压或稍高温度下又能释放氢，镁具有储氢的作用。

镁及其合金的应用是较广的，对航天和宇宙技术的发展特别重要。镁合金还可用于核动力装置的燃料部件中，用于现代电子计算技术，电气和无线电技术中。

32.1.3　镁的矿产资源和生产方法

32.1.3.1　镁的矿产资源

镁是地壳中分布较广的元素之一，占地壳量的 2.1%。

在自然界中镁只能以化合物形态存在，在已知的 1500 种矿物中，镁化合物占 200 多种。分布较广的碳酸盐类有菱镁矿（$MgCO_3$）、白云石（$CaCO_3 \cdot MgCO_3$）；氯化物盐类有水氯镁石（$MgCl_2 \cdot 6H_2O$）、光卤石（$KCl \cdot MgCl_2 \cdot 6H_2O$）。目前炼镁工业上使用的原料多为菱镁矿、白云石、光卤石以及海水、盐湖水中的氯化镁。表 32-1 为主要镁矿物的组成和性质。

表 32-1 镁矿物的组成和性质

| 矿物名称 | 化 学 式 | 质量分数/% | | 密度/g·cm⁻³ | 莫氏硬度 |
		MgO	Mg		
菱镁矿	$MgCO_3$	47.8	28.8	2.9 ~ 3.1	3.75 ~ 4.25
白云石	$CaCO_3 \cdot MgCO_3$	21.8	13.2	2.8 ~ 2.9	3.5 ~ 4.0
水氯镁石	$MgCl_2 \cdot 6H_2O$	19.9	12.0	1.6	1 ~ 2
光卤石	$KCl \cdot MgCl_2 \cdot 6H_2O$	14.6	8.8	1.6	2.5

菱镁矿是碳酸盐矿物，多为白色或淡黄色。炼镁工业中菱镁矿主要用于电解法，其对 MgO 含量要求不少于 46%，对 CaO 含量要求不大于 0.8%，对 SiO_2 含量要求不大于 1.2%。

白云石是碳酸镁与碳酸钙的复盐，理论成分为 CaO 与 MgO 的质量比为 1.39，实际上矿石都会偏离这个组成，大约在 1.4 ~ 1.7 之间。白云石主要用于热法炼镁。热法炼镁用的白云石，要求 CaO 与 MgO 的质量比大于 1.54。碱金属氧化物（$Na_2O + K_2O$）小于 0.01%。

32.1.3.2 镁的生产方法

镁的生产方法分为两大类，氯化镁熔盐电解法和热还原法。我国金属镁生产主要采用热还原法，少部分用氯化镁熔盐电解法。

图 32-1 所示是中国按菱镁矿熔盐电解法生产镁的工艺流程。流程的特点是将菱镁矿颗粒氯化，氯化镁熔体采用 $MgCl_2$-$NaCl$-$CaCl_2$-KCl 四元系电解质电解，粗镁采用熔剂精炼法获得商品镁。

图 32-2 所示为热还原法流程。该法是在加热条件下，利用金属硅来置换还原氧化镁

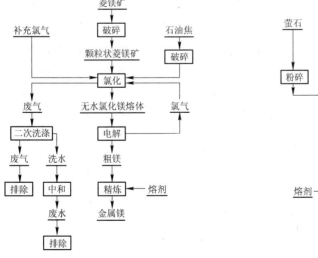

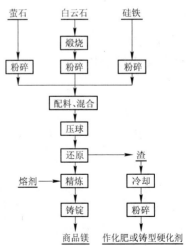

图 32-1 中国按菱镁矿熔盐电解法生产镁的工艺流程   图 32-2 热还原法流程

中的镁来生产金属镁。其优点为：

（1）可作为原料的天然资源种类多、分布广、容易获得。

（2）可以利用电、油、天然气等多种能源进行生产。

（3）冶炼工艺过程简单，所用投资少，建厂速度快。

（4）生产过程中不产生有毒废弃物，不污染环境。

32.2　热还原法生产金属镁（皮江法）

32.2.1　热还原法生产金属镁原理

32.2.1.1　反应机理

以硅（铁）作还原剂还原煅烧白云石的化学反应，可以用下式表示：

$$2MgO + Si + 2CaO = 2Mg + 2CaO \cdot SiO_2$$

反应物虽均为固态，但在还原温度下，反应也能以较快的还原速度进行。

热法炼镁的还原过程，是在高于镁的沸点温度和真空条件下进行的，反应产物以镁蒸气的状态出现，目的是通过真空使反应的起始温度降低，并避免还原剂和镁蒸气在高温下被空气所氧化。

32.2.1.2　镁蒸气的冷凝与结晶

为使反应连续并快速进行，要引导生成的镁蒸气尽快离开反应物表面并将收集冷凝结晶。要在靠近反应区的部位建立冷凝区。

冷凝区的温度控制和剩余压力的控制对结晶物的物理质量会起非常大的影响。温度低、剩余压力大将导致结晶体疏松，产品质量不好。温度高、剩余压力小的条件下所得到的结晶体致密。

冷凝区的密闭性的好坏对产品质量同样也很重要。密闭不好，有空气漏入冷凝区，会氧化镁蒸气，污染金属镁。另外这些氧化物是在结晶体表面生成，形成一层薄膜阻碍镁的继续结晶，使结晶体疏松，失去金属光泽。

炉料中的水分和残留二氧化碳在还原过程中，也会氧化还原出金属镁，并在结晶体表面形成薄膜。

炉料中的金属氧化物杂质在炉内高温下也可能被还原，如易挥发的碱金属。为避免这些易燃的金属结晶体对金属镁的污染和出现生产事故。要在冷凝区设置不同区域分别结晶。

生产中，冷凝区温度控制在450~550℃，真空度在13.3Pa以上。

32.2.2　热还原法的影响因素

32.2.2.1　煅烧白云石的质量

煅烧白云石的质量要求有三个方面：要具有很高的活性；碳酸盐彻底分解为氧化物；杂质含量少。

煅烧白云石的活性越高，越易于还原反应的进行，反应速度越快。

32.2.2.2　还原剂的还原能力

通常采用硅铁作还原剂。硅铁中的硅含量越多，硅的活性越大，越有利于还原能力的提高，反应速度也会越快。

生产上采用 Si75 的硅铁作还原剂，是从经济角度考虑的，因为硅含量越高，价格会越高。

32.2.2.3 炉料的配比

根据化学反应，理论配比（物质的量之比）为：$n(Si)/n(Mg) = 1/2$；$n(CaO)/n(Si) = 2$。

$n(Si)/n(Mg)$ 越大，镁的回收率也越大，但硅的利用率要降低。所以生产上根据硅铁价格调整该项配比。

$n(CaO)/n(Si)$ 要保证 MgO 不参与造渣反应生成 $2MgO \cdot SiO_2$，以免降低镁的回收率。

32.2.2.4 添加剂的影响

在生产中，在炉料中配入少量的氟化钙和氟化镁能够加速还原反应的进行。

32.2.2.5 炉料中杂质在还原过程中的行为

煅烧自云石和硅铁中所含的杂质，构成了炉料的杂质，主要为氧化物 SiO_2、Al_2O_3、Fe_2O_3、Na_2O、K_2O 等以及金属杂质 Mn、Fe、Zn 和 Cu 等。

氧化物 SiO_2、Al_2O_3、Fe_2O_3 在皮江法的还原过程中，可能与 CaO 和 MgO 等形成低熔点的复合氧化物，妨碍镁蒸气从反应的炉料中扩散逸出，降低还原反应速度和镁的实收率等。

碱金属氧化物 Na_2O 和 K_2O 在还原镁的条件下，也能够被还原剂硅所还原，生成金属钠和钾的蒸气。其冷凝后变成粉末状钠和钾，很容易受摩擦而被引燃，造成镁的燃烧损失。为避免这种现象发生，在皮江法炼镁的还原罐中装有碱金属捕集器，以使钾钠与镁分部位结晶而分离。

由硅铁带到炉料中的金属杂质，根据它们各自蒸气压的高低，在还原温度下会有不同程度的升华，然后与镁蒸气一起冷凝下来，从而影响镁的质量。因此要适当限制硅铁还原剂中金属杂质的含量，特别是像金属锌这样蒸气压高的杂质的含量。

炉料中如有水分和二氧化碳，也是有害于还原过程的杂质成分。因为在还原温度下，它们进入气相中，引起反应区剩余压力升高，降低还原反应速度，同时它们还会与镁蒸气发生作用，使之重新成为氧化镁而损失掉。

炉料中水分和二氧化碳的主要来源是煅烧白云石在进入还原炉以前的加工和储放期间对空气中的水分和二氧化碳的吸收，煅烧白云石中的氧化钙从空气中吸收水分和二氧化碳，并发生如下反应：

$$CaO + H_2O = Ca(OH)_2$$

$$Ca(OH)_2 + CO_2 = CaCO_3 + H_2O$$

炉料吸收水分和二氧化碳的程度，随其储放时间的加长和储放环境的温度、相对湿度的升高而增长。同时，也与物料的物理形态有关。粉末状料吸收性强，制成团块后吸收性减弱，但吸收过程仍在进行。团块吸湿发生体积膨胀，会引起团块碎裂。

32.2.2.6 炉料粒度及制团

硅热法炼镁的还原反应，是固态物质间的反应，因此炉料各组分间的接触状态，包括接触面积和紧密程度，对于还原反应速度会产生影响。因此，一般需将煅烧自云石和硅铁分别磨细，并加压制成团块，以团块状态送入炉中进行反应。

为增加煅烧白云石和硅铁的接触面积，物料粒度越小越好。但在硅铁磨得过细时，会因增加其表面氧化作用而降低其表面活性。另外，磨制过程耗用的工时费用随磨细程度的增加而升高，故物料的细度应适当。

制团压力的选定，要综合考虑两方面的影响作用。一方面，增加制团压力，使粒子间接触紧密，显然有利于加速炉料组分间的相互作用，但另一方面，团块过于致密，会增加还原生成的镁蒸气逸出团块的阻力，从而升高未反应物料周围镁蒸气的分压，这又会从另一个角度降低反应速度。

最适宜的制团压力应随炉料状况的不同，包括白云石的活性、粒度和团块的形状、尺寸等的不同而做相应的变化。另外，确定制团压力时，还应考虑到团块需要有足够的抗压强度，以保证其在运输和装料过程中不会破裂。制团压力升高，团块密度增大，也有利于增加装料量。

32.2.2.7　还原温度、真空度的影响

还原温度越高，越有利于镁的还原。但在实际中，控制温度一般在1250℃以下，原因是还原罐材质的限制，温度如果再高，会使还原罐变形。

真空度能够降低反应的起始温度并使结晶体致密，另外也有利于提高硅的利用率。

32.2.3　热还原法工艺

我国目前广泛采用的热法生产金属镁是皮江法。这种工艺是以白云石为还原原料，以硅铁为还原剂。还原工序的单元设备——圆柱形的耐热钢管，被称为还原罐（见图32-3）。

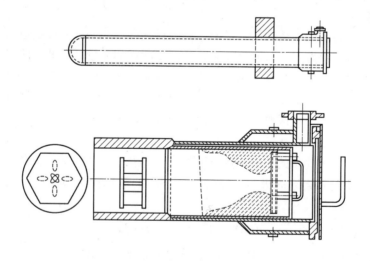

图 32-3　还原罐示意图

还原罐成卧式放置于还原炉（见图32-4）中。其开口一端有一定长度露于炉墙之外，构成了一炉多罐式的还原炉结构。还原炉可用电热或燃油、燃气甚至燃煤等方式从外部对还原罐进行加热。

还原过程为间断式。一个还原周期开始时，将适量的由粉状煅烧白云石与硅铁等压制成的团块放入还原罐内的底端，此部位即为还原反应区。在罐口一端，紧贴罐壁放置好结

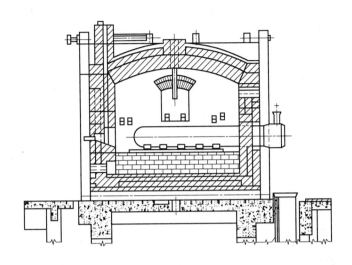

图 32-4　皮江法还原炉结构示意图

晶器，然后盖好密封式的罐口盖，并立即将还原罐接入真空管路系统，抽出罐中空气，形成并维持还原反应所需要的真空度。当炉料被加热到还原反应的起始温度以后，炉料中的氧化镁为还原剂中的硅所还原，生成的镁蒸气由团块中逸出。由于罐口一端放置有结晶器的部位有一部分露于炉外，并有冷却水套，因此该部位温度较低，成为还原系统的冷凝区。还原生成的镁蒸气向这一区域扩散，并陆续在结晶器上结晶，不断积累，形成固态结晶镁。在冷凝区接近罐口处，置有碱金属捕集器，用以凝结捕集碱金属蒸气，使之与镁的结晶分离开来。在反应区与冷凝区之间，放置有隔热板，它由两层带孔洞的钢板构成，两板上孔洞的位置相互错开，借助这种结构阻挡反应区通过辐射向冷凝区传热，又可阻挡粉尘，而镁蒸气则通过孔洞进入镁冷凝区，当还原过程结束后，进行出镁和除渣。为此，先破真空，然后打开罐盖，依次小心地取出碱金属捕集器、镁结晶器以及隔热板，最后仔细清除罐内的残渣。到此一个还原周期结束。为减少热损失，应尽快地加入新料，开始下一个还原周期。

皮江法工艺的特点是：还原设备结构简单，容易操作管理，可以利用多种能源进行还原生产。因此这种工艺容易掌握和推广应用。它的不足之处是：外部加热方式不但热利用率低，而且限制了还原罐直径（不能过大），罐体只能用导热性能好并且高温强度大的耐热钢等价格昂贵的材料制作。这种还原罐也难免有较快的氧化消耗和高温变形。这是皮江法的生产成本比电解法高的主要原因。

32.3　镁的精炼与铸锭

32.3.1　镁的精炼

热还原法所产粗镁中的杂质，可以分为金属杂质和非金属杂质两类。常见的金属杂质主要有铁、铜、硅、铝、镍、钠、锰和钾等。非金属杂质主要是镁、钾、钠和钙等金属的氯化物和镁、钙、硅、铁等的氧化物。

电解法制得的粗镁中，主要杂质来源于电解质的氯化物，其含量可达 2% ~ 3%。同时还含有少量金属杂质，如钾、钠、铁和硅等，它们多是通过在阴极上电化学析出产生的，铁还可能出自于生产中所用的铁制部件的破损，硅和铝还可能来源于电解槽的内衬材料。热还原法制得的粗镁通常不含有氯化物杂质，主要杂质为蒸气压较高的碱金属钾、钠。此外也含有少量来自炉料的非金属杂质，如氧化镁、氧化钙、二氧化硅和三氧化二铁等。

杂质的存在，对金属镁的性能有着不良的影响。它们能降低镁的耐腐蚀性能。一些金属杂质，如钾、钠和钙等会使镁的一些力学性能变坏。这正是限定镁中杂质含量和对粗镁进行精炼的基本原因。

镁的精炼方法有多种，如熔剂精炼、重力（沉降）精炼、金属热法精炼、区域熔炼精炼、真空升华精炼和电解精炼等。一些方法可以有效地除掉特定的杂质，有些方法则能综合地降低金属和非金属等各种杂质的数量。因此，应根据不同的需要来选用某种方法或者不同方法的组合。

32.3.1.1 熔剂精炼法

这是对粗镁进行精炼常用的工艺方法。这种工艺是通过向液态镁中添加适当熔剂的方法来实现精炼的目的。熔剂的基本成分为氯化物和氟化物盐类。根据熔剂的性能特点，可分为精炼熔剂和覆盖熔剂等几种。

精炼熔剂的主要作用是捕集镁中的非金属杂质。由于熔剂对液态镁的润湿性较差，但对镁中机械夹杂着的氧化物粒子却有很好的润湿性。因此通过熔剂与这类杂质粒子接触，将它们吸附到熔剂相中，然后随熔剂一道从镁中分离出去。熔剂的这种作用主要依赖于其中的氯化物组分氯化钾、氯化钠、特别是氯化镁，因为这些氯化物组分能降低熔剂在其与氧化物粒子间的界面张力。熔剂还能通过化学作用将镁中的碱金属除去。但对其他金属杂质无清除作用。

$$MgCl_2 + 2Na(K) \longrightarrow Mg + 2NaCl(KCl)$$

覆盖熔剂的主要功能是有效地保护镁在精炼过程中不与空气接触，以防止镁受到氧化损失。覆盖熔剂的密度低于液态镁，故能浮于其上，将镁与空气隔离。具有一定清除氧化物杂质的能力。

精炼过程在坩埚式精炼炉内进行（见图32-5）。保持温度710℃，每吨镁加入20kg的精炼熔剂，同时进行搅拌，搅拌10min后，提高镁的温度到740℃，并静止10min，使熔剂从镁中分离，在上述操作中，要在液态镁的表面撒上适量的覆盖熔剂，避免氧化。精炼完后，降温至710℃，浇铸成锭，在铸锭过程中，要在镁锭上方使用硫黄形成保护气氛，避免氧化。

32.3.1.2 升华精炼法

升华精炼法的原理是：利用镁在其熔点之下具有较高的蒸气压，而杂质的蒸气压都较镁的蒸气压低的特性进行精炼。

镁的升华精炼是在真空精炼炉中进行。精炼产品的纯度为99.99%。精炼得到的镁应在保护状态下熔化及铸锭。

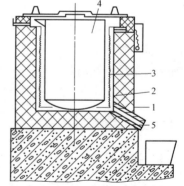

图32-5 坩埚式精炼电炉结构示意图
1—外壳；2—内衬；3—加热装置；
4—坩埚；5—事故排出口

32.3.2 镁锭的表面处理

生产出的金属镁表面氧化膜是疏松的，不能保护金属。为使其不被氧化，镁锭必须经过表面处理，才有利于保存。

32.3.2.1 镁锭的预处理

镁锭的预处理过程包括：刷除镁锭表面可能嵌附的铁鳞；用水清洗；用稀硝酸溶液进行酸洗，除去附着在镁锭表面及缩孔中的氯化物、氧化物和碱式氧化物等杂质污物，净化镁的表面。经过预处理，即可除掉镁锭表面的腐蚀源，又可增加后续处理形成的膜层与镁的结合力。

32.3.2.2 铬酸盐钝化法

这是目前工业上应用的主要工艺方法。

所谓铬酸盐钝化，是以铬酸、铬酸盐或重铬酸盐作为主要成分的溶液处理金属，以在金属表面上形成由三价铬和六价铬及金属本身的化合物所组成的膜层，这种膜层有抑制金属腐蚀的钝化防护作用。

进行钝化处理，是将欲钝化的镁锭浸入到钝化液中。这时表层金属被溶液所氧化，形成金属离子进入溶液之中。当然溶解掉的金属层很薄，一般只有零点几微米。进入溶液中的金属离子进而又参与成膜反应，成为膜的组成成分。

铬酸盐钝化膜之所以能够起防护作用，有两方面的原因。一是膜层本身既有很好的耐腐蚀性能，又十分致密，因此作为阻挡层能对镁起弱隔离保护作用；二是膜中含有的可溶性六价铬的化合物对裸露的镁能起抑制腐蚀的作用。

在钝化处理之后，由于镁锭表面所残留的钝化液会降低钝化膜的耐腐蚀性能，因此需认真地用水清洗。同时由于钝化膜可能有孔隙，膜层的耐磨性能又差，因此在钝化后尚需进一步采取防护措施，如涂油和以蜡纸包覆等。

32.3.2.3 有机膜包覆法

有机膜包覆法是在镁锭表面上包覆一层有机质薄膜，以达到将镁锭与周围介质隔离，避免对镁发生腐蚀行为的一种工艺方法。例如，将经过预处理并烘干后的镁锭于60℃下浸渍到环氧树脂溶液中，取出后以热空气干燥，使附在表面上的液态膜中的溶剂挥发，再加热到适当温度，以使树脂聚合。

该法的缺点是：在使用前脱除有机膜时会产生难闻的气味，对生产环境产生不利影响。

复习思考题

32-1 镁的用途有哪些？

32-2 镁的生产方法有几种？

32-3 硅热还原法的原理是什么？

32-4 影响硅热还原过程的因素有哪些？

32-5 为什么需要对镁进行净化处理，净化方法有哪些？

32-6 镁锭的表面处理方法有哪几种，各是如何处理镁锭的？

33 金属铜生产

33.1 概述

33.1.1 铜的性质及用途

铜是人类最早发现的古老金属之一，早在三千多年前人类就开始使用铜。

33.1.1.1 铜的物理性质

金属铜，元素符号为 Cu，原子量为 63.54，常温下密度为 $8.92g/cm^3$，熔点为 1083℃。纯铜呈浅玫瑰色或淡红色，表面形成氧化铜膜后，外观呈紫铜色。

固体铜具有良好的延展性，可拉成 0.0799mm 的细丝，或加工成 0.079mm 的薄片。铜的导电和导热性仅次于银，如以银的导电和导热性为 100%，则铜分别为 93% 和 73.2%。

铜的机械加工性能优于铝。例如，当铜和铝丝每单位长度电阻相同时，以铜的截面积、直径、质量和破坏强度相应为 1 时，则铝的分别为 1.61、1.27、0.488 和 0.64。

铜与其他金属互溶性好，很易与锌、镍、锡生成有价值的合金如黄铜、白铜、青铜等，青铜具有较大的耐腐蚀和耐磨性能。

33.1.1.2 铜的化学性质

铜在干燥空气中不氧化，在温度高于 185℃ 时则开始氧化，温度低于 350℃ 时生成红色氧化亚铜 Cu_2O，高于 350℃ 时生成黑色氧化铜 CuO。在潮湿的空气中铜被氧化，其表面逐渐覆盖一层绿色的碱式碳酸铜（$CuCO_3 \cdot Cu(OH)_2$），即所谓"铜绿"。

铜与硫化合生成硫化亚铜 Cu_2S 和硫化铜 CuS。

33.1.1.3 铜的主要用途

铜是与人类关系非常密切的有色金属，被广泛地应用于电气、轻工、机械制造、建筑工业、国防工业等领域，在我国有色金属材料的消费中仅次于铝。

铜在电气、电子工业中应用最广、用量最大，占总消费量一半以上。

33.1.1.4 铜及铜产品分类

按自然界中存在形态分类，可分为：

（1）自然铜，铜含量在 99% 以上，但储量极少。

（2）氧化铜矿，储量也不多。

（3）硫化铜矿，含铜量极低，一般在 2% ~3%。

按生产过程分类，可分为：

（1）铜精矿，冶炼之前选出的含铜量较高的矿石。

（2）粗铜，铜精矿冶炼后的产品，含铜量在 95% ~98%。

（3）纯铜，火炼或电解之后含量达 99% 以上的铜。火炼可得 99% ~99.9% 的纯铜，电解可以使铜的纯度达到 99.95% ~99.99%。

按主要合金成分分类，可分为：

（1）黄铜，即铜锌合金。

（2）青铜，铜锡合金等（除了与锌以及与镍形成的合金外，加入其他元素的合金均称青铜）。

（3）白铜，即铜钴镍合金。

按产品形态分类，可分为铜管、铜棒、铜线、铜板、铜带、铜条、铜箔等。

33.1.2　铜的原料和生产工艺

33.1.2.1　炼铜原料

地壳中含铜为 0.01%，但铜能形成比较富的矿床。现今开采的铜矿石含铜 0.4% 以上。

在各类铜矿床中，铜呈各种矿物存在，其中大部分为硫化物和氧化物，少量为自然铜。自然界的铜矿物有 240 种之多，但多数并不常见，也不具有工业价值。常见的硫化矿物有黄铜矿（$CuFeS_2$）、斑铜矿（Cu_3FeS_3）、辉铜矿（Cu_2S）和铜蓝（CuS）等。氧化矿物有孔雀石（$CuCO_3 \cdot Cu(OH)_2$）、硅孔雀石（$CuSiO_3 \cdot 2H_2O$）、蓝铜矿（$2CuCO_3 \cdot Cu(OH)_2$）、赤铜矿（Cu_2O）和胆矾（$CuSO_4 \cdot 5H_2O$）等。

世界上 90% 以上的铜是从硫化铜矿精炼出来的，约 10% 来自氧化矿，少量来自自然铜矿。

33.1.2.2　铜冶炼工艺

A　火法炼铜

铜冶炼技术的发展经历了漫长的过程，但至今铜的冶炼仍以火法冶炼为主，其产量约占世界铜总产量的 90%。图 33-1 所示为火法冶炼流程。

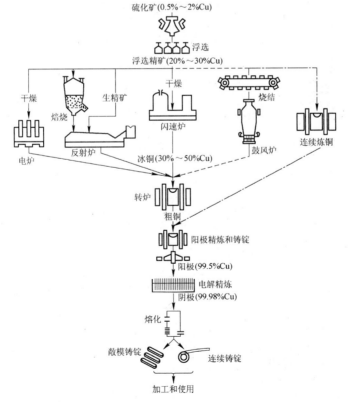

图 33-1　火法冶炼流程

　　火法冶炼一般是先将含铜百分之几或千分之几的原矿石，通过选矿提高到 20% ~ 30% 作为铜精矿，可在密闭鼓风炉、反射炉、电炉或闪速炉进行冰铜熔炼，产出的冰铜接着送入转炉进行吹炼，成粗铜，再在另一种反射炉内经过氧化精炼脱杂，或铸成阳极板进行电解，获得品位高达 99.9% 的电解铜。目前，闪速炉熔炼逐渐代替了其他炉型而成为冰铜熔炼的主流工艺。

　　该流程的优点是：流程简短、适应性强；铜的回收率可达 95%；得到的粗铜比较纯；损失于炉渣中的铜比较少；热能消耗少。缺点为矿石中的硫在冰铜熔炼和吹炼两阶段作为二氧化硫废气排出，不易回收，易造成污染。

　　氧化铜矿配加焦炭可用鼓风炉直接熔炼出金属铜。

　　B　湿法炼铜

　　现代湿法冶炼有硫酸化焙烧—浸出—电积，浸出—萃取—电积，细菌浸出等法，适于低品位复杂矿、氧化铜矿、含铜废矿石的堆浸、槽浸或就地浸出。图 33-2 所示为湿法炼铜流程。

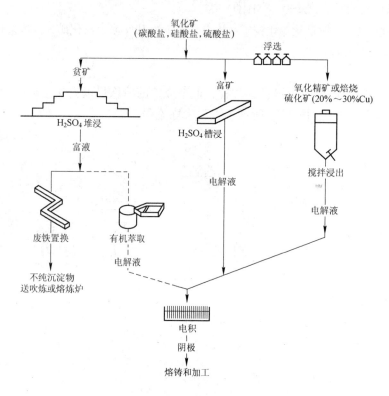

图 33-2　湿法炼铜流程

33.2　冰铜熔炼

33.2.1　冰铜熔炼的理论基础

　　冰铜熔炼的目的一是使炉料中的铜尽可能全部进入冰铜，同时使炉料中的氧化物和氧化产生的铁氧化物形成炉渣；其次是使冰铜与炉渣分离。为了达到这两个目的，冰铜熔炼必须遵循两个原则：一是必须使炉料有相当数量的硫来形成冰铜；其次是使炉渣含二氧化硅接近饱和，以使冰铜和炉渣不致混溶。

当炉料中有足够硫时，在高温下由于铜对硫的亲和力大于铁，而铁对氧的亲和力大于铜，故能按以下反应使铜硫化：

$$FeS(液) + Cu_2O(液) \Longrightarrow FeO(液) + Cu_2S(液)$$

该反应在熔炼温度1200℃条件下，Cu_2O几乎完全被FeS硫化。实践证明，不论铜的氧化物成什么形态存在，上述反应都能进行，这个反应也用于从转炉渣中回收铜，它是火法炼铜的一个重要的基础反应。

对炉渣的性质的研究表明，当没有二氧化硅时，液体氧化物和硫化物是高度混溶的，例如，含30%~60%铜的冰铜在1200℃将溶解占本身质量50%的FeO，因此不可能使冰铜和炉渣分离。

但是当有二氧化硅存在时，则会使混溶的FeO和FeS分成两个不相混溶的液相，二氧化硅浓度越高，两个液相间的差异就越显著，在体系SiO_2饱和情况下，冰铜与炉渣之间发生最大程度的分离，最后可达到完全分离。之所以会这样，是因为当没有二氧化硅时，氧化物和硫化物结合成共价键的半导体的Cu-Fe-S-O相。当有二氧化硅存在时，它便与氧化物化合而形成强力结合的硅氧阴离子，例如：

$$2FeO + 3SiO_2 \Longrightarrow 2Fe^{2+} + Si_3O_8^{4-}$$

因而汇集成离子型的炉渣相。硫化物不显出形成这种硅氧阴离子的倾向，而是保留为明显的共价键的冰铜相。这样就形成了不相混溶的两层。

另外，氧化钙和氧化铝都能与二氧化硅形成络合物，都会降低硫化物在渣中的溶解度，从而可改善冰铜与炉渣的分离。所以炉渣中有少量氧化钙和氧化铝是有好处的。

33.2.2 冰铜成分及性质

33.2.2.1 冰铜的成分

冰铜是由Cu_2S和FeS组成的合金，另外还有少量其他硫化物如Ni_3S_2、Co_3S_2、PbS和ZnS等，但铜、铁、硫的质量分数占总量的85%~95%。理论上，冰铜含硫可在20%~36.4%之间波动，因为Cu_2S中含硫20%，FeS中含硫36.4%。但实际中，冰铜含铜在20%~40%之间，相应的含硫为25.8%~34.3%，平衡计算取冰铜含硫25%。

在生产中，冰铜的含铜量是重要的技术参数。含铜过高，则增加吹炼的能耗；含铜过低，又会使渣含铜增加，这是因为根据分配定律，在温度条件一定时，铜在互不相溶的冰铜和渣中的浓度之比在平衡状态下是一个常数K，$K = w(Cu)_渣/w(Cu)_冰铜$。一般取K值为0.01左右，即渣含铜为冰铜含铜的1%，冰铜品位为30%~40%。

冰铜中还含有一定数量的氧。氧的来源是由于熔炼炉内的氧化或微氧化气氛，以及炉料（焙砂、转炉渣等）的带入。通常冰铜含氧2%~4%，呈Fe_3O_4的形态存在，Fe_3O_4不溶于Cu_2S，只溶于FeS。所以冰铜中的含氧量随着冰铜品位的提高而减少。由于氧的存在会结合一部分的Fe，从而减少了FeS在冰铜中的实际数量。所以实际上冰铜含硫比理论计算的含硫要低。对冰铜熔炼来说，Fe_3O_4的存在是有害的。因为其熔点高（1527℃）、密度大，易在炉底形成炉底结渣。

ZnS 对冰铜的熔炼有重要影响，因为 ZnS 熔点高、密度小，当冰铜中 ZnS 含量高时，容易在炉渣和冰铜之间生成隔膜层，妨碍冰铜与炉渣的分离。

33.2.2.2 冰铜的性质

冰铜的熔点根据其成分不同，约为 900 ~ 1050℃。含铜 30% ~ 40% 的液体冰铜密度为 4.8 ~ 5.3g/cm³。

冰铜是贵金属的良好捕集剂。据测定，1t Cu_2S 可溶解 74kg 金，而 1t FeS 能溶解 52kg 金。通过熔炼冰铜，可将矿中所含的微量贵金属近乎全部溶解出进入冰铜，因此，火法炼铜是回收贵金属的有效方法。

冰铜也能溶解铁，因此钢钎常常被侵蚀。用于装运冰铜的钢包和流槽需要衬耐火砖加以保护。

液体冰铜遇水容易发生爆炸，这是因为冰铜中的 Cu_2S、FeS 遇水分解产生氢气，而氢气与空气混合达到一定比例时则发生爆炸。生产中要绝对防止冰铜与水接触，所有工具和钢包必须保持干燥。

冰铜具有良好的导电性，远远大于离子导电的熔盐，这表明冰铜是电子导电，而不是离子导电，因为其是共价键结合的。

33.2.3 炉渣成分及性质

33.2.3.1 炉渣成分

炉渣是由各种金属和非金属氧化物的硅酸盐组成的熔体，其主要成分为 SiO_2、FeO 和 CaO，三者总和约占炉渣总量的 85% ~ 90%。

组成炉渣的氧化物，可以分为酸性的和碱性的两种。酸性的氧化物有 SiO_2，碱性的氧化物有 FeO、CaO、MgO、ZnO、MnO、BaO 等。Al_2O_3 是中性氧化物，它在酸性渣中呈碱性，在碱性渣中呈酸性。酸性渣含 SiO_2 大于 40%，碱性渣含 SiO_2 小于 35%。

除用百分数表示炉渣的成分外，炉渣还可用硅酸度表示，所谓硅酸度是指炉渣中酸性氧化物（SiO_2）中氧的质量分数与碱性氧化物中氧的质量分数总和的比值，用 K 表示：

$$K = w(O_{(SiO_2)})/\Sigma w(O_{(MeO)})$$

K 值等于 1 的称为 1 硅酸度渣，等于 1.5 的称为 1.5 硅酸度渣。一般大于 1.5 硅酸度的渣被称为酸性渣，硅酸度小于 1 的渣被称为碱性渣。

33.2.3.2 炉渣的性质

炉渣的熔点是最重要的性质，它在很大程度上影响炉料的熔化速度和燃料消耗。组成炉渣的各种氧化物都有很高的熔点，如表 33-1 所示。

表 33-1 各种氧化物的熔点

氧化物	SiO_2	FeO	CaO	Al_2O_3	Fe_3O_4	MgO	ZnO
熔点/℃	1710	1360	2570	2050	1585	2800	1900

但由于炉渣中各种氧化物相互形成各类低熔点化合物和固溶体，实际炉渣的熔点要比各种氧化物的熔点低很多，一般只有 1050 ~ 1100℃。

炉渣熔点受硅酸度影响最大，当炉渣硅酸度越高，即含 SiO_2 越高时，其熔化温度范围越大；而当硅酸度越小，而含 FeO 和 CaO 越高时，则其熔化温度范围越小。

炉渣黏度也是一个重要性质，它影响炉渣与冰铜的分离和流动性，因而它能影响炉渣的排放性质、化学反应速度和传热效果。炉渣黏度的大小取决于炉渣的温度和成分，它随温度升高而降低。但含 SiO_2 高的酸性炉渣，其黏度随温度升高而降低的速度很缓慢。碱性渣的黏度则随温度升高而降低的速度很快。

炉渣的密度直接影响炉渣和冰铜的澄清分离。在组成炉渣的各组分中，SiO_2 密度最小（$2.3g/cm^3$），而铁的氧化物 FeO 密度最大（大于 $5g/cm^3$），因此含 SiO_2 高的炉渣密度小，而含铁高的炉渣密度大。炼铜炉渣的密度通常为 $3.3 \sim 3.6g/cm^3$。冰铜和炉渣的密度差应大于 $1g/cm^3$。

如果是电炉熔炼冰铜，则炉渣的电导率就很重要。炉渣电导率大则输入电功率不足，炉温降低，生产率下降。由于炉渣是离子导电，所以温度升高时，炉渣黏度降低，离子迁移阻力减小，电导率增加。炉渣中的 Fe^{2+} 半径小，易导电，当含铁高时，炉渣电导率要高，所以碱性渣比酸性渣的电导率要高。

33.2.3.3 铜损失机理

为提高铜的回收率，就要对造成铜损失的机理进行分析，以便采取适当的技术参数减少铜的损失。炉渣含铜损失是铜冶炼的主要损失，它占到总铜重的 1% ~2%。炉渣含铜一般在 0.2% ~0.4% 之间，含铜超过这个范围的炉渣一般都要进行贫化处理。

炉渣中铜的损失主要与冰铜品位和炉渣量有关，根据分配定律，冰铜品位越高，炉渣量越大，则炉渣中铜的损失也就越大，反之越小。

根据铜在炉渣中损失的形态，大致可将其损失分为三种类型：

（1）化学损失。是指铜以 Cu_2O 形态造渣而引起的损失。这种形态的损失一般是很小的，只要炉料中有足够的硫，Cu_2O 都将变成硫化物。但是如果含硫不足或者氧化气氛太大，而又没有足够的反应条件时，炉渣含 Cu_2O 就可能较高。

（2）物理损失。是指铜以 Cu_2S 形态溶解于炉渣中而引起的损失。这种损失取决于炉渣成分。酸性炉渣溶解 Cu_2S 较少，而 FeO 含量高的炉渣对 Cu_2S 溶解度大，因此为了降低铜的物理损失，应尽可能减少炉渣中的 FeO 量，或者提高酸度，或者加入 CaO 代替一部分 FeO。

（3）机械损失。是由于冰铜颗粒未能从炉渣中沉降下来而引起。它是炉渣中铜损失的最大部分。一般占 50% 以上。其原因很多，归纳如下：

1）炉渣本身的性质不良，如黏度和密度太大、熔点过高，使冰铜不容易沉降。

2）炉渣与冰铜的澄清条件不好，如炉渣过热度不够、熔池容积和形状不合理、冰铜沉降时间没有保证。

3）由于化学反应不完全，特别是炉渣中 Fe_3O_4 未完全还原，和冰铜发生相互反应：

$$3Fe_3O_4 + FeS + 5SiO_2 = 5(2FeO \cdot SiO_2) + SO_2$$

产生 SO_2 气泡的浮游作用，使少部分冰铜未能沉降下来。

4）冰铜颗粒太细，来不及结合成大颗粒沉降。

33.2.3.4 渣型选择

在生产实践中，为了尽可能降低渣含铜，必须选择适宜的炉渣成分。选择炉渣成分组成时要根据以下条件进行：

（1）冰铜炉渣应有适当的熔点，一般是1050～1100℃，太低不能保证熔炼反应温度；太高则燃料消耗增加。电炉炉渣熔点可以高一些。生产中炉渣还要保证100～150℃的过热。

（2）冰铜炉渣要黏度小，流动性好，以便与冰铜分离。黏度太小对鼓风熔炼不利。

（3）冰铜炉渣的密度不应太大，一般约为3.3～3.6g/cm³，以保证冰铜和炉渣的密度差在1～2g/cm³之间。

（4）冰铜炉渣的表面张力要大，以使冰铜颗粒容易合并长大，进而减少冰铜的悬浮。

（5）电炉熔炼时，炉渣的导电性要适当，热含量要小，以保证提高电能热效率。

（6）冰铜炉渣对冰铜溶解度要小。

（7）造渣所配入的熔剂要少，因为熔剂配入过多会增加成本和炉渣量。选择渣型时应充分考虑精矿中造渣成分的自熔性，尽可能做到不加或少加熔剂。必须加熔剂时，也应就地取材，同时选择含贵金属的熔剂。

33.2.4 冰铜的闪速熔炼

闪速熔炼是20世纪40年代末芬兰奥托昆普公司首先实现工业生产的，目前已是冰铜生产的主流工艺。闪速熔炼的优点是：

（1）充分利用铜精矿的表面积，将焙烧和熔炼两个工序在一次作业中完成，流程短、生产率高。

（2）充分利用精矿中硫和铁的氧化热，热效率高，燃料消耗少。

（3）烟气含SO_2高，有利于制造硫酸，减少污染。

（4）脱硫率容易控制，冰铜品位高，减少吹炼时间。

其缺点是：

（1）精矿要充分干燥，熔剂必须粉碎。

（2）氧化气氛强，反应时间短，炉内易生成四氧化三铁炉结，渣含铜高，必须进一步贫化处理。

（3）烟尘率高，给余热锅炉等的操作带来困难。

（4）投资大，辅助设备多。

33.2.4.1 闪速熔炼的原理

闪速熔炼的实质是将干精矿与氧气、预热空气或二者的混合物一起吹入一个高温反应器内，硫化物颗粒立即与周围的氧化性气体发生反应，放出大量的热，利用这个热作为熔炼所需的大部或全部能量。形成的冰铜和炉渣落入沉淀池发生相互反应，完成造冰铜和造渣的过程，分别从放冰铜口和渣口放出。

闪速熔炼是在高温强氧化气氛中进行的，因此精矿中依次进行高价硫化物的分解、硫化物的氧化和氧化物与硫化物的相互反应。

分解反应包括：

$$FeS_2 == FeS + \frac{1}{2}S_2$$

$$2CuFeS_2 == Cu_2S + 2FeS + \frac{1}{2}S_2$$

$$2CuS == Cu_2S + \frac{1}{2}S_2$$

氧化反应是闪速熔炼的代表性反应，主要包括：

$$FeS + 1.5O_2 === FeO + SO_2$$

$$3FeS + 5O_2 === Fe_3O_4 + 3SO_2$$

$$6FeO + O_2 === 2Fe_3O_4$$

$$Cu_2S + 1.5O_2 === Cu_2O + SO_2$$

$$S + O_2 === SO_2$$

与氧化反应同时进行的还有一部分高价硫化物直接氧化和造渣的反应：

$$2CuFeS_2 + 2.5O_2 === Cu_2S \cdot FeS + 2SO_2 + FeO$$

$$2FeS_2 + 3.5O_2 === FeS + FeO + 3SO_2$$

$$2FeO + SiO_2 === 2FeO \cdot SiO_2$$

可见，在强氧化气氛中，氧化结果不可避免地产生 Fe_3O_4 而不完全是 FeO，也有一部分 Cu_2S 氧化成 Cu_2O。其次，氧化结果造成硫的大量氧化，而控制氧化气氛就可以控制硫的氧化，因而可保证获得适当品位的冰铜。氧化气氛通常用氧和硫、铁供给数量的比值来表示。比值越大，氧化程度越大，冰铜品位越高。反之越低。通常控制氧和硫、铁的数量比为 48% ~ 50%。

相互反应在熔池中进行，主要反应如下：

$$3Fe_3O_4 + FeS === 10FeO + SO_2$$

$$3Fe_3O_4 + FeS + 5SiO_2 === 5(2FeO \cdot SiO_2) + SO_2$$

$$Cu_2O + FeS === Cu_2S + FeO$$

$$2FeO + SiO_2 === 2FeO \cdot SiO_2$$

反应结果使 Cu_2O 以 Cu_2S 形态进入冰铜，同时使部分 Fe_3O_4 还原造渣。但是闪速熔炼时 Fe_3O_4 的还原条件是很差的，因此炉渣含铜高。

33.2.4.2　冰铜闪速熔炼的生产工艺

工业上目前采用奥托昆普闪速熔炼法最为普遍，该炉型的结构如图 33-3 所示。它由

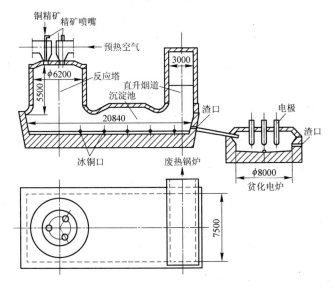

图 33-3　闪速炉结构

反应塔、沉淀池、直升烟道和喷嘴等组成。

反应塔是用钢板做的圆筒，内衬以铬镁砖，塔顶部 1.5~2m 处为电铸铬砖砌筑。大型闪速炉反应塔的内径为 5.7~6.5m，高约 6m。塔顶部安装喷吹精矿粉的喷嘴，塔身下部用铜水套冷却，以降低耐火材料的温度，同时也容易形成磁性氧化铁保护层。在塔和沉淀池接合处采用带翅片的铜管，外敷耐火材料或耐火混凝土。

沉淀池是由铬镁砖砌的矩形熔池，外面用钢板包围，同时用立柱和拉杆加固。沉淀池的作用是储存并分离冰铜和炉渣，大型闪速炉沉淀池尺寸为长 19~21m，宽 6~8m，高 3~4m。在侧墙上有 2~6 个放冰铜口，而炉渣口位于沉淀池尾部。

直升烟道与余热锅炉相通，它是由钢板做外壳，内衬耐火砖，横断面为矩形，其高度视余热锅炉入口的位置而定。

奥托昆普闪速炉熔炼的技术经济指标如下：

(1) 生产率。按沉淀池面积计算为 8~12$t/(m^2 \cdot d)$，按反应塔面积计算为 50~80$t/(m^2 \cdot d)$。

(2) 脱硫率。一般为 50%~70%，适合处理高硫原料，产出高品位冰铜，硫的总回收率达到 90%~95%。

(3) 渣含铜。由于沉清分离条件差和氧化气氛强，渣含铜 0.7%~1%，因此要进行贫化处理。

(4) 总回收率。考虑渣含铜，回收时可达 98%。

33.3 冰铜吹炼

冰铜吹炼的实质是在一定压力下将空气送到液体冰铜中，利用金属对氧亲和力小于硫对氧亲和力的热力学条件，使硫得到脱除。在吹炼过程中，首先是硫化铁的氧化；其次是硫化镍的氧化；再次是硫化铅的氧化；最后是硫化铜的氧化。生成的氧化亚铜反过来又成了硫的氧化剂，从而生成金属铜。所以吹炼是使冰铜中的 FeS 氧化变成 FeO 并与加入的石英熔剂生成硅酸铁造渣，而 Cu_2S 则经过氧化生成 Cu_2O，然后生成的 Cu_2O 与 Cu_2S 再发生交互反应变成粗铜。吹炼过程的温度为 1200~1250℃，此温度靠氧化反应的热来维持。

33.3.1 冰铜吹炼的原理

吹炼过程被分为两个周期进行，第一周期，又称造渣期，主要是 FeS 的氧化造渣，结果形成 Cu_2S 熔体，称为白冰铜；第二周期，又称造铜期，主要是 Cu_2S 氧化变成 Cu_2O，同时 Cu_2O 与未氧化的 Cu_2S 相互作用而生成金属铜（粗铜），在这一周期，没有炉渣形成。

吹炼过程还可除去少量挥发性杂质如铅、锌、锡、砷、锑、铋等，而贵金属则溶解富集在粗铜中。

33.3.1.1 第一周期的反应及造渣过程

冰铜吹炼第一周期的主要反应如下：

$$2FeS + 3O_2 = 2FeO + 2SO_2$$

$$2FeO + SiO_2 = 2FeO \cdot SiO_2$$

反应结果得到液态铁橄榄石炉渣，其中含 29.4% SiO_2 和 70.6% FeO。实际上由于加入石英量的限制，工业转炉渣的 SiO_2 含量常低于 28%。

在转炉强氧化和搅动条件下，部分 FeO 能够继续被氧化：

$$3FeO + 0.5O_2 = Fe_3O_4$$

而 Fe_3O_4 在炉内与 FeS 的反应生成 FeO 的程度，即使有 SiO_2 存在，也受到温度低的限制，进行的程度也有限。因此转炉渣中常常含 10% ~ 20% Fe_3O_4。它使炉渣黏度和密度增加、熔点升高，造成渣中铜的澄清困难。所以转炉渣含铜高达 2% ~ 3%，必须返回熔炼或单独处理。

在第一周期的吹炼条件下，不可避免地会有一部分 Cu_2S 被氧化成 Cu_2O 或者生成金属铜，但只要有 FeS 存在，它们都可以再硫化成 Cu_2S，因此第一周期的产品主要是白冰铜。

33.3.1.2 第二周期的主要反应和造铜过程

第二周期的主要反应是：

$$2Cu_2S + 3O_2 = 2Cu_2O + 2SO_2$$

$$Cu_2S + 2Cu_2O = 6Cu + SO_2$$

在第一周期接近终点时，这些反应便开始进行。

理论上，根据 Cu—S 系状态图（见图 33-4），造铜过程可分为三步进行：

（1）当空气与 Cu_2S 在图中 a ~ b（1200℃）范围内反应时，硫以 SO_2 形式除去，变成一种含硫不足但没有金属铜的白冰铜，反应是：

$$Cu_2S + xO_2 = Cu_2S_{(1-x)} + xSO_2$$

这一反应进行到硫降低到 19.4%（b）为止。

（2）在图中 b ~ c（1200℃）范围内，出现分层，底层为含硫 1.2% 的金属铜，上层为含硫 19.4% 的白冰铜。进一步鼓风将只增加金属铜和白冰铜的数量比例，而两层的成分则无变化。

（3）在 c ~ d 范围内，又开始进入单一的金属铜相（1.2% S），而白冰铜相则

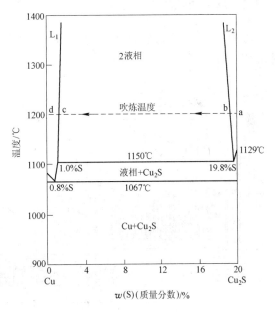

图 33-4　Cu—S 系状态图

消失，进一步鼓风将只减少金属中的硫含量，反应为：

$$[S]_铜 + 2[O]_铜 = SO_2$$

吹炼过程直到开始出现 Cu_2O 为止。绝对不允许过吹使之产生稀渣，以免造成铜的损失，并使操作困难。根据反应，粗铜中硫的含量可降到 0.02%，不过这时铜的含氧量也增

加了（0.5% O_2）。

33.3.2 冰铜吹炼的热制度

吹炼过程的正常温度是在1150~1300℃之间，温度过低，熔体有凝固的危险；但温度过高，即超过1300℃时，转炉炉衬则容易损坏。吹炼过程是自热过程，不需外加燃料，完全依靠反应热就能进行。

$$2FeS + 3O_2 = 2FeO + 2SO_2 \qquad \Delta_r H_m^{\ominus} = -935818 J/mol$$

$$2FeO + SiO_2 = 2FeO \cdot SiO_2 \qquad \Delta_r H_m^{\ominus} = -92796 J/mol$$

$$2Cu_2S + 3O_2 = 2Cu_2O + 2SO_2 \qquad \Delta_r H_m^{\ominus} = -768200 J/mol$$

$$Cu_2S + 2Cu_2O = 6Cu + SO_2 \qquad \Delta_r H_m^{\ominus} = 115900 J/mol$$

从上述反应的热效应可以看出，由于 FeS 氧化反应的单位放热量要大于 Cu_2S 的单位放热量，并且造渣过程也是放热反应，而 Cu_2S 与 Cu_2O 的交互反应为吸热反应，第二周期放出的热量要比第一周期低约60%。所以当吹炼低品位冰铜时温度就容易过高，而当吹炼高品位冰铜时则易出现热量不足的现象。生产上为使吹炼过程顺利进行，避免出现热量不足或热量过剩，首先控制冰铜品位不超过50%~60%。其次，在操作中，第一周期如果过热，要加入冷料进行调节。第二周期反应热少，就要减少停风。

33.3.3 冰铜吹炼的生产工艺

冰铜的吹炼大都是采用卧式碱性转炉。大型转炉每炉生产40~130t粗铜，其结构都已标准化。图33-5所示为50t转炉的结构图。

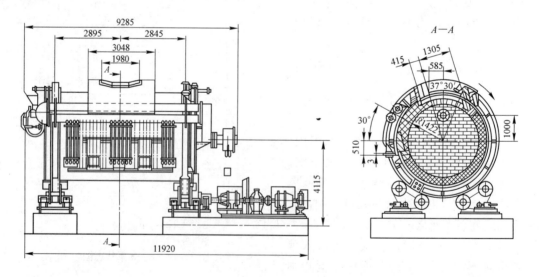

图 33-5　50t 转炉结构图

卧式转炉炉壳是用20~25mm的锅炉钢板铆接或焊接的水平式圆筒，外径为3660mm，外长为7100mm。内部衬以镁砖、镁铝砖或铬镁砖，炉子外面有两个大圈和一个大齿轮，整个炉子的质量通过这两个大圈支承在四对托轮上，托轮固定在摆动支座上，齿圈与一传动小齿轮相啮合，小齿轮通过减速装置与电动机相连。利用这套机构使转炉可以沿着两个方向转动。

转炉中部设有炉口，以便装入冰铜，倒出炉渣和粗铜，排出炉气。炉口为长方形，总面积为吹炼时熔池面积的20%～25%，炉口略向炉后倾斜，由于容易损坏，故做成容易拆卸的活炉口，我国工厂采用水套炉口，以减少炉结形成。

炉子内侧有一排风口，直径38～50mm，风口与U形配风管相连，保证风压均匀。供风常用涡轮式鼓风机。风口做成球阀式，以防止漏风，同时又便于用钢钎捅风口。

转炉炉气含SO_2浓度在第一周期为5%～6%，第二周期为8%～9%，可用于制酸。为了防止炉气被稀释以及便于收尘，炉口与密封烟罩相连，通常烟罩做成水套冷却式和铸铁板烟罩两种形式。

在正常操作时，吹炼过程技术经济指标如下：

（1）送风时率。是指转炉鼓风吹炼时间与整个吹炼过程所需总时间之比，应不低于75%。

（2）生产率。常用每炉日产粗铜量表示，也有用日处理冰铜量表示的。根据冰铜品位、送风时率、单位时间送风量而定，各企业情况并不相同。例如，50t转炉每日约处理150～180t中等品位的冰铜。

（3）铜回收率根据冰铜品位不同而不同。对含铜50%的冰铜，吹炼回收率可达98%。

（4）耐火材料消耗和炉子寿命也是一个重要指标。

转炉吹炼的改进措施是：

（1）采用计算机控制装置，个别工厂的转炉已实现无人操作。

（2）采用虹吸式转炉，加强密封，减少漏风稀释。

（3）采用富氧空气鼓风和转炉熔炼精矿，富氧空气对于吹炼高品位冰铜特别有效。

（4）采用浮选法回收转炉渣中的铜和转炉渣提钴等。

33.4　粗铜的火法精炼

火法精炼的实质是在液体铜中通入空气，使铜里的铁、铅、铋、镍、砷、锑、硫等杂质氧化而除去，然后将还原剂加入铜里除氧，最后得到化学成分和物理规格符合电解精炼要求的阳极铜。火法精炼的产物仍然含有杂质（如金银等贵金属），不能当作产品，况且还需要回收贵金属，因为贵金属是铜冶炼的重要副产品，所以只能铸成阳极铜以便进一步电解去杂提纯。

33.4.1　粗铜火法精炼的原理

33.4.1.1　火法精炼的氧化过程

氧化过程开始是铜先氧化成Cu_2O：

$$4Cu + O_2 == 2Cu_2O$$

Cu_2O溶解在铜中，其溶解度随温度升高而增加：

温度/℃	1100	1150	1200	1250
溶解度/%	5	8.3	12.4	13.1

溶解的 Cu_2O 和铜中的杂质金属（Me）发生反应：

$$Cu_2O + Me = 2Cu + MeO$$

Cu_2O 的浓度越大，杂质金属 Me 的浓度就越小。因此，为了迅速完全地除去铜中的杂质，必须使铜里的 Cu_2O 达到饱和。升高温度可以增加铜里的 Cu_2O 浓度，但温度太高又会使燃料消耗增加，也会使下一步还原的时间延长，所以氧化期温度以 1150~1170℃ 为宜，这时 Cu_2O 的饱和浓度约为 8%。

氧化除杂质时，为了减少铜的损失和提高过程效率，常常加入各种熔剂如石英砂（对铅、锡），石灰和苏打（对镍、砷、锑）等，使各种杂质生成硅酸铅、砷酸钙、砷酸钠等化合物造渣除去。

除硫是在氧化精炼最后进行的，这是因为在有其他对氧亲和力大的金属时，铜的硫化物不易被氧化，但只要氧化除去杂质金属过程结束，立即就会发生剧烈的相互反应放出 SO_2：

$$Cu_2S + 2Cu_2O = 6Cu + SO_2$$

此时，铜水出现沸腾现象，称为"铜雨"。除硫结束，就开始了还原过程。

33.4.1.2 火法精炼的还原过程

还原过程主要是用重油、天然气、液化石油气和丙烷等作还原剂来还原 Cu_2O，我国企业多用重油。依靠重油等分解产出的 H_2、CO 等使 Cu_2O 还原，反应为：

$$Cu_2O + H_2 = 2Cu + H_2O$$
$$Cu_2O + CO = 2Cu + CO_2$$
$$Cu_2O + C = 2Cu + CO$$
$$4Cu_2O + CH_4 = 8Cu + CO_2 + 2H_2O$$

还原过程进行的程度一般以达到铜中含氧 0.03%~0.05%（或 0.3%~0.5% Cu_2O）为限，此限度是产生水蒸气抵消铜冷凝时收缩的体积所必需的。而超过此限度时，液态铜吸氢作用会剧烈增加，同样使阳极铜多孔。所以一定不能过还原，如果发生过还原，则氧化还原操作必须重新进行。

33.4.2 粗铜火法精炼的生产工艺

铜的火法精炼可以在固定式反射炉、倾动式回转炉或圆筒炉中进行。我国目前大都采用固定式反射炉，容量从 30t 到 120t 不等。图 33-6 所示为 120t 固定式反射炉的结构。

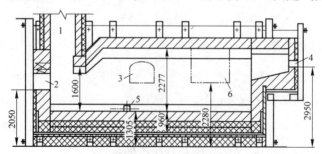

图 33-6 120t 固定式反射炉

1—排烟口；2—扒渣口；3—操作炉门；4—燃油口；5—出铜口；6—加料炉门

该炉型的炉膛有效面积为 20.7m^2（$7.65\text{m} \times 3.07\text{m}$），熔池深 0.95m。整个炉子建在砖柱或钢筋混凝土柱上，在柱上铺设 $25 \sim 40\text{mm}$ 厚的钢板或铸铁板，然后在板上面砌筑炉底和炉墙。炉顶为拱顶，炉墙外面有生铁围板，用工字钢作构架，上下用拉杆加固。炉子内部用镁砖砌成。炉子有两个炉门作加料和操作用。炉前端用烧油喷嘴加热，从炉尾部扒渣。出铜口设在靠近尾部侧墙一边。

精炼操作分为加料、熔化、氧化、还原和浇铸等几个步骤。根据原料成分不同，120t 炉的每周期为 18.5h，其主要技术经济指标如下：炉床能力 7.5t/m^2；重油消耗为每吨阳极铜 86kg；还原用油消耗每吨阳极铜 $8 \sim 15\text{kg}$；铜的直接回收率 $98\% \sim 99\%$。

铜火法精炼具有周期性，且有精炼时间长、燃料消耗大等特点。因此火法精炼要配套连续浇铸设备；用富氧或水蒸气氧化，用气体还原剂如氨、天然气、液化石油气等来还原，即强化氧化和还原过程；利用反射炉炉气余热。

33.5 铜的电解精炼

铜的电解精炼是以火法精炼的铜为阳极，电铜为阴极，在硫酸铜和硫酸电解液中通直流电电解，根据电化学性质的不同，杂质进入阳极泥或保留在电解液中，而在阴极产出纯铜。

33.5.1 电解精炼的电极反应

铜电解精炼是在硫酸铜和硫酸溶液中进行，在这个溶液中，根据电离理论，存在 H^+、Cu^{2+}、SO_4^{2-} 和水分子，因此在阳极和阴极之间施加电压通电时，将发生相应的反应。

阳极反应：

$$Cu - 2e = Cu^{2+} \qquad E_{Cu/Cu^{2+}}^{\ominus} = 0.34\text{V}$$

$$Me - 2e = Me^{2+} \qquad E_{Me/Me^{2+}}^{\ominus} < 0.34\text{V}$$

$$H_2O - 2e = 2H^+ + \frac{1}{2}O_2 \qquad E_{H_2O/O_2}^{\ominus} = 1.229\text{V}$$

$$SO_4^{2-} - 2e = SO_3 + \frac{1}{2}O_2 \qquad E_{SO_4^{2-}/O_2}^{\ominus} = 2.42\text{V}$$

上述反应中，根据标准电位次序表，只有比铜电位低的（低于 0.34V）金属才会失去电子进入溶液，这些金属大多数在火法精炼时已经除去，少量会进入溶液积累从而使电解液变得不纯，因此要定期抽出一部分电解液进行净化。高于 0.34V 的金属通常为贵金属，其不溶解而成为阳极泥沉落于电解槽底部。因此阳极主要反应是铜的溶解。

阴极反应：

$$Cu^{2+} + 2e = Cu \qquad E_{Cu/Cu^{2+}}^{\ominus} = 0.34\text{V}$$

$$2H^+ + 2e = H_2 \qquad E_{H^+/H_2}^{\ominus} = 0\text{V}$$

$$Me^{2+} + 2e = Me \qquad E_{Me/Me^{2+}}^{\ominus} > 0.34\text{V}$$

在这些反应中，根据标准电位次序表，只有标准电位高的金属离子能够优先进行还原，但这些金属在阳极不溶解，因此只有铜离子还原才是阴极的主要反应。

33.5.2 电解精炼的技术控制

33.5.2.1 电解液成分

工业上采用的电解液除 $CuSO_4$ 和 H_2SO_4 外，还有少量溶解的杂质和有机添加剂。电解液成分的控制就是要保证足够的铜离子和 H_2SO_4 浓度。铜离子浓度大可以防止杂质析出，硫酸浓度大导电性好。但这两个条件是互相制约的，即 H_2SO_4 浓度大时，铜的溶解度降低，反之则升高。通常铜离子浓度为 $40 \sim 50g/L$，硫酸浓度 $180 \sim 240g/L$。

由于杂质长期积累，到一定程度会影响电解铜质量，因此电解液必须净化。一般是根据具体情况将其定时抽出，并补充新的电解液。

电解液中的添加剂为表面活性物质，包括动物胶、硫脲和干酪素等，其作用是吸附在晶体凸出部分增加局部的电阻，保证阴极致密平整。

33.5.2.2 电流密度

电流密度是指每平方米阴极表面通过的电流安培数。虽然电流密度越大，生产率越高，但是电流密度的提高要受到技术和经济两方面的限制。从技术方面说，因为电解时溶解和沉积速度总是超过铜离子迁移速度，电流密度大时，则因为浓差不同会产生阳极钝化，而阴极则结晶粗糙，甚至出现粉状结晶。从经济方面说，电流密度过大，电压增加，电耗增大；同时由于提高电流密度，电解液循环量增大，会增大阳极泥的损失。

我国目前大都是采用电流密度为 $310 \sim 350A/m^2$。

33.5.2.3 槽电压

铜电解精炼的槽电压为 $0.2 \sim 0.25V$，主要是由电解液电阻、导体电阻和浓差极化引起的电压所组成。电解液的电阻与溶液成分和温度等有关，酸度大、温度高则电阻小，反之则电阻大。导体电阻与接触点电阻和阳极泥电阻有关。而浓差极化是由于阴阳极电解液成分不同所引起的，结果是产生与电解施加电压方向相反的电动势。根据研究，电解液电阻是最大的，占槽电压的 $50\% \sim 70\%$，浓差极化引起的电压降占 $20\% \sim 30\%$，而导体的电阻电压降占 $10\% \sim 25\%$。

33.5.2.4 电流效率

电流效率是指电解槽通过 $1A \cdot h$ 电量时，实际阴极产出铜量与理论上应沉积的铜量之比的百分数。电流效率通常只有 $92\% \sim 98\%$。电流效率降低的原因是漏电、阴阳极短路、副反应如铁离子的氧化还原作用和铜的化学溶解等。

33.5.3 电解精炼的生产工艺

铜电解精炼是在钢筋混凝土制作的长方形电解槽内进行。槽内衬铅皮或聚氯乙烯塑料以防腐蚀。电解槽放置于钢筋混凝土的横梁上，槽子底部与横梁之间要用瓷砖或橡胶板绝缘，相邻两个电解槽的侧壁间有空隙，上面放瓷砖或塑料板绝缘，再放导电铜排连接阴阳极。电解槽的结构如图 33-7 所示。

铜电解精炼的指标如下：直流电耗 $230 \sim 260kW \cdot h/t$；残极率 $14\% \sim 16\%$；直接回收率 85%；电解总回收率 99.9%；硫酸消耗 $4 \sim 5kg/t$；蒸汽消耗 $1 \sim 1.6t/t$。

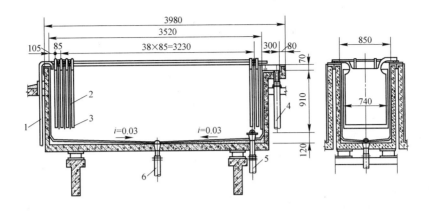

图 33-7 铜电解槽结构

1—进液管；2—阴极；3—阳极；4—出液管；5—放液管；6—放阳极泥孔

33.6 湿法炼铜

湿法炼铜是用溶剂浸出矿石使铜进入溶液，然后从含铜的溶液中回收铜。此法主要用于处理氧化矿石或低品位的氧化矿和硫化矿废矿石。另外，也可以处理经过焙烧的硫化精矿得到硫酸铜溶液，得到的含铜溶液再经过电积、置换、萃取和蒸馏等方法处理得到金属铜。湿法炼铜常用的溶剂有硫酸、氨、硫酸高铁溶液等。具体采用何种溶剂则要根据矿石成分、性质及脉石的性质来选择。含氧化硅高的矿石宜采用酸性溶剂；含铁和碳酸钙（镁）高的矿石宜采用碱性溶剂；含硫化物和氧化物的混合矿石则宜采用硫酸高铁酸性溶液作溶剂。

复习思考题

33-1 冰铜熔炼的目的及原理是什么？

33-2 冰铜的主要成分有哪些？

33-3 冰铜熔炼时，造成铜的损失过程有哪些？

33-4 冰铜熔炼时对渣型选择的依据是什么？

33-5 闪烁炉熔炼冰铜的原理是什么？

33-6 冰铜吹炼的原理是什么，第一周期的主要反应有哪些，第二周期的反应有哪些？

33-7 冰铜吹炼时如何控制热制度？

33-8 火法精炼的原理是什么，分为几个过程？

33-9 火法精炼操作有哪几个步骤？

33-10 铜电解精炼的两极反应可能有哪些反应，为什么生产中只有析出铜的两极反应？

33-11 铜电解精炼时，要控制哪些技术条件？

34 金属锌生产

34.1 概述

34.1.1 锌的性质与用途

34.1.1.1 物理性质

锌是银白色的金属，断面具有金属光泽。锌的熔点为419.5℃，沸点为906℃。锌是易挥发金属。在不同温度下锌的蒸气压见表34-1。

表34-1 在不同温度下锌的蒸气压

温度/℃	419.5	500	700	906	950
蒸气压/Pa	18.53	169.32	7981.99	101325	156346.71

铸锌的密度为 $7.13g/cm^3$，压延后锌的密度为 $7.25g/cm^3$，液体锌的密度为 $6.58g/cm^3$。

在室温下锌很脆，布氏硬度为7.5。加热到 $100 \sim 150℃$ 时锌变为很柔软，可压成0.05mm的薄片或拉成细丝。

34.1.1.2 化学性质

锌的原子量是65.37，干燥的空气在室温下对锌没有影响，潮湿而含有 CO_2 的空气，可使锌的表面氧化而生成一层 $ZnCO_3 \cdot 3Zn(OH)_2$ 致密薄膜，此薄膜可以保护金属锌的内部不再被氧化。

锌易溶于盐酸、稀硫酸和碱性溶液中。锌的主要化合物为硫化锌、氧化锌、硫酸锌和氯化锌。

34.1.1.3 锌的用途

金属锌主要用于镀锌板和精密铸造。锌片和锌板用于制造干电池和印刷工业。由于锌能与许多有色金属组成合金，故广泛用于机械工业及国防工业上，其中最重要的是铜锌合金（黄铜）。

锌的氧化物多用于颜料工业和橡胶工业；氯化锌可用作木材的防腐剂；硫酸锌可用于制革、纺织和医药等工业。

34.1.2 原料及生产方法

34.1.2.1 炼锌原料

锌在地壳中的平均含量为0.005%。锌矿石按其所含矿物不同而分为硫化矿和氧化矿。在硫化矿石中，锌主要以闪锌矿（ZnS）的形态存在。

含锌的多金属硫化矿一般采用优先浮选法进行选矿，以获得各金属的精矿。硫化锌精矿的主要组分为 Zn、Fe 和 S，三者约占总量的 $85\% \sim 95\%$。硫的含量变化不大，锌与铁的含量波动范围较大，而且，锌含量增加，铁含量就降低。所以，提高精矿品位主要在于降低其中的铁含量。一般精矿含锌品位在 40% 以上。

由于锌的氧化矿石选矿困难，故常常用回转窑或烟化炉挥发处理，以得到富集的氧化锌物料。

34.1.2.2 锌的生产方法

现代锌的生产方法可分为火法和湿法两大类。图 34-1 和图 34-2 所示分别是火法和湿法炼锌的工艺流程。

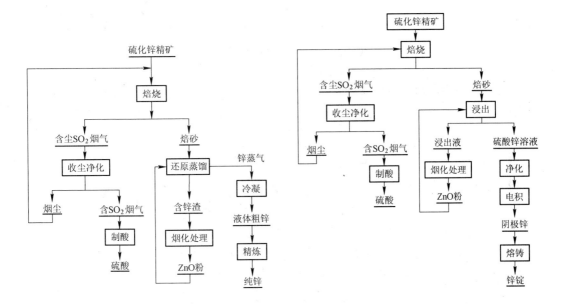

图 34-1　火法炼锌的工艺流程　　　　　图 34-2　湿法炼锌的工艺流程

火法炼锌包括焙烧、还原蒸馏和精馏三个主要过程。在 20 世纪 50 年代以前，还原蒸馏虽然经历了平罐—竖罐—密闭鼓风炉的发展变化，鼓风炉中可生产出铅、锌两种不同的金属。但目前也只占锌产量的 10% 左右。

湿法炼锌包括焙烧、浸出、净化和电积四个主要过程，它的发展非常迅速，到 20 世纪 60 年代中期其产量就超过了火法炼锌，70 年代中期约占总产量的 70%，80 年代初达到了 80%。

34.2 锌精矿的焙烧

34.2.1 锌精矿的焙烧原理

无论采用火法还是湿法流程，硫化锌精矿都要预先进行焙烧。硫化锌精矿的焙烧过程是在高温下借助于空气中的氧进行的氧化焙烧过程。焙烧的目的与要求决定于下一步的冶金处理方法。

火法炼锌厂焙烧硫化锌精矿的目的是将其中所含的硫完全除去，得到主要由金属氧化物组成的焙烧矿（焙砂）。

湿法炼锌厂焙烧硫化锌精矿并不要求全部脱硫，为了使焙砂中形成少量硫酸盐以补偿电解与浸出循环系统中硫酸的损失，焙砂中需要保留 3% ~4% 硫酸盐形态的硫。所以湿法炼锌厂所进行的是氧化焙烧和部分硫酸化焙烧。

34.2.1.1 硫化锌在焙烧时的反应

焙烧时硫化锌进行下列反应：

$$ZnS + 2O_2 === ZnSO_4 \qquad (34\text{-}1)$$

$$2ZnS + 3O_2 === 2ZnO + 2SO_2 \qquad (34\text{-}2)$$

$$2SO_2 + O_2 === 2SO_3 \qquad (34\text{-}3)$$

$$ZnO + SO_3 === ZnSO_4 \qquad (34\text{-}4)$$

焙烧开始时，进行反应（34-1）与反应（34-2），反应产生二氧化硫之后，在有氧的条件下又氧化成三氧化硫。

焙烧的结果可形成氧化锌或硫酸锌。

34.2.1.2 硫化铅在焙烧时的反应

焙烧时硫化铅进行下列反应：

$$2PbS + 3.5O_2 === PbO + PbSO_4 + SO_2$$

形成的硫酸铅再与硫化铅互相作用生成氧化铅：

$$3PbSO_4 + PbS === 4PbO + 4SO_2$$

焙烧结果形成了氧化铅。

34.2.1.3 硫化铁在焙烧时的反应

焙烧时在较低的温度下硫化铁即发生热分解：

$$FeS_2 === FeS + 0.5S_2$$

按下列反应生成氧化物：

$$4FeS_2 + 11O_2 === 2Fe_2O_3 + 8SO_2$$

$$3FeS + 5O_2 === Fe_3O_4 + 3SO_2$$

焙烧结果形成了 Fe_2O_3 与 Fe_3O_4，两者数量之比随温度不同而不同。

34.2.1.4 硅酸盐在焙烧时的反应

锌精矿中的脉石常含有游离状态的二氧化硅和各种结合状态的硅酸盐，二氧化硅量有时达到 5%。二氧化硅与氧化铅接触时，形成熔点不高的硅酸铅（$2PbO \cdot SiO_2$），促使精矿溶解，妨碍焙烧进行。二氧化硅还易与氧化锌生成硅酸锌（$2ZnO \cdot SiO_2$），硅酸锌和其他硅酸盐在浸出时虽容易溶解，但二氧化硅变成胶体状态，对澄清和过滤不利。

34.2.1.5 铁酸锌的形成

当温度在 600℃ 以上时，焙烧锌精矿所生成的 ZnO 与 Fe_2O_3 按以下反应形成铁酸锌：

$$ZnO + Fe_2O_3 === ZnO \cdot Fe_2O_3$$

铁酸锌不溶于稀硫酸，在湿法浸出时，铁酸锌留在残渣中而造成锌的损失。因此，对于湿法炼锌厂来说，力求在焙烧中避免铁酸锌的生成，尽量提高焙烧产物中的可溶锌率是一个重要的问题。

一般可采用下列措施：

（1）加速焙烧作业，以减少在焙烧温度下 ZnO 与 Fe_2O_3 颗粒的接触时间；另外，炉料的颗粒要大一些，使其接触的表面减小，也可降低铁酸锌的生成。

（2）升高焙烧温度能有效的限制铁酸锌生成。

（3）用 CO 去还原铁酸锌（将焙砂进行还原沸腾焙烧），由于其中的 Fe_2O_3 被还原，破坏了铁酸锌的结构而将 ZnO 析出。铁酸锌还原反应如下：

$$3(ZnO \cdot Fe_2O_3) + CO = 3ZnO + 2Fe_3O_4 + CO_2$$

34.2.2 锌精矿的焙烧工艺

现在广泛采用的焙烧硫化锌精矿的设备是沸腾焙烧炉，沸腾炉的横断面有圆形与矩形两种。国内多数工厂采用带有加料前室的圆形沸腾炉。图 34-3 所示为圆形沸腾炉。

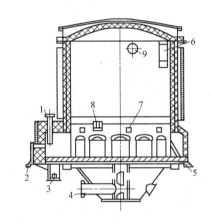

图 34-3　圆形沸腾炉
1—加料机；2—事故排出口；3—前室进风口；
4—炉底进风口；5—排料口；6—排烟口；
7—点火孔；8—操作门；9—开路用排烟口

在沸腾焙烧实践中，根据下一步工序对焙砂的要求不同，需采用不同的操作。

（1）高温氧化焙烧主要是获得适于还原蒸馏炼锌的焙砂。对于这种焙砂，除了把精矿含硫除至最低限度外，还要求把精矿中的铅、镉等杂质脱除大部分，以便得到较好的还原指标。

沸腾焙烧温度的升高受到精矿烧结成块的限制，因此高温氧化焙烧时以采用 1070～1100℃ 温度为适宜。

（2）低温部分硫酸化焙烧主要是为了得到适合湿法炼锌的焙砂。

34.3　火法炼锌

34.3.1　火法炼锌的基本原理

34.3.1.1　ZnO 的还原

火法炼锌是基于 ZnO 能被碳质还原剂还原的原理，其主要反应为：

$$ZnO(固) + CO(气) = Zn(气) + CO_2(气) \tag{34-5}$$

$$CO_2(气) + C(固) = 2CO(气) \tag{34-6}$$

$$ZnO(固) + C(固) = Zn(气) + CO(气) \tag{34-7}$$

反应（34-5）和反应（34-6）都是吸热反应，又都是可逆反应。氧化锌还原的温度很高，从 950℃ 左右开始，比其他金属的还原温度都要高得多。

存在于焙砂中的铁酸锌 $ZnO \cdot Fe_2O_3$ 在蒸馏过程的温度下，可被 CO 按如下反应还原：

$$ZnO \cdot Fe_2O_3 + CO = ZnO + 2FeO + CO_2$$

$$ZnO + CO = Zn + CO_2$$

因此，锌以铁酸盐形态存在于焙砂中，并不妨碍从其中提取锌，焙砂中的硅酸锌在配入石灰后也容易还原，但焙砂中的 $ZnSO_4$ 和 ZnS 实际上完全进入蒸馏残渣中而引起锌的损失。

34.3.1.2　锌蒸气的冷凝

锌蒸气的冷凝是一个相变过程，即由气态锌冷凝变成液态锌。

还原蒸馏罐逸出的气体中除锌以外还含有 CO 和少量的 CO_2，锌蒸气在罐气中的含量不超过 50%，这时的露点约为 830～870℃。锌蒸气冷凝过程中，所获得的液体锌量取决于所控制的冷凝温度。如果只是控制在露点温度，则只能得到极少量的锌。所以生产中控制冷凝温度要接近锌的熔点温度，这样才能获得最好的冷凝效果。

34.3.2　火法炼锌的工艺

34.3.2.1　竖罐炼锌

竖罐炼锌是在立式罐内进行的还原蒸馏过程，其工艺基本上可分为团矿制备、还原蒸馏和锌蒸气冷凝三个部分。

（1）团矿的制备。竖罐炼锌是在高达 10m 左右的罐中进行，这样便要求炉料在高温下具有足够的透气性，以保证罐内气流通畅及良好的热交换条件。同时炉料必须具有一定的强度、适合的粒度和大的孔隙度。制团作业包括各种物料的配料、混合、碾压、压密和成型，最后还必须在 800℃ 下进行焦结，才能得到符合竖罐蒸馏所要求的焦结团矿。

（2）竖罐蒸馏。竖罐由装料设备和上延部、罐体、下延部和蒸馏残渣卸出装置、冷凝器等四个主要部分组成。

（3）锌蒸气的冷凝。锌蒸气在罐体上延部冷却至 850℃ 左右，进入飞溅冷凝器（见图 34-4）。飞溅冷凝器为一密闭容器，以倾斜气道与竖罐相连，依靠没入器内锌液面下

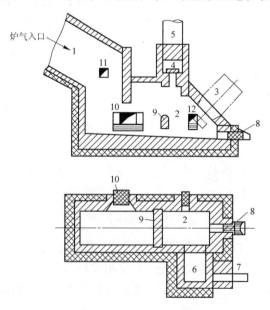

图 34-4　飞溅式冷凝器

1—倾斜部；2—冷凝室；3—转子装入口；4—方箱；5—直管；6—出锌池；7—出锌溜子；
8—停炉放锌口；9—锌粉挡墙；10—扒锌粉口（定期）；11—清扫孔；12—测温孔

的石墨转子的转动,将锌液以细粒状(锌雨)飞溅于器内空间,导入的蒸馏气体与锌雨密切接触冷凝而汇聚于锌液中。待冷凝器中锌液面上升到一定高度时,便定期从冷凝器中放出一定量的锌。冷凝废气自冷凝器排出口排出,排出时的温度控制在500℃左右。飞溅冷凝器的冷凝效率很高(为94%~97%),一个可容纳0.8m³气体的冷凝器,每日可冷凝锌10t。

竖罐炼锌虽然具有过程连续、机械化程度高、劳动条件好以及产品质量高等优点,但竖罐炼锌对原料要求严格,团矿制备过程复杂,要消耗贵重的碳化硅耐火材料,而且,竖罐采用间接加热方式,因而燃料的热利用率低,生产能力不能满足大规模发展锌生产的要求。所以许多竖罐炼锌厂正趋向于改用其他方法。

34.3.2.2　鼓风炉炼锌

鼓风炉炼锌包括锌原料的还原蒸馏及锌蒸气的冷凝两个过程。它和蒸馏法炼锌不同之处仅在于炉料的加热是直接的,作为还原剂的焦炭同时又是维持作业温度所需的燃料。在间接加热的蒸馏罐内,炉料中配有过量的碳,出罐气体中 CO_2 浓度小于1%,可以防止锌蒸气冷凝时被重新氧化。直接加热情况就大不一样,由于焦炭燃烧反应产生的 CO_2 和鼓风中的 N_2 和还原反应产生的锌蒸气混在一起,炉气被大量 CO_2 和 N_2 气体所稀释,故从含 CO_2 高的炉气中冷凝低浓度的锌蒸气,技术上存在许多困难,致使鼓风炉炼锌长期未能实现。直到20世纪50年代初期,出现了铅雨冷凝器,克服了从含 CO_2 高、含锌低的炉气中冷凝锌的技术难关,第一座炼锌鼓风炉才投入了生产。

A　鼓风炉炉内的主要反应

鼓风炉炼锌的原料是含铅锌烧结块,也可以是单纯锌的烧结块。这些炉料在炼锌鼓风炉内发生的主要化学反应如下:

$$2C + O_2 = 2CO \tag{34-8}$$

$$C + O_2 = CO_2 \tag{34-9}$$

$$CO_2 + C = 2CO \tag{34-10}$$

$$ZnO + CO = Zn(气) + CO_2 \tag{34-11}$$

$$PbO + CO = Pb(液) + CO_2 \tag{34-12}$$

为便于分析,按鼓风炉的高度将其划分为4个带来叙述。炉内各带的温度变化情况如图34-5所示。

a　炉料加热带

加入炉内的烧结块温度为4130℃左右,在此带内烧结块从炉气中吸收热量,而被迅速地加热到1000℃,从料面逸出的炉气温度则被降低到800~900℃。在这个温度变化范围内,炉气中的锌有一部分重新被氧化,即发生上述反应(34-11)的逆反应。

为了保证进入冷凝器的含锌炉气具有足够高的温度,即超过反应(34-11)平衡时的温度20℃左右,必须从炉顶吸入空气,使其与炉气中的一部分 CO 燃烧,放出热量来补偿加热炉料所消耗的热量。实践证明,炉料加热到1000℃所需的大部分热量,是炉顶吸入空气燃烧炉气中的 CO 放出来的热量,只有少量来自锌蒸气的再氧化。氧化反应产生的 ZnO

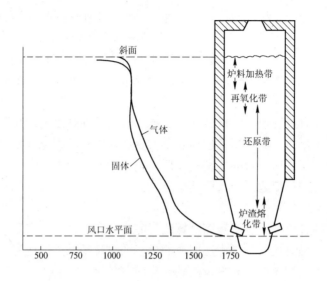

图 34-5 鼓风炉内各带划分

随固体炉料下降至高温区时，又需要消耗焦炭的燃烧热来还原挥发。所以这部分锌的还原与氧化，只起着热量的传递作用。

b 再氧化带

在此带内炉料与炉气的温度相等。此带内的主要化学反应为炉料从炉气中吸收热量后进行的反应（34-10），炉气中部分锌蒸气按反应（34-11）逆向进行而被氧化，放出热量给炉气。因此，在这一带，炉气与炉料的温度几乎保持不变，维持1000℃左右。在再氧化带内，炉料中的 PbO 按反应（34-12）大量还原，同时也被锌蒸气按下式还原：

$$PbO + Zn(气) \Longrightarrow Pb + ZnO$$

c 还原带

这一带的温度范围为 1000～1300℃左右，是炉料中的 ZnO 与炉气中的 CO 和 CO_2 保持平衡的区域。炉气中锌的浓度达到最大值，因为许多 ZnO 在此带按反应（34-11）被还原。上升炉气中的 CO_2 有少部分被固体炭按反应（34-10）还原。此带发生的这两个主要反应均为吸热反应，热量主要靠炉气的热来供给。因此炉气通过此带后，温度降低300℃左右。ZnO 在此带以固态还原越多越好，因为通过此带后的炉料将熔化造渣，ZnO 会溶于渣中。渣中 ZnO 的还原变得更加困难，致使渣含锌增加。ZnO 在此带能否以固态尽量被还原，主要取决于炉渣的熔点。易熔渣通过高温带时将会很快熔化，使 ZnO 不能完全从渣中还原出来，所以鼓风炉炼锌希望造高熔点渣。

通过这一带的炉气，其中的 Pb、PbS 和 As 的含量达到最大值，当炉气上升到上部较低的温度带时，这些组分便部分冷凝在较冷的固体炉料上，随炉料下降至此带高温区时又挥发。所以这些易挥发的物质有一部分在这里循环。大量被还原的铅在此带溶解其他被还原的金属，如 Cu、As、Sb、Bi，同时还捕集了 Au 和 Ag，最后从炉底放出粗铅。

d 炉渣熔化带

此带温度在1200℃以上。炉渣在此带完全熔化，熔于炉渣中的 ZnO 在此带还原，焦炭则按反应（34-8）和反应（34-9）在这一带燃烧。约有 60% 的 ZnO 在这一带从液态炉渣中被还原，因而要消耗大量的热，同时，炉渣完全熔化也要消耗大量的热。这些热量主要依靠焦炭燃烧放出的热量来供给，并在此带造成 1400℃ 的最高温度来保证炉渣的熔化与过热。

比较反应（34-8）和反应（34-9）的燃烧可知，鼓风炉炼锌应尽可能从反应（34-9）获得热量，以降低焦炭的消耗。但是炉渣中的 ZnO 还原又需要炉气中有较高的 CO 浓度，这就希望提高炉料中的碳锌比。这样不仅要消耗更多的焦炭，而且将造成 FeO 的还原。这一矛盾的解决，有赖于在生产实践中不断总结，以确定适当的碳锌比与鼓风量，提高预热空气温度也是一个有效的办法。

B　鼓风炉炼锌的设备及操作过程

鼓风炉炼锌的主要设备为密闭鼓风炉与冷凝器，以及有关的附属设备。炼锌鼓风炉不论大小，其断面皆为长方形，唯其两端为圆弧形。标准鼓风炉有 36 个风口，风口区面积约为 10m²，日产锌达 143t。密闭鼓风炉的设备配置如图 34-6 所示。

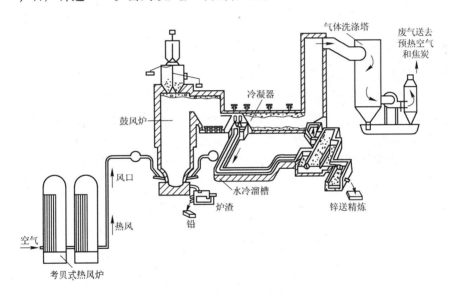

图 34-6　密闭鼓风炉的设备配置

密闭鼓风炉的炉身下部为带风管的水套构成，炉身上部由耐火砖砌成，炉顶全封闭并设有双钟加料口。炉子上部料面以上处设有风口以通入少量预热空气，可以燃烧部分一氧化碳，提高出炉气体温度至约 1000℃。鼓风炉产出的含锌炉气经炉身上部两侧或一侧的烟道口导出，引入冷凝器中。每个冷凝器有三个带轴的垂直转子浸入冷凝器内的铅池中。转子造成强烈铅雨，将气体迅速冷却到与铅液相同的温度（600℃ 以下），在其离开冷凝器之前又进一步冷却至 450℃ 左右。这样可使冷凝器出来的气流中未冷凝的锌减少到进入冷凝器时总锌量的 5% 以下。

每个冷凝器的铅液用铅泵按 300~400t/h 的速度不断循环着。循环系统包括一个冷凝器、一个铅泵池、一个长的水冷流槽。改变水冷槽水冷面积，就可控制传出的热量。改变铅液的泵出速度，就可调节冷凝器冷热两端的温度差。水冷槽使铅液冷至约 450℃ 进入分离槽内完成铅、锌分离（液体锌成为上部液层而分离）。适当地安排锌与铅的溢流面，使分离槽中保持一个深度为 380mm 的锌层。这样液体锌便可以不断地流入下一个加热池，以便必要时加钠除砷，然后浇铸成锭。冷却了的铅液不断地返回冷凝器。

炉气经冷凝后，再进行洗涤，洗涤后的废气还含有热量，此废气用以预热空气和焦炭。由喷雾塔和洗涤器出来的水，引至浓液槽内回收蓝粉，所得蓝粉返回配料。炉渣和粗铅（当料中含铜多时还有冰铜）定期从炉缸内放出。

所用炉料要求块料。烧结块和焦炭的块度最好在 60~80mm 范围内。为使炉顶气体保持高温，入炉的焦炭要预热至 800℃，入炉的烧结块一般都是刚从烧结机上卸下的，如果是冷的烧结块，也要预热到同焦炭一样的温度。

鼓风炉炼锌是火法炼锌的一项技术革新，和竖罐炼锌相比，它具有生产能力大、燃料热利用率高、可处理铅锌复合矿直接回收金属锌和金属铅等许多优点。其缺点是容易生成炉结，消耗大量冶金焦炭，还有铅污染和综合利用等问题。而且火法炼锌一般只能得到 4~5 号锌（98.7%~99.5%Zn），其中含有 0.5%~1.3% 的杂质必须精炼。因此鼓风炉炼锌的发展受到了一定的限制。

34.3.3　粗锌的精炼

粗锌中常见的杂质是 Pb、Cd、Cu、Fe 等。目前采用的精炼方法是火法精馏精炼。

粗锌的精馏精炼是连续作业，它是在一种专门的精馏塔内完成的。如图 34-7 所示，精馏塔包括两个主要部分，即铅塔与镉塔。一般是由两座铅塔和一座镉塔所组成的三塔型精馏系统构成。铅塔的主要任务是从锌中分离出较高沸点的铅、铜、铁等元素，镉塔则实现锌镉分离。原理都是利用这些金属的蒸气压和沸点的差别。锌及常见的杂质沸点见表 34-2。

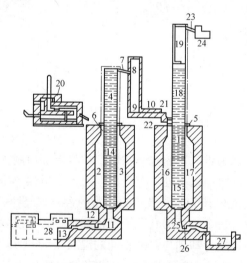

图 34-7　粗锌连续精馏精炼设备图

1，14—蒸发盘；2，3，16，17—燃烧室；4，15，18—回流盘；5—燃烧室上盖；6，22—加料管；

7，23—连接槽；8—铅塔冷凝器；9—储锌池，10—流锌槽；11，25—下延部；12，26—液封隔墙；

13—无镉锌出口；19—镉塔冷凝器；20—熔化炉；21—镉塔加料器；24—镉产品箱；

27—精锌储槽；28—精炼炉

表34-2 锌及常见的杂质沸点

金 属	Zn	Cd	Pb	Fe	Cu	Sn
沸点/℃	906	767	1744	2735	2360	2260

由所列数字可见，锌与镉的沸点较铅低，比铁与铜更低，如果控制精炼温度为1000℃，则锌与镉应该完全挥发出来，而铅、铁等高沸点金属则很少挥发或不挥发。

铅塔和镉塔是由许多个长方形或圆形碳化硅盘叠成，塔盘间的接触处是很严密的，外面的气体不能进入塔的内部。铅塔下部四周用煤气和重油加热，上部保温。加热部分的塔盘为浅W形，称为蒸发盘。上部塔盘为平盘，称为回流盘。两种盘大小一样（例如长990mm，宽457mm）。相邻两塔盘互成180°交错叠架，所以在塔内下流的液体与上升的气流呈之字形流动，以保证液相与气相充分接触，促使蒸发与冷凝过程达到平衡状态。

在混合炉熔化的粗锌，经过一密封装置均匀地流入铅塔。铅塔燃烧室的温度控制在1150~1250℃之间，以保证锌和镉强烈地蒸发。液体金属由各层蒸发盘的溢流孔流入下面蒸发盘时，与上升的金属蒸气（主要为锌和镉）密切接触，一方面锌液有充分机会受热蒸发，同时上升气流中所夹带的沸点较高的金属蒸气（如铅）亦有充分机会冷凝。如此，液体金属层次越多，则其含锌越少，最后其中大部分的锌均可气化上升，而大约占加入精馏塔总锌量的20%~25%的残留液体金属（主要为铅），由铅塔的最下层流入熔析炉内，进行熔析精炼。在熔析炉中，熔体分为三层：上层为含铅的锌，也称无镉锌，返回混合炉；中层为锌铁糊状熔体，称硬锌（含铁3%左右），送火法冶炼厂；底层为含锌粗铅，按一般炼铅方法炼得纯铅。

在铅塔内上升的金属蒸气中含锌成分越来越高，最后由铅塔最上层逸出，经铅塔冷凝器冷凝为液体后再进入镉塔。镉塔燃烧室温度控制在1100℃左右，则在镉塔中一样发生蒸发和冷凝的过程。结果，从镉塔最上层逸出的富镉蒸气，进入镉冷凝器冷凝得Cd-Zn合金（5%~15%Cd），送去提取镉。镉塔的最下层聚积了除去镉的纯锌液，铸锭成为商品锌锭。

精馏精炼可以产出99.99%以上的纯锌，总回收率可达到99%，并能综合回收Pb、Cd等金属。

34.4 湿法炼锌

34.4.1 锌焙砂的浸出

34.4.1.1 锌焙砂的浸出流程

锌焙砂的浸出是以硫酸溶液（锌电解的废硫酸电解液）去溶解焙砂中的锌，使锌焙砂中的锌尽可能完全溶解。锌焙砂的浸出流程如图34-8所示。

锌焙砂的浸出可分为中性浸出和酸性浸出两个阶段：首先用来自酸性浸出的溶液进行中性浸出，目的使用锌焙砂中和酸性浸出液中的游离硫酸，控制一定的酸度（pH值为5~5.2），用水解法除去溶解的杂质（主要是Fe、As、Sb），得到中性溶液经过净化后送去电积炼锌。

中性出渣中含有大量的锌，需再用酸性大的废电解液（含100g/L左右的游离酸）酸性浸出。目的是使浸渣中的锌尽可能完全溶解，为避免大量杂质同时溶解，所以终点酸度

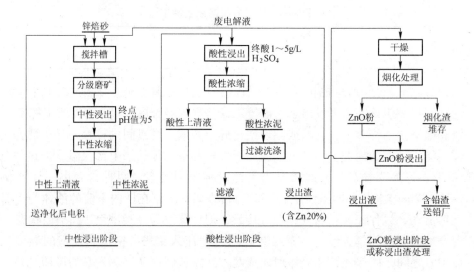

图 34-8 锌焙砂浸出流程

一般控制在 $1\sim5g/L\ H_2SO_4$。

酸浸出渣含锌约 20%，必须再处理，一般用烟化法将其中的锌挥发出来，得到的 ZnO 粉再用废电解液浸出。这一阶段称为浸出渣的处理。

34.4.1.2 锌焙砂各组分在浸出时的行为

A 锌的化合物

氧化锌是锌焙砂的主要成分，浸出时与硫酸作用，按以下反应进入溶液：

$$ZnO + H_2SO_4 = ZnSO_4 + H_2O$$

它是浸出过程中的主要反应。硫酸锌很易溶于水，溶解时放出溶解热，溶解度随温度升高而增加。

铁酸锌（$ZnO \cdot Fe_2O_3$）在通常的工业浸出条件下（温度为 $60\sim70℃$，终点酸度为 $1\sim5g/L\ H_2SO_4$），浸出率一般只有 $1\%\sim3\%$，这就意味着，相当数量与铁结合着的锌仍将保留在残渣中。采用高温高酸浸出焙砂，铁酸锌可按如下反应溶解：

$$ZnO \cdot Fe_2O_3 + 4H_2SO_4 = ZnSO_4 + Fe_2(SO_4)_3 + 4H_2O$$

与此同时，大量的铁进入溶液。因此，采用此法时，必须首先解决溶液的除铁问题。

硫化锌仅在热浓硫酸中按以下反应溶解：

$$ZnS + H_2SO_4 = ZnSO_4 + H_2S$$

在浸出槽中由于游离酸首先与 ZnO 反应，故这个反应实际上意义很小。浸出过程中 ZnS 几乎全部进入浸出渣中。

B 铁的氧化物

铁在锌焙砂中主要呈高价氧化物 Fe_2O_3 状态存在，也有少量呈低价形态（FeO 和 Fe_3O_4）。中性浸出时氧化铁不溶解，但在酸性浸出时，部分按如下反应进入溶液：

$$Fe_2O_3 + 3H_2SO_4 = Fe_2(SO_4)_3 + 3H_2O$$

氧化亚铁甚至在极稀硫酸溶液中也溶解，其反应为：

$$FeO + H_2SO_4 =\!=\!= FeSO_4 + H_2O$$

Fe_3O_4 不溶解于稀硫酸溶液中。

当浸出物料中有金属硫化物存在时，硫酸铁被还原为硫酸亚铁：

$$Fe_2(SO_4)_3 + MeS =\!=\!= 2FeSO_4 + MeSO_4 + S$$

浸出时，焙砂中的铁约有 10% ~ 20% 进入溶液。浸出液中存在两种铁离子，即二价的亚铁离子和三价的高铁离子。

C　铜、镉、钴的氧化物

铜、镉、钴常是锌精矿中的主要杂质。在焙砂中大多数呈氧化物形态存在，酸性和中性浸出时都能很容易按以下反应溶解：

$$CuO + H_2SO_4 =\!=\!= CuSO_4 + H_2O$$

$$CdO + H_2SO_4 =\!=\!= CdSO_4 + H_2O$$

$$CoO + H_2SO_4 =\!=\!= CoSO_4 + H_2O$$

一般说来，焙砂中铜、镉，钴的含量都不很高，因而它们在浸出液中浓度也都比较低。在某些特殊情况下，精矿含铜比较高时，在酸性浸出时进入浸出液的铜，到了中性浸出阶段又会部分水解析出，并且浸出液的含铜量将由中浸终点 pH 值确定，pH 值越高，溶液含铜量就会越低。

D　砷和锑的化合物

焙烧时精矿中的砷、锑将有部分呈低价氧化物 As_2O_3 和 Sb_2O_3 挥发。高价氧化物 As_2O_5 和 Sb_2O_5 不挥发，且具有较强的酸性，因而它能与炉料中的各种碱性氧化物如 FeO、ZnO、PbO，尤其是 CaO 结合，形成相应的砷酸盐和锑酸盐而留在焙砂中。各种砷酸盐和锑酸盐都容易和硫酸发生反应。

E　金与银

金在浸出时不溶解，完全留在浸出残渣中。银在锌焙砂中以硫化银（Ag_2S）与硫酸银（Ag_2SO_4）的形态存在，硫化银不溶解，硫酸银溶入溶液中。溶解的银与溶液中的氯离子结合为氯化银沉淀。

F　铅、钙的化合物

铅的化合物在浸出时呈硫酸铅（$PbSO_4$）和其他铅的化合物（如 PbS）留在浸出残渣中。钙常以氧化物和碳酸盐含于焙砂中。浸出时按如下反应生成硫酸钙：

$$CaO + H_2SO_4 =\!=\!= CaSO_4 + H_2O$$

$$CaCO_3 + H_2SO_4 =\!=\!= CaSO_4 + H_2O + CO_2$$

$CaSO_4$ 实际上不进入溶液，而是留在浸出渣中，消耗硫酸。

G　二氧化硅

焙砂中的 SiO_2 有呈游离状态存在的，也有与各种金属氧化物相结合（$MeO \cdot SiO_2$）状态存在的，浸出时游离 SiO_2 不溶解。硅酸盐较易溶解，甚至在稀硫酸中也能部分分解。

例如，硅酸锌在硫酸溶液中按以下反应分解：

$$2ZnO \cdot SiO_2 + 2H_2SO_4 \Longrightarrow 2ZnSO_4 + SiO_2 + 2H_2O$$

硅酸盐分解出来的 SiO_2 不能立即沉淀，而变为硅酸胶体进入溶液中。溶液中存在有硅酸会妨碍以后的浓缩与过滤。

中性浸出时，随着溶液温度的降低，硅酸可以凝聚起来，并可和某些金属的氢氧化物一道发生沉淀，而以 pH 值等于 5.2~5.4 时沉淀得最完全。因此，在中性浸出阶段，不仅某些金属杂质的盐类能发生水解沉淀从溶液中除去，而且硅酸发生凝聚和沉淀也可从溶液中除去。溶液中硅酸含量可降到 0.2~0.3g/L。

为了加速浸出矿浆的澄清与过滤，提高设备生产率，在湿法冶金中常使用各种凝聚剂。我国各湿法炼锌厂采用的国产三号凝聚剂是一种人工合成的聚丙烯酰胺聚合物，其凝聚效果良好。锌焙砂中性浸出时，加入 5~20mg/L 三号凝聚剂，可提高其沉降速度 12 倍。

34.4.1.3 锌焙砂浸出的生产工艺

浸出用设备称作浸出槽。锌焙砂的浸出用两种类型的浸出槽：空气搅拌槽与机械搅拌槽。浸出槽容积一般为 50~100m³，可用木材、混凝土或钢板制作，内衬耐酸材料。空气搅拌浸出槽结构如图 34-9 所示。

各厂锌焙砂浸出的实际操作不一样。一般中性浸出所用的溶液含有 100~110g/L Zn 与 1~5g/L H_2SO_4。开始浸出时，液固比为 10~15，将 3 或 4 个空气搅拌槽串联起来，矿浆连续地由一个搅拌槽流入另一个搅拌槽。浸出过程中矿浆不另外加热，依靠焙砂的热、放热反应的热以及溶解热，可使温度维持在 40~60℃。整个浸出时间是 3~6h。

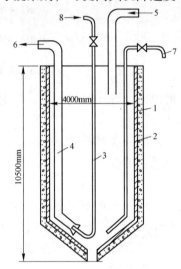

图 34-9　空气搅拌浸出槽
1—混凝土槽；2—防腐衬里；3—扬升器用风管；
4—扬升器；5—矿浆输入管；6—矿浆输出管；
7—搅拌风管；8—进风管

为了使溶液中的 Fe^{2+} 氧化为 Fe^{3+}，以便用中和法控制 pH 值为 5 左右，将溶液中的铁完全沉淀下来，所以在浸出时向第一台的搅拌槽内加入由电解锌时所获得的泥状二氧化锰。二氧化锰在酸性介质中使硫酸亚铁氧化，其反应如下：

$$2FeSO_4 + MnO_2 + 2H_2SO_4 \Longrightarrow Fe_2(SO_4)_3 + MnSO_4 + 2H_2O$$

在最后的搅拌槽内硫酸铁水解，形成氢氧化铁沉淀除去。反应如下：

$$Fe_2(SO_4)_3 + 6H_2O \Longrightarrow 2Fe(OH)_3 + 3H_2SO_4$$

所产出的硫酸又被锌焙砂中的氧化锌和加入的石灰乳中和，总的反应可写成下式：

$$Fe_2(SO_4)_3 + 3H_2O + 3ZnO \Longrightarrow 2Fe(OH)_3 + 3ZnSO_4$$

用中和法沉淀铁的同时，溶液中的 As 和 Sb 可以与铁共同沉淀。所以在生产实践中，如果溶液中 As、Sb 含量比较高时，为使它们沉淀完全，必须保证溶液中有足够的铁离子，溶液中铁含量应为 As 与 Sb 总量的 10 倍以上，铁含量不够时，应加入含铁的物质，这就是湿法炼锌厂在锌焙砂浸出时加入 $FeSO_4$ 的原因。

矿浆从最后的搅拌槽送入浓缩槽进行浓缩。由浓缩槽澄清的溶液就是中性硫酸锌溶液,此溶液送去净化以除去其中的杂质,然后电积。浓缩产物是浓稠矿浆状的中性浸出不溶残渣,送至酸性浸出槽进行酸性浸出。

酸性浸出的溶液是从电解槽内放出的电解液。浸出开始时矿浆中液固比约为 10,而浸出结束时,由于部分锌从固相进入溶液中,故液固比提高到 20。矿浆温度开始时是 40 ~ 50℃,由于锌的化合物与硫酸之间的放热反应以及溶解热的影响,使矿浆温度在酸性浸出结束时升高至 50 ~ 60℃。酸性浸出延续的时间是 3 ~ 4h,酸性浸出的矿浆在浓缩槽内进行浓缩,澄清液送往中性浸出,而液固比约为 2.5 ~ 4 的浓缩产物送往过滤,滤渣称为浸出渣,其中含锌约 20% 左右,送烟化处理系统以回收锌。

通常锌焙砂经过两段浸出的锌浸出率约为 80%,而氧化锌粉(尘)的浸出率为 92% ~ 94%。

34.4.1.4　新法除铁及浸出工艺的改进

在锌精矿中,铁的含量普遍很高,即使含铁较低的锌精矿含铁也达 3% ~ 5%,在很多情况下铁含量都接近于 10%。锌精矿经过焙烧以后,大部分铁以铁酸锌形态转入锌焙砂中。湿法冶炼中,酸性溶液处理的对象,通常就是这种含铁量较高的焙砂。显然,让很大一部分铁留存在浸出残渣中是很不合理的,因为这将大大降低锌的浸出率。因为留在固相中的铁主要以铁酸锌($ZnO \cdot Fe_2O_3$)状态存在,对应于 1 份的铁,将有约 0.6 份的锌被留存在浸出渣中。

如前所述,铁酸锌的浸出在工业上是容易办到的,只需采用高温、高酸即可。但与此同时,大量的铁也被引入了溶液。若用传统的使高价铁水解沉淀的方法除铁,则会由于溶液中含铁量太高,产生大量呈胶体状态的铁的水解产物,从而使矿浆的液固分离产生困难。目前,使铁呈结晶形态从溶液中沉淀析出而不是胶状物状态出现的新的除铁方法有三种,即黄钾铁矾法、针铁矿和赤铁矿法。

A　黄钾铁矾法

黄钾铁矾法是采用最多的方法,当溶液中的铁以黄钾铁矾形式析出时,沉淀物为结晶态,易于沉降、过滤和洗涤。

黄钾铁矾法沉铁反应如下:

$$3Fe_2(SO_4)_3 + 2(A)OH + 10H_2O \Longrightarrow 2(A)Fe_3(SO_4)_2(OH)_6 + 5H_2SO_4$$

式中,A 代表 K^+、Na^+ 等碱离子,$2(A)Fe_3(SO_4)_2(OH)_6$ 被称为黄钾铁矾,所以该法也称为黄钾铁矾法。

为了尽可能地降低溶液的铁含量,必须使黄钾铁矾的析出过程在较低酸度下进行。工业上高温高酸浸出时的终点酸度很高,一般达到 30 ~ 60g/L,因此,工业生产流程在高温高酸浸出之后,专门设置了一个预中和工序,使溶液的酸度从 30 ~ 60g/L,下降到 10mg/L 左右,然后再加锌焙砂控制沉铁过程在 pH 值为 1.5 左右进行。黄钾铁矾析出过程本身也是一个排酸过程,因此,随着黄钾铁矾的析出,溶液本身的酸度将不断升高,这就要求在沉铁的过程中不断加入中和剂,使溶液的酸度始终保持在 pH 值为 1.5 左右。

目前,黄钾铁矾的工业析出条件一般为 pH 值为 1.5 左右,温度约为 95℃。添加晶种可以加快其析出速度。

　　B　针铁矿法

　　针铁矿（α-FeOOH）是一种很稳定的晶体化合物。如果从含 Fe^{3+} 浓度很高的浸出液中直接进行中和水解，则只能得到胶体氢氧化铁 $Fe(OH)_3$，这将很难澄清过滤。只有在低酸度和低 Fe^{3+} 浓度条件下，才能析出结晶状态的针铁矿。因此，采用针铁矿法沉铁，首先必须将溶液中的 Fe^{3+} 还原为 Fe^{2+}（生产上用 ZnS 作还原剂），然后再用锌焙砂将其中和到 pH 值为 4.5～5。中和之后再用空气进行氧化。针铁矿法的总反应如下：

$$Fe_2(SO_4)_3 + ZnS + 0.5O_2 + 3H_2O = ZnSO_4 + Fe_2O_3 \cdot H_2O + 2H_2SO_4 + S$$

其中，$Fe_2O_3 \cdot H_2O$ 就是针铁矿。

　　针铁矿法的沉淀条件是：温度为 95℃，pH 值为 4～5。加入晶种可以加快析出速率。

　　C　赤铁矿法

　　在高温（185～200℃）条件下，当硫酸浓度不高时，溶液中的 Fe^{3+} 便会发生如下水解反应而得到结晶 Fe_2O_3：

$$Fe_2(SO_4)_3 + 3H_2O = Fe_2O_3 + 3H_2SO_4$$

其中，Fe_2O_3 就是赤铁矿。若溶液中的铁呈 Fe^{2+} 形态，应使其氧化为 Fe^{3+}。

　　采用赤铁矿法沉铁，需有高温高压条件。沉铁过程在衬钛的高压釜中进行。

　　由于上述三种除铁方法的研究成功，中浸渣的酸性浸出已改为热酸浸出，浸出渣的火法处理分离锌铁改为热酸浸出沉铁法，前述的一般原则流程也改为如图 34-10 所示的流程。

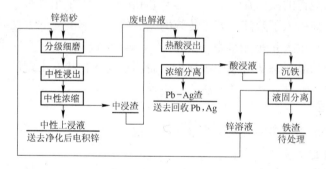

图 34-10　锌焙砂的热酸浸出

34.4.2　硫酸锌溶液的净化

　　为得到高纯度的阴极锌和最经济地进行电解，对电解液的组成和纯度有一定要求。从锌焙砂各组分在浸出时的行为可以看到，浸出过程中许多杂质化合物都随同锌的化合物一道溶解而进入溶液。因此，在电解前必须对这种溶液进行净化，把各种杂质除至允许含量。

　　净化原理为两种：加锌粉置换法和加特殊试剂沉淀法。

34.4.2.1　锌粉置换法

　　由于存在于浸出液中的铜、镉及某些其他杂质在电化序中是较锌正电性更强的金属，故可被金属锌从溶液中置换出来。当锌加入溶液时，发生如下反应：

$$Cu^{2+} + Zn === Zn^{2+} + Cu$$

$$Cd^{2+} + Zn === Zn^{2+} + Cd$$

置换反应在加入溶液中的锌表面上进行。为加速反应，常应用锌粉以增大反应表面。一般要求锌粉粒度应通过100~120号筛。但是锌粉过细容易飘浮在溶液表面，也不利于置换反应的进行。锌粉消耗量一般为理论需要量的2~3倍。

加锌粉的净化过程在机械搅拌槽或沸腾净化槽内进行。净化后的过滤设备，一般采用压滤机。滤渣由铜、镉和锌组成，送去回收镉。

34.4.2.2 黄药除钴

加特殊试剂净化法主要是指除钴，其次是除氟和氯。黄药是一种有机试剂，黄药除钴的实质是在有硫酸铜存在的条件下，溶液中的硫酸钴与黄药作用，形成难溶的黄酸钴而沉淀。

硫酸铜起了使Co^{2+}氧化为Co^{3+}的作用。黄药也能与其他金属如Cu、Cd等作用，所以为了减少黄药的消耗，应该在预先除去Cu、Cd杂质后，再加黄药除钴。

黄药除钴条件为：温度为35~40℃；除钴液的pH值为5.2~5.4；黄药用量为溶液中钴量的10~15倍。生产中除了黄药除钴之外，还有β-萘酚除钴等方法。

34.4.2.3 除氯等

氟、氯存在于电解液中会使阳极腐蚀并降低阴极锌的质量，氟在电解液中会使阴极锌剥离困难。如果溶液中氟、氯含量超过100g/L，就必须在送去电解前进行净化。

最有效的除氯方法是采用硫酸银净化法，使氯呈氯化银沉淀除去，反应如下：

$$Ag_2SO_4 + 2MeCl === 2AgCl + Me_2SO_4$$

因为银比较贵，有的工厂用处理铜镉渣以后的铜渣来除氯，使之生成$CuCl_2$沉淀。

溶液中的氟可通过加入石灰乳使其形成难溶化合物CaF_2而除去。

34.4.3 锌的电解沉积

锌电积一般采用Pb-Ag合金（1% Ag）板为阳极，纯铝板为阴极，以酸性硫酸锌水溶液作为电解液。当通以直流电时，在阴极上发生锌的析出，在阳极上放出氧气。

随着电解过程的进行，电解液中的含锌量不断减少，硫酸含量不断增加。为了保持电积条件的稳定，必须不断抽出一部分电解液作为废液返回浸出，同时相应地加入净化了的中性硫酸锌溶液，以补充所消耗的锌量，维持电解液中一定的含锌量及H_2SO_4浓度，并稳定电解系统中溶液的体积。

34.4.3.1 锌电解沉积的两极反应

A 阴极反应

锌电解液中正离子主要是锌离子和氢离子，因而阴极上可能的反应为：

$$Zn^{2+} + 2e === Zn \tag{34-13}$$

$$2H^+ + 2e === H_2 \uparrow \tag{34-14}$$

反应（34-14）是我们不希望的，因此，在电积时应创造条件使反应（34-13）在阴极优先进行，而使反应（34-14）不发生。

从热力学观点出发考虑，在阴极上只能放出氢气。锌的电解析出是不可能的。但是，在实际的电积过程中，锌离子与氢离子在阴极上放电均有一定的超电压，其中由于极化的结果，氢离子在阴极的析出电位非常显著地向更负值的方向变化，为锌电积创造了条件，使得锌离子的放电不仅成为可能，而且能优先于氢离子。

氢的超电压与阴极材料、电流密度、电解液温度以及阴极表面结构等因素有关。在生产实践中，氢的超电压值直接影响电解过程的电流效率，因此，总是力求增大氢的超电压以提高电流效率。

B　阳极反应

铅（Pb-Ag 合金）是作为"不溶性阳极"而用于电解作业的。但是，从热力学的角度讲，铅阳极并不是完全不溶的。新的铅阳极板在电解初期浸蚀的很快，并形成硫酸铅和氧化铅，以后则由于氧化膜对金属的保护作用，才使铅阳极的被浸蚀速度逐渐缓慢下来。

电解时在阳极上首先发生铅的阳极溶解，并形成 $PbSO_4$ 覆盖在阳极表面上：

$$Pb - 2e = Pb^{2+}$$

$$Pb^{2+} + SO_4^{2-} = PbSO_4$$

随着溶解过程的进行，由于 $PbSO_4$ 的覆盖作用，铅板的自由表面不断减少，相应的电流密度就不断增大，因而电位也就不断升高，当电位增大到某一数值时，二价铅被进一步氧化成高价状态，产生四价铅离子 Pb^{4+} 并与氧结合成过氧化铅 PbO_2：

$$PbSO_4 + 2H_2O - 2e = PbO_2 + 4H^+ + SO_4^{2-}$$

待铅阳极基本上为 PbO_2 覆盖后，即进入正常的阳极反应：

$$H_2O - 2e \longrightarrow 0.5O_2 + 2H^+$$

结果在阳极上放出 O_2，而使电解液中的 H^+ 浓度增加。

比较过氧化铅形成反应和铅阳极正常反应的平衡电位（$E^\ominus$），前者的绝对值高于后者，因此，从热力学观点来看，氧将优先在阳极上析出。但实际上氧的放电却是在 PbO_2 膜形成以后才发生，这是由于氧的析出也存在着较大的超电压的缘故。

氧析出的超电压值也取决于阳极材料、阳极表面状态以及其他因素。锌电解过程伴随着在阳极上析出氧。氧的超电压越大，则电解时电能消耗越多，因此应力求降低氧的超电压。

34.4.3.2　锌电解生产工艺

A　电解槽的构成

电解槽为长形槽子，一般长为 2~4.55m，宽为 0.8~1.2m，深为 1~2.5m，其内有阴极与阳极悬挂于导电板上，还有电解液导入与导出装置。电解槽大都用钢筋混凝土制作，也有木制的。电解槽的防腐蚀内衬材料过去多用铅皮（一般厚为 3~5mm），现已逐渐改用软聚氯乙烯塑料作内衬，它的优点是抗蚀性能强，绝缘性能好，和铅皮衬里相比还可减少阴极锌的含铅量。电解槽结构如图 34-11 所示。

阳极主要由阳极板、导电杆及阳极接头三部分组成。阳极板用含银 1% 的铅银合金做成。阳极导电杆多用电铜制作。为使阳极板与导电杆接触良好，导电杆铸入铅银合金内。阳极一般长为 900~1077mm，宽为 620~718mm，厚为 5~6mm，重为 50~70kg。阳极板寿命是 1.5~2 年。

阴极用厚为 2.5~5mm 的纯铝板制成。阴极一般长为 1020~1520mm、宽为 600~900mm，重为 10~12kg。为了减少阴极边缘形成的树枝状结晶，通常阴极长和宽较阳极大 30~40mm。为了防止阴阳极短路及析出锌包住阴极周边造成剥锌困难，阴极的两边缘黏压有聚乙烯塑料条套。

除电解槽及阴阳极之外，电解车间还有供电、冷却电解液以及剥锌机等附属设备。

B 锌电解操作

正常操作主要是装出槽与剥锌，现在实现了装出槽和剥锌的机械化与自动化。采用较低的电流密度（300~400A/m²），延长了剥锌周期，增大了阴极面积。

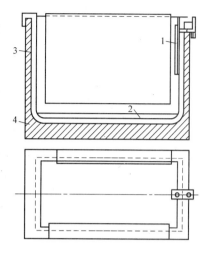

图 34-11 锌电解槽
1—溢流堰；2—软聚氯乙烯塑料衬里；
3—沥青油毛毡；4—槽体

锌电解时，由于电解液等的电阻而产生焦耳热的影响，使电解液温度升高。随着电解液的温度升高，在阴极上氢的超电压减小，由此电流效率下降，锌从阴极上溶解的速度加大。因此，必须采取降温措施对电解液进行冷却，使电解过程维持在一定温度下进行。实际生产过程中电解液温度一般维持在 30~40℃ 范围内。电解液的冷却方式有两种，即槽内分别冷却与槽外集中冷却，目前多用槽外集中冷却方式。一般使用强制通风冷却塔或真空蒸发冷冻机两种类型的冷却设备。

电解过程中所产生的阳极泥，是由硫酸锰在阳极氧化时所形成的二氧化锰与铅的化合物所组成的，阳极泥含有约 70% MnO_2、10%~14% Pb 以及大约 2% Zn。阳极泥可作为中性浸出时铁的氧化剂。阳极泥必须定期地从阳极表面清洗除去。

由于电极反应在阳极上以气泡状态放出的氧带出极小粒的电解液，所以在车间内形成酸雾，它严重危害工人的身体健康和腐蚀厂房设备。为了防止酸雾，往电解液中加入起泡物质，如皂根精、焦油、水玻璃等，使电解槽的液面上形成一层稳定的泡沫层，起到一种过滤作用，将气体带出的电解液捕集在泡沫中，减少了厂房的酸雾。

在硫酸锌溶液电积过程中，常在电解液中加入一定量的动物胶或硅酸胶。其作用是改善阴极质量，使阴极表面平滑，这是由于胶吸附在电极表面凸起的地方，阻碍这些地方晶核生长，这样便能得到表面平滑、细晶结构的阴极锌。加入一定量的胶质可以提高氢的超电压，如在电流密度为 500A/m² 下，电解液中胶的含量达到 0.1% 时，超电压可以从不加胶的 1.15V 增至 1.24V。但继续提高加胶量则对氢的超电压影响不大。

复习思考题

34-1 锌精矿中各种硫化物在焙烧时如何反应？

34-2 焙烧时，铁酸锌是如何形成的，对生产有无危害？

34-3 焙烧时，焙烧温度的选择要根据什么来确定？

34-4 火法炼锌的原理是什么?

34-5 火法炼锌有哪几种工艺?

34-6 粗锌是如何精炼的?

34-7 湿法浸出锌焙砂时,其中所含各组分有哪些行为?

34-8 如何去除硫酸锌溶液中的铁?

34-9 硫酸锌溶液如何净化,主要除去哪些杂质?

34-10 硫酸锌溶液电积时的两极反应怎样进行?

34-11 硫酸锌溶液电积时的操作有哪些步骤?

第6篇　冶金安全生产

35　冶金安全生产概述

冶金工业是我国国民经济重要的基础产业之一，历经五十余年的发展，特别是改革开放以来，我国冶金工业得到了突飞猛进的发展。我国钢产量已经连续10年居世界第一，约占世界钢产量的1/3，十种有色金属总产量也已连续多年位居世界第一。冶金工业的发展较好地满足了国内对金属产品的需求，为国民经济的快速发展做出了巨大贡献。在努力发展生产的同时，冶金企业不断加强企业安全管理工作，鞍钢、宝钢、武钢、攀钢、太钢等一批大型国有冶金企业积极开展现代安全管理实践，不断创新安全管理模式，取得了较好效果，"鞍钢宪法"曾经是全国工业企业的旗帜。近年来，冶金行业整体管理水准不断提高，安全生产形势总体平稳。

冶金企业生产规模大，机械化、自动化程度较高，生产连续性强；设备大多笨重、庞大、粗糙；工作环境中存在高温、高压、高噪声、有毒有害气体；存在高空作业、高速运转作业、高粉尘作业、高强度作业、易燃易爆气体作业、低温作业等。因此冶金企业的安全生产管理具有产业链长、涉及面广、危险因素多、管理难度大、风险大等特点，易发生重大安全事故。

特别是近年来，受行业管理弱化、安全监管工作不到位，企业急速扩张或改制后安全管理工作弱化，大量介入的非公有制企业安全生产管理工作薄弱等因素影响，冶金行业安全生产事故总量呈上升趋势。

近几年来，冶金行业发生了多起重大安全事故，造成了严重的损失和恶劣的社会影响。2004年9月23日，新兴铸管股份有限公司煤气发电厂在新建的燃气锅炉调试过程中发生煤气爆炸，造成13人死亡，8人受伤；2005年2月9日，山西省临汾市翼城县唐兴镇召欣冶金有限公司发生炉底烧穿事故，造成10人死亡，6人受伤；2005年2月22日，湖北省大冶市华鑫实业有限公司一名看料工检查储料时因煤气中毒坠入料仓，同班3名工人因盲目施救先后中毒坠入料仓，共造成4人死亡；2007年4月18日，辽宁省铁岭市清河特殊钢有限责任公司钢包倾覆特别重大事故，钢包在吊运过程中突然倾覆，造成32人死亡，2人轻伤的严重后果。这些灾难事故的发生给人民群众生命财产造成严重损失，教训十分深刻。

随着我国经济的发展和生产力水平的提高，钢铁和有色金属的需求还将进一步增大，冶金工业还将稳步发展，同时冶金工业安全生产管理工作亟待加强，任重而道远。

本篇将重点介绍冶金生产中主要生产工艺（烧结生产、炼铁生产、炼钢生产、轧钢生产和有色金属冶炼）的安全生产技术。

36　烧结安全生产技术

36.1　烧结生产特点

烧结生产的特点主要包括：

（1）皮带多。烧结厂使用原料、中间生产环节物料运送及产品运送大多数都采用皮带运输机。一个有 4 台 75m² 烧结机的烧结厂，约占地 11 万平方米，设备质量有 4000 多吨，其中皮带输送机就有 60～70 台。

（2）地下通廊、高空通廊多。地下通廊由于地面潮湿，粉尘浓度高和照明条件差，容易发生滑跌及触电事故；上下梯子时容易出现摔伤和扭伤事故；高空检修又容易坠物，对地面人、物造成伤害和损失。

（3）粉尘浓度高。烧结生产中物料运转及烧结机烧结时，机头、机尾都产生大量粉尘。

（4）噪声大。烧结作业过程中，噪声源有 30 余处，主要是主风机、四辊破碎机、通风除尘机、振动筛、颚式破碎机等。

（5）高温设备及物料温度高。烧结机及有关设备、物料具有较高温度，与水接触产生蒸汽，容易发生烫伤事故。

36.2　烧结生产主要危险有害因素及事故类别和原因

烧结作业是人身伤害事故比较多发的作业，烧结作业中所产生的事故种类也是多种多样的。据统计，在各类烧结生产造成的死亡事故中，机械伤害致死占 44.9%，灼伤致死占 13.0%，高处坠落致死占 10.6%，料仓原料塌落致死占 10.6%，车辆伤害致死占 11.8%，触电伤害致死占 5.9%，物体打击致死占 3.5%。

36.2.1　烧结生产主要危险有害因素

烧结生产过程中存在的主要危险有害因素有：高温危害、粉尘危害、高速机械转动伤害、有毒有害气体及物质流危害、高处作业危害、作业环境复杂等。

36.2.2　烧结生产主要事故类别和原因

烧结生产主要事故类别有机械伤害、高处坠落、起重伤害、高温灼烫、触电、中毒以及尘肺病等职业病。

造成烧结生产事故的主要原因有：

（1）人为原因。主要包括违章作业、误操作和身体疲劳等。

（2）物（环境）的原因。包括设备设施缺陷、技术及工艺缺陷、防护装置缺陷、个体防护用品缺乏或有缺陷、作业环境差等。

（3）管理原因。主要包括：劳动组织不合理，工人不懂或不熟悉操作技术；现场缺乏检查指导，安全规程不健全；技术和设计上的缺陷等。

36.3　烧结生产安全生产技术

36.3.1　原料准备作业

36.3.1.1　作业条件与不安全因素

烧结用料品种繁多、数量大，一台 $75m^2$ 烧结机每日需要输入的物料约 4000t，在备料过程中有很多的不安全因素。例如铁精矿，在寒冷地区的运输过程中，精矿冻结，给卸站带来困难，易发生撞伤或摔伤事故；冻层较厚的矿车，必须送解冻室，解冻时可能发生火灾或煤气中毒事故。又如由于精矿含有一定的水分，粒径小、黏结性大，在皮带运输中常发生机头尾轮挂泥现象，使皮带发生跑偏、打滑等故障，处理故障时易发生绞伤事故。

焦和煤等燃料常用四辊破碎机破碎，一般情况给料粒度小于 25mm，但常夹有大于100mm 的块焦、块煤、石块等杂物，引起漏斗闸门和漏嘴被堵，使给料不均。上辊不但不进料，还易磨损辊皮。清理大块燃料常发生重大伤亡事故。

36.3.1.2　安全防护措施

为了消除原料准备过程中从原料运输、卸车、储存到配料等作业环节中的不安全因素，特别是精矿中的水分所引起的危害，须采取以下措施：

（1）对短途运输的精矿可在每个车厢上盖麻袋或麻布编成的"被"以防冻结。揭去麻布时要有稳固的作业平台。

（2）大气温度在 -20℃ 以下，精矿含水控制在 12% 左右，若精矿运输时间不超过48h，可采用生石灰防冻。

（3）解冻室的各种仪表要齐全，并要保证灵敏、精确。同时要设置一定数量的防毒面具并定期监测一氧化碳的含量，以防煤气中毒。

（4）禁止打开运转中的破碎、筛分设备的检查门和孔；检查和处理故障，必须停机并切断电源和事故开关，进入圆筒混料机工作，并设专人监护。

（5）在任何情况下不准跨皮带，坐皮带，钻皮带，有事走过桥或从头尾轮外绕道走。

（6）皮带跑偏时，不准用木棒或铁棍硬撬，也不能用脚踩或往大轮里塞草袋、胶皮、杂物等方法纠正跑偏。皮带打滑或被压住时，要先排除故障或减少皮带上料的重量，然后试转。

（7）皮带在运转中，头尾轮有泥，禁止用铁锹或其他物体刮泥，以防物体被带入伤人。

（8）皮带在运行过程中禁止进行清扫。禁止站在皮带两边传递物品；如因不慎将铁铲、扫帚带进皮带和托辊之间时，立即撒手，停车再取，不准硬拉，以防人被绞入皮带致死。

（9）定期检查安全设施，工作场所做到照明良好；事故开关、联系电铃、安全罩、安全栏杆、皮带安全绳等应保证完好、齐全。

36.3.2　烧结机

36.3.2.1　作业条件与主要不安全因素

抽风带式烧结机由驱动装置、供烧结台车移动用的走行轨和导轨、台车、装料装置、点火装置、抽风箱、密封装置等部分组成。烧结机的主要不安全因素有：

（1）由于烧结机体又长又大，生产与检修工人往往因联系失误造成事故。据全国14个烧结厂的事故统计资料，在机头、机尾、风箱等处均发生过死亡事故。

（2）没有机尾摆动架的烧结机，为了调节台车的热膨胀，在烧结机尾部弯道起始处与台车之间，工作状态形成宽度为100~150mm的间隙，由于台车在断开处的撞击，促使台车端部损坏变形，增加有害漏风，并增加工人更换台车的工作量，易导致人身事故的发生。

（3）台车运行过程中掉算条，在机头上算条时，由于台车合拢时夹住脚，造成伤亡事故。

（4）由于台车工作过程中要经受200~500℃的温度变化，又要承受自重和烧结矿的重量及抽风机负压造成的压力，易产生因疲劳而损坏的"塌腰"现象；台车的连接螺栓也会出现断裂而使台车破损，工人在更换台车时，不小心就可能发生人身伤亡事故。

（5）烧结机检修过程中，要部分拆卸台车，若拆除时未对回车道上的台车采取适当的安全措施，往往发生台车自动行走而导致人员伤亡事故。

（6）随着烧结机长度增大，台车跑偏现象将更为突出，台车轮缘与钢轨的侧面相挤压，剧烈磨损（俗称啃道），严重时会造成台车脱轨掉入风箱或台车的回车轨道。

（7）烧结机及其有关设备具有较高的温度，与水接触产生蒸汽，易造成人员烫伤。

（8）烧结点火使用煤气（焦炉煤气），如果未按煤气安全规程操作或煤气出现泄漏等可能造成人员中毒或煤气设施爆炸。

36.3.2.2　安全防护措施

安全防护措施主要有：

（1）烧结机的停、开要设置必要的联系信号，并应加强检查。

（2）烧结机停机时，任何人不得擅自进入烧结机内部检查。若工作需要时，首先与操作人员联系。

（3）烧结机检修后或较长时间停车，在启动前必须详细检查机头、机尾和弯道上下轨道、传动齿轮、大烟道及固定筛是否有人和杂物。

（4）启动前及运行中，脚不得踩在台车滚轮上，手不许扶在挡板两端，以免压伤或挤伤手脚。

（5）升降口及走梯等安全栏杆、机械设备外露的传动部位的安全罩应完好。

（6）烧结机尾部安设可动摆架，既解决了台车的热膨胀问题，也消除了台车之间的冲击，并克服了台车跑偏和轮缘走上轨道的故障，大大减少了工人检修设备的工作量，从而减少了可能发生的人身事故。因此，烧结机尾部安装可动摆架是重要的安全技术措施。

（7）在台车运转过程中，严禁进入弯道和机架内检查。检查时应索取操作牌、停机、切断电源、挂上"严禁启动"标志牌，并设专人监护。

（8）更换台车必须采用专用吊具，并有专人指挥，更换栏板、添补炉算条等作业时必须停机进行。

（9）为了防止烧结机过载造成设备事故，要安设过电流继电器作为保护装置。

（10）烧结机点火器一般采用煤气点火，使用过程中容易出现煤气泄漏而导致煤气中毒、煤气爆炸事故，因此，点火器在开、停过程中要严格按规定程序操作，正常使用时人员不得随便到点火器顶部。点火器煤气系统检修应先切断煤气，用蒸汽吹扫置换合格后方能检修作业。

36.3.3　翻车机

36.3.3.1　作业条件与主要不安全因素

翻车机是卸火车车皮的，其主要不安全因素是：

（1）由于翻车机联络工与司机联系失误，车皮未能对正站台即行翻车，会发生站台车及旋转骨架撞坏等事故。

（2）翻车机销钩、摇臂失灵，用钢丝绳带动旋转骨架转动时易出现故障，工人处理故障时易发生伤害事故。

（3）车皮进入站台前，有时车皮上有人，因缺乏联系，在翻车机翻转时会将人翻入矿槽。

36.3.3.2　安全防护措施

安全防护措施主要有：

（1）设置安全标志和灯光信号，并保证翻车机联络工与司机联系畅通。

（2）加强设备管理，在检修、处理故障时，要严格按照《烧结球团安全规程》及相关操作规程操作，避免事故发生。

（3）加强运输管理，严禁人员搭乘运矿车皮。

36.3.4　抽风机

抽风机能否正常运行直接关系着烧结矿的质量。

36.3.4.1　不安全因素

不安全因素主要是转子不平衡运动中发生振动。

36.3.4.2　安全防护措施

安全防护措施主要有：

（1）在更换叶轮时应当作平衡试验。

（2）提高除尘效率，改善风机工作条件。

（3）适当加长、加粗集气管，使废气及粉尘在管中流速减慢，增大灰尘沉降的比率，同时加强二次除尘器的检修与维护。

36.3.5　触电与灼伤的防护措施

烧结作业电能消耗极多，所用的电压为380V，设备大的为3300V，由于作业环境中粉尘浓度高且又潮湿，开关或电器设备表面常有漏电和启动失灵现象，要防止触电，特别是地下通廊的皮带输送机处积水时，地面潮湿，更容易发生触电事故。为预防触电事故的发生，除应安装除尘设备，改善作业环境并加强电气设备的维修外，电气作业必须采取可靠的安全措施，各种电气开关（电源箱）及电气设施应避免潮湿环境和水冲，同时还应对职工进行电气安全教育。

烧结作业发生的灼伤致死事故，大部分发生在返矿圆盘操作岗位。向返矿或返矿仓浇水会产生大量蒸汽，对人员可能造成伤害，为保证安全，必须做到：

（1）严格执行生产操作规程，认真操作。

（2）在任何情况下，都不得向返矿仓和台车底部浇水，以防伤人。

（3）返矿圆盘在运转中，应经常注意排矿情况。检查排矿时，必须穿戴好劳保用品，不许站在排矿口对面，发现圆盘冒气，冒烟时，必须立即闪开，以免放炮伤人。

36.3.6　除尘与噪声防治

36.3.6.1　烧结厂除尘

烧结过程中，产生大量粉尘、废气、废水，含有硫、铝、锌、氟、钒、钛、一氧化碳、二氧化硅等有害成分，严重污染了环境。为了改善作业条件，保障工人的健康，需进行抽风除尘。烧结机抽风一般采用两级除尘：第一级集尘管集尘和第二级除尘器除尘。大型烧结厂多用多管式，而中小型烧结厂除了用多管式外还常用旋风式除尘器。

36.3.6.2　烧结厂噪声防治

烧结厂的噪声主要来源于高速运转的设备。主要有主风机、冷风机、通风除尘机、振动筛、锤式破碎机、四辊破碎机等。对噪声的防治，应当采用改善和控制设备本身产生噪声的做法，即采用合乎声学要求的吸、隔声与抗震结构的最佳设备设计，选用优质材料，提高制造质量，对于超过单机噪声允许标准的设备则需要进行综合治理。

复习思考题

36-1　简述烧结生产的主要危险有害因素及事故类别。

37 炼铁安全生产技术

37.1 炼铁生产特点

高炉炼铁生产在安全方面的特点如下：

（1）炼铁过程是一个连续进行的高温物理化学变化过程，整个工艺过程都伴随着高温、粉尘及毒气。

（2）作业过程中有大量烟尘、有害气体及噪声外逸，污染环境、恶化劳动条件。

（3）作业过程中需要动用较多的机电设备。动用超重运输设备，以及高压水、高压氧气及高压空气等高压系统。

（4）附属设备系统多而复杂，各系统间协作配合要求严格。

（5）炉前操作人员的劳动强度较大。

总之，炼铁生产特点为劳动密集，劳动强度高，高温、噪声、粉尘危害大，煤气区域、易燃易爆场所多，公路、铁路纵横，立体、交叉作业，上下工序配合紧密，设备多而复杂。

37.2 炼铁生产主要危险有害因素及事故类别和原因

炼铁生产工艺具有设备复杂、作业种类多、作业环境差、劳动强度大的特点。炼铁生产过程中存在的危险有害因素多、事故种类多。据统计，炼铁生产中的主要事故类别按发生次数排序为：高温灼烫、机具伤害、车辆伤害、物体打击、煤气中毒、各类爆炸、触电、高处坠落等事故，以及尘肺病、矽肺病和慢性一氧化碳中毒等职业病。

37.2.1 炼铁生产主要危险有害因素

炼铁生产主要危险有害因素主要有烟尘、噪声、高温辐射、铁水和熔渣喷溅与爆炸、高炉煤气中毒、高炉煤气燃烧爆炸、煤粉爆炸、机具及车辆伤害、高处危险作业等。具体为：

（1）高温系统。包括：高炉渣口、铁口、砂口、出铁场、渣铁沟、砂坝；铸铁机、残铁罐；渣、铁遇水放炮、水冲渣飞溅。

（2）煤气系统。煤气是一种无色、无味、剧毒、易燃易爆的气体，且无料钟炉顶使用的氮气是一种窒息性气体。多在高炉炉顶、铁口、渣口，无料钟炉顶上、下密封阀；热风炉煤气阀轴头。

（3）皮带系统。皮带轮，减速机，各种齿轮咬合处，皮带与轮接触部位；皮带卸料小车，各种电气设备及事故开关等。

（4）起重伤害。起重设备（吊车）。

（5）厂区交通。火车及公路上各种机动车辆，交叉路口。

37.2.2 炼铁生产主要事故类别和原因

炼铁生产主要事故类别有：

（1）高温系统易造成职工烧伤、灼伤事故。

（2）煤气系统易造成煤气中毒伤害。

（3）皮带系统极易造成皮带挤、绞伤害事故及触电事故。

（4）起重伤害易造成物体打击、挤伤、高空坠落等事故。

（5）厂区交通易造成重伤、挤压等事故。

导致事故发生的主要原因有人为原因、管理原因和物质（环境）原因三个方面。

（1）人为原因。主要是违章作业、误操作和身体疲劳。

（2）管理原因。主要是劳动组织不合理，工人不懂或不熟悉操作技术；现场缺乏检查指导，安全规程不健全；技术和设计上的缺陷。

（3）物质（环境）原因。主要是设施（设备）工具缺陷；个体防护用品缺乏或有缺陷；防护保险装置有缺陷和作业环境条件差。

37.3 炼铁生产安全生产技术

37.3.1 高炉装料系统安全技术

装料系统按高炉冶炼要求的料坯持续不断地供给高炉冶炼。装料系统包括原料、燃料的运入、储存、放料、输送以及炉顶装料等环节。装料系统应尽可能地减少装卸与运输环节，提高机械化、自动化水平，使之安全地运行。

37.3.1.1 运入、储存与放料系统

大中型高炉的原料和燃料大多数采用胶带机运输，比火车运输易于自动控制和治理粉尘。储矿槽未铺设隔栅或隔栅不全，周围没有栏杆，人行走时有掉入槽的危险；料槽形状不当，存有死角，需要人工清理；内衬磨损，进行维修时的劳动条件差；料闸门失灵常用人工捅料，如料突然崩落往往造成伤害。放料时的粉尘浓度很大，尤其是采用胶带机加振动筛筛分料时，作业环境更差。因此，储矿槽的结构是永久性的、十分坚固的。各个槽的形状应该做到自动顺利下料，槽的倾角不应该小于50°，以消除人工捅料的现象。金属矿槽应安装振动器。钢筋混凝土结构内壁应铺设耐磨衬板；存放热烧结矿的内衬板应是耐热的。矿槽上必须设置隔栅，周围设栏杆，并保持完好。料槽应设料位指示器，卸料口应选用开关灵活的闸门，最好采用液压闸门。对于放料系统应采用完全封闭的除尘设施。

37.3.1.2 原料输送系统

大多数高炉采用料车斜桥上料法，料车必须设有两个相对方向的出入口，并设有防水防尘措施。一侧应设有符合要求的通往炉顶的人行梯。卸料口卸料方向必须与胶带机的运转方向一致，机上应设有防跑偏、打滑装置。胶带机在运转时容易伤人，所以必须在停机后，方可进行检修、加油和清扫工作。

37.3.1.3 顶炉装料系统

通常采用钟式装料。钟式装料以大钟为中心，由大钟、料斗、大小钟开闭驱动设备、探尺、旋转布料等装置组成。采用高压操作必须设置均压排压装置；做好各装备之间的密封，特别是高压操作时，密封不良不仅使装置的部件受到煤气冲刷，缩短使用寿命，甚至会出现大钟掉到炉内的事故；料钟的开闭必须遵守安全程序。为此，有关设备之间必须连锁，以防止人为的失误。

37.3.2 供水与供电安全技术

高炉是连续生产的高温冶炼炉，不允许发生中途停水、停电事故。特别是大、中型高炉必须采取可靠措施，保证安全供电、供水。

37.3.2.1 供水系统安全技术

高炉炉体、风口、炉底、外壳、水渣等必须连续给水，一旦中断便会烧坏冷却设备，发生停产的重大事故。为了安全供水，大中型高炉应采取以下措施：供水系统设有一定数量的备用泵；所有泵站均有两路电源；设置供水的水塔，以保证油泵启动时供水；设置回水槽，保证在没有外部供水情况下维持循环供水；在炉体、风口供水管上设连续式过滤器；供、排水采用钢管以防破裂。

37.3.2.2 供电安全技术

不能停电的仪器设备万一发生停电时，应考虑人身及设备安全，设置必要的保安应急措施和专用、备用的柴油机发电组。

计算机、仪表电源、事故电源和通讯信号均为保安负荷，各电器室和运转室应配紧急照明用的带铬电池荧光灯。

37.3.3 煤粉喷吹系统安全技术

高炉煤粉喷吹系统最大的危险是可能发生爆炸与火灾。

为了保证煤粉能吹进高炉又不致使热风倒吹入喷吹系统，应视高炉风口压力确定喷吹罐压力。混合器与煤粉输送管线之间应设置逆止阀和自动化切断阀；喷煤风口的支管上应安装逆止阀；由于煤粉极细，停止喷吹时，喷吹罐内、储煤罐内的储煤时间不能超过 $8 \sim 12h$；煤粉流速必须大于 $18m/s$；罐体内壁应圆滑，曲线过渡，管道应避免有直角弯。

为了防止爆炸产生强大的破坏力，喷吹罐、储煤罐应有泄爆孔。

喷吹时，由于炉况不好或其他原因使风口结焦，或由于煤枪与风管接触处漏风使煤枪烧坏，这两种现象的发生都能导致风管烧坏。因此，操作时应该经常检查巡视，及早发现和处理。

37.3.4 高炉安全操作技术

37.3.4.1 开炉的操作技术

开炉工作极为重要，处理不当极易发生事故。开炉前应做好如下工作：进行设备检查，并联合检查；做好原料和燃料的准备；制定烘炉曲线，并严格执行；保证准确计算和配料。

37.3.4.2 停炉的操作技术

停炉过程中，煤气的一氧化碳浓度和温度逐渐增高，再加上停炉时喷入炉内水分的分解使煤气中氢浓度增加。为防止煤气爆炸事故，应做如下工作：处理煤气系统，以保证该系统蒸气畅通；严防向炉内漏水；在停炉前，切断已损坏的冷却设备的供水，更换损坏的风渣口；利用打水控制炉顶温度在 $400 \sim 500℃$ 之间；停炉过程中要保证炉况正常，严禁休风；大水喷头必须设在大钟下。设在大钟上时，严禁开关大钟。

37.3.5 高炉维护安全技术

高炉生产是连续进行的,任何非计划休风都属于事故。因此,应加强设备的检修工作,尽量防止休风或缩短休风时间,保证高炉正常生产。

为防止煤气中毒与爆炸应注意以下几点:

(1) 严格执行煤气安全规程,掌握煤气安全知识。

(2) 定期检查煤气设备,防止煤气外溢。

(3) 在一、二类煤气作业前必须通知煤气防护站的人员,并要求至少有两人以上进行作业,严禁单人上炉顶检查工作,或者私自进入一、二类煤气危险区;在一类煤气作业前还须进行空气中一氧化碳含量的检验,并佩戴氧气呼吸器,在上风向作业,并有人监护。

(4) 在煤气管道上动火时,需先取得动火票,并做好防范措施,未经批准和未采取安全措施,严禁在煤气设备、管道附近及煤气区域内动火。使用煤气,必须先点火后开煤气。

(5) 在一、二类煤气区域作业,必须间断进行,不得较长时间连续作业。高炉煤气浓度与允许停留时间见表37-1。

表 37-1　高炉煤气浓度与允许停留时间

空气中 CO 浓度/mg·m^{-3}	30	50	100	200
允许停留时间	卫生标准	1h 内	30min 内	15min

每次作业的间隔时间至少 2h 以上。经 CO 含量分析后,允许进入煤气设备内工作时,应采取可靠的防护措施并设专职监护人。CO 含量超过 200mg/m^3 时应佩戴呼吸器。

(6) 严禁在煤气区域内逗留、打闹、睡觉,禁止用嗅觉直接检查煤气。

(7) 加强通风,降低空气中 CO 浓度,通渣口、铁口作业时应点燃瓦斯火并开启风扇。

37.3.6 出铁、出渣安全技术

炉前工在进行高炉出铁、出渣工作时,应按时、按量除铁、除渣,以保证炉况和安全生产。

(1) 砂口用以分离渣、铁,保证渣罐或水冲渣中不进入铁水,铁水中不混入渣。

(2) 在高炉工长的指挥下,按时、按进度出渣、出铁。

(3) 掌握休风的要领,慎重操作。

(4) 为了防止冲渣沟堵塞,渣沟坡度应大于 3.5%,不设直角弯,且沟不宜过长。

37.3.7 高炉煤气安全技术

高炉煤气安全技术主要包括:

(1) 设计煤气管道时,必须考虑炉顶压力、温度和荒煤气对设备的磨损。

(2) 为了降低煤气上升阻力,减少炉尘吹出,在炉管和下降管之间有足够的高度,以

防止炉料吹出。

（3）除尘器、洗涤塔、高炉炉顶设置的入口，要上下配置，以便打开入口后，使空气进行对流，减少煤气爆炸的危险。

（4）在防止煤气泄漏方面，高炉与热风炉炉衬砌耐火砖，炉体结构要严密，防止变形开裂。

37.3.8　皮带运输系统安全技术

皮带运输系统安全技术主要包括：

（1）无论在皮带停转还是运转情况下，未停动力电源，不准站在皮带上或跨越皮带。

（2）皮带安全绳完好可靠。

（3）严格执行"确认制"与检修时的互换牌制度。

（4）在检修或临时处理皮带故障时要设专人联系。

（5）加强自我防护与互保。

（6）检修机械设备或更换皮带时，一定要停动力电源。

（7）严禁站在皮带的两边传递任何物品。

（8）各种电源箱及开关避免水冲及潮湿，发现问题请电气维修人员及时处理。

（9）女工长发要挽入帽内。

37.3.9　起重设备（吊车）安全技术

起重设备（吊车）安全技术主要包括：

（1）起重作业人员需经培训，考核合格后持操作证才能上岗。

（2）定期检查起重设备各部分是否灵活，启动、制动是否正常，钢丝绳、滑轮是否牢固可靠。

（3）操作时有专人指挥，操作人员严格服从指挥。

（4）吊装物要捆绑牢固。

（5）严格执行"十不吊"，严禁任何人站在吊物上或从起吊物下面行走。

（6）高空作业（基准面为 2m）必须戴安全带。

（7）挂钩时严防挤压手、脚及身体各部。

（8）严禁高空抛物，工具要装在工具袋内，多层作业必须戴安全帽，防止坠物伤人。

（9）加强自我保护及互保。

37.3.10　厂区交通

厂区交通应遵守：

（1）严禁顺铁路、公路中心行走。顺铁路应距铁道 1.5m 以外，顺公路应走人行道，无人行道时靠右行走；横过铁路、公路时，必须做到"一站、二看、三确认、四通过"。

（2）不准无关人员随意搭乘机车，渣、铁罐车和其他车辆代步。

（3）不准从渣、铁罐车和其他车辆的任何部位跳跨、钻越和攀援。

（4）严禁在铁路、公路、铁轨、枕木、车辆上休息、睡觉和打盹。

（5）禁止与前进中的车辆靠近，同向并行。渣、铁罐车在沿线倒调时，工作人员躲开，以防渣、铁溢出烧伤。

（6）行人和车辆严格遵守交通信号、灯光信号。灯光表示：绿灯通行，黄灯缓行，红灯禁止通行。

37.4 炼铁厂主要安全事故及其预防措施

炼铁厂最危险、最常见的安全事故有高炉煤气中毒、烫伤和煤粉爆炸。

37.4.1 高炉煤气中毒

预防煤气中毒的主要措施是提高设备的完好率，尽量减少煤气泄漏；在易发生煤气泄漏的场所安装煤气报警器；进行煤气作业时，煤气作业人员佩带便携式煤气报警器，并派专人监护。

37.4.2 烫伤

预防烫伤事故的主要预防措施是提高装备水平，作业人员要穿戴防护服。

37.4.3 煤粉爆炸

烟煤粉尘制备、喷吹系统，当烟煤的挥发分超过10%时，可发生粉尘爆炸事故。为了预防粉尘爆炸，主要采取控制磨煤机的温度、控制磨煤机和收粉器中空气的氧含量等措施。目前，我国多采用喷吹混合煤的方法来降低挥发分的含量。

复习思考题

37-1 简述炼铁生产的主要危险有害因素及事故类别。

38　炼钢安全生产技术

38.1　炼钢生产特点

炼钢生产规模大，机械化、自动化程度较高，生产连续性强；设备大多笨重、庞大、粗糙；工作环境中存在高温、高压、高噪声、有毒有害气体；存在高空作业、高速运转作业、高粉尘作业、高强度作业、易燃易爆气体作业等。因此炼钢的安全生产管理具有产业链长、涉及面广、危险因素多、管理难度大、风险大等特点，易发生重大安全事故。

炼钢生产具有以下三方面的特点：

（1）高温作业线长。

（2）设备和作业种类多。

（3）起重作业和运输作业频繁。

38.2　炼钢生产主要危险有害因素及事故类别和原因

38.2.1　炼钢生产主要危险有害因素

炼钢生产主要危险源有：高温辐射、钢水和熔渣喷溅与爆炸、氧枪回火燃烧爆炸、煤气中毒、车辆伤害、起重伤害、机具伤害、高处坠落伤害等。

38.2.2　炼钢生产主要事故类别和原因

炼钢生产的主要事故类别有：氧气回火、钢水和熔渣喷溅等引起的灼烫和爆炸，起重伤害，车辆伤害，机具伤害，物体打击，高处坠物以及触电和煤气中毒事故。

导致炼钢生产事故发生的主要原因有：

（1）人为原因。主要是违章作业、误操作和身体疲劳。

（2）管理原因。主要是劳动组织不合理，工人不懂或不熟悉操作技术；现场缺乏检查指导，安全规程不健全；技术和设计上的缺陷。

（3）物质（环境）原因。主要是设施（设备）工具缺陷；个体防护用品缺乏或有缺陷；防护保险装置有缺陷和作业环境条件差。

38.3　炼钢生产安全生产技术

38.3.1　熔融物遇水的爆炸防护技术

铁水、钢水、熔渣都是高温熔融物。水与高温熔融物接触时将迅速汽化而使体积急剧膨胀，极易发生爆炸。被熔融物覆盖、包围的水，相当于在密闭容器中汽化，由此引发的爆炸，其猛烈程度和危害作用尤为突出。除冲击波、爆炸碎片造成伤害外，由于爆炸伴随着熔融物的飞溅，还很容易引起连锁作用造成大面积灾害。这主要是物理反应，有时候也伴随着化学反应。

造成熔融物遇水爆炸的原因有：

（1）氧枪卷扬断绳、滑脱掉枪造成漏水。

（2）焊接工艺不合适，焊缝开裂或水质差，以至转炉的氧枪、烟罩等及电炉的水冷炉壁和水冷炉盖穿壁漏水。

（3）加入炉内及包内的各种原料潮湿。

（4）事故性短暂停水或操作失误，枪头烧坏，且又继续供水。

（5）内衬质量不过关导致烧坏，转炉冷炉过早打水。

（6）炉内冷料高，下枪过猛，撞裂枪头漏水。

（7）由于罐挂钩不牢、断绳等引起的掉包、掉罐。

（8）车间地面潮湿。

安全对策主要有：

（1）冷却水系统应安装压力、流量、温度、漏水量等仪表和指示、报警装置，以及氧枪、烟罩等连锁的快速切断、自动提升装置，并在多处安装便于操作的快速切断阀及紧急安全开关。

（2）冷却水应是符合规程要求的水质。

（3）采用多种氧枪安全装置（有氧枪自动装置、张力传感器检测装置、激光检测枪位装置、氧枪锥形结构）。

（4）加强设备维护和检修。

38.3.2 炉内化学反应引起的喷溅防护技术

炼钢炉、钢水罐、钢锭模内的钢水因化学反应引起的喷溅与爆炸危害极大。处理这类喷溅与爆炸事故时，有可能出现新的伤害。

造成喷溅与爆炸的原因有：

（1）冷料加热不好。

（2）精炼期的操作温度过低或过高。

（3）炉膛压力大或瞬时性烟道吸力低。

（4）碳化钙水解。

（5）钢液过氧化增碳。

（6）留渣操作引起大喷溅。

安全对策主要有：

（1）增大热负荷，使炼钢炉的加热速度适应其加料速度。

（2）避免炉料冷冻和过烧（炉料基本熔化）。

（3）按标准 C-T 曲线操作，多取钢样分析成分。

（4）采用自动调节炉膛压力系统，使炉膛压力始终保持在 133.322 ~ 399.966Pa 范围内。

（5）增大炼钢炉排除烟气通道及通风机的能力。

（6）禁止使用留渣操作法。

（7）用密闭容器储运电石粉，并安装自动报警装置。

38.3.3 氧枪系统安全技术

转炉和平炉通过氧枪向熔池供氧来强化冶炼。氧枪系统是钢厂用氧的安全重点。

38.3.3.1 弯头或变径管燃爆事故的预防

氧枪上部的氧管弯道或变径管由于流速大，局部阻力损失大，如管内有渣或脱脂不干净时，容易诱发高纯、高压、高速氧气燃爆。应通过改善设计、防止急弯、减慢流速、定期吹管、清扫过滤器、完善脱脂等手段来避免事故的发生。

38.3.3.2 回头燃爆事故的防治

低压用氧导致氧管负压、氧枪喷孔堵塞，都易有高温熔池产生的燃气倒罐回火，发生燃爆事故。因此，应严密监视氧压。多个炉子用氧时，不要抢着用氧，以免造成管道回火。

38.3.3.3 气阻爆炸事故的预防

因操作失误造成氧枪回水不通，氧枪积水在熔池高温中汽化，阻止高压水进入。当氧枪内的蒸汽压力高于枪壁强度极限时便发生爆炸。

38.3.4 废钢爆破安全技术

炼钢原料中的废钢大件入炉前要经过爆破或切割使其符合尺寸要求。进行爆破作业时，如果操作失当引起事故，其危害相当严重。

爆破可能出现的危害有：爆炸地震波；爆炸冲击波；碎片和飞块的危害；噪声。

安全对策主要有：

(1) 重型废钢爆破必须在地下爆破坑内进行，爆破坑强度要大，并有泄气孔，泄压孔周围要设立柱挡墙。

(2) 采取必要的防治措施。

38.3.5 钢、铁、渣灼伤防护技术

铁、钢、渣液的温度很高，热辐射很强，又易于喷溅，加上设备及环境的温度很高，极易发生灼伤事故。

灼伤及其发生的原因有：

(1) 设备溢漏，如炼钢炉、钢水罐、铁水罐、混铁炉、连铸结晶器等设备满溢。

(2) 铁、钢、渣液遇水发生的物理化学爆炸及二次爆炸。

(3) 过热蒸汽管线漏气或裸露。

(4) 改变炼钢炉炉膛的火焰和废气方向时喷出热气或火焰。

(5) 违反操作规程。

安全对策主要有：

(1) 定期检查、检修炼钢炉、钢水罐、铁水罐、混铁炉等设备。

(2) 改善安全技术规程，并严格执行。

(3) 搞好个人防护。

(4) 容易漏气的法兰、阀门要定期更换。

38.3.6　炼钢厂起重运输作业安全技术

炼钢过程中所需要的原材料、半成品、成品都需要起重设备和机车进行运输，运输过程中有很多危险因素。

存在的危险有：

（1）起吊物坠落伤人。

（2）起吊物相互碰撞。

（3）铁水和钢水包倾翻伤人。

（4）车辆撞人。

安全对策主要有：

（1）厂房设计时考虑足够的空间。

（2）革新设备，加强维护。

（3）提高工人的操作水平。

（4）严格遵守安全生产规程。

38.4　炼钢厂主要安全事故及其预防措施

炼钢厂最为常见、危害最大的安全事故主要是高温熔融物遇水爆炸和烫伤。

38.4.1　防爆安全措施

钢水、铁水、钢渣等高温熔融物与水接触就会发生爆炸。当1kg水完全变成蒸汽后，其体积要增大约1500倍，破坏力极大。

防止熔融物遇水爆炸的主要措施是：对冷却水系统要保证安全供水，水质要净化，不得泄漏；物料、容器、作业场所必须干燥。

转炉是通过氧枪向熔池供氧来强化冶炼的。氧气管网如有锈渣、脱脂不净，容易发生氧气爆炸事故，因此氧气管道应避免采用急弯，采取减慢流速、定期吹扫氧管、清扫过滤器脱脂等措施防止燃爆事故。如氧枪中氧气的压力过低，可造成氧枪喷孔堵塞，引起高温熔池产生的燃气倒灌回火而发生燃爆事故。因此要严密监视氧压，一旦氧压降低要采取紧急措施，并立即上报；氧枪喷孔发生堵塞要及时检查处理。因误操作造成氧枪冷却系统回水不畅，枪内积水汽化，阻止高压冷却水进入氧枪，可能引起氧枪爆炸，如冷却水不能及时停水，冷却水可能进入熔池而引发更严重的爆炸事故。因此氧枪的冷却水回水系统要装设流量表和压力表，吹氧作业时要严密监视回水情况，要加强人员技术培训，增强责任心，防止误操作。

38.4.2　烫伤事故的预防

铁、钢、渣的温度达1250~1670℃时，热辐射很强，又易于喷溅，加上设备及环境温度高，起重掉运、倾倒作业频繁，作业人员极易发生烫伤事故。防止烫伤事故应采取的措施有：定期检查、检修炼钢炉、混铁炉、混铁车及钢包、铁水罐、中间罐、渣罐及其吊运设备、运输线路和车辆，并加强维护，避免穿孔、渗漏，以及起重机断绳、罐体断耳和倾翻；过热蒸汽管线、氧气管线等必须包扎保温，不允许裸露；法兰、阀门应定期检修，防止误操作；搞好个人防护，上岗必须穿戴工作服、工作鞋、防护手套、安全帽、防护眼镜和防护罩；尽可能提高技术装备水平，减少人员烫伤。

此外，炼钢厂房结构和作业环境对有效地避免和预防生产安全事故的发生也有相当重要的影响。在设计施工炼钢厂房时，应考虑其结构能够承受高温辐射；具有足够的强度和刚度，能承受钢水包、铁水包、钢锭和钢坯等载荷和碰撞而不会变形；有宽敞的作业环境，通风采光良好，有利于散热和排放烟气，并充分考虑人员作业时的安全要求。

复习思考题

38-1　简述炼钢生产的主要危险有害因素及事故类别。

39 轧钢安全生产技术

39.1 轧钢生产特点

轧钢生产的特点主要有：

（1）生产工序多，生产周期长，易发生人身和设备事故。

（2）车间设备多而复杂，轧机主体设备（或主机列）与辅助设备（如加热炉、均热炉、剪切机、锯机、矫直机、起重设备等）交叉作业，由此带来很多不安全因素，危险作业多、劳动强度大、设备故障多，因而发生伤害事故也多。

（3）工作环境温度高、噪音大。绝大多数轧钢车间是热轧车间，开轧温度高达1200℃左右，终轧温度为800~900℃，加热车间在加热炉或均热炉的装炉和出炉过程中，高温热辐射也很强烈。在此条件下作业，工人极易疲劳，发生烫伤、碰伤等事故。

（4）粉尘、烟雾大。轧钢车间燃料燃烧产生烟尘，酸洗工序产生酸雾，冷却水与高温产生大量水蒸气，叠轧薄板轧机用沥青油润滑时散发大量有毒烟雾等，都会危害工人健康。

39.2 轧钢生产主要危险有害因素及事故类别和原因

39.2.1 轧钢生产主要危险有害因素

轧钢生产的主要危险源有：高温加热设备，高温物流，高速运转的机械设备，煤气氧气等易燃易爆和有毒有害气体，有毒有害化学制剂，电气和液压设施，能源、起重运输设备及作业，高温，噪声和烟雾等。

39.2.2 轧钢生产主要事故类别和原因

39.2.2.1 轧钢生产主要事故类别

根据冶金行业综合统计，轧钢生产过程中的安全事故在整个冶金行业中较为严重，高于全行业平均水平，事故的主要类别为机械伤害、物体打击、起重伤害、灼烫、高处坠落、触电和爆炸等。

39.2.2.2 轧钢生产事故的主要原因

导致事故发生的主要原因有人为原因、管理原因和物质（环境）原因三个方面。

（1）人为原因。主要是违章作业、误操作和身体疲劳。

（2）管理原因。主要是劳动组织不合理，工人不懂或不熟悉操作技术；现场缺乏检查指导，安全规程不健全；技术和设计上的缺陷。

（3）物质（环境）原因。主要是设施（设备）工具缺陷；个体防护用品缺乏或有缺陷；防护保险装置有缺陷和作业环境条件差。

39.3　轧钢生产安全生产技术

39.3.1　原料准备的安全技术

39.3.1.1　原材料、产成品堆放

要设有足够的原料仓库、中间仓库、成品仓库和露天堆放地，安全堆放金属材料。

39.3.1.2　钢坯吊运过程

钢坯通常用磁盘吊和单钩吊卸车。挂吊人员在使用磁盘吊时，要检查磁盘是否牢固，以防脱落砸人；使用单钩卸车前要检查钢坯在车上的放置状况，钢绳和车上的安全柱是否齐全、牢固，使用是否正常；卸车时要将钢绳穿在中间位置上，两根钢绳间的跨距应保持 1m 以上，使钢坯吊起后两端保持平衡，并上垛堆放；400℃ 以上的热钢坯不能用钢丝绳卸吊，以免烧断钢绳，造成钢坯掉落，砸、烫伤工人；钢坯堆垛要放置平稳、整齐，垛与垛之间保持一定的距离，便于工作人员行走，避免吊放钢坯时相互碰撞；垛的高度以不影响吊车正常作业为标准，吊卸钢坯作业线附近的垛高应不影响司机的视线；工作人员不得在钢坯垛间休息或逗留；挂吊人员在上下垛时要仔细观察垛上钢坯是否处于平衡状态，防止在吊车起落时受到震动而滚动或登攀时踏翻，造成压伤或挤伤事故。

39.3.1.3　钢坯表面缺陷的清除

大型钢材的钢坯用火焰清除表面的缺陷，其优点是清理速度快。火焰清理主要用煤气和氧气的燃烧来进行工作，在工作前要仔细检查火焰枪、煤气和氧气胶管、阀门、接头等有无漏气现象，风阀、煤气阀是否灵活好用，在工作中出现临时故障要立即排除。火焰枪发生回火，要立即拉下煤气胶管，迅速关闭风阀，以防回火爆炸伤人。火焰枪操作应按操作规程进行。

39.3.1.4　中厚板原料的堆放和管理

中厚板原料堆放时，垛要平整、牢固，垛高不能超过 4.5m，注意火焰枪、切割器的规范操作和安全使用。

39.3.1.5　冷轧原料的准备

冷轧原料钢卷均在 2t 以上，吊运是安全的重点问题，吊具要经常检查，发现磨损需及时更换。

39.3.2　加热与加热炉的安全技术

39.3.2.1　燃料与燃烧的安全

工业炉用的燃料分为固体、液体和气体。燃料与燃烧的种类不同，其安全要求也不同。气体燃料运输方便、点火容易、易达到完全燃烧，但某些气体燃料有毒，具有爆炸危险，使用时要严格遵守安全操作规程。使用液体燃料时，应注意燃油的预热温度不宜过高，点火时进入喷嘴的重油量不得多于空气量。为防止油管的破裂、爆炸，要定期检验油罐和管路的腐蚀情况，储油罐和油管回路附近禁止烟火，应配有灭火装置。

39.3.2.2 均热炉、加热炉、热处理炉的安全注意事项

各种传动装置应设有安全电源，氢气、氮气、煤气、空气和排水系统的管网、阀门、各种计量仪表系统，以及各种取样分析仪器和防火、防爆、防毒器材，必须确保齐全、完好。

39.3.2.3 设备维护保养

工业炉发生事故，大部分是由于维护、检查不彻底和操作上的失误造成的。要检查各系统是否完好，加强维护保养工作，及时发现隐患部位，迅速整改，防止事故发生。

39.3.3 冷轧生产安全技术

冷轧生产的特点是加工温度低，产品表面无氧化铁皮等缺陷，光洁度高，轧制速度快。

39.3.3.1 酸洗注意事项

酸洗主要是为了清除表面氧化铁皮，生产时应注意：

（1）保持防护装置完好，以防机械伤害。

（2）穿戴好个人防护用品，防止酸液溅入灼伤以及粉尘和酸雾的吸入。

39.3.3.2 冷轧注意事项

冷轧速度快，清洗轧辊注意站位，磨辊须停车，处理事故时须停车进行，并切断总电源，手柄恢复零位。采用 X 射线测厚时，要有可靠的防射线装置。

39.3.3.3 热处理注意事项

热处理是保证冷轧钢板性能的主要工序，存在的事故危险有火灾、中毒、倒炉和掉卷。

其防护措施有：

（1）在煤气区操作时必须严格遵守《煤气安全操作规程》，保持通风设备良好。

（2）吊具磨损要及时更换，以防吊具伤人。

39.3.4 设备检修安全技术

39.3.4.1 不安全因素

轧钢由于生产工艺复杂，设备种类多，在冶金工厂设备中占的比重较大，检修任务重，故检修安全是安全管理的重要环节。

钢厂的大、中修是多层作业，易发生高处坠落、物体打击等事故。

39.3.4.2 预防措施

预防措施主要有：

（1）检修前组织好检修人员和安全管理人员做好安全准备工作，并在检修过程中加强安全监护。重视不安全因素，除有安全防范措施外，检修现场要设置围栏、安全网、屏障和安全标志牌。高空作业必须系安全带。

（2）检修电气、煤气、氧气、高压气等动力设备和管线时，严格按规程贯彻停送电制度，确认安全方可进行。

（3）更换煤气管道开闭器时，遵守《煤气安全操作规程》要求，靠近易燃易爆设备、物体及要害部位时，采取防火措施，经检查确认安全后方可动火。

（4）严格遵守起重设备安全操作制度，指挥须佩戴安全标志，吊物用的钢绳、钩环要认真检查。

（5）检修前须对检修人员进行安全教育，控制人的不安全行为，加强现场管理，控制物和环境的不安全状态。

复习思考题

39-1　简述轧钢生产的主要危险有害因素及事故类别。

40　有色金属冶炼安全生产技术

40.1　有色金属冶炼生产特点

有色金属冶炼生产特点主要有：

（1）作业环境恶劣。冶炼生产多在高温、高压、有毒、腐蚀等环境下进行，为确保操作人员和设备安全，必须特别注意安全防护措施的落实，努力提高机械化和自动化水平。

（2）污染排放严重。在有色金属生产中排放大量的废渣、废水、废气，造成污染环境和破坏生态平衡，必须有完善的"三废"治理工程加以处理和利用，还有噪声、恶臭、放射线和热污染等，破坏了生态平衡，造成了环境污染，给人民健康和生物生长带来了危害。

40.2　有色金属冶炼生产主要危险有害因素及事故类别和原因

40.2.1　有色金属冶炼生产主要危险有害因素

有色金属冶炼生产具有设备、工艺复杂，设备设施、工序工种量多，面广，交叉作业，频繁作业，危险因素多等特点。主要危险有害因素有：高温，噪声，烟尘危害，有毒有害、易燃易爆气体和其他物质中毒、燃烧及爆炸危险，各种炉窑运行的操作危险，高能高压设备的运行和操作危险，高处作业危险等。

（1）冶炼烟气中常含有腐蚀及有害气体，如二氧化硫、三氧化硫、氟氯、铅蒸气、酸雾以及砷、硫化氢、烟尘，会危害人体健康，引起工业中毒和职业病，还会腐蚀冶金设备、建筑物，影响农作物生长。

（2）有色冶金工厂废水腐蚀性大，成分十分复杂，绝大多数都含有无机有毒物，即各种重金属和氟化物、砷化物、氰化物，易引起工业中毒，影响农作物生长和酸碱污染。

（3）有色冶金固体废物包括有色金属渣、冶金废水处理渣等，通过各种途径进入地层，造成土壤污染。

（4）有色金属生产用的重油、柴油、粉煤等燃料储罐及输送管道，制氧站、锅炉、压力容器、有色冶炼烟气常含有浓度较高的粉煤或可燃性气体，通过燃烧、分解或爆炸会引起火灾和爆炸事故。

（5）有色金属冶炼常见的危险化学品，如硫酸、液氧、液态二氧化碳，硫酸铜、酸、碱及分析试剂等，在突然泄漏、操作失控的情况下，存在火灾、爆炸、人员中毒、窒息及灼烫等严重事故的潜在危险。

（6）作业环境差。现场伴有噪声、振动、放射性和热辐射等，会引起噪声性耳聋、放射性危害、中暑和烧烫伤。

（7）交通运输负荷大。有色冶金生产需要消耗大量的原料、燃料以及中间产品的转运，交通运输能力大，易发生公路上车辆或者行人碰撞、颠覆等事故，铁路上的列车或起重吊车的碰撞、脱轨等事故。

（8）机械、电气危害及高空作业多，会引起挤压、打击、坠落、触电等人身伤亡事故。

40.2.2　有色金属冶炼生产主要事故类别和原因

40.2.2.1　有色金属冶炼生产主要事故类别

有色金属冶炼生产主要事故类别有：机械伤害，起重伤害，高温及化学品导致的灼烫伤害，有毒有害气体和化学品引起的中毒和窒息，可燃气体导致的火灾和爆炸，高处坠落事故等。

40.2.2.2　主要原因

导致生产事故发生的主要原因有人为原因、管理原因和物质（环境）原因三个方面。

（1）人为原因。主要是违章作业、误操作和身体疲劳。

（2）管理原因。主要是劳动组织不合理，工人不懂或不熟悉操作技术；现场缺乏检查指导，安全规程不健全；技术和设计上的缺陷。

（3）物质（环境）原因。主要是设施（设备）工具缺陷；个体防护用品缺乏或有缺陷；防护保险装置有缺陷和作业环境条件差。

40.3　有色金属冶炼生产安全生产技术

40.3.1　铜冶炼的主要安全技术

铜冶炼以火法炼铜为主，火法炼铜大致可分为三步，即选硫熔炼—吹炼—火法精炼和电解精炼。铜冶炼安全生产的主要特点是：

（1）工艺流程较长，设备多。

（2）过程腐蚀性强，设备寿命短。

（3）"三废"排放数量大，污染治理任务重。

铜冶炼是一个以氧化、还原为主的化学反应过程，设备直接或间接受到高温或酸碱浸蚀影响，为延长寿命，应采取如下措施：

（1）选用优质、耐高温、耐腐蚀的设备。

（2）观察员贯彻大、中、小修和日常巡回检查制度。

（3）采取防腐措施。

（4）提高操作工人素质，做好设备的维护保养等工作。

40.3.2　铅冶炼的主要安全技术

铅冶炼主要采用火法，将硫化铅精矿烧成烧结块，在鼓风炉中进行还原熔炼到粗铅，再经火法、电解精炼产出电解铅，此法即烧结—还原熔炼法，是现代生产铅的主要方法。在焙烧过程中，安全生产管理技术要求较严，概括为：

（1）把"三关"。即炉粒度、水分、混合制粒关；配料岗位操作关；烧结机操作关。

（2）"七不准"。即不准物料过干、过湿；不准粒度过粗、过细；不违反配料单进行配料；不准烧结机料面穿孔，跑空车；不准烧生料；不准炉箅堵塞和带块；不准任意停车。

（3）抓"十个环节"。即制备好返料；干燥和破碎好精矿；合理均匀地搭配好杂料、渣尘；准确配料；炉料润湿；混合制粒；烧结机上均匀布料；控制点火炉和烧结温度；控制炉料层和烧结机小车速度；调整风量和堵塞漏风。

在浮渣处理过程中，安全操作方面要特别注意：

（1）一次进炉料必须是干料，以防炉内残留的冰铜遇水爆炸。

（2）铅、砷在高温下易挥发，在全部操作过程中必须戴手套、口罩，现场严禁潮湿工具接触熔融体，以防放炮伤人。

（3）严格检查降温水套密封情况，发现渗漏，立即抢修或更换。

铅中毒预防是铅冶炼安全工作的重点，根本途径是不断改革工艺流程，使生产环境中空气含铅的浓度达到或接近国家卫生标准。

铅中毒预防措施主要有：

（1）提高机械化、自动化程度，减轻劳动强度，对劳动条件差、铅烟尘污染严重的岗位，除加强密闭、通风排毒外，可在劳动组织上予以调整，由三班改为四班，缩短工作时间，减少接触铅的机会。

（2）对于新、改、扩建的企业，坚持做到安全防毒措施要与主体工程同时设计、同时施工、同时投入使用，保证投产后生产岗位环境符合国家卫生标准。

（3）严格安全规格和卫生制度，工人上岗前穿戴好防护用品，操作时及时启动抽风排气装置，定期检查维修防尘防毒设施，用湿式清扫生产现场地面，定期监测空气中的铅尘浓度以及经常评价分析防毒设施的效果，找出问题，不断改进。

（4）加强个体防护，要选择和佩戴滤尘效率高、阻力小的防尘口罩，不在生产现场吸烟、饮水、进餐，饭前要洗手、刷牙、漱口，下班需洗澡，工作服要勤洗勤换。

40.3.3 从铜阳极泥中提取金、银的安全技术及事故预防措施

冶炼厂金、银冶炼采用硫酸化焙烧—湿法处理工艺。其主要安全技术要求有如下所述。

40.3.3.1 对烟气、烟尘的治理

从铜阳极泥中提取金、银生产过程中，产生的有毒有害气体主要有二氧化硫、氯气、二氧化氮等。

采取的治理措施主要有：

（1）设置回转窑尾气吸收塔，通过负压，将铜阳极泥与浓硫酸反应生成的二氧化碳、二氧化硒气体导入塔内，并在汞的作用下生成粗硒产品，从而达到环保和回收有价元素的目的。对吸收塔内残留的气体，排空前应用碱液淋洗中和处理。为保证尾气的吸收，必须搞好设备密封，避免回转窑、吸收塔泄漏烟气。

（2）设置氯气吸收塔，通过抽风装置将阳极泥分金生产中生成的氯气抽入塔内，用碱液中和处理，或液返回用过氯化分金作业。为减少氯气过量产生，避免氯酸钠与酸反应造成损失，阳极泥分金作业除了要控制氯酸钠的加入速度以外，还要控制溶液的酸度和温度，防止氯气中毒。

（3）设置水沫收尘装置，净化小转炉吹炼炉气。

（4）设置抽风装置，对金、银电解精炼过程中产生的有害气体进行抽排处理，以改善作业环境。在金电解槽上方安装排风罩，将金电解过程中产生的氯气、氯化氢抽排，并用碱液吸收。造银电解液作业在抽风柜中进行，将产生的二氧化氮气体排出并用碱液吸收，此外，应在银电解室安装换气扇，创造良好的通风条件，防止散雾和废气对职工健康造成伤害。

40.3.3.2　危险化学品伤害事故的预防措施

运用现有工艺从铜阳极泥中提取金、银，要广泛使用强酸碱、易燃易爆化学品和液化的有毒有害气体。主要安全措施有：

（1）建立危化品的专储库房，实行危险化学品分区、分类存放，避免性能互抵而产生燃烧、爆炸的有毒气体释放。

（2）装卸、搬运盛酸容器、液化有毒有害气体高压容器、液态有害有毒化学品容器时，要谨慎操作，防止酸溅出伤人和容器爆裂造成危险化学品泄漏，做好高压容器的日常检查、维护和定期校验工作，确保其安全可靠，要保证挥发性危险化学品的密封有效。

（3）通过教育和培训，使从业人员掌握危险化学品特性和使用安全技术的知识。

（4）从业人员使用危险化学品时，要穿戴好必需的劳保用品。

（5）尽可能减少危险化学品在生产车间的储存量，降低事故隐患。

40.4　有色金属冶炼主要安全事故及其预防措施

40.4.1　高温作业伤害预防与控制的主要技术措施

高温作业伤害预防与控制的主要技术措施有：

（1）通过体格检查，排除高血压、心脏病、肥胖和肠胃消化系统不健康的工人从事高温作业。

（2）供给作业人员 0.2% 的食盐水，并给他们补充维生素 B_1 和维生素 C。

40.4.2　火灾和爆炸预防与控制的主要技术措施

在有色金属冶炼生产过程中常伴随着火灾和爆炸，采取的治理措施主要有：

（1）开展危险预知活动，凡直接接触、操作、检修煤气设备的职工，要掌握煤气设备的安全标准化操作要领，并经考试合格取得合格证方可上岗操作。

（2）在煤气设备上动火或炉窑点火送煤气之前，必须先做气体分析。

（3）架设隔栏防止灼热的金属飞溅引起火灾或爆炸。

（4）在煤气设备上动火，应备有防火消火措施。对停止使用的煤气动火设备，必须清扫干净。

40.4.3　职业病预防与控制的主要技术措施

职业病预防与控制的主要技术措施有：

（1）加强职工安全素质教育和技术技能的培训。

（2）提供合格的劳动防护用品。

（3）定期对职工的身体进行健康检查。

（4）提供安全卫生的劳动场所和环境。

40.4.4 机械伤害预防与控制的主要技术措施

机械伤害预防与控制的主要技术措施有：
（1）制定严格的设备设施运行规章制度。
（2）提供合格的劳动防护用品。
（3）严格执行信号和联络制度。

40.4.5 触电伤害预防与控制的主要技术措施

触电伤害预防与控制的主要技术措施有：
（1）严格执行信号和联络制度。
（2）提供合格的劳动防护用品。
（3）加强职工安全素质教育和技术技能的培训。
（4）及时并认真检修电缆电器设备。

40.4.6 环境污染预防与控制的主要技术措施

环境污染预防与控制的主要技术措施有：
（1）设置回转窑尾气吸收塔，将废气导入塔内，并在汞的作用下生成粗硒产品，从而达到环保和回收有价元素的目的。
（2）设置氯气吸收塔，通过抽风装置，将阳极泥分金生产中生成的氯气抽入塔内，用碱液中和处理，或液返回用过氯化分金作业。
（3）设置水沫收尘装置，净化小转炉吹炼气。
（4）设置抽风装置，对金、银电解精炼过程中产生的有害气体进行抽排处理，以改善作业环境。在金电解槽上方安装排风罩，将金电解过程中产生的氯气、氯化氢抽排，并用碱液吸收。

40.4.7 冶金设备腐蚀预防与控制的主要技术措施

冶金设备腐蚀预防与控制的主要技术措施有：
（1）选用优质、耐高温、耐腐蚀的设备。
（2）贯彻大、中、小修和日常巡回检查制度。
（3）采取防腐措施。
（4）提高操作工人素质，做好设备的维护保养等工作。

复习思考题

40-1　简述铜、铅冶炼过程中的主要危险有害因素及事故类别。

40-2　参观冶金企业，以某一生产车间为例，找出其危险有害因素并编制对策措施。

参 考 文 献

[1] 罗吉敖. 炼铁学[M]. 北京：冶金工业出版社，1994.

[2] 何泽民. 钢铁冶金概论[M]. 北京：冶金工业出版社，1989.

[3] 郑沛然. 炼钢学[M]. 北京：冶金工业出版社，1994.

[4] 张承武. 炼钢学[M]. 北京：冶金工业出版社，1991.

[5] 任贵义. 炼铁学[M]. 北京：冶金工业出版社，1996.

[6] 张玉柱. 高炉炼铁[M]. 北京：冶金工业出版社，1995.

[7] 翟玉春，刘喜海，徐家振. 现代冶金学[M]. 北京：电子工业出版社，2001.

[8] 王社斌，宋秀安，等. 转炉炼钢生产技术[M]. 北京：化学工业出版社，2007.

[9] 王明海. 钢铁冶金概论[M]. 北京：冶金工业出版社，2001.

[10] 冯捷，史学红. 连续铸钢生产[M]. 北京：冶金工业出版社，2005.

[11] 本书编辑委员会. 炼钢—连铸新技术800问[M]. 北京：冶金工业出版社，2003.

[12] 冯聚和，艾立群，刘建华. 铁水预处理与钢水炉外精炼[M]. 北京：冶金工业出版社，2006.

[13] 冯捷，张红文. 转炉炼钢生产[M]. 北京：冶金工业出版社，2006.

[14] 曲克. 轧钢工艺学[M]. 北京：冶金工业出版社，1991.

[15] 宝钢总厂资料翻译组译. 钢材生产[M]. 上海：上海科学技术出版社，1994.

[16] 翁正中. 轧钢车间设计[M]. 北京：冶金工业出版社，1994.

[17] 吕庆云. 炼铁操作技术解疑[M]. 石家庄：河北科学技术出版社，1998.

[18] 文光远. 铁冶金学[M]. 重庆：重庆大学出版社，1993.

[19] 李正邦. 钢铁冶金前沿技术[M]. 北京：冶金工业出版社，1997.

[20] 黄庆学. 轧钢机械设计[M]. 北京：冶金工业出版社，2007.

[21] 杨重愚. 氧化铝生产工艺学[M]. 北京：冶金工业出版社，1993.

[22] 王捷. 氧化铝生产工艺[M]. 北京：冶金工业出版社，2006.

[23] 邱竹贤. 预焙槽炼铝[M]. 修订版. 北京：冶金工业出版社，1988.

[24] 王捷. 电解铝生产工艺及设备[M]. 北京：冶金工业出版社，2006.

[25] 徐日瑶. 镁冶金学[M]. 修订版. 北京：冶金工业出版社，1993.

[26] 翟秀静. 重金属冶金学[M]. 北京：冶金工业出版社，2011.

[27] 华一新. 有色冶金概论[M]. 3版. 北京：冶金工业出版社，2014.

[28] 邱竹贤. 铝电解[M]. 北京：冶金工业出版社，1982.

[29] 王庆义. 氧化铝生产[M]. 北京：冶金工业出版社，1995.

[30] 全国注册安全工程师执业资格考试辅导教材编审委员会. 安全生产技术[M]. 北京：煤炭工业出版社，2004.

[31] 本书编委会. 冶金事故灾难应急预案编制指导与典型应急预案范本[M]. 北京：中国知识出版社，2006.

[32] 黄希祜. 钢铁冶金原理[M]. 4版. 北京：冶金工业出版社，2013.

[33] 王青，任凤玉. 采矿学[M]. 2版. 北京：冶金工业出版社，2011.

[34] 魏德洲. 固体物料分选学[M]. 2版. 北京：冶金工业出版社，2008.

[35] 陈国山. 采矿概论[M]. 2版. 北京：冶金工业出版社，2011.

[36] 于春梅. 选矿概论[M]. 北京：冶金工业出版社，2010.

冶金工业出版社部分图书推荐

书　名	作　者	定价(元)
热工测量仪表(第2版)(本科国规教材)	张　华	46.00
现代冶金工艺学——钢铁冶金卷(本科国规教材)	朱苗勇	49.00
冶金专业英语(第2版)(本科国规教材)	侯向东	28.00
物理化学(第4版)(本科国规教材)	王淑兰	45.00
冶金物理化学研究方法(第4版)(本科教材)	王常珍	69.00
钢铁冶金学(炼铁部分)(第3版)(本科教材)	王筱留	60.00
钢铁冶金原燃料及辅助材料(本科教材)	储满生	59.00
钢铁冶金原理(第4版)(本科教材)	黄希祜	82.00
冶金与材料热力学(本科教材)	李文超	65.00
冶金物理化学(本科教材)	张家芸	39.00
冶金原理(本科教材)	韩明荣	40.00
炼铁学(本科教材)	梁中渝	45.00
炼钢学(本科教材)	雷　亚	42.00
炼铁工艺学(本科教材)	那树人	45.00
炉外精炼教程(本科教材)	高泽平	40.00
冶金热工基础(本科教材)	朱光俊	36.00
耐火材料(第2版)(本科教材)	薛群虎	35.00
金属材料学(第2版)(本科教材)	吴承建	52.00
连续铸钢(第2版)(本科教材)	贺道中	30.00
冶金工厂设计基础(本科教材)	姜　澜	45.00
炼铁厂设计原理(本科教材)	万　新	38.00
轧钢厂设计原理(本科教材)	阳　辉	46.00
重金属冶金学(本科教材)	翟秀静	49.00
轻金属冶金学(本科教材)	杨重愚	39.80
稀有金属冶金学(本科教材)	李洪桂	34.80
冶金原理(高职高专教材)	卢宇飞	36.00
冶金制图(高职高专教材)	牛海云	32.00
冶金制图习题集(高职高专教材)	牛海云	20.00
冶金基础知识(高职高专教材)	丁亚茹	36.00
高炉炼铁生产实训(高职高专教材)	高岗强	35.00
转炉炼钢实训(第2版)(高职高专教材)	张海臣	30.00